지속 가능한
교통계획 및 설계

이 도서의 국립중앙도서관 출판예정도서목록(CIP)은 서지정보유통지원시스템 홈페이지(http://www.seoji.nl.go.kr)와
국가자료공동목록시스템(http://www.nl.go.kr/kolisnet)에서 이용하실 수 있습니다. (CIP제어번호: CIP2015022270)

지속 가능한
교통계획 및 설계

활기차고, **건강**하며, **탄력적인** 지역사회 창조를 위한 도구들
Tools for Creating Vibrant, Healthy, and Resilient Communities

제프리 툼린 지음 I 노정현 · 구자훈 옮김

Sustainable
Transportation
Planning

한울
아카데미

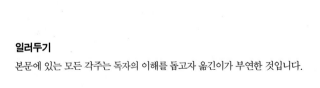

일러두기

본문에 있는 모든 각주는 독자의 이해를 돕고자 옮긴이가 부연한 것입니다.

　　2013년 겨울, 늘 그랬듯이 다음 해 봄에 개설되는 '교통
계획 세미나'라는 대학원 강좌에 쓸 새로운 서적을 찾고자 아마존Amazon 사이트를 탐
색하던 중, 출간된 지 1년도 채 되지 않은 『지속 가능한 교통계획 및 설계』를 접했다.
이 책을 교재로 채택하게 된 것은 나에게는 큰 행운이었다. 한 학기 강좌를 진행하며
각 전문 분야에 대한 좀 더 구체적인 지식과 정보를 얻었을 뿐 아니라, 분야 간의 융합
을 바탕으로 한 지속 가능한 교통계획과 설계에 대한 깊은 통찰력을 얻을 수 있었다.

　　이러한 행운을 혼자 차지한다는 것은 지나친 욕심일 것 같다는 생각에 이 책을 번
역하기로 작정했다. 그러나 1년여에 걸친 번역 작업은 쉬운 일이 아니었다. 특히 이 책
은 도시계획을 전공하는 학부생, 실무계획가, 각 정부 기관 및 연구원의 기술자와 정
책결정자들이 쉽게 이해하고 실무에 적용할 수 있는 지침서의 기능을 할 것이라는 점
에서 더욱 부담이 되었다. 무엇보다도 아직 우리나라에는 도입되지 않은 개념과 용어
를 정확히 표현한다는 것이 쉽지 않았다. 따라서 중요한 용어의 해설은 각주로 추가해
독자의 이해를 돕고자 했다.

　　과거 수십 년 동안 도시계획, 특히 교통계획을 학문적으로 연구하고 이를 현실에
적용하는 방안을 찾아왔던 한 사람으로서 최근의 계획 분야뿐 아니라 사회 전반에 반
영되고 있는 패러다임paradigm의 변화를 3S, 즉 'Sustainable(지속 가능)', 'Sharing(공유)',
'Smart(스마트)'로 요약할 수 있다고 말하고 싶다. 이 책은 이러한 패러다임의 변화를
시의적절하게 잘 반영하고 있다.

　　첫째, '지속 가능'이란 우리 사회가 경제적, 생태적, 사회적 등 종합적인 측면에서
활력을 잃지 않게 하는 것을 말하며, 이는 우리 사회의 궁극적인 목표가 된다. 이 책에
서는 자동차보다는 보행, 자전거, 대중교통수단을 이용한 통행이 지속 가능한 사회를
추구하는 데 근본적으로 요구되는 요소임을 강조하고 있다. 아울러 이들을 효과적으

로 집행하기 위한 정책적 도구로 교통 수요관리Transportation Demand Management: TDM 기법의 필요성과 구체적인 방안을 기술하고 있다.

둘째, '공유'란 우리 모두에게 주어진 자원을 효율적으로, 구성원 모두가 형평에 맞게 사용하는 것을 말하며, 이는 지속 가능한 사회를 이루어가는 실천적 방법이라고 할 수 있다. 이 책에서는 이러한 방법으로 완전 가로, 공유 주차, 카셰어링의 필요성과 운영 및 설계 방법 등을 기술하고 있다.

셋째, '스마트'란 최근 컴퓨터와 통신 기술의 급격한 발달로 가능해진 자료 수집 및 활용의 첨단 기술을 말하며, 이러한 기술은 우리 사회를 지속 가능하게 만드는 방법들을 계획하고 효과적으로 운영하는 데 큰 도움을 주는 도구들을 제공해줄 수 있다. 이 책에서는 길 안내, 실시간 주차 및 대중교통 안내, 카셰어링의 운영 및 관리 등에 스마트 기술을 어떻게 적용할 수 있는지를 보여주고 있다.

그동안 번역 작업에 함께한 구자훈 교수, 교정을 도와준 박진아 교수, 특히 모든 문장을 세밀하게 검토해 이해하기 쉽게 편집해준 최병운 선생에게 진심으로 감사를 드린다. 또한 이 책이 출간되기까지 불편을 참아준 한양대학교 교통체계분석실 연구생들과 사랑하는 가족들에게 머리 숙여 감사를 드린다. 아울러 이 번역서를 출간하는 데 지원을 아끼지 않으신 도서출판 한울 관계자들에게 깊은 감사를 드린다.

끝으로, 지난 1년여 동안 많은 심적 어려움이 있었지만, 이를 극복하도록 인도하신 하나님께 감사와 모든 영광을 올려드린다.

2015년 여름
옮긴이를 대표하여
노정현

주변에 있는 많은 사람의 지원과 그들의 지혜가 없었다면 이 책을 완성할 수 없었을 것이다. 그들 중 가장 중요한 역할을 담당해주었던 사람들을 소개한다.

줄리아 프리몬Julia Fremon은 내 의사와 관계없이 나를 교통 분야에 머무르도록 붙들었으며, 스마트하고, 창의적이며, 활력이 넘치는 사람들을 관리하는 방법에 관해 내가 아는 모든 것을 가르쳐준 사람이다.

보니 넬슨Bonnie Nelson은 지속 가능성이라는 단어가 일반적으로 사용되기 전인 1987년에, 재미있고 평등주의적인 근무 환경을 갖춘, 그리고 지속 가능성에 초점을 둔 교통 자문 회사를 설립할 수 있다고 믿었던 사람이다.

패트릭 시그먼Patrick Siegman과 도널드 쇼우프Donald Shoup, 이 두 사람은 내게 주차에 관한 모든 것을 가르쳐주었다.

앨런 제이컵스Allan Jacobs와 얀 겔Jan Gehl, 제인 제이컵스Jane Jacobs는 내가 새로운 시각으로 도시를 바라보도록 도와주었다.

이 책의 모든 페이지는 넬슨\뉘고르Nelson\Nygaard의 내 모든 동료의 아이디어로 장식되었다. 특히 톰 브레넌Tom Brennan과 브라이언 카네파Brian Canepa, 마크 체이스Mark Chase, 데이비드 필즈David Fields, 마이클 킹Michael King, 타라 크루거 갤런Tara Krueger Gallen, 에이미 페이퍼Amy Pfeiffer, 패트릭 시그먼, 폴 수파와닛Paul Supawanich, 제시카 테르스휘러Jessica ter Schure 등은 이 책의 많은 부분을 집필했다. 또한 콜린 버깃Colin Burgett과 릭 첼먼Rick Chellman, 에드 에르난데스Ed Hernandez, 리사 제이컵슨Lisa Jacobson, 벤 로Ben Lowe, 캐리 닐슨Carrie Nielson, 마이클 물Michael Moule 등은 중요한 연구와 편집을 맡아주었다. 마지막으로 스티브 볼랜드Steve Boland에게 특별히 감사한다. 스티브는 이 책 전체를 편집했을 뿐 아니라, 전체 장을 재구성하고 다시 집필하는 데 도움을 주었다.

시애틀Seattle , 샌타모니카Santa Monica , 샌프란시스코San Francisco , 글렌데일Glendale , 버클리Berkeley 등의 시 당국과 아부다비 토후국Emirate of Abu Dhabi 의 도시계획위원회를 포함한 우리 고객들은 이전 과업을 통해 만들어진 문서와 도표들을 이 책에 사용하도록 너그럽게 허락해주었다.

윌리Wiley 출판사의 편집장인 존 차르네츠키John Czarnecki , 수석 제작 편집자인 도나 콘트Donna Conte , 마케팅 책임자인 영업부장 페니 앤 매크라스Penny Ann Makras , 출판인 어맨다 밀러Amanda Miller 는 바로 지금이 이와 같은 책이 필요한 시기라는 것을 믿어주었다.

그리고 마지막으로, 집필 중의 어려운 날들을 나와 함께 참고 견디어준 하위프 피터슨Huib Petersen 에게 감사의 뜻을 전한다.

　　사람들은 언제나 경쟁 세력들이 완전히 만족하지 못하면, 모두 또는 최소한 움직이기를 싫어하는 경쟁자 대부분이 아마도 기꺼이 창조적인 방법으로 서로 화합할 수 있을 것으로 희망한다. 이 책의 주제인 교통 및 지속 가능한 어바니즘urbanism과 관련해 가장 중요한 것은 "이러한 화합(융합)이 경쟁 세력에 영향을 받는 사람들과 환경에 기본적인 관심을 줄 수 있을까?"라는 것이다.

　　도시계획가와 도시설계자들은 교통전문가들과 매우 자주 충돌한다. 물론 반대로 교통전문가들이 도시계획가들과 자주 갈등을 일으킨다고 말할 수도 있다. 그러나 (비록 현재는 조금 나아졌으나) 오랜 기간 교통전문가들은 도시계획가들을 거의 주목하지 않았다. 교통전문가, 특히 교통공학자들은 오랜 기간 자신들의 위상을 확실히 지켜왔다. 즉, 초기에 이들은 가로 유형별로 교통량과 차로 폭에 따른 용량에 관한 많은 자료를 수집해왔고, 시 정부와 주 정부의 기술 부서에서 근무했으며, 함께 가로 설계 매뉴얼과 관련 기준을 만들었다. 또한 그들은 교통 추정 모형을 개발했고, 계량적 수치를 가졌으며, 그 양은 더 많아졌다. 그들은 많은 기여를 해왔다. 물론 약간의 실수도 했지만, 실수를 하지 않았던 사람이 있는가?

　　피츠버그Pittsburgh에서 일하는 젊은 도시계획가의 한 사람으로서 내가 알게 된 것은 도시 현상들이 도시계획의 한 부분으로 다루어질 때, 정당화할 수 있는 계량적 자료를 갖지 않은 것보다는 수치들이 첨부된 것이 상대적으로 더 우선되어서 받아들여진다는 것이었다. 또한 가로와 공공 통행로가 더 높은 우선순위에 있으며, 가치가 조금 낮은 다른 용도들[예를 들면 오픈스페이스open space, 주택, 또는 (그럴 일은 없겠지만) 도시의 우아함urbanity 등]보다 더 쉽게 더 많은 토지를 할당받아왔다. 그런데도 나는 자료와 (일반적으로 추세가 숙명적인 것을 예측할 수 없다는 것을 망각한 채) 예측치를 믿으려고 했으며, 원칙대로 살려고 노력해왔다.

여러 해 동안의 실무 경험을 거친 뒤, 나는 자료와 예측치, 특히 교통전문가가 만들어서 시의 규정과 법령들에 명시된 기준들에 대해 의문을 품기 시작했다. 우리는 밴쿠버Vancouver 시의 많은 가로를 살펴볼 필요가 있다. 이들 가로에는 폭을 3미터로 하는 정책이 적용되었다. 이러한 정책은 다른 모든 지역에서 규범으로 삼는 가로의 기준인 폭 12피트(약 3.7미터)와 13피트(약 4미터)에 대해 심각하게, 그리고 강하게 문제를 제기하기 시작한 것이다. 상업지 상점 가로에서 좁은 가로는 넓은 가로보다 차량 속도를 느리게 함을 의미하며, 따라서 보행자 사망 사고의 감소를 의미한다. 가장 좋은 가로는 모서리corner까지 쭉 연결되는 가로수들이 줄지어 늘어선 곳이다. 실제로 가로 설계 매뉴얼에서 제시한 가시거리可視距離: sight-distance 에 대한 기준을 만족하려면 가로수는 모서리로부터 어느 정도 먼 거리까지 이어져야 한다.

한 개인이 많은 시간을 투자한다면, 그는 시 전체 규모에서부터 가장 작고 세밀한 부분까지의 모든 필요(이용자들을 위해서 계획된 필요와 환경 자체의 필요)를 가장 잘 충족할 수 있는 도로와 가로의 설계 및 배열 방법을 배우고 경험할 수 있다. 이렇게 할 수만 있다면! 교통 쟁점들과 관련해 교통전문가, 계획실무자, 관련 대중, 모두의 관심을 끌만한 지식과 방법들에 접근할 수 있고 이해하기 쉬운 자료가 있다면!

이를 제프리 툼린Jeffery Tumlin이 해냈다. 『지속 가능한 교통계획 및 설계』는 계획실무자, 교통전문가, 시민운동가, 그리고 지속 가능한 어바니즘과 관련해 교통과 토지 이용 쟁점들을 이해하기 원하는 다수의 다른 전문 분야 및 사회 각계각층의 사람을 위한 '입문how-to' 지침서이다. 저자의 목적은 교통 문제들에 대한 일반적인 접근 방법을 쉽게 설명하고, 사람들이 적절한 때에 교통공학자들에게 이의를 제기(하거나 그들을 이해)하도록 돕고, 또한 '적합한 것right thing'을 실행하기를 원하지만 훈련과 적절한 참고서가 부족한 교통전문가들을 돕고자 하는 것이다. 이 책은 가로의 이용에 대한 경쟁적인 요구에 대한 해법, 이산화탄소(CO_2) 배출량 감소 방안, 도로 및 대중교통, 경제개발, 사회적 형평성, 삶의 질 등 기타 많은 것 사이의 연관 관계를 다룬다.

더욱 중요한 것은 이 책이 이해하기 쉽게 쓰였다는 것이다. 이는 많은 경험을 통해 나온 결과이다. 여기에 많은 이론이 담기지는 않았다. 그렇지만 이 책은 일반 대중과 전문가 모두를 위한 것이다.

톰린은 여러 가지 방법으로 그 자신의 출신 분야에 대해 도전하고 있다. 어떤 사람은 톰린의 많은 추종자도 톰린의 뒤를 이어받을 것인지에 대해 의문을 품는다. 그러나 바라건대 이들이 이 책을 읽기 전이라면 모를까, 이러한 의문은 무의미할 것이다.

제프와 나는 서로 비공식적으로 의논해왔으며, 샌프란시스코 프로젝트와 해외 프로젝트를 함께 수행해왔다. 제프는 창조적이며, 빠르고 명석한 두뇌의 소유자이다. 제프는 도시 문제들을 만드는 것이 아니라, 해결하는 데 관심을 보인다. 모든 독자도 곧 알게 되겠지만, 또한 제프는 자신의 분야와 다른 분야에 대해 많은 지식이 있으며, 매력적이고, 글을 매우 잘 쓴다.

앨런 제이컵스

제1장

머리말

Introduction

그동안 북아메리카와 호주, 그리고 성장 과정에 있는 세계 여러 지역은 교통계획과 공학전문가들을 의지해 도시문제를 해결하려고 해왔다. 그러나 최근 들어 이들 지역에서는 교통전문가들이 '지속 가능한 어바니즘sustainable urbanism'을 추구하는 데 가장 심각한 장애로 인식되고 있다. 교통계획과 연관된 토지이용 계획, 건축, 조경, 도시경제 및 사회정책 등의 교육과정은 지난 수십 년 동안 내적으로 많은 변화를 시도해왔다. 그렇지만 교통 분야는 여전히 혼잡, 이동성, 경제개발 등에 관련된 도시문제를 공학적인 방법으로 해결할 수 있다고 믿었던 1950년대의 사고방식에서 벗어나지 못하고 있다. 그러나 다른 분야의 전문가들은 지속 가능한 어바니즘이 앞으로 가장 중요한 환경적 이슈로 제기될 것이라는 점, 그리고 지속 가능성의 추구는 'LEED-ND'[1]에서 보는 바와 같이 오로지 학제 간의 연계로만 시도할 수 있다는 점을 인식하고 있다. 이런 가운데 교통 분야는 전반적으로 다른 분야로부터 고립되어 큰 그림을 놓치고, 시스템의 효율성 개선에 관한 세부적인 사항에만 집중하고 있다.

이 책의 목적은 도시의 지속 가능성 전략들에 남은 가장 큰 격차를 메꾸기 위해 교통을 관련 분야와 재통합하는 데 있다. 특히 이 책은 다음과 같은 점을 추구한다.

- 첫 번째이자 가장 중요한 것은 이 책이 교통전문가가 아닌 사람들도 교통 분야를 쉽게 이해할 수 있도록 도와주어, 이들도 교통 관련 실무를 좀 더 효과적으로 다룰 수 있게 하려는 목적으로 쓰였다는 것이다. 물론 도로공학과 교량 설계의 세부적인 사항을 다루려면 수년간 기술 교육을 받고 전문 자격증을 취득하는 과정이 필요하다. 하지만 교통을 크게 잘못 이해하지만 않는다면, 교통의 기본적인 개념은 비교적 단순하다. 많은 선출직 공무원과 시민은 우리가 사용하는 공학적 전문용어들과 작동 원리를 이해할 수 없으므로 혼란스러워한다. 다른 분야 사람들은 교통 전문 서적이 표준standard 보다는 지침guideline 을 제시하는 성격을 가진다는 것과 표준적인 문서조차도 많은 융통성이 있다는 것을 모른 채 단지 복잡한 설명서에 겁부터 먹는다.
- 이 책은 계획실무자와 정책결정자, 시민활동가들이 그들의 지역사회community 에

---

1) 'LEED for Neighborhood Development'로도 표기한다. LEED는 'Leadership in Energy and Environmental Design'의 약자로, 미국녹색건축협회(U.S. Green Building Council: USGBC) 가 건물의 자원 효율성과 환경에 미치는 영향을 평가하고자 개발한 녹색 건축 인증 기준이며, 'Neighbourhood Development'는 근린 지역의 개발을 의미한다.

'스마트 교통smart transportation'의 개념을 도입하는 데 도움이 되는 단계적 지침을 제공할 것이다. 예를 들자면 다음과 같다. '돈 쇼우프-방식Don Shoup-style'[2]의 주차 개혁을 어떻게 실행하고, 또한 이와 관련된 함정들을 어떻게 다룰 것인가? 어떻게 도심지에 성공적인 순환 셔틀버스shuttle 교통망을 도입할 것인가? 중심 가로main street 에 필요한 자전거, 통과 차량, 주차 차량, 보도 위의 카페 의자, 가로수 등 서로 다른 경쟁적 수요가 존재할 때, 지역의 기술자는 이러한 수요를 제한된 도로 부지right-of-way[3] 내에 어떻게 할당해야 하는가? 교통 부문에서 배출되는 이산화탄소의 30퍼센트를 줄일 수 있는 가장 비용~효과적cost-effective인 방법은 무엇인가?

- 이 책은 계획, 설계, 교통, 공학을 공부하는 학생들에게 교통 부문이 어바니즘의 전반적인 연구 중 어디에 연관되는지에 대한 개략적인 관점을 제공할 것이다.

- 이 책은 교통전문가들에게 '지속 가능한 어바니즘'이라는 더 큰 맥락에서 우리의 지식이 어느 정도에 도달했는지 이해하도록 도와줄 것이다. 교통은 그 자체가 목적은 아니고, 오히려 그 지역사회가 추구하는 더 큰 목적을 성취하는 데 필요한 수단일 뿐이다. 우리가 가로와 대중교통 노선을 건설하는 것만으로 '혼잡 문제를 해결'할 수 없다는 것을 깨닫는다면, 그렇다면 우리의 역할은 무엇인가?

이 책이 교통산업 자체를 변화시켜 다른 분야와 연계해야 한다는 명확한 관점과 목적이 있기는 하지만, 의도적으로 격론을 벌일만한 내용의 성명서manifesto가 될 필요는 없다. 이러한 내용은 다른 사람들이 이미 썼기 때문이다. 이 책 전반에 걸쳐 많은 학술적 문장이 인용되었지만, 이 모든 것이 학술적 연구의 결과물은 아니다. 또한 이 책은 공학적 매뉴얼이나 설계 매뉴얼도 아니다. 그 대신 독자들에게 어떻게 현재의 매뉴얼을 가장 잘 이용할 수 있는지, 또한 좀 더 넓은 관점으로 보아 각 지역에서 가진 기존 지침들을 어떻게 갱신할 수 있는지를 돕고자 한다(그러나 어떤 상황에서든 이 책의 한 부분만을 가로나 교통 시스템에 그대로 적용하지는 말라!). 이 책은 일반 대중이 접근할 수

---

2) 캘리포니아 대학교 로스앤젤레스(University of California, Los Angeles: UCLA)의 교수인 도널드 쇼우프는 도시 내에 무료이거나 저렴한 주차 공간을 제공하는 것이 많은 도시문제, 즉 혼잡, 교외 확산, 에너지 낭비, 대기오염의 원인이라고 하며, 무료이거나 저렴한 주차 공간을 폐지할 것을 주장했다.

3) 'right-of-way'는 도로나 철로 용지의 점유권을 의미하기도 하지만, 때로는 여러 주체가 함께 사용할 수 있는 도로의 통행권이라는 의미도 있다.

있는 쉬운 언어를 사용해서 이러한 목적을 종합적으로 이해하게 하기 위한 것이고, 또한 시행에 초점을 맞춘 지침을 제공하기 위한 것이다. 예를 들면 이 책에는 교통과 관련된 지역사회의 가치를 정의하는 방법, 최근 학문적 동향들을 일상적 언어로 요약한 내용, 현재 사용되는 다양한 지침과 표준을 가장 잘 활용할 수 있는 방법 및 이들 사이에 존재하는 많은 모순과 갈등을 처리하는 방법 등을 다룬다. 간단히 말해서 이 책은 비전문가에게 교통을 쉽게 설명하고, 교통에 관련해 도시 설계 및 계획 전문가들이 빠지기 쉬운 전형적인 함정들을 피하게 하기 위한 지침서로 쓰였다.

이 책은 자동차-의존적 auto-dependent 도시들과 자동차-중심적 auto-oriented 전문가들이 탄소 연료 시대 이후 건강 중심의 미래를 대비하는 새

그림 1-1, 그림 1-2
오리건 주 포틀랜드 시는 멋진 장소의 두 가지 속성, 즉 걷기에 즐거운 장소와 다수단(multimodal) 옵션을 보여준다.
자료: Nelson\Nygaard.

로운 길을 모색하도록 도움을 줄 목적으로 작성된 과도기적 성격의 책이다(그림 1-1과 그림 1-2 참조). 이 책은 북아메리카 지역의 관점에 입각해서 쓰였다. 따라서 이 책은 지속 가능한 도시를 추구하는 문제에서 이미 10년 이상 앞서가는 코펜하겐Copenhagen과 프라이부르크Freiburg, 그리고 네덜란드의 지방 도시들에서는 그다지 유용하지 않을 것이다. 하지만 이 책은 자동차-의존적 세상에서 자동차에 대한 의존도를 줄이게 할 뿐아니라, 그렇게 함으로써 운전자들이 쉽게 자동차를 운행하게 만드는 것을 포함한 각도시의 목적 대부분을 잘 달성하는 데 도움을 줄 수 있을 것이다.

1. 왜 교통인가?

교통은 그 자체가 목적은 아니다. 오히려 교통은 도시가 더 큰 목적을 달성하게 하는데 도움을 주는 투자 도구의 하나이다. 교통계획가와 공학자 대부분은 사람과 화물을 효율적으로 이동시키는 것에만 자신들의 노력을 집중하나, 교통은 도시의 삶에 관련된 모든 부분에 연관된다.

- 경제개발economic development: 비록 일부 정치가는 '혼잡을 줄이기' 위해서 주요 교통 투자 프로젝트를 추진하지만, 교통 투자의 가장 중요한 동기는 사실상 경제개발을 유도하기 위한 것이다. 어느 지역의 접근성 향상이 그 지역 부동산 가치의 상승을 가져다주기 때문이다. 다양한 교통수단으로 접근이 용이한 장소는 일자리와 거주자를 끌어들이는 경향이 있다.

- 삶의 질quality of life: 일반적으로 열악한 경제 상황에서 시민들이 제기하는 가장 큰 불평은 '일자리job'의 부족이다. 그렇지만 안정적인 경제 상황에서는 '교통 혼잡'이 가장 높은 순위의 불평으로 떠오른다. 실제로 고대 로마Rome에서 율리우스 카이사르Julius Caesar가 교통 혼잡을 줄이고자 낮 시간대에 바퀴 달린 마차의 도로 통행을 금지하려 했던 이래로, 교통 혼잡은 대부분 대도시에서 가장 짜증스러운 것 중 하나가 되어왔다. 고대 로마도 오늘날 우리가 싫어하는 화물 배송 차량 소리, 항공기 이착륙 소리, 경적 소리, 도로 위를 달리는 차량 소리 같은 교통 소음으로 짜증스러운 고통을 겪었다.[1] 이러한 문제들이 잘 해결되면 교통은 삶의 질을 높이는 핵심 요소가 될 수 있으며, 또한 공공의 즐거움과 관광 수입의 중요한 자원이 될 수 있다. 예를 들자면 샌프란시스코의 최고 관광 명물인 케이

블카cable car, 오래된 스트리트카streetcar,[4] 장엄한 모습을 자랑하는 아트 데코Art Deco 다리 등이 포함된다.

- 사회적 형평성social equity: 어떠한 교통 시설에 대한 투자가 이루어지면, 이를 통해 특별히 이득을 얻는 사람과 특별히 손해를 보는 사람이 생기기 마련이다. 따라서 교통정책은 필연적으로 '사회정책social policy'의 하나라고 할 수 있다. 고소득 승용차 이용자에게 혜택을 주는 교통 프로젝트는 아마도 저소득 보행자에게는 피해를 줄 수도 있을 것이다. 반면에 어떤 투자는 젊은이나 노인 또는 운전할 수 없는 사람들의 이동성과 고용 기회를 현저히 증진할 수 있다. 전통적인 교통 재원 배분으로 이득을 얻는 계층을 옹호하는 사람들은 가끔 현 투자 방식에 대한 조정은 '사회공학적social engineering'[5]이라고 반박한다. 이는 매우 의미 있는 비판이다. 이럴 경우 어떤 교통 부문의 공공투자는 심지어, 그리고 아마도 사회적으로 더 큰 영향을 가져다주기 때문이다.

- 공중 보건public health: (특히 비만, 심장 질환, 제2형 당뇨병으로 평가되는) 공중 보건을 나타내는 종합적 지표로는 '보행률rate of walking'보다 더 좋은 것이 없다. 특히 어린이와 노인 계층에게는 더욱 그러하다. 보건학에 따르면, 우리 인간의 몸은 걷기에 적합하게 설계되었으므로, 우리 신체의 많은 시스템이 그 기능을 적절히 담당하려면 지속적으로 하루에 최소 20분 정도는 걸어야 한다고 한다. 따라서 시민들에게 걷는 즐거움을 주지 못하는 교통 시스템은 공중 보건에 심각한 피해를 주는 '사회적 비용social cost'을 초래할 것이 분명하다.

- 생태적 지속 가능성ecological sustainability: 미국에서 온실가스 배출량의 27퍼센트[2]와 석유류 사용량의 72퍼센트[3]를 교통 부문에서 차지한다는 것을 고려하면, 교통 정책은 생태 관련 정책과 분리해 다루어질 수 없을 것이다. 그리고 누군가가 주장했듯이, 국제적 관계로부터도 분리해 다룰 수 없다.

---

4) 주로 도로상에 부설된 레일을 따라 움직이는 전동차를 일컬으며, 트램(tram), 트롤리(trolley) 등으로 부르는 교통수단과 유사하다. 주로 노면전차(路面電車) 또는 시가전차(市街電車)로 번역한다.

5) 사회를 보는 견해의 중심은 원래 사회과학, 사회학, 사회심리학 등이었으나, 사회의 급격한 기계화·공업화와 함께 새로운 견해로 대두된 것이 사회공학(社會工學)이다. 이 견해는 사회는 기계적으로, 그리고 자동적으로 움직이며, 개인의 심리는 여기에 큰 구실을 하지 못한다는 것이다(위키백과).

2. 큰 그림: 이동성이냐, 접근성이냐?

교통은 도시의 목적을 달성하기 위해 중요한 두 가지 접근, 즉 이동성과 접근성을 추구한다.

- 이동성mobility: 이동성에 대한 투자는 우리가 어디로 가기를 원하든 자유롭게 여행할 수 있게 하는 데 도움을 준다. 이는 주로 고속도로 차로의 증설, 철도의 확장, 또는 자전거도로와 같은 '자본 설비capital facility'를 말한다. 또한 이동성에 대한 투자는 교통 시스템을 좀 더 효율적이고 생산적으로 만든다. 예를 들면, 교통 신호의 연동화, 또는 대중교통수단의 운행 속도, 운행 신뢰성, 운행 빈도 등을 개선하는 것을 포함한다.
- 접근성accessibility: 접근성에 대한 투자는 우리가 원하고 필요로 하는 것들을 얻을 수 있도록 도움을 준다. 접근성은 소비자가 생산자에게로 이동하는 것에 초점을 두기보다, 오히려 생산물을 소비자에게 더 가까이 가져다준다고 할 수 있다. 근린 주거지역neighborhood의 중앙부에 학교와 중심 상업 가로를 배치하면 접근성을 높일 수 있으므로, 사람들이 먼 거리를 움직여야 하는 필요를 줄이고, 아울러 활동의 선택 폭을 넓힐 수 있다. 또한 접근성에 대한 투자는 이동의 필요를 줄이는 복합 용도지역제mixed-use zoning, 택배 서비스, 고속 인터넷 서비스 등의 확대를 포함한다.

교통 시스템에 대한 모든 투자는 이동성과 접근성 사이에서 균형을 이루게 해야 한다. 이동성 측면에서 과도하게 투자된 교통 시스템(두바이Dubai, 로스앤젤레스Los Angeles 자치구 등)은 지나친 자본 투자를 요구하는 경향이 있으며, 외곽으로 확산된 토지이용 패턴을 낳는다. 단지 자동차에만 중점을 둔 이동성-지향형mobility-oriented 시스템은, 이 책에서 자주 언급되는 자동차-의존적 도시가 지니는 모든 문제를 일으킨다. 반대로 접근성을 지나치게 강조한 교통 시스템(수도원, 일부 휴양지, 일부 유토피아 마을 등)은 외부와 격리되어 치밀하게 짜인 내부 지향적 지역사회를 만들거나, 또는 대부분 사람에게 너무 심한 심리적 압박을 줄 정도로 높은 토지이용 밀도를 지니는 도시를 만든다. 더 나은 지속 가능한 도시를 만들기 위해서 설계자에게 주어진 과제는 좀 더 넓은 지역과 연계해 사회적·경제적 편익을 유지하는 동시에, 일상생활 대부분의 필요를 보행 가능 거리 안에서 제공하게 하는 것이다.

3. 책의 구성[6]

이 책은 다음과 같이 세 부분으로 구성되어 있다.

첫 번째 부분(제2장~제4장)은 이 책의 나머지 부분을 위한 골격에 해당한다. 제2장에서는 생태적·사회적·경제적 요소를 포함한 지속 가능성의 포괄적 개념을 소개한다. 제3장에서는 교통계획에 관심을 두는 사람들이 이해해야 할 공중 보건에 관한 쟁점들을 다룬다. 제4장 「미래의 도시」에서는 진정으로 지속 가능하고 건강한 도시의 미래를 위한 비전vision을 형성하기 위한 방법에 따라 몇 가지 포괄적인 원칙을 정한다.

두 번째 부분(제5장~제10장)은 지속 가능한 교통 시스템을 설계하는 데 필요한 실무적인 조언을 제시한다. 제5장 「가로」에서는 모든 교통 시스템의 기본 구성 요소에 관한 전반적인 내용을 다룬다. 제6장에서 제10장까지는 보행, 자전거, 대중교통, 자동차(이에 대해서는 제9장 「자동차」와 제10장 「주차」로 구분해 다룬다) 등의 각 교통수단에 대해서 다룬다.

마지막 부분(제11장~제15장)은 교통계획에 관한 기타 주요 주제를 다룬다. 즉, 카셰어링carsharing, 대중교통 정류장과 역, 역 광장의 설계, 교통 수요관리, 성능 평가에 관한 것이다. 이들은 모든 교통 시스템을 효율적으로 이용할 수 있게 하기 위한 주제들이다. 이 책의 마지막 장에는 독자들이 더 많은 관련 정보를 취득하는 데 도움을 줄 수 있는 자료의 출처를 분야별로 나누어 제공한다.

---

6) 저자가 '감사의 글'에서 밝힌 것처럼, 이 책의 많은 부분은 저자의 동료들이 집필했다. 에이미 페이퍼가 제6장 「보행」을, 패트릭 시그먼과 브라이언 카네파가 제10장 「주차」를, 제시카 테르스휘러와 패트릭 시그먼이 제13장 「교통 수요관리」를 저자와 함께 집필했다. 그리고 마이클 킹이 제7장 「자전거」를, 타라 크루거 갤런이 제8장 「대중교통」을, 마크 체이스가 제11장 「카셰어링」을, 미국공인설계사협회(American Institute of Certified Planners: AICP)의 데이비드 필즈가 제12장 「역과 역권」을 집필했다.

제2장

지속 가능한 교통

Sustainable
Transportation

1. 지속 가능성이란?

지속 가능성sustainability에 대한 일반적인 정의는 없다. 또한 이를 어떻게 교통에 적용할 것인지에 대한 확실한 표준적 정의도 없다. 지속 가능성이라는 용어는 마케팅 분야에서 한때 영향력을 가졌던 (경탄할 만한, 독특한) 많은 다른 단어처럼 무의미하게 사용될 위험에 놓여 있다. 예를 들면 이 용어는 라스베가스Las Vegas에서 두바이에 이르기까지 진행되었던, 그러나 전혀 지속 가능하지 않은 도시 개발 프로젝트를 과장해 화려하게 선전하고자 사용되었으며, 채굴 산업의 주주총회 보고서에서 과도한 채굴을 감추고자 사용되기도 했다. 도시에 적용된 지속 가능성에 대한 실질적인 정의는 1987년에 국제연합United Nations: UN의 브룬틀란 위원회Brundtland Commission가 발간한 보고서[1]에 "지속 가능한 개발sustainable development이란 미래의 세대들이 그들의 필요를 충족할 능력을 해치지 않으면서 현 세대의 필요를 만족하는 개발이다"[1]라고 기록된 것에서 찾을 수 있다. 일찍이 부처Buddha는 2500여 년 전 사람들에게 "벌들이 꽃의 아름다움과 향기를 해치지 않으면서 꿀을 만들고자 즙을 모으는 것처럼"[2] 각 가정은 자연의 제약 범위 내에서 그들의 경제활동을 수행해야 한다며 지속 가능성을 시적으로 정의했다.

좀 더 복합적인 정의로, 진정한 지속 가능성은 '사람people, 지구planet, 이윤profit' 또는 '평등equity, 생태ecology, 경제economy'라는 세 가지 기본적인 요소가 서로 경쟁하는 상태에서 균형을 이루는 것이라 할 수 있다. 이러한 정의에 따르면, 그림 2-1에서 보는

---

1) 세계환경개발위원회(World Commission on Environment and Development: WCED)라 불린 바 있는 브룬틀란 위원회는 각국 정부가 지속 가능한 개발을 실행하도록 힘을 모으고자 설립되었다. 위원회 의장이었던 그로 할렘 브룬틀란(Gro Harlem Brundtland)은 노르웨이 총리 출신 여성으로 당시 UN 사무총장이었던 하비에르 페레스 데 케야르(Javier Pérez de Cuéllar)가 1983년에 임명했다. 브룬틀란은 공중보건학과 과학 분야 출신으로 많은 영향력을 발휘하고 있었기에 발탁되었다. 1972년 UN인간환경회의와 1980년 국제자연보전연맹이 발표한 세계보존전략 등이 개최 및 수립된 이후 세계 정상들은 지속 가능한 개발을 추진할 수 있는 협의체의 필요성을 절감했다. 개발도상국에서도 산업화와 성장에서 촉발된 여러 문제에 대해 생각해볼 필요가 있었지만, 선진국이 달성한 산업화를 이루기에는 한계가 있었다. 환경적 영향과 비윤리적 노동 관행 또한 장애물이 되었기에 UN은 환경적으로 제기된 문제를 경제적·사회적 상황과 함께 고려해야 함을 인지했다. 당대 UN 총회는 인간 환경 파괴와 천연자원 고갈 문제가 날로 악화됨을 인지했고 위원회 설치를 결정했다. 위원회는 1987년 12월 지속 가능한 발전의 의미를 처음으로 정의한 「우리 공동의 미래(Our Common Future)」(브룬틀란 보고서)를 편찬한 후 해산되었다(위키백과).

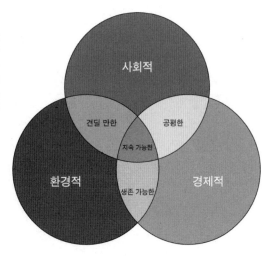

그림 2-1

프로젝트가 지속 가능한지 아닌지를 판단하려면 세 가지 기본적인 지속 가능성, 즉 생태적·경제적·사회적 지속 가능성뿐 아니라, 이들 간의 교집합에 해당하는 생존 가능한가(viable), 공평한가(equitable), 견딜만한가(bearable) 등을 평가해야 한다.

바와 같이 사회적 안정과 경제적 생산성을 동시에 관리하지 못할 때에는 탄소 중립과 같은 생태적인 목표를 이룰 수 없다는 것을 알 수 있다. 예를 들면 한정적 자원인 석유는 오염원이기도 하므로 이를 사용하는 것이 생태적으로는 지속 가능하지 못하지만, 석유의 사용을 즉각적으로 금지하는 것은 사회적으로나 경제적으로 부정적인 영향을 주므로 지속 가능하지 못하다. 오늘날의 경제는 너무나 석유 의존적이어서, 갑작스럽게 석유의 사용을 금지하면 엄청난 사회적 파장과 빈곤을 낳고, 나아가 이 두 가지 모두는 끔직한 생태적 영향을 가져다줄 것이기 때문이다. 그러므로 지속 가능성의 추구란 절대로 끝이 없는, 그러나 더 나은 세상을 향해 움직이는 지속적 과정이라고 할 수 있다.

1) 환경적 지속 가능성

지속 가능성에 대한 우리의 사고는 주로 생태 과학 science of ecology 에 그 근거를 둔다. 생태라는 단어는 '가정 household 에 대한 연구'라는 의미의 그리스어에서 유래했다. 여기서 집 house 은 지구 전체를 의미하며, 가정이란 지구 안에 사는 모든 생물, 그리고 그들 간의 무수한 연관 관계를 의미한다. 또한 경제 economy 라는 단어는 '가정을 관리하는 사람'을 의미하는 그리스어에서 유래했다. 이에 따르면, 가정과 이를 관리하는 관리자는 확실히 상호 의존적이어야 한다.

생태 과학은 우리가 교통에 관해 고려해야 할 때 유용한 많은 원리를 가르쳐준다.

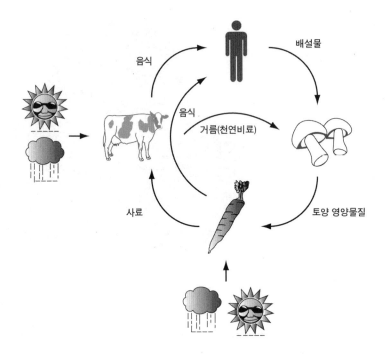

그림 2-2
지속 가능한 먹이 순환 체계에서는 폐기물, 다시 말해 버려지는 것은 없다.

음식

배설물

음식

거름(천연비료)

사료

토양 영양물질

폐기물과 한계

그림 2-2에서 보는 바와 같이, 자연에서 버려지는 것은 없다. 동화 작가 고미 타로五味太郎; Gomi Taro 의 말에 따르면, 사실상 모든 생물은 배설물을 배출한다.[3] 그러나 자연에서 모든 배설물은 다른 생물의 음식이 된다. 예를 들어 인간의 먹이 순환 체계를 보면, 인간의 배설물은 곰팡이와 박테리아에 영양분을 제공해주고, 곰팡이와 박테리아는 토양을 윤택하게 해준다. 그리고 식물은 이 윤택한 토양에서 영양분을 취득해 자라고, 이들 식물은 또다시 사람과 동물의 먹이가 된다. 이 순환 체계에서 유일한 투입물은 햇빛과 물(태양에너지로 말미암아 만들어지는 빗물)이며, 이처럼 이러한 순환 체계는 영원히 지속될 수 있다.

반대로 지속 가능하지 못한 먹이 순환 체계는 인간의 배설물을 처분해야 할 폐기물로 보는 것이다. 인간의 배설물이 폐기물로 버려질 경우, 토지에 식물 성장을 위한 영양분을 보충하려면 화학비료를 사용해야 한다. 결국 지속 가능한 순환 체계는 깨지고, 이를 유지하려면 지속적으로 또 다른 자원에 의지해야 한다. 더욱 중요한 것은 그림 2-3에서 보는 바와 같이 인간의 배설물을 처리하고, 화학비료를 생산·사용하는 과정은 다른 자연환경 체계를 해치는 화합물을 또 다른 형태의 폐기물로 발생시킨다는 것이다. 결국 공기, 물, 토양을 오염시키는 이들 폐기물은 자연의 생물학적 체계에서

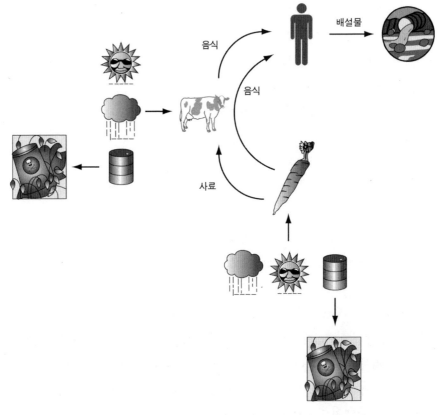

소화할 수 있는 속도보다 훨씬 빠르게 쌓인다. 이러한 과정은 단기적으로는 인간의 필요를 바로 충족해 생산적으로 보이나, 장기적으로는 자연의 순환 체계를 더 크게 훼손하고, 나아가 미래의 생산성을 감소시킨다.

　이와 마찬가지로, 지속 가능한 교통 체계가 되려면 생물학적 체계가 교통 체계에서 배출하는 물질을 소화하고 처리할 수 있는 용량을 가지게 해야 한다. 또한 이 생물학적 체계는 교통 체계에 필요한 투입물을 지속적으로 지원해줄 수 있어야 한다. 결국 지속 가능한 체계는 생물학적 체계의 한계를 인지하고, 그 범위 내에서 작동해야 하는 것이라 할 수 있다.

　한계limit에 대한 개념은 '물 체계water system'를 살펴보는 것으로 가장 쉽게 이해할 수 있다. 도시와 농장은 식수와 농업용수를 수천 년 동안 지하수에 의존해왔다. 지하수를 추출하는 속도가 채워지는 속도보다 빠르면 우물은 마른다. 그 결과 자연의 샘물과 대수층帶水層; aquifer[2]은 마르고, 지하수는 염분이 높아 사용하기 어려워진다. 예를 들어 만약 농부가 매년 1000세제곱미터의 지하수를 사용하면 적당량의 작물을 영구적으로 생산할 수 있다고 하자. 그러나 이 농부가 10년 동안 매년 1만 세제곱미터의 지하수를 사용한다면 그 기간에 많은 양의 농작물을 생산할 수 있겠지만, 이로 말미암아 지하수는 마르고, 토양은 염화해 그 토지는 농작물 생산에 사용할 수 없게 된다. 이 농부의 처지에서 보면 후자는 당장 가장 큰 이익을 얻을 수 있을지 모르나, 오래 지나지 않아 그 땅을 버리고 다른 농작지를 찾아야만 할 것이다.

교통은 다음과 같은 다양한 한계를 접한다.

- 투입 에너지의 한계: 따라서 재생할 수 있는 에너지 자원에 의존해야 한다.
- 도로 용량의 한계: 용량이 제약될 때에는 더욱 공간-효율적인 수단을 사용해야 한다.
- 재정적 한계: 교통 기반 시설을 건설하고 관리하기에 충분한 재정이 있어야 한다.
- 정치적 한계: 교통정책에 대한 폭넓은 지지와 정치적 지원이 필요하다.

복잡성, 중복성, 적응성

앞의 그림들에서 보는 바와 같이, 우리는 자연 체계를 만화처럼 매우 단순한 다이어그램으로 표현하기를 좋아한다. 그러나 자연 체계는 매우 복잡하며, 그 '복잡성complexity'의 강도는 더욱 심해지고 있다. 예를 들면 농부나 주말농장을 가꾸어본 모든 사람이 알듯이, 토지는 한 작물만 계속 재배하는 것을 매우 싫어한다. 한 장소에 너무 오랫동안 토마토를 재배하면, 그다음부터는 많은 양의 비료와 농약을 뿌려도 토마토는 잘 자라지 않는다. 주말농장에서도 주기적으로 농작물의 위치를 다양하게 바꾸어주어야 최고의 수확을 얻을 수 있다. 농약을 남용하면 토마토를 해치는 박각시나방 애벌레tomato hornworm를 죽일 수 있지만, 농약은 또한 해충의 몸에 알을 낳아 번식하는 기생벌parasitic wasp이나 해충을 잡아먹는 천적까지 죽이므로, 결과적으로 해충으로부터 농작물을 보호하는 방법을 없앤다.

'전략적 중복성strategic redundancy'은 자연 세계에서 또 다른 생존 요소이다. 만약 중요한 무엇을 유지해야 한다면, 자연은 스스로 이를 인지하고 또 다른 무엇을 만들어낸다. 인간에게는 신장이 2개가 있다. 이 기관은 아주 작지만 인간의 생존에 매우 필수적인 것이다. 그러나 이 기관은 하나로 충분하다. 다만 다른 하나는 영양의 날카로운 뿔

---

2) 함수층(含水層) 또는 함수대(含水帶)라고도 하며, 지하수를 비롯한 물을 함유하고 방출하는 지층을 가리킨다(위키백과).

에 들이받혀 그 기능을 잃을 만약의 경우를 대비한 것이다. 식물은 사슴이 뜯어먹을 경우를 대비해 많은 양의 꽃을 피운다. 마찬가지로 교통망도 큰 나무가 쓰러져 도로를 막거나, 큰 트레일러 차량이 강도에게 납치되어 길을 막거나, 도로 하부의 전기 설비를 교체하는 공사로 통행이 지장을 받는 등의 경우를 대비해서 다른 경로를 제공할 수 있어야 한다.

중복성은 '적응성adaptability'과 밀접한 관계가 있다. 인간의 소화기관은 매우 다양한 음식물을 받아들일 수 있으며, 또한 마주 보는 엄지손가락 양쪽으로 다양한 기후에 적응할 수 있는 옷을 만들 수 있으므로 이 지구상에서 생존할 수 있었다. 한 가지 종류의 음식만을 먹는 동물은 매우 약하다. 따라서 만약 그들이 먹는 음식물이 새로운 곰팡이에 감염되거나 그들의 음식물이 있는 공간이 주차장으로 포장되어버린다면, 그들은 멸종하고 말 것이다. 교통 기술은 극단적 보수 성향을 보여주는바, 그 이유의 하나는 이미 형성된 적응성이 이웃과 동일한 기술을 사용하게 해서이다. 사실 자동차, 열차, 선박 등 교통수단은 18세기 이후로 큰 변화가 없는 특정 요소들을 기반으로 개발된, 과거 50여 년 전과 동일한 기술을 효과적으로 사용한다. 예를 들면 일본은 독일의 열차를 모방해 그 기술을 개량했고, 독일은 일본의 개량된 열차 기술을 모방해 그들의 기술을 더 발전시켰다. 기술적으로 뛰어난 초기 발명품은 교통 부문에서 실용화되지 못하는 경우가 있다. 그들의 독특성uniqueness은 오히려 적응성을 떨어뜨리며, 동시에 전통적인 기술을 점진적으로 개선해 사용하는 것이 더 큰 이득을 가져다줄 수 있기 때문이다.

복잡성, 중복성, 적응성과 함께 더욱 단순하면서도 강력한 것을 생각할 수 있는바, 이는 '선택choice의 다양성'이다. 세상에서 가장 힘 있는 도시는 매력적인 교통수단을 다양하게 선택할 수 있는 곳이다. 전적으로 인력을 이용한 교통수단에 의존하는 도시는 고풍스럽고 신기할 수는 있으나, 화물을 운송하고 사람이나 재화를 장거리 이동하는 데 문제가 있어 다른 도시와 단절되고, 경제적으로 위기에 직면할 것이다. 반대로 전적으로 자동차에 의존하는 도시는 단기적으로 경제적 편익을 누릴 수 있으나, 석유 가격 폭등과 또 다른 자원 제약에 취약하다. 대조적으로 다양한 선택을 할 수 있는 도시는 한 수단에 의존함으로써 생길 수 있는 위험을 줄이므로 경제적 추세에 발 빠르게 대응할 수 있다.

2) 사회적 지속 가능성

오로지 생태학적 또는 경제학적으로 내려진 지속 가능성의 정의들이 갖는 한 가지 단점은 이들이 지속 가능성에 대한 영감을 주는 데에는 한계가 있다는 것이다. 이들 정의는 단지 과학자와 경제학자, 다른 테크노크라트technocrat(과학기술 분야 전문가)들에게 지속 가능성을 측정하고 예측하도록 맡겨버리는 것에 지나지 않는다. 이들 정의 중 적합하다고 생각되는 것이 무엇인가? 당신은 어느 집단에 소속되어 있는가? 가족, 친구들과 함께 있을 때 특별한 만족감이 있는가?

지속 가능성에 대한 우리의 사고 폭을 넓히고자 한다면 1943년에 그 유명한 '욕구 단계설hierarchy of needs'[3])을 제창한 미국의 심리학자 에이브러햄 매슬로Abraham Maslow에게 눈을 돌려볼 필요가 있다.[4] 매슬로는 우리가 직면한 상황을 그대로 받아들이고, 직면한 문제에 대해 창조적이고 도덕적인 해결책을 찾는 상태, 즉 자아실현self-actualization을 최고의 성취 단계라고 설명했다. 자아실현을 달성하려면 먼저 다른 사람들의 자존감self-esteem을 충분히 인정해야 하며, 다른 사람들의 자존감을 인정하려면 우리가 먼저 소속감a sense of belonging을 가져야 한다. 또한 우리가 소속감을 가지려면 먼저 기본적인 안도감security을 느껴야 한다. 또한 안도감은 우리의 기본적인 생리 욕구가 충족될 때 얻을 수 있다(그림 2-4 참조).

우리 사회가 다음 세대의 욕구를 고려하는 지속 가능한 정책들에 관해 생산적으로 대화하려면 사회 구성원 모두가 매슬로 피라미드pyramid의 가장 높은 수준에 도달해야 한다. 오늘 자신의 자녀들을 위한 한 끼 식사를 걱정해야 하는 사람들이 먼 장래의 자손들이 지닐 욕구를 생각하기는 어려울 것이다. 사회적 소속감이 자동차 3대를 주차할 수 있는 자신의 차고를 벗어날 수 없는 사람들은 "좀 더 강력한 공공복지를 이루기 위해서 일해야 한다"라는 목적을 충분히 공유하기 어려울 것이다.

매슬로의 욕구 단계는 단순히 이산화탄소 배출량을 측정하는 것을 넘어, 지역사회의 교통 투자에 대한 지속 가능성을 측정할 수 있는 유용한 도구이다. 만약 우리의

---

3) 매슬로의 욕구단계설은 인간의 욕구가 그 중요도에 따라 일련의 단계를 형성한다는 일종의 동기 이론이다. 하나의 욕구를 충족하면 위계상의 다음 단계에 있는 다른 욕구가 나타나서 그 충족을 요구하는 식으로 체계를 이룬다. 가장 먼저 요구되는 욕구는 다음 단계에서 달성하려는 욕구보다 강하며, 그 욕구가 충분히 만족스럽게 충족되었을 때에만 다음 단계의 욕구로 전이된다(위키백과).

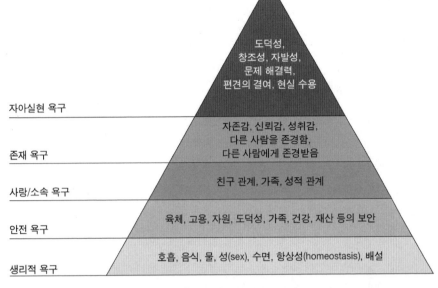

그림 2-4
매슬로의 다섯 가지 욕구 단계는
우리가 먼저 충분한 정도의 사회
적 지속 가능성을 이루지 못한다
면 생태학적 책임감을 이룰 수 없
음을 보여준다.

자아실현 욕구 — 도덕성, 창조성, 자발성, 문제 해결력, 편견의 결여, 현실 수용

존재 욕구 — 자존감, 신뢰감, 성취감, 다른 사람을 존경함, 다른 사람에게 존경받음

사랑/소속 욕구 — 친구 관계, 가족, 성적 관계

안전 욕구 — 육체, 고용, 자원, 도덕성, 가족, 건강, 재산 등의 보안

생리적 욕구 — 호흡, 음식, 물, 성(sex), 수면, 항상성(homeostasis), 배설

대중교통계획이 단지 버스만을 이용하는 사람들에게 가장 기본적인 이동성만을 제공하는 수준에 머무른다면, 유권자들은 새로운 대중교통수단이 어떻게 그들의 열망을 이루어줄지 알 수 없을 것이며, 이들 유권자는 더 나은 대중교통수단을 도입하기 위한 과세에 동의하지 않을 것이다.

인간의 욕구와 행복도를 다소 축소된 단계의 구조로 설명하는 이론이 있다. 이것은 클레이턴 앨더퍼Clayton Alderfer 의 ERG Existence-Related-Growth 이론으로, 여기서는 매슬로의 다섯 단계를 세 단계로 나누어 설명한다.[5]

- **존재 욕구** existence need : 매슬로의 생리적 욕구 단계와 안전 욕구 단계를 합친 존재에 대한 기본적인 욕구
- **관계 욕구** related need : 사회적 욕구와 외부로부터 존중받고자 하는 욕구
- **성장 욕구** growth need : 자존감 또는 자기실현의 욕구

앨더퍼는 존재 욕구에서 관계 욕구로, 관계 욕구에서 성장 욕구로 옮겨 갈 때 만족을 느끼며, 반대 방향으로 옮겨 갈 때에는 좌절을 경험한다고 말한다. 더욱이 우리의 성장 욕구가 충족되지 않으면, 관계 욕구 단계에서 우리의 노력이 배가된다. 예를 들면 자존감의 결여로 성장 욕구를 충족하지 못할 경우에는 사회 활동에 과도하게 참여해 관계 욕구를 충족함으로써 자존감의 결여를 보상하려 한다. 또한 우리의 관계 욕구가 충족되지 않으면 과도한 소비 활동을 통해 존재 욕구를 높이려 한다. 앨더퍼의

이론은 필요 이상으로 과도한 대형 SUV Sport Utility Vehicle[4] 차량과 저택을 소유하고자 하는 것은 관계 욕구가 충족되지 않을 경우에 나타나는 역반응이라는 것을 암시한다.

이것이 교통에서는 무엇을 의미하는가? 이는 지속 가능성이 단지 배기가스의 양과 에너지 순환 문제에 국한되는 것이 아니라, 인간의 감정에 관한 것이기도 하다는 것이다. 계획가와 공학자, 정책결정자, 그리고 시민 한 사람 한 사람 모두가 지속 가능성에 대한 관심을 보여서 우리 사회가 매슬로의 피라미드 꼭대기 단계에 이르도록 노력해야 한다. 그 결과로 우리는 오늘날 우리의 행동이 미래 세대에 미칠 영향을 볼 수 있을 것이며, 지구와 그 자원들이 좀 더 지속 가능한 관계를 맺는 아름다움을 볼 수 있을 것이다. 사실 지속 가능성이라는 측면에서 보면, '아름다움beauty'이 대체에너지에 대한 투자보다도 더 근본적으로 추구해야 할 문제이다.

인간의 두뇌는 섹스sex를 하거나, 돈을 벌거나, 코카인cocaine[5]을 흡입해서 나타나는 도파민dopamine[6] 보상회로reward circuitry의 작동과 동일한 과정을 통해 아름다움을 추구하도록 설계되어 있다.[6] 아름다운 배우자와 함께 아름다운 곳에서 지내고 싶어 하는 것처럼, 우리는 아름다움을 갈망하는 동시에 이를 충성되게 지키려 한다. 무엇인가 아름다운 것이 있다면, 우리는 이를 소중히 여기고, 유지하며, 심지어는 더 나은 방향으로 개선하려고 한다. 우리가 이미 가진 것을 유지하고 개선하는 것이 새로운 무엇을 만들어내는 것보다 언제나 더 지속 가능하다.

교통 분야는 아이팟iPod, 콜라병, 임스 의자Eames chair[7] 등의 제작자들에게서 배울 필요가 있다. 다시 말해서 자전거, 트램tram(노면전차), 버스 등의 교통수단을 볼 때, 그것이 우리를 얼마나 더 행복하고, 더 섹시하고, 더 사교적이고, 더 매력적인 모습으로 변화시킬 것인지 상상해볼 필요가 있다. 프랑스의 대중교통 중심 도시인 스트라스부르Strasbourg에 운영 중인 화려한 모습의 신형 트램은 우리에게 이러한 상상을 할 수 있게 해주었다. 샌프란시스코에서는 오래된 구식 교통수단을 잘 관리해 운영함으로써, 이를 도시의 가장 큰 관광 명소 중 하나로 자리 잡게 했고, 이는 78억 5000만 달러 규모의 관광산업에 크게 기여한다.[7] 미국에서는 피플 포 바이크PeopleForBikes[8]가 세련된

---

4) 거친 노면을 달릴 수 있게, 흔히 사륜구동으로 제작된 큰 승용차를 말한다.
5) 코카 잎에서 추출하는 알칼로이드로, 중추 신경을 자극해 식욕 감퇴와 쾌감을 일으키며, 한때는 국소 마취제로 쓰기도 했다. 중독성이 있으므로 마약의 일종으로 취급된다(위키백과).
6) 신경전달물질 등의 기능을 하는 체내 유기화합물이다.
7) 체형에 맞게 플라스틱 합판으로 디자인한 의자이다.

공공서비스 안내 캠페인을 개발해오고 있다. 이 캠페인은 자동차가 지구를 멸망하게 하는 원인 중 하나이므로 자동차 운행을 중지해야 한다고 주장하지는 않는다. 그 대신 방송국의 젊은 진행자는 자전거를 타는 것이 어떻게 그녀에게 여러 가지 아기자기한 즐거움을 가져다주는지를 경쾌한 음악과 함께 우리에게 설득력 있게 말한다. "만약 내가 자전거를 타면, 사람들은 꽃, 빙하, 반딧불, 눈 오는 날의 임시 휴교 때문에 나에게 고마워할 것이다"[8]라고 말이다.

3) 경제적 지속 가능성

경제적 지속 가능성의 개념은 단순하다. 즉, 어떤 활동이나 생산품이 이를 위한 투입 비용보다 더 큰 가치가 있는가? 이를 위해서 지속적으로 비용을 부담할 수 있는가? 그러나 실제로는 좀 복잡하다.

시장 실패

우리 사회는 일상에 필요한 음식물, 의류, 집 등을 포함한 생활필수품 대부분에 대한 가격을 정하고, 적절한 상품을 생산하며, 수요와 공급의 균형을 찾고자 자유 시장free market[9] 체제를 사용한다. 그러나 교통 시장은 자유 시장의 규칙을 적용할 수 없는 가장 눈에 띄게 예외적인 시장 중 하나이다. 주차장, 도로, 대중교통수단을 이용하는 최종 소비자인 통행자는 교통 서비스를 공급하는 데 소요되는 비용의 극히 일부만을 내며, 그 대신 교통 비용의 대부분은 다른 상품의 가격과 서비스 비용에 포함되거나, 사회 전체가 부담하기도 한다. 이러한 교통 시장의 기능적 장애는 부분적으로는 초보적인 기술적 한계에서 비롯된 것으로 볼 수 있다. 즉, '어떻게 모든 장소에 요금소를 설치하지 않고 통행이라는 무형적 자산에 대해 요금을 징수할 수 있겠는가?' 하는 것이다. 그러나 통행에 대해 가격을 매길 수 없는 더 큰 이유는 의도적인 경제정책과 사회정책에서 찾을 수 있다.

---

8) 피플 포 바이크는 1999년부터 시작된 운동으로, 어느 누구나 자전거를 잘 탈 수 있게 하려는 캠페인을 주도하고 있다.

9) 자유 시장(自由市場)은 모든 거래가 정부와 권력에 의한 강제 또는 간섭으로 시행되는 것이 아니라 자발적으로 모든 경제활동이 이루어지는 시장을 의미한다(위키백과).

20세기 초까지 교통은 대부분 '시장-주도적market-driven'이었다. 제2차 세계대전 이후, 미국 연방 정부는 대중교통에 대해서는 단편적으로 투자했고, 주로 자동차 기반 시설에 대규모로 투자했다. 이러한 투자는 이동성을 크게 향상해주었으며, 이는 곧바로 체계적인 경제적 편익을 가져다주었다. 또한 1인당 이동 거리(차량·마일)[10]의 급속한 증가는 미국인 대부분의 삶의 질을 개선하는 주요 요인이 되었다. 그러나 이러한 편익은 불이익을 가져다주었다. 사람들이 자신의 통행에 대한 전체 비용을 내지 않아 수요가 공급을 초과하는 공급 부족 현상, 즉 혼잡이 나타났기 때문이다. 더욱 곤란한 것은 통행자가 자신이 발생시키는 소음과 배기가스 오염에 대한 비용을 내지 않으므로, 이 혼잡 문제를 가격 체계를 통해 해결하기보다는 환경적 규제regulation를 통해 해결해야 한다는 것이다.

개릿 하딘Garrett Hardin은 「공유지의 비극The Tragedy of The Commons」[9]이라는 글을 통해, 한 그룹 내에서 각 개인이 자신만을 위해 이기적으로 행동한다면, 전체에게 공유된 자원은 모두 소모될 것이라고 했다. 다른 사람들이 항상 자신의 몫보다 더 많은 자원을 사용하는데도 자신의 지속 가능한 몫만을 사용하는 각 개인이 얻는 보상이 없기 때문이다. 최초의 예는 중세 시대에 양을 방목하는 사례에서 찾을 수 있다. 사람들이 한정된 초지에 너무 많은 양을 방목함으로써 초지가 황폐한 곳으로 변해버린 것이다. 같은 현상이 도로에서는 혼잡의 형태로, 공기 중에는 배기가스와 일산화탄소 등에 의한 오염 형태로 나타난다. 이것이 '공유재shared goods'에 대해 적절한 가격을 부과하지 않은 결과로 나타나는 '시장 실패market failure'의 한 예이다.

가치 확보

20세기 초까지 교통 서비스에 대한 공공의 보조가 요구되지 않았던 한 가지 이유는 교통을 토지이용과는 구별된 별도의 활동으로 생각해서이다. 오히려 교통 시설에 대한 투자는 교통 서비스를 연계해 높은 가격으로 토지를 판매하려는 부동산 개발 업자들이 진행해왔다. 일본의 경우에는 현재도 여전히 많은 철도 시설 투자가 이러한 방식으로 이루어진다.

그러나 미국에서는 많은 대중교통기관이 만들어낸 가치를 그들 자신이 취득하는

---

10) '차량·마일(vehicle miles)'은 차량이 이동한 총 거리, 즉 운행량을 나타내는 단위로 1대의 차량이 단위 거리(1마일)를 이동하는 경우의 운행량을 단위로 한다.

것을 명시적으로 금한다. 오히려 새로운 철도 노선을 건설하고자 사용된 공공 재원이 공공의 가치로 되돌려지지 않고, 노선 주변의 운 좋은 부동산 소유주들의 혜택으로 돌아갔다. 예외로 포틀랜드Portland와 시애틀에서는 노면전차를 건설할 때 노선에 인접한 토지를 소유한 개발 업자들이 자발적으로 납부한 재산세property tax를 건설 재원으로 사용했다.

수명 주기 원가계산

교통 부문에서 또 다른 전형적인 경제적 실패의 원인은 교통 당국이 운영비와 자본예산 사이에 방화벽을 두는 데 있다. 주 정부와 연방 정부의 재정 지원 정책 때문에, 일반적으로 교통기관의 처지에서는 운영비를 지원받는 것보다 사업 투자비(자본비)를 지원받는 것이 훨씬 더 쉽다. 그 결과 많은 도시는 적은 비용으로 기존 도로를 지속적으로 관리하는 것(운영비 지출)보다 장기적으로 훨씬 더 큰 비용이 들어가는데도 전체 도로를 다시 포장하는 것(자본비 지출)을 택한다. 마찬가지로 대중교통기관들은 셔틀 운영, 자전거 및 보행 시설 개선, 토지이용 정책의 변경 등을 통해 철도역을 향한 접근성을 향상하는 것이 더 '비용-효과적'인데도, 역 주변에 주차장을 건설(연방 정부가 지원하는 자본비를 지출)하는 것을 택할 것이다.

고정 가격화 대비 변동 가격화

교통 비용을 이용자가 내는 범위로 한정해서 보면, 변동적인 비용보다 고정적인 비용이 더 많다. 예를 들면 자동차 구매비, 보험료, 월 주차권 구매비는 모두 고정비용fixed cost이다. 이 비용은 통행자가 하루에 1마일을 다니든지 200마일을 다니든지 차이가 없다. 결과적으로 이 고정비용을 내고 나면, 통행자는 자동차 운행을 많이 할수록 마일당 비용이 줄어드는 효과가 있으므로 자동차를 많이 운행하면 할수록 지출한 화폐의 가치를 높이는 것이 된다. 따라서 만약 이들 고정비용을 카셰어링, 운행 거리 비례 자동차보험pay-as-you-go insurance, 시간당 주차비 등의 방법을 통해서 변동 비용variable cost으로 바꾼다면 자동차 운행은 현저하게 줄어들 것이다.

또한 많은 자동차 운영 비용은 '감추어져hidden' 있거나, 사용하는 시점에 정기적으로 지출되기보다는 자동적 또는 간헐적으로 지출된다. 즉, 연료 주입 비용은 우리가 주유할 때마다 내므로 눈에 보이는 비용이다. 그러나 특히 자동적으로 징수되는 자동차 할부금 또는 보험료 등은 자동차 소유자들에게는 일상적인 비용에 해당하지 않으므로 이들에게 인식되지 않는 것이 일반적이다. 마찬가지로 차량 수리가 필요한데도 수리를 위해 예산을 세우려 하지 않거나, 시간이 지남에 따라 수리비가 얼마나 누적될 것인지를 알려고 하지 않는 경향이 있다. 반대로 대중교통 이용자들은 이용할 때마다 운임을 낸다.

4) 교통과 환경적 지속성

지속 가능성을 추구하는 것의 시작점은 즐거움과 아름다움이다. 그러나 현재 교통에 적용되는 기술의 과학적 특성과 이들이 생태계에 미칠 영향을 이해하는 것 또한 반드시 필요하다. 따라서 우리는 교통과 환경적 지속 가능성 사이의 관계를 더 넓게 보아야 한다. 교통수단의 대부분은 주로 석유류를 사용해 운행되며, 이들 석유류를 추출·처리·운반·소비하는 전반적인 과정에서 공기의 질과 수질을 악화하는 문제가 발생한다. 또한 교통 기반 시설의 지표면은 포장되어야 하는데, 이러한 포장은 빗물이 지하로 흡수되는 것을 저해하는 문제를 만들어내며 농지 면적이 줄어들게 한다. 마지막으로 교통은 인간의 정주 패턴에도 영향을 미치며, 이는 부수적으로 생태적인 면에도 영향을 준다.

에너지원

그림 2-5에서 보는 바와 같이, 미국 석유류 소비의 약 3분의 2는 교통 부문에서 차지한다.[10] 따라서 이 주목할 만한 물질의 특성을 검토하지 않고서는 지속 가능한 교통에 대한 분석을 완성할 수 없다.

석유는 보통 수백만 년간 쌓여 땅속에서 부패한 해조류와 미세한 유기물질이 지질학적 과정을 통해 만들어낸 복합물과 탄화수소hydrocarbon의 합성 물질이다.[11] 화학적으로 탄화수소는 설탕이나 지방과 같은 탄수화물carbohydrate과 유사하다. 이들은 모두 원래 광합성 작용으로 만들어지는 에너지 집약적인 탄소 분자와 수소 분자의 결합체이다.

고등학교 화학 시간에 배운 것을 떠올려보자. 광합성이란 식물이 태양 빛을 받아 이산화탄소와 물을 에너지와 산소로 변화시키는 과정을 말한다.

$$6CO_2 + 6H_2O \rightarrow C_6H_{12}O_6 + 6O_2$$

이산화탄소　　　물　햇빛　당분　　　산소

그림 2-5
미국 석유류 소비의 약 3분의 2
는 교통 부문이 차지한다.
자료: U.S. Energy Information
Administration, *Annual Energy
Review*, Tables 5-12a and 5-12b.

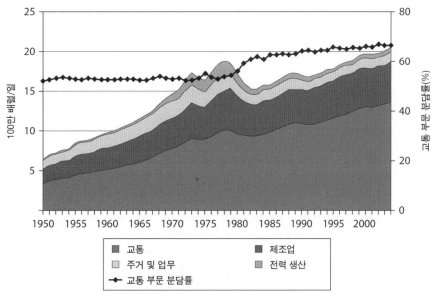

이들 식물이 오랜 기간 지층 밑에서 압력을 받아 만들어진 당분은 프로판과 같은 탄화수소로 변한다. 프로판은 산소와 함께 가열하면 연소해 열과 증기의 팽창과 같은 다양한 형태의 에너지를 발생시킨다.

$$C_3H_8 + 5O_2 \rightarrow 4H_2O + 3CO_2 + Energy$$

여러 가지 이유에서 볼 때, 탄화수소는 교통 부문에서 사용하기 매우 유용한 형태의 에너지이다. 많은 경우에 석유는 인간이 생활하는 상온[11]에서 액체 상태이므로 추출하거나 운반하기 쉽다. 또한 다른 에너지들보다 화학적으로 안정적인 물질이다. 가장 중요한 것은 적은 부피와 질량으로 큰 추진력을 만들어내는, 예외적으로 높은 '에너지 밀도energy density'를 지닌 물질이라는 것이다. 표 2-1은 일반적으로 교통 부문에서 사용하는 여러 가지 다양한 연료에 대해 킬로그램당 메가줄mega-Joule[12]로 측정되는 단위 중량당 에너지(이를 '고유 에너지specific energy'라 한다)와 리터당 메가줄로 측정되는 단위 체적당 에너지(이를 '에너지 밀도'라 한다)를 비교한 것이다. 다시 말해서 이 표는 에너지원의 질량과 부피에 비례해 얼마나 많은 에너지를 사용할 수 있는지를 비교한 것이다. 여기서 휘발유와 경유의 경우에는 대형 차량도 적절한 크기의 연료통을 가진다

---

11) 가열하거나 냉각지 않은 자연 그대로의 기온으로, 보통 섭씨 15도를 가리킨다.
12) 줄(Joule)은 일 또는 에너지의 크기를 나타내는 단위이다.

표 2-1 일반적으로 사용하는 연료의 단위 질량당 및 단위 체적당 에너지량

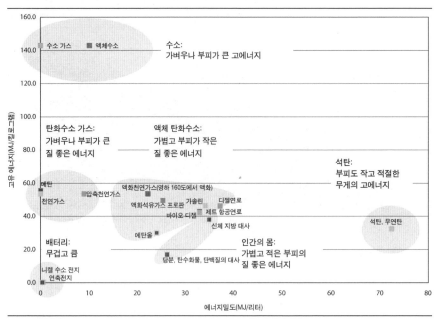

주: 구체적인 내용은 http://en.wikipedia.org/wiki/energy_density를 참고하기 바란다.

면 장거리를 이동할 수 있다는 것을 유의해야 한다. 이렇게 높은 에너지 밀도 덕택에 엄청난 에너지를 투입해 원유를 정제하고, 이를 지구의 반대편까지 수송해도 가치가 있는 것이다. 반대로 현재 배터리 전기 자동차의 경우는 배터리가 너무 커서 탑승자를 수송하는 것보다 배터리 자체의 무게 때문에 더 많은 에너지가 소요된다. 또한 연소 시에 나타나는 부정적인 영향 때문에 사용량이 줄어들기 전까지, 석탄을 연료로 사용한 기관차와 증기선이 어떻게 19세기 경제를 바꾸어놓았는지에 대해 유의할 필요가 있다. 휘발유를 대신할 수 있는 대체 연료를 찾으려는 노력에서 겪는 가장 큰 어려움은 유사한 에너지 밀도를 지니고, 상대적으로 안전하며, 수송하기 쉬운 것을 찾는 것이다. 그러나 아직까지 이러한 조건에 근접한 대체 연료는 거의 없다.

또한 표 2-1은 우리가 걷거나 자전거를 탈 때 지방과 당분을 연소하는 인간의 신진대사가 매우 효율적임을 나타낸다. 만약 우리 몸에 있는 지방과 당분이 우리가 먹은 음식에서 만들어진 것이고, 또한 우리의 음식이 근본적으로 우리가 사는 주변 지역의 식물에서 얻는 것이라고 가정해보자. 이 에너지원을 추출·처리·운송·소비하는 데 소요되는 모든 에너지를 모두 계상해 산출한 '체화 에너지 밀도embodied energy density'는 석유의 에너지 밀도보다 훨씬 높다.

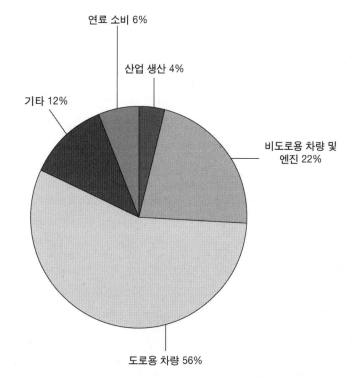

그림 2-6
미국 일산화탄소 배출원, 2002.
자료: U.S. Environmental Protection
Agency.

연료 소비 6%

산업 생산 4%

기타 12%

비도로용 차량 및
엔진 22%

도로용 차량 56%

부정적 영향

대기오염

석유류를 연료로 하는 교통수단이 방출하는 배기가스에 포함된 독성 물질 중 가장 큰
문제가 되는 것들은 다음과 같다.

- 일산화탄소(CO)carbon monoxide : 아무런 빛깔도 냄새도 없는 가스. 미국 환경보호
  국United States Environmental Protection Agency: EPA [12]에 따르면 내연기관 차량이 배출하
  는 일산화탄소가 미국 전체 일산화탄소 배출량의 약 60퍼센트를 차지한다고 한
  다(그림 2-6 참조).

- 질소산화물(NO_x)nitrogen oxide : 오존을 생성하는 데 크게 반응하는 가스. 이들 중
  이산화질소(NO_2)는 도시 지역에 나타나는 스모그smog의 주요 요인이 된다.

- 오존(O_3)ozone : 산소 원자 3개로 이루어진 가스. 이 가스는 전기 방전 시에 나는
  냄새를 가진 무색의 화합물이며, 오로지 2차적으로 생성되는 오염 물질로서 아
  주 독특한 물질이다. 이것은 일반적으로 대기에 직접적으로 방출되지 않는다.
  그러나 질소산화물과 휘발성 유기화합물volatile organic compounds: VOCs이 지표면에

서 햇빛과 열을 받으면 나타나는 화학적 반응으로 생성된다. 결국 한 지역의 오존 농도는 그 지역의 질소산화물의 농도, 휘발성 유기화합물의 농도, 햇빛의 강도, 그 지역의 기상 조건 등 여러 요소에 영향을 받는다. 오존과 오존을 생성하는 이들 화합물은 기상 조건에 따라 오염원에서 수백 마일 떨어진 곳까지 이동할 수 있으므로, 광범위한 지역에 걸쳐 대기오염을 일으키는 원인이 된다.

오존은 지표면에서 생성되든 수 마일 상공에서 생성되든 간에 관계없이 동일한 화학구조를 가지며, 대기권의 어느 위치에 있느냐에 따라 이로울 수도 해로울 수도 있다. '이로운' 오존은 성층권에서 자연적으로 발생해 태양에서 방출되는 해로운 광선(자외선)으로부터 지구의 생명체를 보호하는 층을 형성한다. 지구의 하층 대기권 또는 대류권, 지표면에 있는 오존은 '해로운' 오존으로 간주한다. 오존은 광화학적 대기오염 물질 또는 스모그에서 발견되는, 가장 널리 알려진 화학물질이다.

수질오염

교통은 해로운 대기오염 물질을 발생시킬 뿐 아니라 수질오염 물질로 만들어진 유독성의 스튜stew[13]를 만들어낸다. 토드 리트먼Todd Litman은 자신의 저작인 「교통 비용-편익 분석 II: 수질오염Transportation Cost and Benefit Analysis II: Water Pollution」에서 교통이 수질오염에 미치는 주요한 영향을 다음과 같이 요약했다.[13]

- 미국 자동차의 약 46퍼센트가 부동액, 크랭크 오일, 변속기 오일, 브레이크 오일 등 해로운 액체를 누출한다.[14]
- 폐윤활유 1억 8000만 갤런gallon이 지표면이나 하수관에 부적절하게 버려진다.[15]
- 도로 및 주차장에서 흘러나오는 유출수는 주로 자동차에서 나오는 고농도의 독성 금속, 부유물, 탄화수소물 등을 포함한다.[16]
- 도로 제설용 소금은 심각한 환경적·물적 손실의 원인이 된다.[17]
- 도로변의 잡초를 제거하기 위한 제초제 살포는 수질오염의 또 다른 요인이다.
- 포장된 도로와 주차장 시설은 수문학적으로도 큰 영향을 미친다. 이들 포장 시설은 빗물을 일시에 흘러내 버려 홍수·침식·퇴적을 일으키고, 지표수와 지하수가 줄어드는 것으로 말미암아 건기에는 하천의 물을 마르게 하며, 이는 물고

---

13) 고기와 채소를 넣고 국물이 좀 있게 해서 천천히 끓인 요리이다.

기의 이동을 막는 물리적 장애물이 된다.[18]

이들 수질오염의 영향에 따른 직접적인 피해와 이들 오염 물질을 줄이는 사회적 비용은 적지 않다. 세계에서 가장 엄격한 수질오염 관리 기준을 적용하는(부분적으로 물고기 서식지에 관한 고려 때문이기도 하지만) 워싱턴Washington 주 정부의 교통국은 이 기준을 맞추려면 연간 7500만~2억 2000만 달러의 비용이 필요할 것으로 추정하며, 이를 단위 운행 거리 기준으로 환산하면, 차량·마일당 0.2~0.5센트가 된다.[19]

강우 유출수

지면을 덮은 건축물과 포장된 지면에서는 빗물이 더는 땅속으로 스며들 수 없다. 이것은 직접적으로 홍수의 원인이 될 뿐 아니라 수질오염을 증가시키는 원인도 된다. 환경 보호에 관심을 가진 많은 도시에서는 모든 토지 개발 시에 빗물이 그대로 흘러나가는 것을 막고자 유출 지연 시설을 설치하고, 유수지를 만드는 방법을 이용한다. 기본적으로는 각 건물 옆에 웅덩이를 만들고, 건물 지붕과 포장된 지면에서 흘러 내려오는 빗물은 이곳에 저장되어서 자연스럽게 지하수로 서서히 흡수될 수 있게 한다.[14] 그러나 좀 더 지속 가능한 방법은 될 수 있으면 지면을 적게 포장하도록 도시를 설계하는 것이다.

미국 환경보호국은『빗물 최적 관리 기술로서 스마트 성장 기법의 사용Using Smart Growth Techniques as Stormwater Best Management Practices』[20]에서 토지이용 밀도가 증가하면 할수록 불투수 지면의 비율이 늘어난다는 것을 지적했다. 예를 들면 토지이용 밀도가 높은 맨해튼Manhattan은 나무가 많은 교외 지역보다 단위 면적당 불투수 면적이 훨씬 넓다. 그러나 더욱더 중요한 것은 밀도가 증가함에 따라 가구당 불투수 면적은 급격히 감소한다는 것이다. 가장 큰 이유는 그림 2-7과 그림 2-8에서 보는 바와 같이, 가구당 도로 면적이 감소해서이다. 예를 들면 에이커acre(약 4047제곱미터)당 8가구, 8000명의 주민이 사는 주거 단지(시나리오 C)에서는 연간 3억 9600만 세제곱피트의 빗물을 유출하는 데 비해, 밀도가 낮은 경우, 즉 에이커당 1가구, 8000명이 산다고 가정한 주거 단지(시나리오 A)에서는 약 4배에 해당하는 연간 19억 세제곱피트의 빗물을 유출하는 것을 알 수 있다.

---

14) 한 예로 독일 슈투트가르트(Stuttgart) 시는 모든 단지 설계와 건축물 설계 시 부지 내 빗물은 모두 부지 내에서 처리해, 빗물을 단지 밖으로 유출하지 못하도록 규정하고 있다.

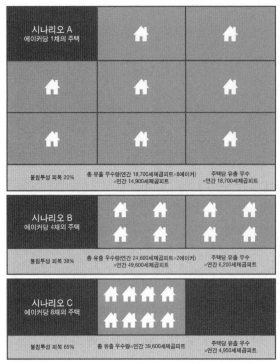

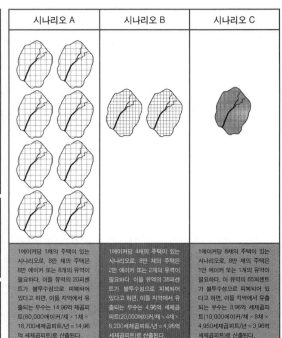

그림 2-7, 그림 2-8
주거 단지 형태와 필지당 가구 수에 따른 밀도와 강우 유출량.
자료: U.S. Environmental Protection Agency.

온실가스

마지막으로, 많은 지역에서 교통이 지구 온실가스 배출의 주범인 것을 인식하는 것이 중요하다(대부분의 경우 가장 큰 단일 오염 배출원은 교통이다). 온실가스는 메탄, 산화질소, 수소불화탄소 등을 포함한 다양한 화합물로 구성되지만, 온난화 원인의 85퍼센트는 이산화탄소이므로 우리는 이 물질에 주목해야 한다.

어느 지역의 총 이산화탄소 배출량 중에서 교통 부문이 차지하는 비율은 그 지역이 어떻게 전기를 생산하고 난방을 하느냐에 따라 다르다. 전기를 생산하고자 석탄이나 다른 저급 연료를 사용하는 지역에서는 전기 생산에 따른 온실가스 배출량이 가장 큰 비중을 차지한다. 또한 풍력발전, 수력발전, 원자력발전처럼 저탄소 화합물을 사용해 전기를 생산하는 지역에서는 교통에서 비롯된 배출량이 가장 큰 비중을 차지한다.

그림 2-9는 미국의 대표적인 지역인 캘리포니아California 주의 이산화탄소 배출량을 보여준다. 총 배출량 중 40퍼센트가 교통으로 비롯된 것이며, 더욱 중요한 것은 이 중 4분의 3은 개인 승용차에 의한 것이라는 사실이다.

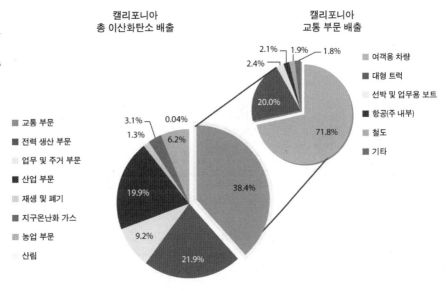

그림 2-9
캘리포니아 주의 배출원별 이산
화탄소 배출량.
자료: 2006 California Air Resources
Board Greenhouse Gas Inventory.

캘리포니아
총 이산화탄소 배출

캘리포니아
교통 부문 배출

- ■ 교통 부문
- ■ 전력 생산 부문
- ▨ 업무 및 주거 부문
- ■ 산업 부문
- ▨ 재생 및 폐기
- ■ 지구온난화 가스
- ■ 농업 부문
- ▢ 산림

2.1% 1.9% 1.8%
2.4%
20.0%
71.8%

3.1% 0.04%
1.3%
6.2%
19.9%
38.4%
9.2%
21.9%

- ■ 여객용 차량
- ■ 대형 트럭
- ▨ 선박 및 업무용 보트
- ■ 항공(주 내부)
- ▨ 철도
- ■ 기타

온실가스 감축에 관심을 둔 세계 각국에서는 정교한 등급 평가 및 시상 체계를 통해 그 효과가 입증된 '친환경 건물green building'에 관심을 집중하고 있다. 그러나 친환경 건물 프로그램이 가치가 있고 꼭 필요한데도, 이들 프로그램은 다음 몇 가지 중요한 한계를 지닌다.

- 건축 환경에는 매우 큰 관성이 존재한다. 대부분 도시에서 대다수 건축물은 50년 전에 건축되어 오늘까지 존재하고 있으므로 이를 쉽게 개축할 수 없다.
- 더욱 중요한 것은 좋은 위치에 있는 오래된 건물보다 잘못된 곳에 있는 친환경 건물이 더 많은 이산화탄소를 배출할 수 있다는 것이다. '자동차-의존적' 지역의 멀리 떨어진 친환경 건물까지 운전해 갈 때 발생하는 이산화탄소 비용이 친환경 건물에서 감축된 이산화탄소 편익보다 클 수 있기 때문이다.

조너선로즈사Jonathan Rose Companies는 앞의 두 번째 사항을 그림 2-10, 그림 2-11과 같은 단순한 두 가지 그래프로 요약해서 설명했다. 즉, 그림 2-10은 도시 외곽에 있는 '친환경' 단독주택이 다른 일반 주택보다 얼마나 더 친환경적인지를 보여준다. 그러나 교외의 친환경 단독주택은 규모가 크고 노출된 벽면이 넓으므로, 상대적으로 연상 면적이 좁아 에너지 소비가 적은 다가구주택보다 에너지 효율이 낮다. 더욱 중요한 것은 자동차-의존적 지역인 이곳까지 이동하는 데 소요되는 에너지가 친환경 건물 자체가 사용하는 에너지를 초과한다는 것이다. 그림 2-11은 같은 내용을 업무용 건물에 대해 보여준 것이다.

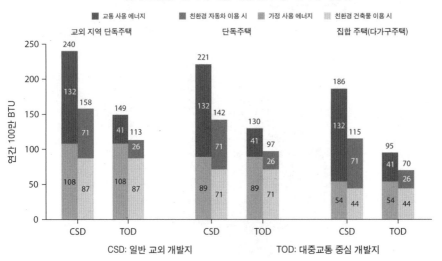

입지 효율성: 입지에 따른 가정 및 교통 에너지 사용량

■ 교통 사용 에너지   ■ 친환경 자동차 이용 시   ■ 가정 사용 에너지   ▨ 친환경 건축물 이용 시

교외 지역 단독주택 / 단독주택 / 집합 주택(다가구주택)

연간 100만 BTU

CSD: 일반 교외 개발지   TOD: 대중교통 중심 개발지

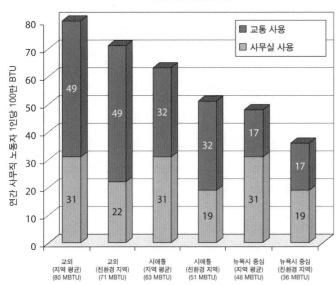

사무실 입지 및 형태

■ 교통 사용
▨ 사무실 사용

연간 사무직 노동자 1인당 100만 BTU

교외
(지역 평균)
(80 MBTU)

교외
(친환경 지역)
(71 MBTU)

시애틀
(지역 평균)
(63 MBTU)

시애틀
(친환경 지역)
(51 MBTU)

뉴욕시 중심
(지역 평균)
(48 MBTU)

뉴욕시 중심
(친환경 지역)
(36 MBTU)

그림 2-10, 그림 2-11
지역별 교통 에너지 및 주택 에너
지 사용량.
자료: Jonathan Rose Companies.

교통과 공중 보건

Transportation
and Public Health

지난 10년 이상, 지속 가능한 교통의 필요성을 가장 강력하게 주장하는 사람 중에는 건강전문가들이 포함되었다. 이들은 지난 수백 년 동안 진행되어온 의료 기술의 개선이 자동차 때문에 활성화된(어쩌면 강요된) '좌식 생활 방식sedentary lifestyle'의 출현으로 말미암아 아직 끝나지 않았고, 이 과정이 더 계속될 필요가 있음을 깨달았다. 건강전문가들은 지난 수년 동안 수천 건의 연구 결과를 분석해 교통이 건강과 밀접한 관계가 있다는 완벽한 근거 자료를 도출했으며, 이러한 건강전문가들의 주장은 대부분 이들 자료를 기반으로 한다.

1. 인간의 몸

1) 자신의 두 발로

교통과 건강의 연관 관계에 대한 논의는 인간의 몸을 이해하는 것에서 출발해야 한다. 약 1800만 년 전에 두 발로 똑바로 서서 걷기 시작한 '직립보행 인간Homo erectus'이 탄생했으며, 이때로부터 인간의 몸은 걷기에 익숙해졌다. 역사를 살펴보면, 사람들은 사냥, 모임, 유목 생활 등을 위해 거의 매일 이동해야 했다. 소화 작용, 자연 치유 작용, 면역 작용, 사고 작용 등을 관장하는 인간의 신체 시스템은 걷는 동안 최상의 기능을 발휘한다. 우리의 선조 중에서 걷지 못하는 사람은 몸이 약해 종족에 큰 짐이 되었다. 따라서 걷기를 멈출 때 우리의 신체 시스템이 점점 약해지기 시작하리라는 것은 의심할 여지가 없다. 사실 우리가 걷기를 중지한다면, 죽기 시작하는 것과 같다. 하루에 1마일도 걷지 않는 노인의 사망률은 하루에 2마일 이상을 걷는 노인의 거의 2배이다.[1]

우리는 걷기와 건강 사이에 긍정적인 상관관계가 있다는 연구 결과를 수없이 찾을 수 있다. 구글google에서 '걷기walking'와 '사망률mortality'을 검색하면 약 200만 개 이상의 연구 결과물을 볼 수 있다. 실제로 간호사들이 대수술을 받은 환자들에게 제일 먼저 주문하는 것은 환자복을 입은 상태로 정맥주사용 수액 거치대를 끌면서라도 복도를 걸으라는 것이다. 더 나아가 일본인들은 장수와 신체 단련의 토대를 갖추기 위한 방법으로 '만보기萬步機; Manpo-kei' 또는 '하루 만 보 걷기ten thousand steps a day'를 오랫동안 홍보해왔으며, 이는 전 세계로 파급되었다. '만 보 걷기' 전략은 단순하다. 그냥 보행계수기를 구입해 착용하고 모든 일상 활동에서 걸으면 된다.

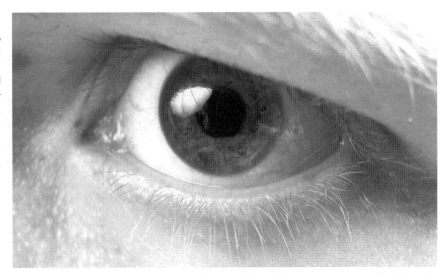

그림 3-1

인간의 눈은 매우 독특해서, 공막(흰자위 부분)과 홍채의 대조가 명확하다.

자료: Tobias Hoffman(크리에 이티브 커먼즈 라이선스에 따라 사용: http://creativecommons. org/licenses/by-sa/2.0)

2) 상대방 눈의 흰자위를 볼 때까지 총을 쏘지 말라

인간의 신체 중 또 하나의 독특한 기능을 지닌 것은 바로 우리의 눈이다. 첫째, 사람의 눈은 옆으로 길게 생겨서 위를 보려면 고개를 들어야 하지만, 양 옆을 보기는 쉬우므로 주변을 손쉽게 관찰할 수 있다. 더욱 중요한 것은 그림 3-1에서 보는 바와 같이 눈의 '홍채iris' 주변에 있는, 눈의 흰자위에 해당하는 '공막sclera'[1]이 다른 포유동물보다 상대적으로 매우 크고 명확히 구분된다는 점이다. 홍채와 공막 간의 대조는 매우 중요하다. 우리는 이러한 명확한 대조를 가진 상대의 눈을 통해서 그 사람이 표현하는 많은 양의 사회적 정보를 얻을 수 있기 때문이다.[2]

우리는 길을 걸을 때, 주변에 있는 다른 사람들에게 눈으로 신호를 보낸다. 우리는 거만하게 쳐다보거나, 또는 시선을 아래로 내려 복종의 뜻을 표현해 서로 간의 사회적 서열을 확립한다. 그리고 이성에게 추파를 던져 자신의 관심을 표현하기도 하며, 시선을 통해 감사를 표현하거나, 야단치거나, 사회적 계약관계를 명확히 정하기도 한다. 뉴욕 주민New Yorker들에게는 확고한 기준이 있다. 거리에서 평상복으로 산책하는 사람들을 만날 때, 머리를 곧게 세우고 정면을 응시하는 것은 비켜달라는 신호이다. 그러나 파리Paris의 거리에서 눈을 바라보는 것은 대화를 나누고 싶다는 신호이다.

---

1) 각막을 제외한 눈알의 바깥 벽 전체를 둘러싸는 막으로, 희고 튼튼한 섬유질로 되어 있다(국립국어원 표준국어대사전).

그림 3-2
얀 겔은 사람들이 서로 가까이
대면할수록 얼마나 많은 정보
를 얻을 수 있는지, 그리고 멀
어질수록 얼마나 인지하기 어
려운지를 보여준다.
자료: Jan Gehl/Gehl Architects.

    얀 겔은 자신의 저서인 『도시와 인간Cities for People』[3]에서 인간의 눈이 지닌 물리적 한계가 도시 공간에서 발생하는 사회적 교류에 어떻게 영향을 미치는지를 그림 3-2로 설명했다.

- 1000~1600피트[2]의 거리[약 4분의 1마일(약 400미터), 또는 도시에서 세 블록block 정도의 거리]에서는 동물 또는 다른 물체와 사람을 구별할 수 있다.
- 약 300피트(약 90미터) 정도에서는 성별을 구별하고, 나이를 가늠할 수 있다. 겔에 따르면 이 거리는 심리적으로 안정감을 느끼고, 자신들의 공간으로 관심을 품게 되는 임계 거리에 해당한다. 따라서 공공의 광장은 일반적으로 좌우 폭이 300피트를 넘지 않아야 한다. 만약에 광장이 이보다 넓다면 관리할 수 있는 크기의 '구분된 공간room'으로 세분해야 한다.
- 160~230피트(약 50~70미터)의 거리(한 블록 이내의 거리)에서는 머리의 색깔과 '보디랭귀지body language(몸짓언어)'를 인식할 수 있으며, 아는 사람을 구별할 수 있다. 또한 이 정도의 거리에서는 도움을 요청하는 소리를 들을 수 있다.

---

2) 야드파운드법에 의한 길이의 단위로, 기호는 'ft'로 표현한다. 1피트는 1야드의 3분의 1, 1인치의 12배로 약 30.48센티미터에 해당한다. 피트라는 단위는 사람의 발 길이에서 유래했다고 널리 알려졌으며, 그 기준은 길이가 12인치인, 잉글랜드 왕 헨리 1세(Henry I)의 발이라고 한다. 헨리 1세는 잉글랜드의 도량형을 표준화하려 했다.

그림 3-3
자동차가 일반화되기 전에 형성된 도시는 우리에게 매력적인 규모로 보인다.
자료: Nelson\Nygaard.

- 참고로 극장이나 오페라하우스에서 배우의 감정을 느끼고 인식할 수 있는 최대 거리는 115피트(약 35미터)이다. 무대에 가까울수록 공연의 감동이 훨씬 커지므로 관람료는 상대적으로 비싸진다.

- 70~80피트(약 20~25미터)의 거리(앞마당에서 길 건너편 이웃집까지의 거리)에서는 상대방의 표정에 나타나는 생각과 주요 감정을 읽을 수 있다. 또한 "안녕하세요!"라고 소리치면 들을 수 있는 정도의 거리이다. 겔은 80피트(약 25미터)를 넘는 거리에서는 거의 사회적 관심을 가질 수 없다고 경고한다. 그러나 80피트 이내의 범위에서는 '도시의 마법urban magic'이 일어난다. 서로 간의 거리가 80피트 아래로 줄어들수록 교류가 일어나는 강도는 기하학적으로 높아진다.

- 23피트(약 7미터)를 넘으면 실질적인 대화가 불가능하다. 또한 이는 자동차 주차면의 길이이기도 하다.

- 약 1.5피트(약 4.5미터)의 거리에서는 친밀한 대화를 나눌 수 있으며, 이 정도의 거리에서는 우리의 모든 감각이 서로 간의 상호작용에 집중한다.

우리의 눈이 지닌 이러한 공간적 한계는 자동차의 요구 조건과 직접적으로 상충한다. 도시계획가들은 자동차의 기하학적 구조에 맞추고자 기본적인 거주지 요건을 벗어난 규격의 가로를 시작으로 사회적 교류를 할 수 있는 최대 한계를 벗어난 크기의 가로와 광장을 만들어야 했다. 어쩌면 미국인들이 다른 스케일scale을 경험할 수 있게 해주는 '테마파크theme park'나 외국 여행을 많은 경비를 지출하면서까지 좋아하는 것은 당연할지도 모른다. 이들은 가까운 캐나다나 멕시코를 내버려두고, 주로 영국, 이탈리아, 독일, 일본 등의 순서로,[4] 이 지구상에서 가장 도시화한 곳 중에서도 우리가 사랑하는 거리와 광장들로 가득 차 있는 곳을 찾는다. 미국인들은 왜 협소한 도로와 베네치아Venice의 조그마한 광장에 매력을 느끼는가? 이는 그림 3-3에서 보는 바와 같이 우리 인간은 사회적 동물이므로 자동차가 없는 베네치아와 같은 도시에서나 찾을 수 있는 작은 스케일의 장소를 가장 편안하게 느끼기 때문이다.

2. 이 맥맨션[3]이 나를 뚱뚱해 보이게 하는가?

걷기를 싫어하게 만드는 환경은 직간접적으로 우리의 건강에 심각한 악영향을 미친다. 미국에서는 자동차 사고로 비롯된 직접적인 영향으로 연간 200만 명이 장애인이 되며, 3만 4000명이 사망한다.[5] 더 큰 관심을 끄는 것은 비만과 심혈관 질환을 포함한 간접적인 피해이다. 과도한 운전이 건강에 피해를 주는 유일한 원인은 아니다. 그러나 이들 간에는 깜짝 놀랄 만한 상관관계가 있다.

　　미국 질병통제예방센터Centers for Disease Control and Prevention: CDC는 건강을 악화시키는 원인을 추적 조사한 연구 결과로 충격적인 통계자료를 발표했다. 이 자료에 따르면, 1980년대와 1990년대 초까지는 비만은 심각한 문제가 아니었다. 그러나 과거 10년 동안 비만이 급속히 늘어 미국인의 36퍼센트가 과체중, 28퍼센트가 비만으로 진단되었다. 또한 이 자료는 정기적인 육체 운동의 지속적 감소와 비만의 증가 사이에 강한 상관관계가 있음을 보여준다.[6]

　　과도한 운전으로 말미암아 발생하는 폐해는 비만과 심혈관 질환만이 아니다. 자동차 운행은 대기오염을 일으키며, 이 대기오염은 폐암과 천식을 포함한 다른 문제들을 일으킨다. 마이클 프리드먼Michael Friedman 박사의 연구팀이 ≪미국의학협회지Journal

---

3)　맥맨션(MacMansion)이란 미국의 교외 지역에서 필지에 비해 너무 크거나 이웃과 어울리지 않다고 판단되는 크고 화려한 집에 대한 경멸적인 표현이다. 또는 한 구역에 비슷비슷한 모양으로 지어진 저택들이 모여 있는 것을 말하기도 한다(Wikipedia).

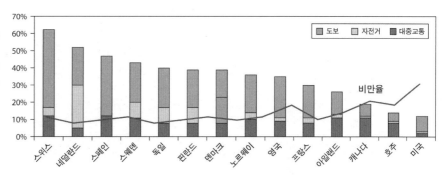

그림 3-4

도보 통행이 줄어들면 비만은
늘어난다.

자료: Todd Litman, Victoria
Transportation Policy Institute.

of the American Medical Association ≫에 발표한 내용에 따르면, 애틀랜타Atlanta 시에서는 교통
량이 많이 줄어들었던 올림픽 기간에 다른 질병으로 병원을 찾은 어린이 환자 수는 변
동이 없었으나, 급성 천식으로 병원을 찾은 어린이의 수가 급격히 감소했다고 한다.[7]

데이비드 바셋David Bassett 박사는 그림 3-4에서 보는 바와 같이 주요 선진 공업국
의 주요 교통수단 이용률과 비만율 사이에 강한 상관관계가 있음을 보여주었다.[8]

이는 다양한 교통수단을 이용하는 세계 경제 선진국들을 대상으로 조사한 자료
로, 도보로 통행하거나 자전거를 이용해 통행하는 비율이 높으면 높을수록, 해당 국가
의 비만율obesity rate[4]이 낮아지는 반비례 현상을 보여준다.

3. 위험해, 윌 로빈슨![5]

모두가 말했듯이, 미국인들이 거의 반평생 동안 받는 고통은 과도한 운전으로 비롯된
것이다. 직접적인 원인은 교통사고이며, 간접적으로는 오염 노출로 말미암은 결과이

---

4) 국가 비만율이란 전체 인구에서 비만 인구가 차지하는 비율을 가리키며, 비만인지 아닌지는
체질량 지수(Body Mass Index: BMI)를 통해 진단한다. 수치가 30이 넘어가면 비만으로 본
다. BMI 계산법은 키(미터) 제곱으로 체중(킬로그램)을 나누면 된다. 예를 들면 키 175센티
미터에 몸무게 68킬로그램이라면, 1.75×1.75로 나온 3.06으로 다시 68을 나눈다. 결과 값이
22이므로 이 사람은 정상 체중이라 할 수 있다.
5) "Danger, Will Robinson!"은 미국 드라마 〈로스트 인 스페이스(Lost in Space)〉에서 시작된
유행어로서, 일상생활에서는 사람들이 무엇인가 잘못하거나 방치하는 것에 대한 경고로 쓰
인다(Wikipedia).

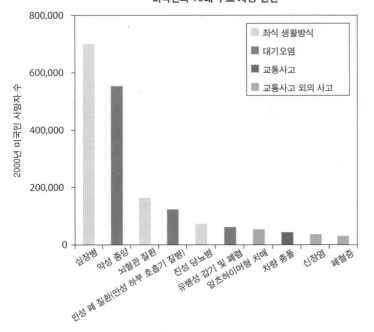

미국인의 10대 주요 사망 원인

좌식 생활방식
대기오염
교통사고
교통사고 외의 사고

2000년 미국인 사망자 수

심장병 / 악성 종양 / 뇌혈관 질환 / 만성 폐 질환(만성 하부 호흡기 질병) / 진성 당뇨병 / 유행성 감기 및 폐렴 / 알츠하이머형 치매 / 차량 충돌 / 신장염 / 패혈증

그림 3-5
과도한 운전과 과소한 보행은
미국인들의 가장 큰 건강상 문
제이다.
자료: Todd Litman, Victoria
Transportation Policy Institute.

표 3-1 샌프란시스코종합병원의 연간 보행자 부상 치료비

사고 연도	총비용(2008년 불변가격, 달러)	2008년도 인구 수	인당 비용(달러)
2004	11,257,143.03	840,462	13.39
2005	13,480,653.08	840,462	16.04
2006	16,574,112.85	840,462	19.72
2007	17,673,296.91	840,462	21.03
2008	15,328,023.35	840,462	18.27
전체 연도	74,343,229.22	840,462	88.46

거나 좌식 생활에 의한 결과이다. 토드 리트먼은 국립부상방지관리센터 National Center for Injury Prevention and Control 의 자료를 이용해 미국인의 10대 사망 원인을 그림 3-5로 요약했다.[9] 신문의 머리기사는 총기 사고, 토네이도 tornado, 화재, 항공기 추락, 상어의 공격 등에 의한 사상자들에 관한 내용과 사진으로 채워졌지만, 자동차 운전이야말로 대부분의 미국인이 계속할 활동 중 단연코 가장 위험한 것이다.

이들 위험은 우리를 불안하게 할 뿐 아니라, 이를 해결하려면 큰 비용이 소요된다. 2010년에 캘리포니아 대학교 샌프란시스코 University of California-San Francisco: UCSF 에서 계산한 바에 의하면, 샌프란시스코종합병원 San Francisco General Hospital 에서 교통사고로 부상당한 보행자를 치료하고자 직접적으로 사용한 의료비는 표 3-1과 같다.[10] 또한 5

년 이상의 연구 기간을 통해 살펴본 바에 따르면, 임금 손실과 같은 사회적 비용을 제외하고, 직접적으로 지출된 입원 비용만 해도 시 당국이 부상을 방지하고자 지출하는 연간 예산을 초과하는, 연평균 1500만 달러에 달했다.

4. 분노하라, 윌 로빈슨!

운전은 육체를 병들게 할 뿐 아니라 정신도 병들게 한다. 운전과 관련된 분노는 의학적으로 일종의 '간헐적 폭발성 장애Intermittent Explosive Disorder: IED'[6]로 진단되는 '로드 레이지road rage'[7]라는 독특한 형태가 있다.

궬프 대학교University of Guelph의 신경및응용인지과학과 부교수인 마크 펜스키Mark Fenske박사는 로드 레이지가 뇌의 화학작용에 미치는 영향을 연구해왔다.[11] 그는 자동차 운전이 두뇌의 세 가지 핵심적인 부분에 부정적 충격을 줄 수 있다고 지적했다.

- 소뇌의 '편도체amygdalae'는 두뇌의 양쪽에 있는 한 쌍의 아몬드almond 모양 신경조직으로 '투쟁-도피반응fight-or-flight response'[8]을 주도한다. 그러나 매일 운전하는 중에 지속적으로 스트레스를 받아 이 반응이 과도하게 작용하면, "이 신경조직의 물리적 형태가 변화될 수 있으며, 이러한 변화가 높은 불안을 자주 일으키게 한다."
- 대뇌 측두엽의 '해마hippocampus'는 경험을 기억하도록 돕는 조직으로, 특별히 스트레스에 취약하다.
- 또한 스트레스는 '전두엽 피질prefrontal cortex'에도 영향을 미쳐, 기억력과 선악을 구별하는 능력을 손상하고, 아울러 반사회적 성향을 제어하는 능력까지도 손상한다.

종합적으로 말해서, 자동차 운전을 너무 많이 하면 우리는 불안해지고 멍청해지

---

6) 간헐적 폭발성 장애는 분노 조절 장애 중 하나로서 분노를 스스로 통제하지 못하고 심각한 파괴적 행동을 보이는 일종의 정신장애이다.
7) 로드 레이지('도로 위의 분노'로 번역하기도 한다)는 자동차나 다른 도로상에서 움직이는 차량의 운전자에 의해 나타나는 공격적이거나 분노하는 행동을 말한다. 이러한 행동은 거친 몸짓, 모욕적인 언어, 의도적으로 위협을 가하거나 위험하게 운전하는 것 등이다(Wikipedia).
8) 갑작스러운 자극에 대해 '투쟁할 것인가 도주할 것인가'의 형태로 나타나는 본능적 반응이다.

며, 이러한 증상은 운전하지 않는 중에도 지속된다. 따라서 이러한 스트레스에 지속해서 노출되면 뇌의 물리적 구조는 영구적으로 변화되어 되돌릴 수 없는 상태가 된다.

충돌실험용 인형과 어린이용 차량 안전 의자safety seat에 관한 연구에 대부분의 노력을 기울이는 미국의 국립도로교통안전국National Highway Traffic Safety Administration: NHTSA은 로드 레이지와 난폭 운전을 연간 1800명에 이르는 교통사고 사망의 직접적 원인이 되는 매우 심각한 문제로 인식한다.[12] 이 기관에서는 로드 레이지에 관해 무엇인가 해야만 한다는 부담을 갖고, 화가 난 운전자에게 권고하는 내용을 담은 다음과 같은 소책자handy brochure[13]를 발간했다.

- "긴장을 푸십시오. 라디오 스위치를 켜서, 마음을 편안하게 해주는 음악에 채널을 맞추십시오. 음악은 당신의 기분을 안정시킬 수 있으며, 차 안에 있는 시간을 즐겁게 해줄 수 있습니다."

- "눈을 맞추지 마십시오. 때로는 난폭한 운전자와 눈을 마주치는 것이 그를 화나게 만들 수 있습니다."

눈을 맞추지 말라고? 운전 중 다른 운전자와 어느 정도 소통할 필요가 있는데도 왜 연방 정부에서는 우리에게 눈을 맞추지 말라고 권할까? 톰 밴더빌트Tom Vanderbilt는 자신의 유명한 저서, 『교통: 우리는 왜 운전을 하는가Traffic: Why We Drive the Way We Do』에서 걸으며 소통할 때에는 잘 작용할 수 있는 '진화생물학evolutionary biology'[9]의 원리가 어떻게 운전 중에는 작용할 수 없는지를 웅변적으로 묘사했다. 우리는 밴더빌트가 캘리포니아 대학교 로스앤젤레스UCLA 생물학 교수인 제이 펠란Jay Phelan과 가진 인터뷰 내용에서, 선조로부터 진화하며 적응해왔던 기능이 자동차 운전 중에는 왜 거의 작용하지 못하는지의 해답을 찾을 수 있다. 펠란의 인터뷰에 따르면, '상호 이타주의reciprocal altruism'는 자원이 부족했던 시기에 함께 힘을 모아 사냥을 해야 했던 필요에서 시작되었다고 한다. "당신이 내 등을 긁어주면, 나도 당신의 등을 긁어주겠다. 우리는 모두 이렇게 할 것이다. 이렇게 하는 것이 '앞으로' 우리 모두에게 이득이 되기 때문이다."[14] 그러나 자동차의 속도, 다른 운전자와 나 사이의 거리, 내부를 감추어주는 자동차 몸

---

9) 진화생물학은 문자 그대로 지구상의 생물 진화를 연구하는 학문으로, 생물 집단에서 일어나는 진화 현상을 연구해 진화의 원인을 규명하는 이론을 정립하는 학문이다. 이 학문은 지난 몇 십 년을 거치는 동안 '협력의 과학(science of cooperation)'이라 불려 왔으며, 이 학문을 통해 우리는 공동으로 일을 잘해보자는 행태를 더욱 구체적으로 규정할 수 있다(위키백과).

체 등 모든 것은 우리가 상대방과 보디랭귀지 신호를 맞출 수 없도록 방해하는 요소가 된다. 도로가 합류하는 지점에서 어떤 운전자가 양보하면, 우리의 뇌는 그 행동을 '장기적 호혜 관계long-term reciprocal relationship의 시작'이라고 해석한다. 반대로 어떤 사람이 의도적이지 않게 우리 앞에 끼어든다면, 우리는 그가 보내는 미안하다는 말도 들을 수 없고, 누군지도 모르는 사람이 빠르게 운전해서 달아난다고 느낀다. 이에 대한 심한 불만으로 말미암아 우리는 과도하게 분노할 것이다. 간단히 말해서, 차량은 이동 속도도 빠르고, 주변 차량과 거리가 너무 가까워서 얼핏 처다보고 방향 지시등도 제대로 작동하지 못한 채 갑작스럽게 차로를 변경하므로, 운전할 때 다른 운전자와 눈을 마주칠 수 없다는 것이다.

5. 건강과 형평성

공중 보건과 안전에 관련된 문제들의 근본 원인은 주 정부나 연방 정부의 재정 지원이 다른 교통수단보다 자동차 운행을 우선으로 하는 것에서 찾을 수 있다. 또한 안전을 확보하기 위한 재정 지원도 보행자가 아닌 자동차에 초점을 두고 차량 외장재의 강도를 강화하는 등 운전자의 안전 확보에 목표를 둔다. 그림 3-6에서 보는 바와 같이, 보행이 모든 통행의 9퍼센트를 차지하며, 보행 사망자가 전체 교통사고 사망자의 11.5퍼센트를 차지하는데도, 「SAFETEA-LUSafe Accountable Flexible Efficient Transportation Equity Act: A Legacy for Users」[15]에 근거한 연방 정부의 교통 지원 예산 중 보행자와 자전거를 위한 재원은 전체 예산의 1.5퍼센트에도 미치지 못해왔다. 특히 소수 인종 집단과 어린이, 노인 등은 이러한 형평에 맞지 않는 지원으로 말미암아 가장 큰 타격을 받는다.

'베이비 부머baby boomer'들이 나이가 들어감에 따라 노인 인구 비율이 급격히 커지는 '실버 쓰나미silver tsumami' 현상이 다가오면, 많은 미국인은 스스로 운전할 수 없을 것이며, 그때 자신들이 아직 보행을 위해 설계되지 않은 곳에 살고 있음을 발견할 것이다. 노인들이 어떻게 돌아다닐 수 있겠는가? 셰이디에이커스Shady Acres[10]로 쫓겨나 마지막 생을 외롭게 소외되어 사는 것을 감수했던 이전 세대들과는 달리, 오늘날의 노인들은 미국은퇴자협회American Association of Retired Persons: AARP와 같은 강력한 압력단체를

---

10) 노년의 은퇴자들을 위한 집단 주거지 또는 아파트를 말한다.

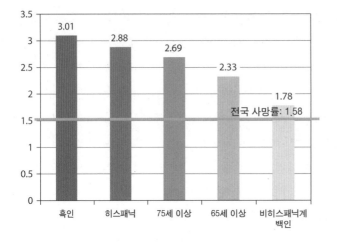

그림 3-6
인구 10만 명당 보행자 사망률.
자료: NHTSA, adopted by Surface
Transportation Policy Project
and Transportation for America
in Dangerous by Design, 2009.

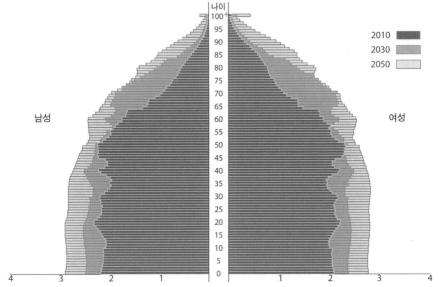

그림 3-7
미국의 연령별 인구구조 예측,
2010~2050년: 2030년 65세 이
상 성인의 구성비가 많이 늘어
날 것임을 주목하라.
자료: United States Population
Projections: 2000 to 2050(U.S.
Census Bureau, 2008).

조직했다. 그리고 이 조직에서 수행한 많은 연구 결과를 인용해 전적인 사회 참여를
요구하는 등의 압력을 행사한다.

미국은퇴자협회의 추계에 따르면, 2008년 미국 대선의 유권자 중 45세 이상 장년
이 58퍼센트를 차지했으며, 2010년 중간선거에는 유권자의 약 3분의 2를 차지할 것이
라고 한다. 그림 3-7에서 보는 바와 같이 이 비율은 점차 증가할 것이며, 결국 노인층
은 엄청난 정치적 영향력을 지닐 것이다. 이러한 현상은 단지 미국뿐 아니라 선진 산
업국들에서 전반적으로 나타날 것이다.[16]

어린이들의 상황은 더욱 좋지 않다. 미국 연방고속도로국Federal Highway Administration:

FHWA에 따르면, 1969년에는 학생들의 약 절반이 걷거나 자전거를 이용해 등교했다.[17] 그러나 2010년에는 이 비율이 15퍼센트 이하로 줄어들어 약 4분의 1은 통학 버스로, 그리고 절반 이상은 개인 승용차를 이용한다.

어린이들의 건강과 자립심은 자동차-의존적 생활 방식으로 말미암아 피해를 받는다. 부모님의 승용차로 등하교하는 어린이들은 틀에 박힌 생활에 빠져 주변 세계를 탐구할 기회를 거의 갖지 못한다. 더욱 중요한 것은 걸어서 통학하는 것이 학업 능력도 높여준다는 것이다. 특히 시험에 대한 부담을 받을 때에는 더욱 그러하다.[18]

6. 운전과 사회 건강

도널드 애플야드Donald Appleyard는 미래에 관한 책 『살기 좋은 가로Livable Streets』에서 주민들의 사회적 삶이 가로의 교통량에 따라 얼마나 달라지는지를 기술했다.[19] 그는 물리적으로는 큰 차이가 없고, 단지 교통량에서만 차이가 나는 샌프란시스코 시의 3개 가로변 주민들을 대상으로 상세한 설문 조사를 시행했고, 그 결과 다음과 같은 사실을 발견했다.

- 피크 시간peak period에 시간당 200대 정도의 적은 교통량이 통과하는 가로의 주민들은 그들이 사는 블록 내에 평균 3명의 친구와 6.3명의 지인을 두고 있었다. 이 가로는 "매우 친밀한 공동체를 형성하고 있었으며, 주민들이 도로 전체를 활용하고 있었다. …… 집 정면에 있는 출입구 계단은 앉아서 잡담을 주고받는 장소로, 보도는 아이들의 놀이터로 이용되고 있었다. …… 그리고 차도는 어린이와 10대 청소년들이 축구 경기 등 좀 더 활동적인 게임을 하는 장소로 이용되고 있었다".[20]
- 피크 시간에 시간당 550대 정도의 중간 교통량이 통과하는 가로의 주민들은 그들이 사는 블록 내에 평균 1.3명의 친구와 4.1명의 지인을 두고 있었다. 이 가로에서는 "대부분의 활동이 보차 분리(보행자와 차량의 분리)가 물리적으로 잘된 보도에서만 국한되어 이루어진다".[21]
- 피크 시간에 시간당 1900대 정도로 많은 교통량이 존재하는 가로의 주민들은 그들이 사는 블록 내에 평균 0.9명의 친구와 3.1명의 지인을 두고 있었다. 이 가로에서는 "가로는 각 개인의 집과 외부 세계를 구분하는 경계선으로만 쓰일 뿐

이며, 보도에서는 거의 아무런 활동이 일어나지 않는다. 주민 간 교류는 일어나지 않는다".[22]

21세기에 들어 사회적으로 사업적으로 성공하려면, 그 어느 때보다도 소셜 네트워크social network가 중요해졌다. 따라서 교통량이 많은 가로의 주변에 사는 주민들은 현저한 불이익을 받는다고 할 수 있다. 더욱 중요한 것은 이곳의 주민들이 그들의 거주환경을 개선하거나, 그 지역사회의 지속 가능한 미래를 찾고자 투쟁하는 일에 거의 동참하지 않을 것이라는 점이다.

7. 교통과 신뢰

비록 자동차-의존적 삶이 '뇌 화학brain chemistry'에 가져다주는 부정적 영향들이 우리를 당황스럽게 하지만, 교통은 또한 뇌 건강에 강력한 긍정적 영향을 주기도 한다. 사회적 측면에서 보면, 뇌 화학물질 중 옥시토신oxytocin은 아마도 가장 강력한 영향을 줄 것이다. 이에 대한 연구는 학술적인 수준에서 벗어나 공공 정책 측면에서 다루어지기 시작했다.[23]

셰르스틴 우브네스 모베리Kerstin Uvnäs-Moberg 박사는 자신의 저서인 『옥시토신 인자The Oxytocin Factor』에서 옥시토신의 주요 기능에 대해 다음과 같이 기술한다.[24]
- 여성에게 옥시토신은 모유 수유와 출산에 필수적인 호르몬이다.
- 옥시토신은 모든 포유동물이 느끼는 공포와 불안을 없애주고, 두뇌의 사회통제 센터social-control center를 도와 오르가즘orgasm에 이를 수 있게 해준다.
- 옥시토신은 암수 간에 서로 친밀감과 모성애를 높여준다.
- 이 호르몬은 뇌에서 받는 스트레스 관련 반응과 혈압을 낮춰주고, 전반적인 건강과 회복을 돕는다.
- 가장 흥미로운 것은 이 호르몬이 친밀감과 신뢰와 같은 긍정적인 사회적 행동을 증진한다는 것이다.

다시 말해 이 뇌 신경 물질은 뇌하수체에서 분비되는 호르몬으로, 성sex과 밀접한 관계가 있을 뿐 아니라, 사회적 신뢰를 형성하기 위한 생물학적 기본 요소이다(그림 3-8 참조). 신뢰는 가족 관계, 친구 관계, 정치, 사업상 협상 등에서 극히 중요한 요소이다. 틸뷔르흐 대학교Tilburg University의 미헬 코슈펠트Michael Kosfeld 박사는 "교역 상대 간

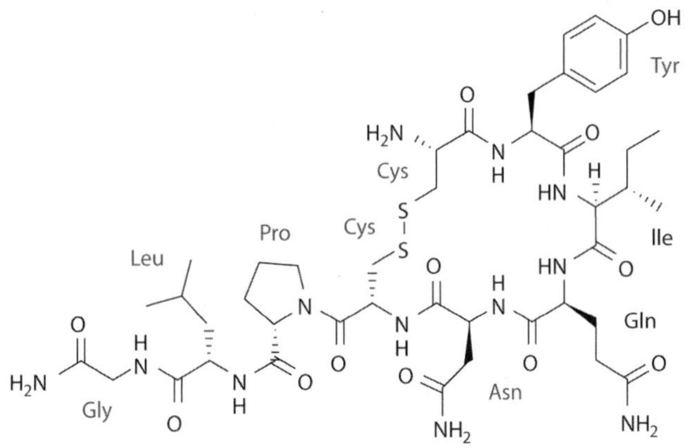

그림 3-8
옥시토신 분자는 신뢰감 형성에
필요한 생물학적 기본 요소이다.

에 신뢰의 결여는 시장 거래에서 실패를 낳게 한다. 국가 기관과 국가 지도자에게 신뢰의 결여는 정치적 정당성을 잃게 한다. 가장 최근에 입증된 바로는 신뢰가 경제적·정치적·사회적 성공을 도와준다고 한다. …… 옥시토신은 친사회적 행태를 유도하는 생물학적 기본 요소이다"[25]라고 했다.

그렇다면 옥시토신은 어떻게 우리의 뇌에서 나오는 것일까? 애무, 성교, 모유 수유 시 주로 배출된다. 또한 걷거나, 자전거를 타거나, 수영할 때에도 배출된다. 조 바턴Jo Barton 박사와 쥘 프리티Jules Pretty 박사는 어떻게 야외 운동이 옥시토신 생성을 도와주는지를 연구했다. 그리고 비록 짧은 동안의 야외 운동이라도, 이것이 어떻게 우리의 자존감을 높여주고 우리를 기분을 좋게 하는지를 연구해왔다.[26] 흥미롭게도 물 근처에서 야외 운동을 할 때, 가장 효과가 큰 것을 발견했다. 다시 말해 더 많은 성적 오르가즘을 갖도록 장려하는 것은 정부의 적절한 영역을 벗어나는 것일지 모르나, 정부는 일상에서 정기적으로 걷기, 자전거 타기, 수영 등의 야외 활동을 즐길 수 있는 도시를 설계하므로 사람 사이의 신뢰를 높이고, 견고한 사회적 합의를 이끌어낼 수 있다.

8. 결론

적절한 속도로 적당한 시간 자동차를 운전하는 것은 건강에 나쁜 영향을 주지 않는다. 그런데도 의학 전문가들의 연구 자료에 의하면, 너무 많은 운전은 우리에게 다음과 같은 악영향을 준다고 명백히 밝힌다.

• 비만

- 질병
- 조기 사망
- 가난
- 우둔해짐
- 분노
- 불신

그러나 매일 정기적으로 산책을 하면 우리에게 다음과 같은 긍정적 영향을 준다.

- 건강한 근육질 체형
- 명석해짐
- 복잡한 추론을 할 수 있게 됨
- 매력이 있게 됨
- 사랑스러워짐
- 믿음직스러워짐

교통에 관련한 의사 결정이 공중 보건을 추구하는 것에 맞추어진다면, 우리의 우선순위에는 어떠한 일이 일어날 것인지에 대해서 사람들은 궁금해할 것이다. 도로 건설에 대한 투자 평가를 할 때 자동차 통행의 서비스 수준Level of Service: LOS보다 건강 유발health outcome을 평가 기준으로 할 수는 없는가? 왜 교통 관련 예산을 배정할 때 건강 유발을 우선순위 결정 요소로 해서는 안 되는가?

제4장

미래의 도시

The City
of the Future

1. 과거의 투모로랜드 [1]

지속 가능한 도시를 옹호하는 사람들에게 가장 큰 어려움 중 하나는 미래의 도시가 어떠할 것인지에 대해 공통적으로 보여줄 수 있는 확실한 모습이 없다는 것이다. 만일 미래 도시의 모습을 그려보라고 하면, 대부분의 사람은 불가피하게 1933년·1939년·1964년 세계 박람회World's Fair에서 보았던 모습들을 떠올릴 것이다. 또는 1962~1963년 해나-바베라Hanna-Barbera의 만화영화〈우주가족 젯슨The Jetsons〉에서 본 것과 유사한 이미지, 즉 기둥으로 떠받쳐진 건물들, 하늘을 찌르는 모습의 건축양식, 여러 층으로 형성된 도로 및 통로, 그리고 "휙" 하는 경쾌한 소리를 내며 달리는 둥글납작한 모양의 다양한 교통수단 등을 떠올릴 것이다.

이들 세계 박람회가 미국 문화, 특히 대공황 기간에 경제에 미친 영향이 적다고 말하기는 어렵다. 1933년 당시 미국의 총인구는 겨우 1억 2600만 명에 지나지 않았는데도, 세계 박람회를 관람한 사람은 거의 4900만 명에 이르렀다. 세계 박람회에서는 항상 기업 전시회가 주를 이루어왔으며, 농업 분야, 가전 분야, 교통 분야(가장 흥미를 끄는 분야) 등에 관련된 제조 업체들이 자신들의 신기술을 소개해왔다. 이 세 번의 박람회에서 가장 큰 흥미를 끈 곳은 교통 및 미래 도시에 관한 전시관이었다. 그리고 이들 전시관 중에서 가장 크게 성공한 곳은 제너럴 모터스General Motors: GM가 후원해 만든 '퓨처라마Futurama' 전시관이었다. 1964~1965년 박람회 후에 나온 제너럴 모터스의 보도 자료에 의하면, 퓨처라마는 그 어떤 박람회에서도 달성하지 못했던 2900만 명 이상의 방문객을 끌어들이는 신기록을 세웠다고 한다. 이 기록은 그 이전에 1939~1940년 뉴욕New York 세계 박람회에서 제너럴 모터스가 출품한 '고속도로와 수평선Highways and Horizons'이라는 전시관 관람 인원 2400만 명을 초과하는 것이었다. [1]

퓨처라마가 얼마나 흥미진진했는지를 이해하려면 유튜브YouTube에서 '퓨처라마' 와 '세계 박람회'를 찾아 1939년과 1964년 동영상을 볼 필요가 있다. 공기역학적으로 잘 디자인된 차들이 반짝이는 하얀 인터체인지interchange를 미끄러지듯 지나간다. 자동차들은 구름다리 밑으로 지나가고, 보행자들은 자동차의 위협을 받지 않고 구름다리

---

1) 투모로랜드(Tomorrowland)는 어드벤처랜드(Adventureland), 판타지랜드(Fantasyland), 프런티어랜드(Frontierland), 예스터데이랜드(Yesterdayland) 등 디즈니랜드(Disneyland)[또는 디즈니 월드(Disney World)]에 있는 테마관의 하나이다.

위를 따라 행복하게 걷는다. 높은 탑들은 녹색 화초로 가득 찬 입체 광장에 연결되어 있다. 아주 작은 제너럴 모터스 로고가 선명하게 새겨진 자동차들이 곳곳에 깔려 있지만, 물론 교통 체증은 없다. 오늘날 이 동영상을 보는 사람들에게는 이 광경이 예스러우며 익숙한 모습일지 모른다. 제2차 세계대전 후 이들 중 일부는 이미 현실이 되었기 때문이다. 그러나 1939년에서 1965년까지 박람회를 관람한 사람들에게 이들은 혁신적이며 흥분되는 멋진 광경이었다.

퓨처라마는 전 세계에 걸쳐 여러 곳에 도시재개발 프로젝트를 유도했다. 그리고 도시설계자들은 그럴듯해 보였던 1:100 척도의 축소 모형에서는 눈에 띄지 않았던 문제점들을 인식하기 시작했다. 그중 하나는 성공 가능성에 관한 문제였다. 고속도로와 주차장에 대한 대규모 투자는 교통 체증을 없애주고 운전하기 쉬운 유토피아를 만들어줄 것을 약속했지만, 동시에 자동차의 빠름, 편리함, 화려한 모습은 지나치게 선호되는 것으로 드러났다. 따라서 많은 사람이 자동차를 구입했고, 자동차-의존적인 장소에 있는 저렴한 새 주택으로 이사했다. 결국 새로 건설된 고속도로들은 빠르게 늘어난 교통량 때문에 옛 시가지에서 겪었던 동일한 교통 혼잡 문제에 시달리게 되었다.

또 다른 문제는 주로 건물 배치에 관한 것이다. 이 문제는 설계자들이 인간의 주거적 필요에 대해 근본적으로 잘못 이해한 것에서 기인한다. 현대 건축에 대해 많은 비판이 있었지만, 사실 건물 자체는 문제가 아니다. 오히려 문제는 건물 사이의 연계와 건물 사이에 '공공 공간public space'을 어떻게 배치할 것인가 하는 것이다. 사실 대부분 도시에는 오늘날까지 널리 사랑받는, 그리고 여전히 생기가 넘치는 현대 건축물들이 있다. 덴마크의 건축가 얀 겔은 자신의 저서에 "현대 건축가들이 개별 건축물에 관심을 집중하면서부터 도시와 도시 공간들에 대한 관심을 배제해버렸다"라고 기록했다.[2] 더 나아가 제인 제이컵스는 자신의 고전적인 책 『미국 대도시들의 삶과 죽음The Death and Life of Great American Cities』에서 과도한 건축 장식을 벗겨내고자 하는 현대 건축가들의 열망은 도시를 '무질서'에 길들이려는 어두운 욕구와 연결되었다고 주장했다.[3] "거기에는 노골적인 추함이나 무질서보다 훨씬 더 비열한 특성이 존재한다. 이 비열한 특성은 살아남아 존재하려고 발버둥 치는 진정한 질서를 무시하거나 탄압함으로써 얻어진, 질서를 가장한 부정직한 가면이다."

누군가 이러한 현대 건축가들의 비전을 현실에 적용할 수 있다면, 그들은 디즈니랜드에서나 찾아볼 수 있는 창의적 천재들일 것이다. 그들은 1955년에 처음 제작하고, 1967년에 개조한 두 번 모두를 통해 투모로랜드를 용감하게 시도했다(그림 4-1 참조).

투모로랜드는 각기 다른 회사가 후원해 만든 모노레일monorail, 피플 무버people mover, 잠수함, 모의 운전을 할 수 있는 우주 비행선 등 다양한 탈 것을 제공하는 새로운 교통 기술의 축제였다. 1955년에 제작된 이래 오늘날까지 인기를 누리는 놀이기구인 오토 피아Autopia는 그 당시까지 건설된 적이 없었던 고속도로 시스템이 가져다줄 수 있는

즐거움을 강조한 것이었다(그림 4-2 참조).

그러나 1998년에 식용 조경edible landscaping[2]을 도입해서 투모로랜드를 '현대화'하려고 했던 디즈니의 미온적인 노력에도 'Micechat.com'과 같은 디즈니랜드의 팬사이트fansite들은 투모로랜드가 불편함을 전혀 고려하지 않는, 그리고 촌스럽고 저속한 20세기 중반 모습의 '예스터데이랜드'로 바뀌어가는 것은 아닌지 우려한다. 우리에게 흥미진진하고, 매력적이고, 지속 가능한 미래를 보여주는 데 실패한 디즈니의 사례는 지속 가능성을 향해 나아가려는 도시의 모든 전문가가 직시해야 할 도전이 있음을 시사한다. 디즈니의 '기획자imagineer'들이 할 수 없다면, 우리가 할 수 있는 것은 무엇일까?

2. 미래의 지속 가능한 도시는?

오늘날 우리가 생각하는 미래의 지속 가능한 도시가 과거에 보여주었던 지루한 모습과 다르다면, 도대체 어떠한 모습일까? 우리는 미래의 도시가 조지 젯슨George Jetson의 궤도 도시Orbit City와는 많이 다르며, 오리건Oregon 주 포틀랜드, 콜로라도Colorado 주 볼더Boulder, 호주의 멜버른Melbourne, 스페인의 바르셀로나Barcelona 등과 매우 유사할 것이라 믿는다. 이 책의 다른 곳에서 다루어진 주제들을 끌어내고자 교통 측면에 초점을 맞추어 몇 가지 결정적인 원칙들을 제안하고자 한다.

1) 보행은 언제든, 어디에서든, 누구에게나 즐거운 일이다

지속 가능한 도시의 설계는 인간의 신체 특성과 필요를 이해하는 데에서 출발한다. 제3장 「교통과 공중 보건」에서 기술했듯이, 인간의 몸이 최적의 상태를 유지하려면 걸어야(혹자는 하루 1만 보 이상) 한다. 따라서 지속 가능한 도시의 첫 번째 원칙은 걷기가 즐거워야 한다는 것이다. 아마도 이는 다른 모든 원칙을 합한 것보다 더 중요할 것이다. 그러나 단지 안전하고 편안하게 걷는 것으로는 충분하지 않다. 도시는 걸을 수 있는 모든 연령층의 사람이 즐겁게 걸을 수 있도록 설계되어야 한다.

---

2) 식용작물들이 관상용 식물, 딸기나 포도 넝쿨과 수목, 과실수들 사이에 섞여 있고 군데군데 요리용이나 약용식물이 끼어 있는 조경이다.

보행은 육체적 건강뿐 아니라 정신적 건강을 유지하기 위한 필수 요소이다. 우리는 사회적 동물이다. 따라서 우리에게 필요한 소속감, 즉 어느 집단에 어울린다는 느낌은 복잡한 상호작용의 조합을 통해 얻어진다. 이 상호작용은 걸어서 참석할 수 있는 시간과 거리의 범위에서 가질 수 있는 실질적 모임을 통해서만 이루어질 수 있다. 아이 콘택트eye contact(시선을 마주치는 것)가 줄어들면, 우리는 초조해지고 상대방을 신뢰하지 못하게 된다.

즐거운 보행 환경을 만드는 것은 어려운 일이 아니므로, 심지어 날씨가 좋지 않은 경우라도 설계자들은 걷기 불편한 장소를 만든 것에 대해서는 어떠한 핑계도 댈 수 없다. 우리 모두는 걷기 좋은 장소가 어떤 곳인지는 안다. 그러므로 성공적인 사례를 만들기 위해서 도시 자체의 설계 원칙을 세워야 한다. 그리고 이때 다음의 내용들을 고려해야 한다.

- 세계 최고의 몇몇 명소는 아름다운 공간을 둘러싼 평범한 건물로 이루어졌다. 이처럼 주변 가로와 관계를 고려해 건물을 적절한 비율로 배치하라.
- 인도와 접하는 건물의 하부 30피트(약 10미터)는 더욱 신경을 쓰라. 화려한 질감의 재료를 사용하고, 충분한 개방감을 확보하며, 호기심을 불러일으키라.
- "가로에 시선을 두라eyes on the street"[4]라는 제인 제이컵스의 설계 원칙을 기억하라. 그 원칙에는 많은 사람이 왕래하는 것과 보행로를 내려다볼 수 있는 창문을 확보하는 것도 포함된다. 인간에게는 다른 인간들보다 더 흥미로운 것은 없다.
- 더운 지역에서는 차양을 설치해 햇볕을 막고, 통풍을 확보하며, 또한 추운 지역에서는 햇볕이 들게 하고, 바람을 막아 극한 기후를 누그러뜨리라.
- 나무를 심으라. 인간은 본질적으로 대초원의 산물이다. 그렇기에 나무가 있는 곳을 좋아한다.
- 시설물을 양호한 상태로 유지하도록 관리하라.

2) 자전거 타기는 누구에게나 안전하고 편리한 것이다

비록 지속 가능한 도시의 설계 원칙을 보행에서 시작했지만, 자전거는 보행 못지않게 중요하다. 자전거는 보행이 가져다주는 만큼의 건강과 사회적 편익을 주면서도 더 큰 이동성을 제공하므로, 자신의 힘으로 움직일 수 있는 공간적 영역을 극적으로 확장해준다. 또한 자전거 타기는 신진대사 에너지의 대부분을 운동에너지로 바꾸어주므로,

자전거는 지금까지 발명된 어떠한 교통수단보다도 '에너지-효율적 energy-efficient'이라 할 수 있다. 자전거, 특히 성인용 세발자전거를 타는 것은 심지어 걷기 어려운 고령자와 관절에 장애를 지닌 사람들에게까지도 지속적인 이동성과 건강을 제공해줄 수 있다.

자전거 타기를 즐겁게 해주는 도구들에 관해서는 제7장 「자전거」에서 다룰 것이다. 요점은 다음과 같다.

- 보행자와 자동차로부터 분리된, 그리고 대부분의 중요한 목적지를 연결하는 자전거 교통망을 구성하라.
- 자동차와 자전거가 함께 이용하는 도로에서 자동차가 자전거보다 통행 우선권을 갖지 못하도록, 교통 정온화traffic calming,[3] 교육, 기타 도구들을 사용하라.
- 모든 곳에 편리하고, 비바람을 막을 수 있으며, 안전한 주륜장bicycle parking (자전거 주차장)을 설치하라.
- 자전거를 타는 데 제약이 되는 환경적 조건, 특히 급경사와 악천후에 따른 장애를 극복할 수 있는 창의적인 해결책을 찾으라.

3) 일상의 모든 필요는 보행 거리 내에서 해결한다

미래 도시에도 지금처럼 여전히 자동차는 존재할 것이다. 그러나 일상의 모든 필요를 자동차에만 의존하는 사람은 아무도 없을 것이다. 그 대신 채소 가게와 학교, 보육원, 세탁소, 잡화점을 포함한 모든 기초 생활 서비스는 보행 거리 내에서 제공받을 수 있을 것이다. 이러한 미래 도시의 모습을 실현하려면 소매업자들의 상권 내에 일정한 수의 거주자가 있어야 한다. 따라서 지속 가능한 도시가 되려면 최소 수준의 거주밀도가 필요하며, 소매상점들은 걸어서 갈 수 있는 곳에 모여 있을 필요가 있다. 다행히도 우리는 어떻게 해야 하는지를 이미 안다. 1945년 이전에 건설된 거의 모든 근린 주거지역은 이러한 형태를 띤다. 예를 들면 로스앤젤레스의 '시가전차 연결 교외 지역streetcar suburb',[4] 철로가 중심 가로를 가로지르는 중서부의 자그마한 마을들, 조지아Georgia 주

---

3) 교통 정온화는 차량 속도와 교통량을 줄여 보행자와 자전거 이용자가 안전하고 편리하게 도로를 이용하게 하고, 소음이나 대기오염으로부터 생활권을 보호하는 것을 뜻한다(위키백과).
4) '시가전차 연결 교외 지역'은 주 교통수단인 시가전차의 노선을 따라 성장과 개발이 강하게 일어난 주거 단지를 말한다(Wikipedia).

서배너Savannah와 같은 지방의 아름다운 구도심, 그리고 모든 사람이 '은퇴한 뒤 가장 살기 좋은 곳'으로 알려진 대부분 도시가 여기에 포함된다. 세계적으로 가장 우수한 도시라고 할 수 있는 파리, 바르셀로나, 밴쿠버, 로마, 상트페테르부르크Saint Petersburg, 멜버른 등에서는 보행 거리 내에서 일상생활의 기본적 필요뿐 아니라 삶의 호사로움과 즐거움도 누릴 수 있다.

도시에서 자동차 의존성을 줄이려면 다음과 같이 해야 한다.

• 모든 근린 주거지역에 소매 중심가를 두고, 소매상이 성공할 수 있는 정도의 충분한 시장 구매력을 갖도록 근린 주거지역을 설계하라.

• 보행 거리 내에 소매상점을 밀집시키고, 주차 장소를 찾아 헤매지 않게 하며, '한 번 주차park-once'[5] 전략을 실행할 수 있도록 주차장을 운영하라.

• 소매상점들이 업종별로 적절히 혼합되도록 계획하라. 경기 변화가 심한 상황에서도 일상에 필요한 서비스들이 안정되게 유지될 수 있도록, 일부 형태의 소매상을 제한하는 것을 고려하라.

4) 대중교통은 빠르고, 자주 다니며, 운행 시간을 잘 지키고, 품격이 있다

21세기 대중교통의 주요 기술은 19세기보다 더욱 세련되고 효율적일 것이며, 20세기 중반 제너럴 모터스의 기술과는 다를 것이다. 중국과 인도에서 이미 시행된 것과 같은 대규모 신도시를 개발할 때에 도시설계자들은 새로운 대중교통 기술을 도입해 그 실용 가능성을 시험하려 할 것이다. 그중 일부는 시장성이 있는 것으로 입증될 것이며, 나머지는 호기심을 유발하는 데 그칠 것이다. 사실 대부분의 미래 대도시는 그저 기존 대중교통 서비스를 점진적으로 개량하자는 요구에 부응해 단순히 과거의 도시를 개보수하는 수준에 머무를 것이다. 예를 들면 자기 부상 기술은 기존 철로를 철제 바퀴로 운행하는 고속 열차보다 더 빠른 속도와 편안함을 줄 수 있는 잠재력이 있다. 하지만 자기부상열차maglev는 새로운 부지를 확보하고, 그곳에 시스템을 한꺼번에 갖추어야 한다. 반면에 기존 기술을 개량하는 것은 점진적으로 확대할 수 있다. 한 예로 영국은

---

5) '한 번 주차'란, 도심 지역에서 여러 활동을 수행하고자 할 때 매번 새로운 장소로 이동해 주차하는 것이 아니라, 어느 한 장소에 한 번 주차해두고 주변의 여러 장소에서 필요한 활동을 하게 하는 전략이다.

오래전에 런던 중심부의 세인트판크라스St Pancras 역까지 전용 고속 철로를 완성해놓았다. 그래서 새로운 고속 열차인 유로스타Eurostar가 옛 철로를 지날 때에는 낮은 속도로 운행되기는 하나, 파리에서 런던까지 직행 서비스를 할 수 있게 되었다(그림 4-3 참조).

대중교통이 다양한 교통수단을 선택할 수 있는 사람들을 끌어들이고자 한다면 일정 수준의 기본적인 요구 조건을 충족해야만 한다. 즉, 다른 수단보다 상대적으로 빠르고, 자주 다니며, 운행 시간을 잘 지켜 신뢰성을 확보하고, 편안한 승차감을 제공해야 한다. 또한 비용도 저렴해야 한다. 하지만 이를 대체할 수 있는 교통수단이 없는 사람들에게 제공하는 유일한 사회복지 서비스social service가 아닌 한, 적절한 요금을 징수해야 한다. 상세한 것은 제8장 「대중교통」을 참고하기 바란다.

5) 모든 사람은 자신이 거주하는 근린 주거지역을 잘 알고, 사랑한다

인간은 부족을 이루어 자신들의 영역을 지키며 사는 종족이다. 우리는 특정 규모의 지리적 존zone에 소속감을 갖고 태어난 것이 분명하다. 그 규모는 그림 4-4처럼 매우 독립적이고 작은 이탈리아 시에나Siena 시의 콘트라데Contrade(500제곱피트 규모의 조그마한 마을)[6]에서부터 오리건 주 포틀랜드 시의 '20분 근린 주거지역20-minute neighborhood'[7] 크기에 이른다. 심지어 주택을 대량으로 만들어내는 개발 업자들도 근린 주거지역의

힘을 잘 알고 있었다. 따라서 그들은 비록 두 종류의 건축 평면도만으로 대량의 주택
을 생산하면서도 모든 지구district에 각기 다른 이름을 붙였다. 아울러 '토스카나 빌리
지Tuscan Village'[8)의 주민들은 자신들의 마을이 주변에 있는 '콜로니얼 이스테이트Colonial
Estate'(비닐 판자벽과 검은색 모조 덧문으로 치장된, 식민지 시대에 조성된 주거 단지)와 다르
다고 말할 수 있게 하고자 회반죽으로 벽을 치장하고, 타일로 지붕을 장식하는 등 건
물 입면을 다르게 처리했는지도 모른다.

근린 주거지역에 대한 '주민 의식sense of neighborhood'을 높이려면 다음과 같이 해야
한다.

• 주민들이 스스로 자연적 지형, 배수로, 나무 식재 등을 이용해 그들의 '방어 영
역defensible territory'을 정할 수 있게 하라.

---

6) 시에나는 피렌체에서 남쪽으로 약 50킬로미터 떨어져 있으며, 이탈리아에서 가장 잘 보존된
중세 도시이다. 중세에 시에나는 17개의 마을(콘트라데)로 나뉘어 있었으며, 각 마을은 각각
의 정부·법률·구역을 갖추고 있었다.

7) 20분 이내의 도보 거리에서 모든 활동을 할 수 있는 크기의 주거지역을 말한다.

8) 토스카나는 이탈리아 중부의 아펜니노 산맥과 티레니아 해 사이에 위치한 지방이다. 고대 에
트루리아 문명의 발상지로 이탈리아를 상징하는 모든 것, 즉 예술과 건축, 올리브 오일과 와
인, 건강하고 토속적인 음식, 아름다운 시골 풍경 등을 다 갖추었다.

- 근린 주거지역의 경계edge는 강, 공원, 철로, 주요 간선 도로 등으로 구성하라.
- 근린 주거지역의 중심center에는 소매상점, 학교, 광장 같은 '공동체 공간community space'을 배치하라.
- 공원, 우체국, 앞마당 등 이웃과 서로 만날 수 있는 장소를 만들라.

6) 주민들은 그들의 가정과 도시에 대해 강한 주인 의식을 가진다

역사를 돌이켜보면, 미래 도시에 대한 비전은 혼돈 상태에 있는 도시에 질서와 통일적 형태를 도입했던 몇 명의 선각자가 제시했다. 심지어 지속 가능한 도시의 모습이라 할 수 있는, 파올로 솔레리Paolo Soleri의 아르코산티Arcosanti, 리처드 레지스터Richard Register의 에코시티Ecocity, 노먼 포스터 경Sir Norman Foster에 의한 아부다비의 마스다르Masdar 등과 같은 도시는 신적인 능력을 가졌던 이들 거장 건축가의 특징을 보여준다. 이런 계획은 카리스마charisma를 가진 이들 지도자를 따르는 추종자들로부터 열정적인 지지를 받기도 하지만, 이제까지 크게 성공한 사례는 없었다. 거대 구조물megastructure에 투자하려는 도전이 있는데도 이들 통일된 형태의 유토피아는 자신들의 눈앞에 있는 서식지를 소유하고 개조하려는 인간의 욕구에 제한을 받는다. 아르코산티에 사는 것은 그곳에 정착한다기보다는 '거장 숭배master worship'나 '사회적 실험social experimentation'의 한 행동으로 보는 것이 더 적절하다. 주택을 자신의 가정처럼 진정으로 편안하게 느끼려면, 주택을 자신의 목적에 맞게 개조할 수 있어야 한다.

주택 소유자들은 본능적으로 자신의 재산을 지키고, 그 가치를 끌어올리려고 투쟁할 것이다. 만약 집주인이 세입자가 주거 공간을 안정적으로 자유롭게 사용할 수 있게 해주면, 세입자는 집주인과 동일하게 강한 주인 의식을 가질 것이다.

그러므로 주인 의식을 높이려면 다음과 같이 해야 한다.
- 근린 주거지역의 모든 사람이 자신의 경제적 능력에 맞는 주택을 소유할 수 있도록 다양한 규모의 주택을 공급해야 한다.
- 세입자가 집주인과 동일한 지역공동체 의식을 가질 수 있도록 세입자에 대한 보호 장치를 마련해야 한다.
- 가로수 식재, 지역공동체의 정원 가꾸기, 잘 활용되지 않는 공공 공간에 대한 민간투자 장려 등의 프로그램을 통해 공공 공간에 대한 주인 의식을 높이도록 장려해야 한다.

7) 에너지는 지역에서 생산 가능하고, 지속 가능하며, 소중하다

과거에 가졌던 비전은 미래 도시가 공기부양선hovercraft이나 개인용 제트팩jetpack[9]의 동력원으로 사용될 수 있는 아주 흔하고 값싼 에너지에 의존한다는 것이었다. 아직 개발이 끝나지 않은 신기술(상온 핵융합, 핵폐기물의 재처리, 광전지 페인트 등) 중 일부가 과거에 가졌던 이러한 비전을 언제 이루어낼지 알 수 없다. 그러나 확실한 것은 미래 도시에서는 에너지가 더 부족하고, 더 귀해지고, 더 비싸질 것이며, 에너지 생산 및 유통에 따른 '외부화 비용externalized cost'[10]이 내부화될 가능성이 높다. 이는 교통에서 더 효율적인 지상 교통수단과 함께 훨씬 더 많이 걷고, 자전거를 훨씬 더 많이 탈 필요가 있음을 의미한다.

미래의 자동차들은 새로운 건전지와 연료전지fuel cell[11]로 움직일 것이다. 그러나 자동차는 이들 건전지와 연료전지를 만드는 데 필요한 희토류rare material,[12] 이들을 충전하기 위한 전기 생산 비용, 그리고 제9장과 제10장에서 다룰 기하학적 문제에 제약을 받게 될 것이다. 연료의 원료가 무엇인지에 상관없이, 자동차는 더 작아지고, 더 가벼워지며, 더 자동화될 것이다. 비록 기억에서 거의 사라졌지만, 20세기 중반의 전동 무궤도 전기 버스trolleybus와 같은 매우 효율적인 기술은 단지 공학적 목적뿐 아니라 도시의 우아함까지 고려해 설계된 공중선overhead wire을 이용하는 교통수단으로 다시 탄생할 것이다. 또한 한때 버려졌던 19세기 철도 교통축은 도시 간 고속철도, 지역 간 통근 및 화물열차, 또는 도시 내 경전철Light Rail Transit: LRT로 재생되는 즐거움을 누릴 것이

---

9) 등에 메는 개인용 분사 추진기로 우주 유영 등에 사용한다.

10) 경제학에서는 한 개인의 행위가 다른 개인들에게 영향을 줄 때, 이에 대한 대가를 가격기구를 통해 치르지 않으면 '외부 효과(externality)가 발생한다'고 한다. 외부화 비용이란 개인이 발생시킨 환경오염에 대한 비용을 개인에게 내게 하지 않음으로써 사회가 대신 내는 비용을 말한다.

11) 연료전지는 수소가 포함된 연료를 산소와 반응시켜 전기를 얻고 부산물로 물을 배출한다. 따라서 단순히 물만을 배출하는 무공해 전지이지만 아직 효율이 낮고 가격이 비싸 실용화에 큰 걸림돌이 되고 있다[이영희, 『나노: 미시세계가 거시세계를 바꾼다』(살림출판사, 2004)].

12) 희토류는 매우 희귀한 흙이라는 뜻으로, 지각 내에 총 함유량이 300피피엠(100만분의 300) 미만인 비철금속 광물이다. 이들은 화학적으로 안정되어 있으면서도 열을 잘 전달하는 성질이 있어 반도체 2차전지, 전자 제품의 발광체 등 대부분 산업에서 필수적으로 요구되는 귀중한 자원이다.

다. 심지어는 탄소 중립 운동에 동참한 도시들에서 초경량 탄소섬유 마차, 지금까지 볼 수 없었던 매우 날카로운 세라믹 쟁기를 끄는 황소, 풍력으로 움직이는 빠르고 큰 태평양 횡단 화물용 쌍동선catamaran 13) 등을 볼지도 모른다. 탄소 의존도가 교통 원가에 큰 영향을 미치는 미래에는, '스팀펑크 스타일steampunk style' 14)의 도시 예술가와 골동품 수집가의 노리개로 사장되었던 이러한 19세기의 기술들이 가장 비용-효과적인 기술로 그 모습을 드러낼지도 모른다.

8) 소셜 네트워크가 그 어느 때보다 중요하다

미래의 지속 가능한 도시에서 경제는 농업이나 공업이 아니라 네트워크, 즉 정보 네트워크, 인적 네트워크, 자본 네트워크에 기반을 둘 것이다. 야망과 창의성을 가진 사람들은 이들 네트워크가 풍부하게 구축된 지역을 거주지로 택할 것이며, 결국 이들이 새로운 경제를 이끌어갈 것이다. ≪뉴욕 타임스The New York Times≫ 칼럼니스트인 데이비드 브룩스David Brooks는 다음과 같은 가상의 이야기로 이러한 상황을 잘 묘사했다. 5

하버드Harvard의 하워드 가드너Howard Gardner는 놀라울 정도로 창의적인 사람의 모습을

---

13) 선체 2개를 연결한 범선을 말한다.

14) 스팀펑크란 SF(Science Fiction), 더 좁게는 대체 역사물의 하위 장르 중 하나를 지칭한다. 20세기 산업 발전의 바탕이 되는 기술(예: 내연기관, 전기 동력) 대신, 증기기관과 같은 과거 기술이 크게 발달한 가상의 과거, 또는 그런 과거에서 발전한 가상의 현재나 미래를 배경으로 한다. 가상현실, 사이보그와 같은 전자·정보 기술의 영향으로 변모되는 미래를 묘사한 사이버펑크(cyberpunk)에서 사이버(cyber) 대신 증기기관의 증기(steam)를 합쳐서 만들어졌다. 1980년대부터 유행하기 시작했으며 19세기 빅토리아 시대의 영국과 유럽을 배경으로 하거나 증기기관에 의한 산업혁명 시기를 다룬 것이 많다. SF 평론가이자 번역가인 김상훈에 의하면 기존 과학소설의 건설적인 해체를 지향하던 사이버펑크 소설의 방향성을 시간 축에 적용한 일종의 대체 역사소설이라고도 할 수 있다. 스팀펑크라는 용어를 처음 쓴 사람은 미국의 과학소설 작가인 케빈 웨인 지터(Kevin Wayne Jeter)이다. 지터는 당시의 과학소설계를 휩쓴 사이버펑크 운동에 빗대어 "컴퓨터 대신 증기기관이 등장하는 우리 소설은 스팀펑크라고 불러야 한다"라는 농담을 했다. 현재 이 장르를 대표하는 소설가로는 지터의 동료 작가인 팀 파워즈(Tim Powers)와 제임스 블레이록(James Blaylock)이 있다. 현재 스팀펑크는 SF의 하위 장르를 넘어서서 하나의 문화 '밈(meme)'으로 자리 잡고 있다. 게임, 영화, 애니메이션, 의복, 건축 그리고 순수 예술 분야에서 산업 시대를 배경으로 하는 판타지의 영향은 점차 확대되고 있다(위키백과).

합성 사진으로 만들었던 적이 있다. 사진의 주인공은 권력과 영향력의 중심과는 거리가 먼 작은 시골 마을 출신의 여자였다. 그녀는 청소년 시기에 자신이 사는 작은 사회에 만족하지 못하고 대도시 지역으로 이사한다. 그리고 그곳에서 자신의 열정과 관심사를 공유할 수 있는 사람들의 모임들을 찾아 그중 어느 한 팀에 합류해 놀라운 무엇인가를 만들려고 한다.

어느 순간, 그녀는 팀의 다른 사람들이 고민하는 문제가 자신의 문제와 관련은 있지만 다르다는 것을 발견한다. 결국 그녀는 팀에서 갈라져 나와 몸부림치다가 마침내 무언가 새로운 것을 들고 나타난다. 그 뒤에 그녀는 이것을 가지고 자신이 속했던 작은 지역사회로 돌아간다.

이 이야기의 요점은 창의력은 혼자 이루어내는 과정이 아니라는 것이다. 그것은 네트워크 안에서 일어난다. 그것은 재능을 지닌 사람들이 함께 모일 때, 그리고 아이디어가 체계화되고 사고방식이 함께 어우러질 때 얻을 수 있다.

미국 국무부의 정책기획국장인 앤마리 슬로터Anne-Marie Slaughter는 이를 더욱 간결하게 표현했다. "네트워크로 연결된 사회에서 논의의 쟁점은 더는 상대적 힘이 아니라, 점점 더 커지는 글로벌 웹global web에 대한 중심성centrality이다."[6]

네트워크의 개발을 장려하려면 다음과 같이 해야 한다.
- 지리적으로 소외된 마을들도 글로벌화되어가는 아이디어에 쉽게 접근할 수 있도록 네트워크 기술에 투자하라.
- 사람들이 만나고, 이야기하며, 특히 상대방을 유혹하는 시선을 나눌 수 있는 장소를 조성하라. 생산성 요소에서 지리적 근접성이 덜 중요해짐에 따라, 사회적 근접성이 중요하게 대두되고 있다. 따라서 사회적 관계를 도와주는 도시들은 번창할 것이다. 이는 고품질의 우호적인 공간을 만들고, 밝은 조명과 같은 중요한 세부 설계 사항에 관심을 두라는 의미이다.
- 예술에 투자하라. 그러나 쓰고 나면 없어지는 물건을 수집하는 것보다는 참여 경험에 더 가치를 두라.

9) 스타일은 지역마다 다르지만, 아름다움은 어디에서나 찾을 수 있다

미래 도시에 대한 우리의 이미지 대부분은 쥘 베른Jules Verne의 스팀펑크, 〈우주가족 젯슨)의 구기Googie,[15] 르코르뷔지에Le Corbusier[16]의 모더니즘modernism, 러시아 구성주의자constructivist[17]들이 가진 비상식적인 비전과 같은 스타일과 관계가 있어야 한다. 모더니즘은 보편적이고 글로벌한 형태, 즉 세계 어디서든 반복적으로 표현이 가능한 '국제적 스타일international style'을 추구했다. 그러나 주인 의식이 지속 가능성에 대한 중심 요소가 된다면, 스타일은 고유한 지역색을 띠게 될 것 같다. 지나치고 엄격하게 고유한 지역색을 가진 스타일을 강조하는 것은 획일성과 천박함을 일으킬 수 있다. 그럼에도 특별한 지역적 특색을 강화하는 것은 거주자들에게 그 장소에 대한 충성심을 일으키게 하는 동시에, 그곳에 대한 사회적 투자를 위한 열정을 가지게 하는 데 도움이 된다. 그러나 스타일보다 훨씬 더 중요한 것은 아름다움이다. 아름답지 않다면 그것은 지속 가능하지도 않다.

---

15) 구기는 현대 건축에서 세분된 한 양식으로 자동차 문화, 제트 항공기, 우주 시대, 원자 시대의 영향을 받은 미래 건축양식이다. 이는 1960년에서 1966년까지 인기리에 방영된 〈우주가족 젯슨〉이라는 미국 SF 만화영화에서 등장한 건축양식이다(Wikipedia).

16) 본명은 샤를에두아르 잔레그리(Charles-Édouard Jeanneret-Gris, 1887년 10월 6일~1965년 8월 27일)로 스위스 태생의 프랑스 건축가이자 작가이며(30대에 프랑스 시민권을 얻었다) 또한 도시계획가이자 화가, 조각가, 가구 디자이너였다. 르코르뷔지에는 현대 건축에 큰 공헌을 했으며 현대 디자인을 이론적으로 연구한 선구자로서 밀집 도시 거주자들의 생활환경을 개선하는 데 노력했다. 50여 년 동안 활동하면서 중앙 유럽, 인도, 러시아에 자신의 건물들을 만들었으며, 아메리카에도 하나씩 건축물을 만들었다(위키백과).

17) 구성주의자들은 러시아혁명을 전후해 모스크바를 중심으로 일어나, 서유럽으로 발전해나간 전위적인 추상예술을 실현하려고 했다. 이들은 자연을 모방하거나 재현하는 전통적인 미술 개념을 전면적으로 부정하고, 현대의 기술적 원리에 따라 순수한 모습으로 환원된 조형 요소의 조합으로써 작품을 구성하려 했다.

제5장

가로

Streets

1. 가로에 대한 개념 정립

가로는 많은 역할을 담당한다. 가로는 자동차들의 이동을 위해서만 존재하는 것이 아니라 보행자, 자전거, 대중교통, 화물 등의 이동을 위해서도 필요하다. 사람들은 가로를 통해서 어느 지역을 통과하거나, 지역 내부로 들어갈 수 있다. 그리고 가로는 어떤 부지에 접근해 그 시설을 이용할 수 있게 해준다. 또한 가로는 근린 주거지역의 한 부분이며, 이웃들이 서로 만나 여가를 즐길 수 있는 '오픈스페이스'를 제공한다.

다음 장부터는 보행, 자전거, 대중교통, 자동차를 포함한 각각의 모든 교통수단에 대한 구체적인 요건들을 상세히 기술한다. 이번 장에서는 통합적이고 총체적으로 아래에 나열한 몇 가지 요인의 균형을 이루는 가로 설계 street design 를 논의한다.

- 토지이용 맥락 context : 각각의 가로는 인접한 지역의 토지이용을 지원해야 한다. 예를 들어 근린 주거지역의 소매 가로에서는 자동차들이 천천히 연속적으로 지나가게 하므로 쇼핑객을 소매상으로 끌어들이게 해야 하고, 노상 주차 on-street parking 도 할 수 있게 해주어야 한다. 도심의 가로에서는 대중교통 차량과 보행자가 승용차보다 통행의 우선권을 가져야 한다. 반면에 외곽 주거지역의 가로에서는 공을 쫓아 갑자기 뛰어들어오는 어린아이를 보고 운전자가 안전하게 멈출 수 있을 만큼 자동차들을 천천히 이동하게 해야 한다. 추가적으로, 가로변 토지이용 용도뿐 아니라 건물의 전면부도 고려해야 한다. 예를 들면 1층이 상가로 이어진 가로는 같은 상업 용도라 하더라도 '서비스 독 service dock'으로 연이어 있는 가로와는 다른 설계 규정을 적용해야 한다.

- 각 교통수단에 대한 이동 우선순위: 대중교통 서비스의 공급 빈도가 높은 가로에서는 대중교통수단이 승용차와 경쟁할 수 있는 정도의 속도로 운행할 수 있게 해주어야 한다. 간선도로처럼 자동차 통행이 우선되는 가로에서는 운전자들이 충분한 속도로 운행할 수 있게 해서, '통과 교통 through-trip'이 인근 주거지역의 가로로 전환되지 않게 해야 한다. 자전거 통행이 허용되는 대로 boulevard 는 승용차 통과 교통을 억제하는 반면, 자전거는 편리하게 통행할 수 있도록 설계해야 한다. 모든 가로에서 보행자가 편안하게 다닐 수 있게 하고, 일부 가로에 대해서는 보행자를 위해 특별한 수준의 투자가 필요하다.

- 네트워크상 다른 가로들과의 관계: 일부 가로는 고속도로와 직접 연결되므로, 더 많은 자동차 교통을 처리할 수 있게 해야 한다. 그 외의 가로는 대중교통이나

자전거 통행에 우선권을 줌으로써 차량의 이동이 아니라 사람의 이동이라는 측면에서 총 용량이 극대화되게, 또는 더 넓은 시스템으로 모든 교통수단에 대해 양질의 통과 경로through-route를 제공하게 해야 한다. 모든 가로를 보행자들이 안전하고 편안하게 다닐 수 있게 해야 한다. 그러나 일부 가로는 주로 보행자를 우선으로 고려해 설계되어야 한다.

- **여유 도로 부지:** 많은 도시는 이미 개발이 거의 완료되었으므로, 가로를 넓힐 수 있는 여유 공간이 없다. 따라서 보행자의 편의를 개선하고자 보도를 확장하려면 자전거 차로bike lane 또는 승용차와 대중교통 차로를 축소해야 한다. 결국 어느 하나의 수단을 위한 시설 개량은 다른 교통수단 이용자들의 희생을 수반한다.

1) 통합 가로

'통합 가로complete street'[1]는 다양한 교통수단이 함께 이용하면서도, 모든 남녀노소가 안전하고, 편안하며, 편리하게 이를 따라 걷거나 건널 수 있도록 설계된 가로이다.

제2차 세계대전 이래로, 미국 도로의 대부분은 주로 자동차를 위주로 설계되었다. 그러나 이러한 접근은 의도하지 않은 결과를 가져다주고 있다. 개인 승용차의 이동을 최우선으로 해서 설계된 도로는 보행자와 자전거 통행자, 대중교통 승객 모두를 수용하기에는 전반적으로 부족하다. 특히 이러한 가로는 보행자와 자전거 통행자, 대중교통 승객, 노인이나 어린이 등의 전체 이용자 그룹을 단순히 고려하지 못한 것이 아니라, 의도적이든 의도적이지 않든 이들 이용자 그룹의 이용을 적극적으로 막는다. 이렇게 움직이는 자동차에 두드러지게 집착하는 것은 아직도 자동차 외의 다른 교통수단을 '대안적alternative' 교통수단이라고 부르는 우리의 사고방식에 매우 뿌리 깊게 배어 있다.

통합 가로 정책은 단순히 차량 통행만을 생각하는 것을 뛰어넘어, 모든 도로 설계 프로젝트에 통상적으로 모든 이용자를 함께 고려하게 하는 것이다. 많은 행정 당국은 통합 가로의 설계와 투자를 장려하는 정책과 법규를 채택하고 있다(예를 들면 샌프란시

---

1) 통합 가로란 가로를 이용하는 모든 사람이 자동차뿐 아니라 버스, 자전거, 보행 등 다양한 교통수단을 이용하는 데 불편함이 없도록 설계한 가로를 말하며, 기존의 자동차-중심적 가로인 불완전한 가로(incomplete street)와 대비해 완전 가로라 부르기도 한다.

스코, 시애틀, 오리건 주 포틀랜드, 콜로라도 주 볼더 등을 들 수 있다).

통합 가로가 주는 편익들

기존 연구에 따르면, 도로 시설이 잘 설계되어 있으면 더 많은 사람이 걷거나, 자전거를 타거나, 대중교통을 많이 이용한다. 그리고 이는 결과적으로 다양한 측면에서 '거주적합성livability'을 제고하며, 동시에 지역사회에 다양한 편익을 가져다줄 수 있다. 비영리단체인 '컴플리트 더 스트리츠Complete the Streets'가 제시한 편익을 개괄적으로 요약하면 다음과 같다.

- 안전: 통합 가로는 사고율과 사고 심각도를 낮출 수 있다. 연구에 따르면, 자전거 통행과 보행의 비율이 증가함에 따라 차량 충돌로 비롯된 사망과 부상은 감소한다고 한다.
- 건강: 통합 가로는 보행과 자전거 통행을 장려하고, 승용차에서 나오는 배출 가스를 어느 정도 줄일 수 있으며, 나아가 공중 보건을 개선할 수 있다.
- 어린이 건강과 안전: 통합 가로는 어린이들이 근린 주거지역에서 더 안전하게 걷거나 자전거를 탈 수 있게 해주므로, 어린이들은 이곳에서 육체적 활동을 자립적으로 할 수 있다.
- 이동성: 통합 가로는 교통 혼잡을 해결하기 위한 하나의 대안이 되며, 전반적으로 교통망의 용량을 증가시켜준다.
- 기후변화 방지: 기타 자동차 배출물 중 탄소 배출도 줄일 수 있다.

통합 가로의 요소들

통합 가로는 해당 지역의 독특한 토지이용 맥락에 맞추어 설계되어야 한다(그림 5-1 참조). 통합 가로 정책과 프로젝트는 모두 이동 옵션option 전체를 수용하는 것과 유용한 전체 가로 폭의 한계를 고려하는 것에 초점을 두어야 한다. 통합 가로의 요소는 다음의 내용을 포함할 수 있다(그러나 이에 국한되는 것은 아니다).

- 일반적인 통행 차로(설계 측면과 운영 측면 모두에서)
- 노상 주차 차로
- 자전거 차로
- 보도(조경, 조명 등 편의 시설을 포함해)
- 가로 밖의 좁은 길 또는 오솔길

- 추가적인 보행 및 자전거 시설(횡단보도 또는 '교차로의 자전거 대기 공간bikebox')[2]
- 하역 공간loading zone
- 휠체어wheelchair를 위한 경사로 및 「미국장애인법Americans with Disabilities Act of 1990: ADA」에 따라 보호받아야 하는 사람들을 위한 기타 시설
- 대중교통 정류장과 역
- 대중교통 전용 차로
- 교통 신호등 개선

2) 가로 유형

가로 유형 분류 체계란 가로가 지닌 가장 중요한 특성들에 따라 가로를 범주화하는 도구이다.

자동차-중심적automobile-oriented 장소에서 사용되는 전통적 분류 체계는 지역 접근성 대비 이동성을 얼마나 강조하느냐에 따라 가로 유형을 정의하는 것이다(그림 5-2 참

---

2) 바이크박스란 교차로의 자동차 정지선 앞쪽에 네모난 구획을 만듦으로써, 좌회전하려는 자전거가 적신호를 받아 대기 중인 자동차 앞에서 기다리다 먼저 진행하게 한 공간을 말한다.

조). 이 도구는 '기능적-분류functional-classification'로 알려졌으며, 지역 간 이동성을 위주로 설계된 가로는 간선 가로arterial, 지역 접근성을 위주로 설계된 가로는 국지 가로local street, 그리고 이 두 유형의 가로를 연결하는 가로를 집산로collector라 부른다.

그러나 다양한 교통수단이 운행되는 도시와 지속 가능한 도시에서는 가로가 많은 기능을 담당한다. 그리고 가로는 자동차의 통행이 아니라 보행자의 안전과 편안함에 가장 큰 관심을 두어 설계되어야 한다. 특히 이러한 장소에서는 토지이용의 맥락과 기타 특성들을 잘 고려해 가로 유형을 결정해야 한다.

북아메리카 및 호주와 같은 지역에서는 아직 자동차-중심적인 '기능적functional' 분류 체계를 사용하는 것이 지배적이다. 좀 더 종합적인 가로 유형 분류 체계로 전환하는 가장 단순한 방법은 한 축에 가로 유형을 두고, 다른 축에 일반적 토지이용 유형을 두는 행렬 방식을 사용하는 것이다(표 5-1 참조).

지역사회에 잘 어울리는 가로 유형의 이름을 붙이려면 지역의 특성에 따라 더 의미 있는 용어를 사용해야 한다. 예를 들어 도심지의 간선 가로는 단순히 '대로'라 부르고, 반면에 외곽 주거지의 지역 가로는 '주거지 가로residential lane'라고 부를 수 있다. 또한 가로 유형에 대해 이름을 정하는 규칙에 다양한 교통수단의 명칭을 포함해야 한다. 따라서 대중교통이 가장 높은 우선 통행권을 가지는 주요 가로는 '대중교통 대로transit boulevard'라고 불릴 수 있으며, 반면에 자전거 통행을 위주로 설계된 가로를 '바이크웨이bikeway'라 부를 수도 있다. 또한 특별한 특성들을 언급할 수도 있는바, 예를 들면 광범위하게 나무와 꽃들을 심어놓은 가로는 '파크웨이parkway'[3]라고 부를 수 있다.

미국의 일부 주 정부는 간선 가로와 같은 특정 유형의 도로에만 사용할 수 있는 유지 관리 예산 항목을 두고 있다. 이러한 이유로, 미국의 도시들은 간선 가로로 지정될 수 있는 요구 조건에 맞추고자 간선 가로, 집산로 등의 용어를 사용하지 않고, 그들 나름의 정책적 용어(예를 들면 대중교통 대로)를 택하기를 원한다.

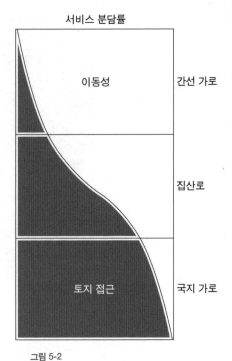

서비스 분담률

이동성 — 간선 가로

집산로

토지 접근 — 국지 가로

그림 5-2
전통적인 가로 유형 분류 체계는 자동차의 요구와 가로 주변 건물들의 요구 사이에 갈등이 존재한다는 것을 가정한다. 더 나은 가로 유형 분류 체계는 토지이용의 맥락과 모든 교통수단을 고려하는 것에서 출발한다.

---

3) 파크웨이는 공원을 가로지르거나 주변 경관이 아름다운 도로를 말한다.

표 5-1 **토지이용 맥락에 근거를 둔 가로 유형 분류의 예**

토지이용 맥락	'간선성' 또는 기존의 기능적 분류			
	간선 가로	집산로	국지 가로	세가로
도심지	도심지 간선 가로	도심지 집산로	도심지 가로	서비스 세가로
근린 주거지역	주 가로	근린 주거지역 주 가로	근린 주거지역 주 가로	서비스 세가로
상업지역	상업지 간선 가로	상업지 집산로	상업지 가로	서비스 세가로
주거지역	주거지 간선 가로	주거지 집산로	주거지 가로	주거지 세가로
공업지역	공업지 간선 가로	공업지 집산로	공업지 가로	공업지 세가로

2. 가로 설계의 원칙

다음에 기술한 광범위한 원칙들은 가로망뿐 아니라 개별 가로의 설계에 관한 것이다. 또한 이들 원칙은 새로 건설되는 가로의 설계뿐 아니라 기존 가로의 재설계에 적용할 수 있다. 각 교통수단에 한정된 설계 특성design feature은 각각의 교통수단에 관한 내용을 기술한 장에서 더 충분히 다룰 것이다.

1) 경관을 반영하라

첫째, 다음과 같은 환경적 조건들을 고려하라.

- 피해야 할 민감한 지역들을 고려해야 한다.
- 가로망의 형태에 영향을 주는 물,[4] 수로, 경사지 등을 포함한 지형을 고려해야 한다. 프레더릭 로 옴스테드Frederick Law Olmsted가 주거지역과 공원을 설계할 때 구불구불한 곡선 형태를 사용했던 것처럼, 또는 재스퍼 오패럴Jasper O'Farrell이 샌프란시스코의 언덕 위에 직선 도로를 배치했던 것처럼, 가로는 지형의 특징을 살리거나 강조하도록 배치되어야 한다. 한편 개울과 수변 지역으로 형성된 자연적인 계곡은 여러 지점에서 가로망과 주요 목적지를 연결해주는 비포장 보행로 및 자전거 '간선trunk' 경로를 제공하는 다용도 통로(종종 선형 공원 내에 있다)로 사용할 수 있다.
- 가로 선형을 바꾸어 바라보게 해야 할 정도의 가치를 지닌 전망을 고려해야 한다. 이는 자연적인 환경뿐만 아니라 인공적인 환경에도 적용된다. 예를 들자면

---

4) 바다와 강, 호수 등을 가리킨다.

워싱턴 D.C. Washington D.C.에 있는 많은 대각선 가로의 끝은 주요 빌딩과 기념탑을 향하도록 설계되어 있다.

- 더울 때 산들바람이 지날 수 있게 하거나, 추울 때 피난처를 제공하려면 바람의 패턴을 고려해야 한다.
- 햇볕 또는 그늘을 극대화하기 위한 햇빛의 패턴을 고려해야 한다.

2) 교통계획과 토지이용 계획을 통합하라

가장 좋은 교통계획은 바로 좋은 토지이용 계획이다. 이것을 염두에 두고, 다음의 토지이용 고려 사항을 가로망 설계에 적용한다.

- 항상 작은 규모의 블록[200~400피트(약 60~120미터의 길이)]을 만들라. 이렇게 되면 더 많은 통행로가 만들어지므로 교통량을 더 잘 분산할 수 있고, 보행자를 어렵게 하는 넓은 폭의 가로가 생기지 않으며, 아울러 보행 거리 내에 있는 경유지의 수가 늘어난다.
- 일상생활에 필요한 기본적인 기능들을 보행 접근 거리 이내에 두고자 복합 용도로 구성되는 근린 주거지역의 중심지는 모든 가정과 사무실로부터 보행 거리 이내에 두어야 한다. 작은 크기의 블록은 이를 가능하게 해줄 것이다.
- 초등학교는 모든 주거지로부터 보행 거리 범위 내에 두어야 한다. 중학교는 모든 주거지에서 자전거 통행 거리 이내에 있어야 하며, 대중교통 교통축을 따라 배치해야 한다.
- 고밀 토지이용 지역(특히 상업지역의 결절점과 교통축)과 주요 활동 중심지(예를 들면, 학교, 대학, 병원, 공공 기관 등)는 운행 빈도가 높은 대중교통수단으로 접근할 수 있어야 하며, 이들 지역과 연결되는 가로와 인접한 가로는 대중교통수단에 높은 우선순위를 두어야 한다.
- 대중교통 노선을 수용하려면 일반적으로 가로는 직선이 되어야 하고, 대중교통 서비스에 적합한 가로들은 서로 2분의 1마일(약 800미터) 정도를 떨어지게 해야 한다.
- 대부분의 도심 지역과 보행-중심적pedestrian-oriented 장소들을 제외하고는 소매상점은 주요 도로에서 잘 보여야 한다.
- 소매상점들이 성공하려면 가로에 교통량이 많아야 하며, 가로 폭은 반대편에

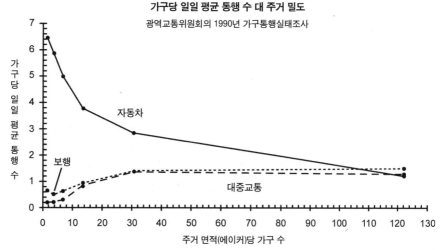

가구당 일일 평균 통행 수 대 주거 밀도
광역교통위원회의 1990년 가구통행실태조사

가구당 일일 평균 통행 수

자동차

보행

대중교통

주거 면적(에이커)당 가구 수

있는 보행자들이 상점의 정면을 충분히 볼 수 있을 정도로 작을 필요가 있다. 소매 가로는 왕복 2차선일 때가 가장 좋다. 그 정도 되어야 하나의 독립된 소매 지역으로서 기능을 잘 발휘할 수 있기 때문이다. 가로가 왕복 4차선 이상이 되면, 가로 양쪽에 있는 소매상점들은 서로 독립적으로 운영되는 경향이 있고, 길 건너편 상점들과의 상호 지원은 적어진다.

• 만약 주요 도로가 보행자들이 소매상으로 접근하는 데 너무 큰 장벽이 된다면, 소매 가로를 주요 도로와 직각 방향으로 배치되게 해야 한다. 차량이 거의 통행할 수 없는 가로에 소매 중심지를 배치하지 마라.

• 소매 중심지와는 달리 공원과 초등학교는 주요 도로와 멀리 떨어지도록 배치하는 것이 가장 좋다. 그러나 고등학교와 주요 운동 시설은 예외이다. 이들 시설은 주요 목적지이므로 대중교통 노선을 따라서 배치되어야 하기 때문이다.

• 새로운 가로망에 대한 자동차 통행 수요를 추정하는 모형을 만들 때, 모형은 토지이용 밀도와 토지이용 복합도, 대중교통 유용성, 지역 간 교통망에서 가지는 위상, 교통 수요관리 프로그램 등의 여러 요소에 민감하게 해야 한다. 일반적으로 토지이용 밀도가 높아지면 차량 통행발생률은 낮아진다(그림 5-3과 그림 5-4 참조).

가로 설계에 관한 더 상세한 내용은 각각의 교통수단에 대해 다루는 장章에서 찾을 수 있을 것이다.

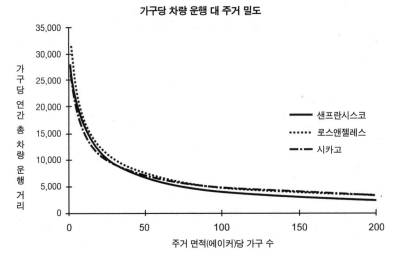

가구당 차량 운행 대 주거 밀도

가
구
당
연
간
총
차
량
운
행
거
리

35,000
30,000
25,000
20,000
15,000
10,000
5,000

0   50   100   150   200

주거 면적(에이커)당 가구 수

―― 샌프란시스코
······ 로스앤젤레스
―·― 시카고

그림 5-4

이 자료는 주거 밀도와 통행 행태 사이의 상관관계가 모든 지역에서 동일하다는 것을 보여준다. 에이커당 15~30채의 주거 밀도에서 자동차 통행이 크게 감소하는 것을 주목하라. 이 밀도는 소도시의 압축 저층 개발 특성을 나타내는 대표적인 수준이다.

자료: "Location Efficiency: Neighborhood and Socio-Economic Characteristics Determine Auto Ownership and Use- Studies in Chicago, Los Angeles and San Francisco," *Transportation Planning and Technology*, Volumes 25, Number 1, 1 January, 2003, pp. 1~27(27).

제6장

보행

Pedestrians

1. 개요

이 장은 즐거운 보행 환경을 만드는 데 관심을 가진 도시계획가들을 위한 초보적인 지침서이다. 여기서는 다른 매뉴얼들이 종종 놓치는 원칙과 설계 기법에 초점을 맞춘다. 더 많은 정보가 필요하면, 샌프란시스코의 「더 좋은 가로 계획Better Streets Plan」 또는 뉴욕 시의 「가로 설계 매뉴얼Street Design Manual」과 같은 보행로 설계 매뉴얼을 살펴보기 바란다.

2. 보행로 계획의 원칙

이 장은 더 나은 보행 환경을 만드는 데 필요한, 접근하기 쉽고, 이해하기 쉬우며, 실행하기 쉬운 아이디어들을 제공하는 것에 목적이 있다. 보행로 계획가들은 더 나은 보행 환경을 만들기 위해서 중점을 두어야 할 다음 열네 가지 항목을 우선적으로 고려해야 한다. 이들 항목은 모두 보행로 프로젝트의 성공을 위해 필수적인 것들이다.

- 가장 좋은 보행로 계획은 좋은 토지이용 계획이다.

  보행로 계획은 보행 거리 이내에서 대부분의 일상생활을 해결하는 것을 보장해 주는 것에서 시작된다. 이는 다음 것들을 의미한다.

  - 거의 모든 사람이 2분의 1마일(약 800미터) 이내를 걸어서 근린 주거지역의 중심지에 접근할 수 있도록 주거지와 근린 주거지역의 중심지 간의 거리는 1마일(약 1.6킬로미터) 이내가 되게 배치하라.
  - 소매상들이 성공할 수 있도록 충분한 밀도의 주거지를 두게 하라.
  - 근린 주거지역의 중심지에는 다양한 토지이용을 허용하는 복합 용도 지구mix-used district를 만들라.
  - 보행-중심적 지역 내부에는 자동차-의존적 토지이용 및 형태를 피하라.

- 건물들은 주차장보다 보도와 연결되게 해야 한다.

  '지역지구제[1] 규정zoning code'을 정할 때, 다음의 세부 사항에 관심을 기울여라.

---

[1] 지역지구제란 도시 내의 토지이용 기능 간의 상충을 막고자 도시 내 토지의 평면적 이용에 기능적 특성을 미리 부여하고 규제하는 것이다.

- 건물들이 가로에서 너무 뒤로 물러나지 않게, 주 가로primary street 의 전면부를 따라서 건축선을 지정하라. 특히 상가 건물의 건축선은 가로 경계선과 거의 일치시켜야 할 것이다.
- 건물의 정문과 가로 경계선 사이에 주차장을 두지 마라.
- 건물 주 정문은 주 가로의 전면부를 향해 개방되게 하라.
- 주거지역의 경우 주차장은 세가로alley(좁은 골목길)를 통해서 접근하게 하라.
- 상업지역의 경우 주차장은 공동으로 함께 사용하며, 세밀하게 관리하게 하라(주차와 관련한 자세한 사항은 제10장 「주차」를 참고하기 바란다).

• 걸어 갈 때, 가로변 건물들이 즐거움을 주게 해야 한다.

지역지구제 규정을 정할 때, 건물의 정면, 특히 처음 30피트(약 9미터)를 어떻게 디자인하는지에 깊은 관심을 두라.

- 개발 업자에게 건물이 어떻게 보여야 하는지, 그리고 주변 건물과 어떻게 연계되어야 하는지에 대한 명확한 지침을 제공하고자 '형태 기반 규정form-based code'을 만드는 것을 고려하라.
- 상업 가로는 가로를 따라 건물의 전면부 출입문을 자주 배치하게 하고, 최소 간격에 대한 기준을 정하라.
- 상업지역에서 주차 건물과 '대형 창고형 매장big-box store'과 같은 비활동적인 건물들의 1층은 활동적인 용도 또는 '연도형 상점in-line shop'으로 둘러싸라.
- 특히 1층에 대해서는 창문의 간격이나 크기에 대한 최소 기준을 정하라. 이것은 '창호 설치 규정fenestration requirement'이라 불린다.
- 투명 창을 설치하게 하고, 보행자가 상점이나 사무실 내부를 보지 못하게 차단하는 불투명한 셔터roll-down나 시선 차단막을 사용하지 못하게 하라.
- 주거지역에서는 지역사회의 형성을 위해서, 비공식적인 감시를 늘리기 위해서 가로변에 현관 층계stoop 또는 포치porch[2]를 설치하게 하라.
- 건물의 외관이 화려한 질감을 가지게 하고, 동시에 지역사회의 고유한 특성을 잘 나타내도록 재료에 대한 요구 사항과 기타 관련 기준들을 정하라.
- 소매 가로에 주차 출입구를 설치하지 못하게 하고, 세가로를 제외한 모든 가로에 설치되는 차고 문의 폭을 최소화하라.

---

2) 건물 출입구에 지붕과 벽으로 둘러진 현관을 말한다.

- 주차장 부지의 경계가 보도를 따라 놓인 경우에는 최소 건축 후퇴선을 정하고, 건축 후퇴 공간에 조경 시설이나 낮은 울타리[일반적으로 약 3피트(약 0.9미터) 높이]를 설치하게 하라.

• 보행자 영역에 매력적이고 일관성 있는 조명을 설치하라.

조명 기준을 적용하고 조명 시설에 투자하라.

- 보행자 영역에 눈부심이나 그림자가 없는 일정한 조도의 조명을 유지하게 하라. 이는 차로에 비치는 빛보다는 다소 낮은 조도의 조명 시설을 더 많이 설치하는 것을 의미한다. 또한 조명등의 높이는 일반적으로 15피트(약 4.5미터) 정도로 해서 가로수의 그늘에 가리지 않게 한다. 조명등은 건물에 부착하거나 나무에 매달 수도 있다.

- 상업지역에서는 특별히 '전 파장full-spectrum'의 조명등을 사용하라. 그래야 보행자들이 색상을 정확하게 알 수 있으며, 매력을 느낄 수 있다.

- 예술적인 조명으로 거리를 장식하라.

• 나무가 풍성한 거리를 조성하라.

나무는 조경보다 아주 적은 비용으로 보행로의 질에 더 큰 변화를 가져다줄 수 있다.

- 지역의 환경조건에 가장 잘 맞는 가로수 수종을 선정하게 하는 기준을 정하라. 가로의 상부에 완전한 수관(樹冠; canopy[3]을 만들어줄 수 있는 큰 나무를 포함해 다양한 수종의 가로수를 설치하라.

- 도로 포장면과 편의 시설의 손상을 최소화하고, 나무가 건강하게 자랄 수 있는 식재 방식에 대한 기준을 정하라.

- 가로수 관리를 위해서 특별 자금을 지원해야 할 구역을 정하고, 도로 재포장에 필요한 적절한 자금을 확보하라. 대형 가로수는 상당한 재산 가치가 있다. 그러나 시 당국의 공공사업국public works department은 부동산 편익의 일부를 추가적인 유지 관리 비용으로 충당하도록 배정하지 않는 한 대형 가로수의 설치를 반대할 것이다.

- 도시 가로에 필요하지 않은 승용차 '통행 금지 구역clear zone', 또는 신호 교차

---

3) 'canopy'는 보통 덮개 형태의 천을 가리키지만, 여기서는 나무에서 뻗어 나온 가지와 잎들이 지붕 모양으로 우거진 것을 가리킨다.

로controlled intersection에 지나치게 넓은 '시거 삼각형sight triangle'[4]을 만들지 못하게 하라. 그러나 이 개념은 고속도로와 신호등이 없는 교차로에는 적합하다.

- 노상 주차장이 없는 주거지역 가로와 상업지역 가로에는 보도와 차도 사이에 조경대landscape strip를 두게 한다. 조경대는 일반적으로 그 폭이 최소 5피트(약 1.5미터)이다.

• 보행자를 염두에 두고 가로를 설계하라.

보행자를 최우선으로 하는 가로 설계 매뉴얼을 개발하고 적용하라(자세한 내용은 제5장 「가로」를 참고하기 바란다).

- 토지이용 맥락에 따라 각기 다른 보행자들의 요구를 고려하는 가로 유형 분류 체계를 만들라.

- 맥락별로 보도의 최소 규격 요건을 정하라. 보도의 경계, 시설물, 관통로, 전면부 등에 대한 지침을 정하라.

- 어디나 적용할 수 있는 교차로 규격을 엄격하게 적용해 보행자의 횡단 거리를 최소화하라.

- '보행자 보호 건널목protected pedestrian crossing'의 간격에 대해서 최대 거리 기준을 정하라.

- 보도를 가로지르며 부지로 진출입하는 차량 진입로driveway를 설치하는 방법에 대한 기준을 정하라. 이때 보도가 우선권을 가지게 해야 한다.

• 차량 속도를 낮추게 만들라.

보행자의 안전을 보장하기 위한 가장 효과적인 수단은 차량 속도를 시속 18마일(약 30킬로미터) 이하(인체를 고려한 설계 허용 범위)로 유지하는 것이다. 차량 속도를 관리하기 위한 방법은 다음과 같다.

- 차량이 시속 18마일(약 시속 30킬로미터) 이하로 진행하도록 교통신호를 연동화하라. 오리건 주 포틀랜드 시에서는 일방통행 가로의 대부분이 시속 약 12마일(약 20킬로미터)로 진행하도록 맞추어져 있다. 그 결과 포틀랜드의 도심지역은 북아메리카에서 보행자 사망률이 가장 낮은 도시 중 하나가 되었다.

- 필요한 만큼만의 차로를 공급하고, 불필요한 차로는 자전거 차로, 노상 주차

---

4) 교차하는 두 접근로에 있는 운전자의 마주 보는 시선이 형성한 삼각형을 말한다[도철웅, 『교통공학원론』, 상권(청문각, 2005), 360쪽].

공간 또는 보도를 넓히는 것으로 다시 배분하라. 피크가 아닌 시간대에 차량 속도가 너무 빠르다면, 피크 시간대에 약간의 추가적인 혼잡을 허용할 수 있도록 혼잡의 임계치를 검토하고, 설계를 세밀하게 조정하라.

- 차량이 너무 빠르게 달리는 가로에 대해서는 '교통 정온화' 지침을 적용해 가로를 정비하라.
- 차량 속도를 낮게 만드는 설계 지침을 채택하라.

• 안전한 통학로를 장려하라.

어린이들은 가장 취약한 보행자이다. 부모들은 자신의 자녀가 자동차에 치이는 것이 두려워 승용차로 학교에 데려다준다. 이것이 아침 시간대에 가장 큰 혼잡을 일으키는 원인 중 하나이다. 어린이들이 안전하게 걸어서 학교에 갈 수 있게 하려면 다음과 같이 해야 한다.

- 주변 근린 주거지역에서 학교로 가는 가장 안전한 경로를 확인해, 이 경로 중에서 학교 주변 가로에 대해서는 교통 정온화를 유도하라.
- 부모들과 함께 힘을 합해 자녀들에게 안전 보행을 교육하고, 부모 중 자원자들이 어린아이들을 모아 학교까지 '함께 걸어가는 등교 버스walking school bus'5) 프로그램을 만들라.
- 안전한 보행과 안전한 자전거 타기를 교육하기 위한 정규 과목을 개설하라.

• 협력자

모든 사람이 걷기 때문에, 가장 좋은 보행자 프로그램에는 다양한 부서 및 기관과 광범위하고 다양한 협력 관계partnership를 포함해야 한다. 보행 프로그램을 실행하고 자금을 조성하기 위해서 다음의 프로그램 및 기관들과 협력 관계를 조직하라.

- 위락 및 공원 프로그램
- 공중 보건 프로그램, 병원, 관련 지원 단체
- 학교와 학부모 교사 협의회Parent-Teacher Association: PTA
- 심신장애인 및 노인 지원 프로그램과 관련 지원 단체
- 기업체, 상업 활동 촉진 지구Business Improvement District: BID, 상공회의소
- 지방정부, 주 정부, 연방 정부의 프로그램과 기금 제공자

---

5) 부모와 아이가 함께 학교로 큰 무리를 지어 걸어가는 것을 비유적으로 표현한 것이다.

- 민간 기부 재단과 개인 기부자
- 성취도 측정

보행이 가로 성능 측정 및 교통 지원 기금을 계산하는 산출식formula의 기본 요소로 포함되지 않는 한, 보행자들은 절대로 신중한 고려 대상이 되지 않을 것이다.

- 교통 영향 평가 지침, 병행 허용 기준concurrency standard, 교통 혼잡 관리 계획 등에서 자동차 서비스 수준LOS을 개선하기 위해 보행의 질이 희생되지 않게 하라.
- 가로 및 토지이용 맥락의 유형별로 보행의 질적 기준과 목표를 정하라.
- 가로에 대한 보행의 질을 지속적으로 감독하라.
- 보행자의 활동에 관한 정보를 수집하라. 예를 들면 겔 건축 사무소는 보행자의 부상당하고 사망한 위치를 지도에 표시하는 접근 방식인 '공공의 삶과 공공 공간Public Life and Public Spaces'이라는 조사[1]를 시행했다.
- 단절되었거나 너무 좁은 보도, 그리고 시각 장애인이나 휠체어 이용자들이 통행하기 부적합한 경로들을 포함해 단절되었거나 또는 부적절한 보행 시설을 지도에 표시하라.
- 오래 머물고 싶은 안락한 공공 영역을 만들라.

보행자 관점에서 볼 때, 보도와 광장, 공원 등은 모두 같은 공공 영역의 일부이다. 이들 영역은 도시의 삶에 즐거움을 제공하는 형태로, 그리고 전체가 하나로 통합된 형태로 설계되어야 한다.

- 이동식 벤치와 의자를 포함한 보도 시설물 설치 계획을 만들라.
- 공공 예술에 투자하라. 특히 보행자의 스케일에서 가장 좋아할 수 있는 예술에 집중하라.
- 특히 소매상 지역에는 야외 공연, 공공 예술, 가판대, 식품 판매대food cart 등을 적절히 배치하는 보도 공간을 구상하라.
- 우선순위를 세우고, 그에 따라 투자하라.

모든 보도를 최상의 수준으로 건설하고 관리하는 데 필요한 자금을 충분하게 가진 도시는 없다. 따라서 주어진 자금으로 무엇을 먼저 해야 하는지를 알려면 다음과 같이 해야 한다.

- 도시의 모든 가로에 대해 보행자들이 원하는 질적 수준을 지도로 표현하라.
- 빠졌거나 부적합한 보도 구간, 경계석, 보도 폭, 가로수 그늘, 완충 녹지 지

대, 건물의 전면부 등을 포함한 현재의 모든 상태를 나타내는 지도로 만들라.

- 요구되는 수준과 현재 수준 간의 차이를 규명하고, 그 격차를 좁히기 위한 우선순위를 명확하게 정하라.
- 특정 일정에 맞추어 우선 시행할 프로젝트에 대한 자금 투자 계획을 수립하고, 매년 이 과정을 반복하라.

• 직감적으로 길을 찾을 수 있게 하라.

지속 가능한 도시에서는 길의 대부분을 직감적으로 찾을 수 있게 해야 한다. 예를 들면 도심과 기차역은 높은 건물들이 있는 곳에 있으며, 강은 아래쪽에 있고, 중심 가로는 포장이 깔끔하게 되어 있으며 조명 시설이 있다는 것이다. 그러나 도시가 더 복잡해질수록 다음과 같은 추가적인 전략이 필요하다.

- 중요한 조망 대상을 구별하고, 지역지구제를 이용해 이들을 보호하라.
- 높은 건물 및 기념물과 같은 중요한 위치는 눈에 잘 띄게 하라.
- 도시를 방문하는 사람들이 길을 찾는 것을 도와주는 예술품, 조경, 색채, 포장, 조명 등의 도구 사용에 관련된 전문가를 투입하라.
- 이상에서 언급한 것들을 모두 실현하고 나면, 길 찾기 안내wayfinding [6] 전문가들에게 표지판 전략을 개발하게 하라.

• 안전하다고 느끼게 하라.

비록 알려진 범죄가 없다고 하더라도 사람들은 안전하다고 느껴지지 않는 곳을 걸어 다니려고 하지 않을 것이다. 그리고 안전하다고 느끼는 것과 실제로 그곳이 얼마나 안전한지는 단지 약간의 관련만 있을 뿐이다.

- 오스카 뉴먼Oscar Newman의 독창적 저서인 『방어적 공간Defensible Space』[2]을 읽는 것처럼, '환경 설계를 통한 범죄 예방Crime Prevention Through Environmental Design: CPTED' [7]에 관해 연구하라.
- 지역지구제 규정에 모든 가로를 향해 적극적으로 개방된 창을 설치하게 하는 기준이 있는지를 확인하라.
- 정기적인 청소, 낙서graffiti 제거(제보된 지 24시간 안에 처리) 등으로 가로의 수

---

6) 'wayfinding'이란 여행객들이 길을 찾을 수 있게 한 표지판과 상징물을 말한다.
7) 도시 건축물 및 시설을 설계할 때 범죄 예방을 위한 환경을 만들고자 하는 기법 및 제도를 말한다.

준을 높게 유지하는 데 투자하라.

- 안전하지 않다고 느끼는 장소에는 특별 프로그램을 도입하거나, 노점상을 둠으로써 더 많은 보행자를 끌어들여라.
- 특별한 문제가 있는 지점을 다루려면 '환경 설계를 통한 범죄 예방'과 관련된 전문가의 도움을 받아라.

3. 보행로 계획 도구

도시를 좀 더 걷기 쉽게 만드는 데 유용한 여러 도구가 있다. 이 절篩에서는 가장 일반적인 몇 가지 도구를 요약한다.

1) 보행 적합성 검사

계획가들이 보행로의 문제점을 인식하고 해결할 수 있도록 도움을 줄 수 있는 매우 다양한 검사 도구가 있다. 이들 중 자료 2개를 살펴보면 다음과 같다.

- 미국 연방고속도로국FHWA의 도로 안전 검사 프로그램Road Safety Audits은 보행자 안전에 관한 상세한 내용을 포함하고 교통안전 전반에 초점을 맞춘 세부적인 지침을 제공해준다(safety.fhwa.dot.gov/rsa 참조). 이 프로그램은 유용한 조언을 많이 제공해주지만, 보행 경험을 질적인 면에서 분석하지 못하는 한계가 있다. 또한 이것은 보행자를 비롯한 모든 도로 이용자의 안전을 확보하는 방법의 설계라기보다, 안전도를 높이기 위해서 미드블록 횡단보도midblock crossing [8]에 건널목 설치를 제한하는 것과 같은 방법으로 보행자의 행태를 제한하려는 경향이 있다.
- 활동적삶연구소Active Living Research는 온라인(www.activelivingresearch.org)을 통해서 활용할 수 있는 보행로 검사 도구 10여 개를 제공한다. 이들 도구 중 일부

---

8) 도시의 블록은 가로로 둘러싸여 있으며, 모서리는 모두 교차로로 구성된다. 미드블록이란 가로망에서 교차로와 교차로 사이를 말하며, 미드블록 횡단보도란 교차로상의 횡단보도가 아닌, 교차로와 교차로 사이에 있는 횡단보도를 말한다.

는 분석 결과를 도표로 나타내고, 지도로 그릴 수 있는 무료 소프트웨어를 포함한다.

- 어느 도구를 선택할 것인지는 각 도시의 우선순위와 자료 수집 및 정보처리에 투자해야 할 예산 규모에 따라 달라진다. 보행 환경이 복잡하므로 필요한 자료는 엄청나게 많지만, 좀 더 효과적으로 접근하는 방법은 실제로 보행자들이 특정한 보행 환경에 대해 어떻게 인식하는지를 기록하는 것이다. 이들 보행자 인식 자료를 순위 척도로 바꾸어 계량화하고, 이에 대한 평균값도 산출할 수 있을 것이다. 이 결과들을 이용하면, 자동차 통행에 대한 서비스 수준과 같이 계량화된 다른 성능 측정치와 비교 검토할 수 있을 것이다.

2) 추적 조사

교차로 설계를 위한 기초 자료를 수집하기 위해서 필요한 조사 방법 중 간단하지만 널리 활용되는 방법은 '추적 조사tracking survey'라 불리는 것이다. 소규모 조사팀이 몇 시간에 걸쳐 보행자들의 실제 보행 패턴을 관찰해 기록하고, 그림 6-1처럼 하나의 지도에 집적해 표현한다. 그림 6-1은 뉴욕 시의 할렘Harlem 근린 주거지역neighborhood의 복잡한 교차로에서 관찰된 추적 조사 결과를 표현한 것이다.

이 방법은 새로운 보행 신호 또는 건널목을 어디에 설치해야 하는지를 쉽게 알게 해준다. 또한 어디에 중앙분리대median와 연석 확장curb extension[9]과 같은 교통 정온화 수단이 필요한지, 보행자와 차량의 흐름을 더 안전하게 해주기 위해서 어디에 아스팔트 포장을 추가해야 할 것인지를 쉽게 알 수 있게 해준다.

3) 보행로 계획

완전한 보행로 계획을 수립하려면 물리적인 것 이상의 좀 더 많은 것을 고려해야 한다. 사람들은 자신이 가는 곳이 어디인지를 알기 원하고(간판과 표지판), 사고 없이 목적지까지 가기를 원하며(교통 정온화), 편리한 접근성을 요구하고(「미국장애인법ADA」에

---

9) 보도 모서리 부분의 연석을 차로 쪽으로 튀어 나오게 해서 보행 및 대기 공간을 확장하는 것으로, 제9장 「자동차」에서 구체적으로 기술한다.

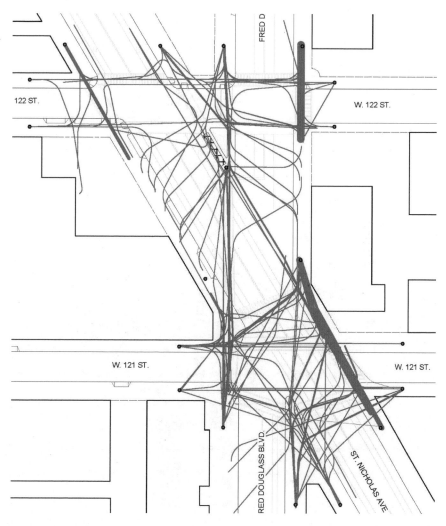

정한 기준), 과도하게 혼잡한 것을 싫어하며(효과적인 보도 폭, 모서리 연석의 활용, 건물의 경계 지역), 어두운 조명, 상점의 전면부가 뒤로 물러나 있는 것, 소음 등을 싫어한다. 그러나 앉을 수 있는 장소(가로 시설물)를 좋아한다.

그림 6-2는 뉴저지New Jersey 주 트렌턴Trenton 시의 중앙역 주변 지역의 보도 시설 현황을 보여준다. 이 도면은 보행 네트워크 관점에서의 주요 연결로를 보여주고, 쉽게 걸을 수 있는 정도의 반경(직선거리) 3분의 1마일(약 500여 미터)의 범위와 실제 보행 거리의 차이를 비교해서 보여준다.

그림 6-3은 역 주변에 있는, 이용할 수 있는 보도의 현황을 보여준다. 이와 같은 지도는 트렌턴 시 당국의 정책결정자들이 보행을 개선하기 위한 투자 우선순위를 정

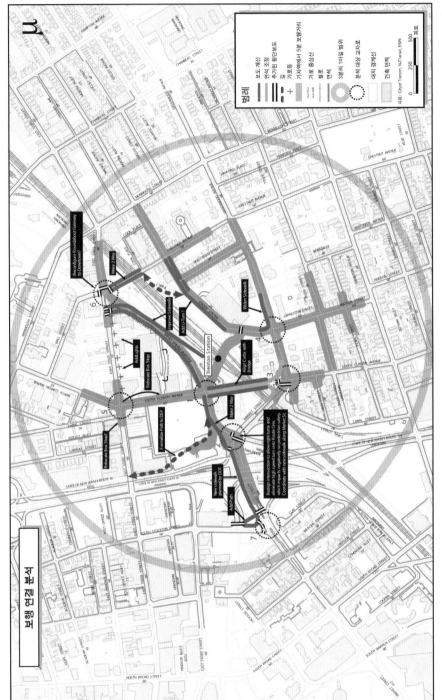

그림 6-2
직선 반경 내의 트렌턴 보행 네트
워크와 실 보행 거리.
자료: Nelson\Nygaard.

그림 6-3

트렌턴 보도의 질적 현황.

자료: Nelson\Nygaard.

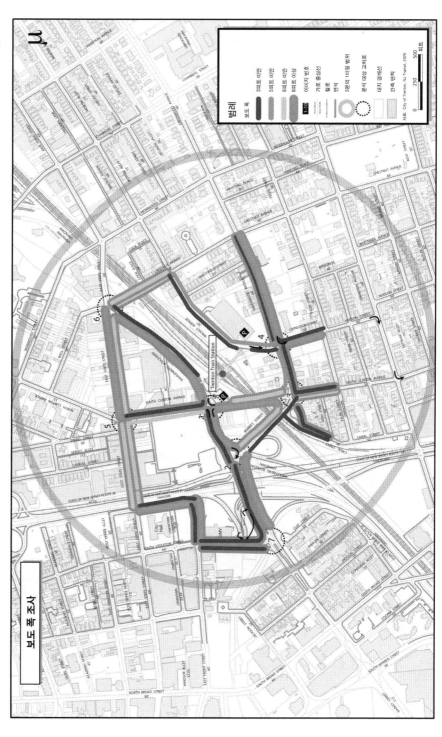

하는 데 도움을 줄 수 있다. 또한 그들에게 역으로 향하는 접근성을 향상하기 위해서 다른 교통수단이나 방법을 사용하는 것보다 보행 장애물을 제거하는 것이 더 비용-효과적이라는 것을 인식할 수 있게 해준다.

또한 보행로 계획에서는 종종 보행 네트워크를 가로망과 대조적으로 구성할 수 있게 해주는 가로 유형 분류 체계를 사용하기도 한다.

4. 보행로 설계 수단

이 절에서는 공공 영역 중 보행자 공간을 설계하기 위해서 가장 중요한 몇 가지 수단을 설명한다. 특히 보도, 횡단보도, 주차 차로 및 공유 공간shared space에서 융통성 있게 사용할 수 있는 특별한 공간에 초점을 맞춘다. 이 절에서 사용되는 많은 표현은 샌프란시스코의 「더 좋은 가로 계획」[3]의 내용을 각색한 것이다. 또한 보행자를 위한 중요한 상세 설계의 내용은 이 책의 제9장, 가로 표준 설계 매뉴얼, 그리고 건물과 시설에 대한 「미국장애인법에 따른 접근성 지침Americans with Disabilities Act Accessibility Guidelines: ADAAG」[4] 등에서도 다룬다.

1) 보도

전체 폭

표 6-1은 샌프란시스코의 「더 좋은 가로 계획」의 내용을 각색한 것으로, 각각의 다양한 가로 유형별 최소 및 권장 보도 폭을 보여준다.

표 6-1 샌프란시스코의 「더 좋은 가로 계획」 보도 규격

토지이용 맥락	가로 유형	최소 보도 폭(피트)	권장 보도 폭(피트)
상업	상업 통과 가로 및 근린 소매	12	15
주거	도시 주거지	12	15
	저밀도 주거지	10	12
기타	산업지	8	10
	공원 도로	12	17
	골목길	6	9

자료: "San Francisco Better Streets Plan," Courtesy the San Francisco Planning Department.

보도 구역

고려해야 할 문제는 전체 폭만이 아니다. 보도는 단지 걷기 위한 것만은 아니다. 실제로 일반적인 도시 내에 있는 보도의 많은 부분은 보행자가 이용할 수 없다. 그림 6-4는 보도의 단면(장소에 따라 보도나 보도 요소로 확장할 수 있는 주차 차로도 포함한다)에 대한 한 가지 분류 방법을 보여준다. '경계 구역edge zone'과 '시설물 구역furnishings zone'은 때때로 합쳐지고, '확장 구역extension zone'은 종종 별도로 고려하지 않는다. 그러나 도시 지역의 보도는 최소한 3개 구역으로 구성되며, 그중 1개 구역만 실제로 보행을 위해서 사용할 수 있다.

여기서는 모든 보도 구역sidewalk zone에 대한 설계 지침을 포함한다. 이들 지침은 통상적인 내용이라는 점을 주의해야 한다. 적합한 규격은 총 보도 폭, 보행자 수, 인접 토지이용, 부지 진입로의 유무, 기타 요소 등에 따라 달라질 수 있다.

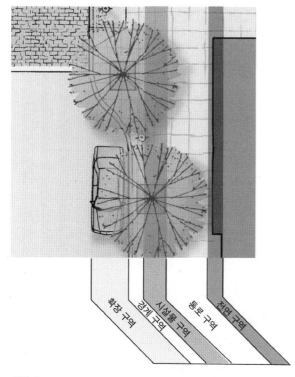

그림 6-4
보도의 기능적 구역 분류.
자료: "San Francisco Better Streets
Plan," Courtesy the San Francisco
Planning Department.

확장 구역 / 경계 구역 / 시설물 구역 / 통로 구역 / 전면 구역

전면 구역

보행자들은 가로의 가장자리로 걷기를 꺼리는 경향이 있다. 벽을 훨씬 더 꺼리며, 특히 언제든 열릴지도 모르는 문들을 포함한 벽을 더 꺼리는 경향이 있다. 그러나 인접 부지의 '전면 구역frontage zone'은 카페나 레스토랑의 좌석seating, 벤치bench, 상품 진열대, 식재, 다양한 건축 요소(즉, 차양과 캐노피, 천막 등)를 둘 수 있는 다양한 용도로 활용할 수 있다. 일반적으로 넓은 시설물 구역을 수용할 만한 공간이 없는 보도에는 완전한 통로 구역을 확보하기 위해서, 나중에 자리 잡는 요소인 신문 가판대, 쓰레기통, 지지대 등은 전면 구역에 설치되어야 할 것이다.

모든 유형의 가로에서 전면 구역은 최소 18인치(약 45센티미터) 이상이어야 한다. 윈도쇼핑window shopping[10]과 빈번히 열리는 출입문에 지장이 없게 할뿐 만 아니라, 의

---

10) 아이쇼핑(eye-shopping)으로도 부르며, 창밖에서 내부에 진열된 상품을 구경하는 행동을 말

자 및 기타 편의 시설을 두기 위해서 상업지 가로의 전면 구역은 최소 2피트(약 60센티미터) 이상이 되어야 한다.

통로 구역

보도의 '통로 구역throughway zone' 또는 '보행 전용 구역pedestrian clear zone'은 자동차 진입로에 있는 경사로apron와 같은 횡단 경사cross-slope의 변화를 포함해서 어떠한 장애도 없어야 한다. 보도의 표면은 어떠한 기상 상황에서도 휠체어를 탄 사람이나 보행자들이 이용하기에 견고하고, 편안하며, 안전한 재료를 사용해야 한다. 차양과 간판, 내닫이창bay window [11] 등과 같은 모든 돌출된 요소를 이 구역에 설치할 수는 있으나, 「미국장애인법」에서 규정한 접근성 기준에 따라 최소한 80인치(약 2.4미터) 이상의 높이 위에 설치해야 한다.

　「미국장애인법」의 규정에 따르면, 보행로의 폭은 최소 4피트(약 1.2미터) 이상으로 하되, 200피트(약 60미터)마다 최소 5피트(약 1.5미터)까지 넓히도록 요구받는다. 그러나 골목길이 아닌 가로에서는, 특히 상대적으로 보행자가 많은 가로에서는 한 쌍의 보행자가 나란히 서서 충분하게 지나갈 수 있도록 최소 6피트(약 1.8미터)의 폭을 권장한다. 인접한 전면 구역이나 시설물 구역에 아무런 장애물이 없는 경우에 이들 구역은 「미국장애인법」에 맞는 '가로수 뿌리 보호용 쇠 덮개tree grate'가 허용되는 빈 공간clear space에 포함될 수 있다.

시설물 구역

'시설물 구역furnishing zone'은 통로 구역과 차로 사이에서 완충 역할을 한다. 가로수 및 기타 조경, 벤치, 신문 가판대, 가로등, 주차 미터기, 표지판, 쓰레기통, 수도·전기 시설함utility box, 소화전, 기타 시설물 등은 이 구역에 함께 설치되어야 한다. 시설물 구역은 다른 포장재를 사용하므로 보행자들이 통로 구역을 벗어나 잠시 머물 수 있는 장소로서 명확히 구별되게 한다.

　가로수나 보도 조경이 있는 곳이라면 어디에서든지 시설물 구역의 폭은 최소 3피트(약 90센티미터) 이상이 되어야 한다. 그러나 노상 주차장이 없는 경우에는 자동차

한다.

11) 벽면의 일부가 외부로 돌출한 창을 말한다.

통행으로부터 보행자를 보호하는 완충 역할을 담당하도록 그 폭을 더 넓게 해야 한다. 즉, 최소 폭은 4피트(약 1.2미터)로 하되 차량의 통행 속도가 시속 25마일(약 40킬로미터) 이상이 되면, 시속 5마일(약 8킬로미터) 증가할 때마다 그 폭을 1피트(약 30센티미터)씩 추가해야 한다. 또한 넓은 조경 공간을 만들고 의자를 추가로 더 놓으려면, 시설물 구역을 더 넓게 만들 수 있다. 연속적으로 가로수를 심어놓은 곳에서는, 시설물 구역은 20피트(약 6미터)마다, 인접한 주차면의 중심에 맞도록 배열된 3피트(약 90센티미터)의 통로를 이용해 경계 구역을 연결되게 해야 한다.

경계 구역

'경계 구역edge zone'은 차도와 보도 사이의 접속 지역이며, 가로의 연석 쪽에 주차한 차량에 타고 내리는 공간으로 설계된다. 주차된 차량으로 접근하기 위한 여유 공간이 있으면, 시설물 구역에 있어야 할 많은 요소가 가끔 경계 구역에 놓일 수 있으므로, 시설물 구역과 경계 구역은 종종 하나로 통합된다.

'평행 주차parallel parking'를 운영하는 가로의 경우는 경계 구역의 폭이 최소한 18인치(약 45센티미터)는 되어야 한다(가로 연석에서부터 측정). 대각선 주차나 직각 주차를 운영하는 가로의 경우는 경계 구역의 폭은 30인치(약 45센티미터) 이상이 되어야 한다.

확장 구역

'확장 구역extension zone'은 '백열전구형 확장bulb-out'[12] 연석이 점유하는 부분으로 그중 일부는 주차 차로로 이용할 뿐 아니라, 이곳에 자전거를 주차하거나 화분을 놓는 등 '신축적 용도flexible use'로 활용할 수 있다(주차 차로를 신축적으로 이용하는 방법에 대해서는 뒷부분에서 좀 더 상세하게 기술한다). 백열전구 모양 연석의 규모가 큰 곳에는 시설물 구역에 있어야 일반적인 시설 요소들을 이곳에 모아놓아 통로 구역을 더 넓게 이용할 수 있게 할 수도 있다.

보행자 영역이 확장 지대까지 연장된 곳에서는, 연석을 확장 지대까지 충분히 확장하거나, 이 지대를 노상 주차 차로로 쓰이게 해야 한다.

---

12) 백열전구처럼 튀어나온 모양으로 연석을 확장한 형태이다.

특별 구역

그림 6-5는 보도 공간을 단순히 단면이 아니라 선형 측면에서 생각할 때, 보도를 추가적으로 몇 개의 특별 용도 구역으로 분류할 수 있다는 것을 보여준다.

모서리

상대적으로 보행자 수가 많거나 교통량이 많은 가로의 경우에는 보행자들의 횡단 거리를 줄이고 가시성을 높이고자 교차로의 모서리를 백열전구 모양으로 튀어나오게 하거나 인접한 차로의 경계선 근처까지 연장해야 한다(그림 6-6 참조). 그러나 이를 위해서는 연석의 하부에 둥근 아치 형태의 특수한 배수로vault를 설치하거나, 또는 배수 시설 설치 기준을 충족할 수 있는 시설을 설치해야 하므로 엄두를 못 낼 만큼 큰 비용이 들 수 있다. 후자의 경우(배수 시설 설치 기준에 맞추어야 하는 경우)에는 배수로를 청소할 때 임시로 제거할 수 있는 가로수 뿌리 보호용 쇠 덮개를 이용해 보도까지 연결하는 백열전구 모양의 '임시interim' '고원식 교통섬raised island'[13]을 설치해 해결할 수 있다.

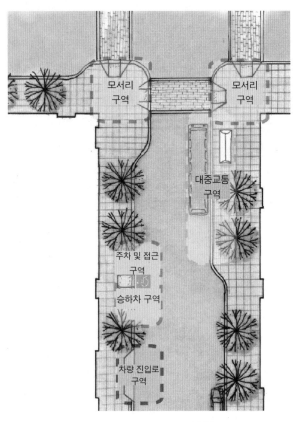

그림 6-5
보도의 특별 용도 구역.
자료: "San Francisco Better Streets Plan," Courtesy the San Francisco Planning Department.

모서리에는 할 수 있는 한 아무런 장애물들을 두지 말아야 하며, 운전자와 보행자들이 서로 막힘없이 쳐다볼 수 있도록 설계해야 한다. 조경을 포함한 가로 시설물과 편의 시설은 모서리 근처에 모아놓을 수도 있지만, 모서리에 바로 붙여놓아서는 안 된다. 모서리에는 시각장애인들이 감지할 수 있는 경고용 보도블록이 포함된 휠체어 경사로를 반드시 설치해야 한다. 이 경사로는 「미국장애인법」을 준수해야 하며, 건널목으로 직접 접근할 수 있도록 위치를 조정해야 한다.

---

13) 포장면을 주변보다 약간 높여 자동차들이 이 구간을 지날 때 속도를 줄이게 하므로 보행자 및 차량의 안전을 높이고자 하는 시설을 말한다.

그림 6-6
오리건 주 포틀랜드의 주거지역
에서는 전구 형태의 모서리가 어
느 정도 거리까지 투과성 식재 구
역으로 연장되어 있다.
자료: Nelson\Nygaard.

대중교통 정류소

대중교통 정류소transit stop에 관한 지침은 제8장 「대중교통」에서 찾아볼 수 있다.

차량 진입로

보도가 인접 부지로 진출입하는 차량의 진입로driveway를 가로지르는 통로 구역은 단면 경사의 변화가 없어야 하고, 바닥에는 대비가 강한 색깔 또는 질감을 사용해 감지하기 쉬운 경고 띠를 설치해야 한다. 통로 구역의 최소 폭에 관해서는 이미 자세히 다루었으므로 여기서는 생략한다.

장애인 공간과 하역 공간

장애인 주차장, 또는 사람이나 화물의 하역 공간이 연석 가까이 있는 곳에는 가로수, 가로 시설물, 기타 장애물들을 뒤로 물려놓아 8피트(약 2.4미터) 이상의 보도 폭을 확보 해야 한다.

중앙분리대

중앙분리대를 설치할 것인지, 아니면 자전거 차로와 같은 다른 가로 요소들을 설치할 것인지를 선택해야 한다면, 지속 가능한 가로를 설계하려는 사람은 후자에 마음이 끌릴 것이다. 중앙분리대는 차량의 과속 운행을 장려하는 역효과를 낳을 수 있기 때문이다. 그러나 중앙분리대는 녹지대를 만들어주고, 빗물이 스며드는 투수면을 확보해주며, 보행자들의 대피 공간(만약 6피트(약 1.8미터) 이상의 폭이 있다면)을 제공하기도 한다. 넓은 폭의 중앙분리대(12피트(약 3.6미터) 이상)는 큰 그늘을 제공하는 커다란 나무와 사람들이 모여 앉을 수 있는 추가적인 공간을 제공하기도 한다. 그리고 이렇게 넓은 중앙분리대의 일부분은 교차로의 좌회전 전용 차로로 사용되기도 한다.

2) 가로

횡단보도 설계에 대해서는 대부분의 교통계획 지침서에서 상세히 기술하므로, 여기서는 특별히 다루지 않는다. 그러나 일반적인 것을 정리해보면, 횡단보도는 ① 이용하기 용이해야 하고(모서리에서의 횡단이 절대로 금지되어서는 안 된다), ② 눈에 잘 띄어야 하고, ③ (고정 주기의 신호든 보행자가 작동하는 식이든) 교통신호로 보호되어야 한다.

정지선과 양보선

정지(또는 제한)선은 1~2피트(약 30~60센티미터) 두께의 흰색 실선으로, 진행 방향 차로에 있는 우선멈춤 표지판 또는 신호등 앞에 가로질러 옆으로 설치한다. 이것은 횡단보도로 자동차가 넘어오는 것을 줄이고, 운전자가 보행자를 잘 볼 수 있게 해준다. 「교통통제 표준 매뉴얼Manual on Uniform Traffic Control Devices: MUTCD」[5]에서는 정지선을 횡단보도 전방 4~50피트(약 1.2~15미터)에 설치하게 하는데, 그 위치는 차량 속도, 가로 폭, 노상 주차장 여부, 시각적 혼란의 가능성, 취약 계층이 이용하는 인접 토지이용 여부, 차량 대기 공간에 대한 수요 등에 따라 조정할 수 있다.

하나의 대안으로 흰색 삼각형들을 일렬로 표시한 양보 차로는 차들이 양보하기 위해 정지해야만 하는 지점을 나타내는 데 사용할 수 있다. 이들은 특히 안쪽 차로에 있는 운전자가 바깥쪽 차로에 있는 차량의 앞에서 걸어 나오는 보행자들을 보지 못할 때 발생하는 '다중 위협적인multiple-threat' 충돌을 줄이는 데 효과적으로 쓰일 수 있다.

보행 신호등

보행 신호등은 교통 신호등이 있는 곳에 모두 설치되어야 하고, 문자보다는 국제적으로 통용되는 기호로 표시하게 해야 한다. 또한 신호주기는 노인, 어린이, 장애인을 포함한 모든 계층의 보행자가 건널 수 있을 만큼의 충분한 시간에 맞추어져야 한다.

역사적으로 최소 녹색 점멸 신호 시간은 표준 보행속도인 초속 4피트(약 1.2미터)를 기준으로 계산해왔다. 그러나 미 연방 정부는 초속 3.5피트(약 1미터)로 낮추는 새 기준을 제시했다. '보행자 녹색 점멸 신호 시간pedestrian clearance interval'과 보행자 횡단 시간을 합한 시간은 초속 3피트(약 0.9미터)로 횡단하기에 충분하도록 길어야 한다.

보행자 '동시 횡단'

보행자들을 모든 방향으로 동시에 교차로를 횡단하게 하는 '보행자 동시 횡단pedestrian scramble'은 보행자가 매우 많고 횡단 거리가 짧을 때 적용할 수 있다.

보행 '우선 출발' 신호

차량 통행에 녹색 신호를 주기 전에 보행 신호를 먼저 주어 보행자들을 먼저 건너게 하는 '보행자 우선 출발 신호pedestrian head-start signal'는 자동차들의 신호 위반과 보행자의 충돌 사고가 빈번한 교차로에서 사용할 수 있다.

보행자 작동 신호

횡단보도에서 보행자가 스스로 신호등을 작동하는 방식이 있다. 일반적으로 횡단보도 신호등은 고정적인 주기로 작동되는 것이 많다. 이는 많은 보행자가 '보행자 작동 신호기pedestrian-actuated signal'를 발견하지 못하거나 사용하지 못하기 때문이며, 또한 이런 신호기는 보행자의 통행 우선순위가 차량의 통행보다 낮다는 심리적 메시지를 주기 때문이다. 그러나 보행자 횡단이 가끔 이루어지는 곳, 상대적으로 보행자의 횡단 시간이 길어 대중교통 차량이 너무 오래 지체될 수 있는 곳, 음성신호가 필요하거나 보행 주기의 연장이 필요한 곳에서는 보행자 작동 신호기가 쓰일 수 있다. 교통신호의 주기는 보행자가 길을 건너기에 충분한 시간을 할당하도록 정해야 한다.

잔여 시간 표시 보행 신호기

조사 자료에 의하면, 많은 보행자는 차량 운전자와 매우 유사하게 황색 신호를 종종 잘못 인식하고 있다. 전통적으로 사용되는 보행 신호 중 깜빡이는 신호의 의미를 '교차로에 들어오지 말고 정지하라'는 의미라기보다 '서둘러 횡단하라'는 의미로 잘못 인식하는 것으로 나타났다. 잔여 시간을 알려주는 것은 횡단하려는 보행자들에게 좀 더 정밀한 정보를 제공함으로써 서둘러 횡단하려는 것을 단념시킬 수 있으며, 중앙분리대의 대피 공간에서 기다리도록 유도할 수도 있다. '잔여 시간 표시 보행 신호기pedestrian countdown signal'가 더 무모한 행동을 부추길 수 있다는 주장도 있지만, 이 신호 방식은 충돌로 비롯된 부상을 25퍼센트나 감소시키는 것으로 나타난다.

3) 주차 차로의 탄력적 활용

자동차 주행 차로나 자전거 차로와는 달리 가로변 주차 차로parking lane는 탄력적으로 활용할 수 있다. 이들 차로는 이동이 아니라 저장을 위해서 사용되며, 일반적으로 약 20피트(약 6미터) 단위로 분할된다. 주차 차로는 주차면으로 구성되며, 이들 주차면(또는 주차면과 주차면 사이)은 다른 용도로도 활용할 수도 있다. 이러한 사례는 해외에서 오래전부터 존재해왔으며, 최근에는 뉴욕 시와 샌프란시스코 베이Bay 지역의 많은 도시를 포함한 미국의 도시들에도 도입되고 있다.

연석에 면한 주차면들은 다양한 용도로 사용되는 보도에 바로 인접해 있다. 그래서 이들 주차면 역시 조경, 자전거 주차, 카페와 레스토랑의 좌석 또는 간단한 벤치 등의 다양한 용도로 사용된다. 물론 주차 차로는 보도보다는 차도와 같은 높이로 주행차로에 인접해 있다. 따라서 이 공간을 앉는 장소로 이용하려면 반드시 식재나 바닥이 높은 단상platform 등의 시설을 이용해 차량으로부터 보호받을 수 있는 장벽을 만들어야 한다. 궁극적으로 이 탄력적인 공간을 백열전구 모양 연석의 확장을 통해 영구적인 공간으로 바꾸는 것이 합리적이라 할 수 있다.

수동적 활용

운전자에게 서행하라는 시각적 신호를 줄 뿐 아니라 보도 공간을 추가로 공급하기 위해서 주차면들 사이에 일정한 간격으로 화분planter이나 나무tree를 배치할 수 있다. 나무를 심은 화분basin의 크기는 최소 4피트×6피트(약 1.2미터×1.8미터)가 되어야 하고, 밖으로 튀어나온 나뭇가지들은 나무의 수관이 통과하는 차량에 닿지 않도록 다듬어 최소한 14피트(약 4.2미터)의 높이가 되게 관리해야 한다.

주차 차로에 있는 화분 또는 나무 화분들은 빗물의 배수, 청소, 유지 관리 등의 문제를 발생시킨다. 배수로를 유지 관리하기 위해서 이들을 가로수용 쇠 덮개로 덮을 수 있는 정도의 간격만큼 연석에서 분리해야 한다.

능동적 활용

활성화된 상업 가로에서 주차면들은 임시적 또는 반영구적으로 카페 좌석, 벤치나 자전거 주차의 용도로 활용될 수 있다. 보행자 수는 많고, 자동차 통행량은 많지 않으며, 카페와 레스토랑이 많은 상업지역에서는 주차 차로를 탄력적으로 활용하는 것을 우선시해야 한다(그림 6-7 참조).

주차 차로에 대한 탄력적 용도는 카페 주인들의 개인적 행위 또는 가로 재설계의 일환으로 결정된다. 둘 중 어떤 경우든 주차 차로를 탄력적으로 이용하려면, 일반적으로 보도와 탄력적 공간flex-space에 대한 유지 관리뿐 아니라 주차 관리에 대한 추가적인 노력이 필요하다. 이러한 관리는 시 당국이 담당하거나 상인 협회, 상업 활동 촉진 지구 운영체, 또는 허가권을 받은 개인 등 제3자가 담당한다.

일반적으로 주차 차로의 탄력적 용도는 차로 폭 전체, 또는 최소한 하나 이상의 주차면을 차지해야 한다. 이들 탄력적 공간은 사람을 위한 공간이라는 느낌을 주면서도 보행자나 자전거가 자동차 공간을 침범한다는 생각이 들지 않도록 설계되어야 한다. 볼라드bollard(차량 진입 방지용 말뚝), 난간, 식재 상자, 기타 물건 등은 자동차 운전자들과 탄력적 공간을 이용하는 사람들 간의 시선을 유지하는 동시에, 시각적으로나 물리적으로 독립적이고 독특한 공간으로 분리하는 완충 역할을 할 수 있다.

이들 탄력적 공간은 보도의 높이까지 들어 올린 단상(이것은 매일 저녁 제거해야 할 수도 있다), 또는 단순한 가로면 자전거 주차 시설처럼 영구적으로 사용하지 못할 수도 있고, 반영구적으로 사용할 수도 있다(그림 6-8 참조). 가로 재설계의 일환으로 주차 차로를 탄력적으로 활용할 계획을 세우려면, 다음과 같은 설계 요소들을 포함해야 한다.

- **연석 확장 및 영구적 조경**: 조경으로 가꾸어진 연석 확장 부분, 또는 주차 차로에 놓은 화분이나 나무 화분은 최소한 5개 이상의 주차면을 넘어서 하나씩 배치해야 한다[최대 100피트(약 30미터) 간격].
- **특별 포장재**: 도로의 다른 공간과 구별될 수 있도록 색깔과 질감이 다른 포장재를 사용해야 한다.
- **바닥면 높이의 변화**: 두 공간이 다른 영역으로 구별될 수 있도록 도로면과 주차 차로면 사이에 1~2인치(약 2.5~5센티미터)의 높이로 변화를 주어야 한다.

주차 차로와 보도 사이에 있는 연석의 높이는 표준적으로 적용하는 6인치(약 15센

그림 6-7

캘리포니아 주 마운틴뷰(Mountain View)에 있는 카스트로(Castro) 가로에서는 탄력적으로 사용할 수 있는 주차 차로를 영구적인 용도로 사용한다.

자료: Eric Fredericks(크리에이티브 커먼즈 라이선스에 따라 사용: http://creativecommons.org/licenses/by-sa/2.0/deed.en).

그림 6-8

샌프란시스코에 위치한 디비사데로(Divisadero) 가로는 반영구적인 탄력 공간이다.

자료: Jeremy Shaw.

티미터)보다 더 높게 해서 계단 1개 높이의 변화를 주게 한다. 탄력적 공간은 경사로를 두어 장애를 지닌 보행자도 접근할 수 있게 해야 한다.

이들 탄력적 공간이 다른 용도를 방해해서는 안 된다. 예를 들면 다음과 같다.

- 사용 중인 주차면은 탄력적 공간으로 전환되어서는 안 된다.
- 주차 차로에 대한 탄력적 활용이 인접한 자전거 차로를 주행하는 자전거 통행자의 안전을 해쳐서는 안 된다.
- 주차 차로에 대한 탄력적 활용이 대중교통 차량의 안전한 운행을 방해하거나, 차량에서 승하차하는 승객들을 방해해서는 안 된다.

4) 공유 공간

'공유 공간'이란 보행자 영역과 자동차 영역이 같은 평면에서 통행권을 공유하거나, 전혀 분리되지 않은 곳을 말한다. 사실상 이 공간은 차량 통행이 뜸한 선형 광장의 기능을 가져야 한다(그림 6-9 참조).

일반적으로 도로 부지의 폭이 15피트(약 4.5미터)보다 좁은 경우에는 구역을 구분할 필요가 없다. 도로 부지의 폭이 이보다 더 넓은 경우에는 눈에 띄는 표식으로 구별된 보행자 전용 구역을 두어야 한다.

공유 공간은 다음과 같은 보행-중심적 요소를 제공해야 한다.
- 전통적인 가로와 구별되도록 재료나 패턴을 다르게 포장한다. 재료의 질감은 상대적으로 부드러워야 한다. 표면 재질이 휠체어의 회전을 지연시킬 만큼 거친 곳에는 「미국장애인법」에서 정한 기준에 맞는, 부드러운 재질로 포장된 4피트(약 1.2미터) 폭의 연속적인 보행로를 만들어주어야 한다.
- 공유 공간의 폭이 넓다면 시케인chicane[14]을 만들기 위해서 보행 전용 공간을 구불구불하게 배치하거나, 승하차 구역, 부지 진입로, 주차면 사이에 배치한다.
- 조경 시설, 의자, 기타 가로 경관 시설물과 편의 시설을 둔다.
- 이벤트, 음식점 좌석, 주말 시장 등과 같이 간헐적이거나 임시적인 활동을 위한 차량 차단 시설을 설치한다.

부수적으로 이곳이 전통적인 가로와 다르게 보행자와 자동차들이 함께 이용하는 공간이라는 것을 나타내고, 보행자 전용 구역과 공유 구역 사이에 분명한 선을 긋기 위해 시각적으로 잘 보이는 감각적인 표식을 해주어야 한다. 시각적·감각적 표식은 보행자 전용 구역과 공유 구역 사이의 경계에 설치해야 한다. 시각적·감각적 표식은

---

14) 자동차의 속도를 줄이고자 주행로에 S자 모양의 곡선 형태로 만든 이중 커브 길을 말한다.

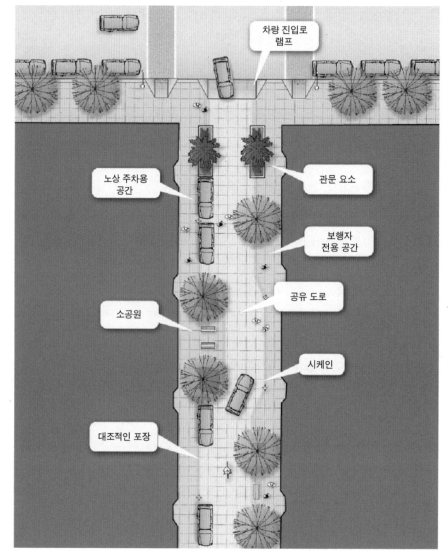

그림 6-9

공유 가로는 자동차와 보행자들이 함께 안전하고 쾌적하게 사용할 수 있다.

자료: "San Francisco Better Streets Plan," Courtesy the San Francisco Planning Department.

차량 진입로 램프

관문 요소

노상 주차용 공간

보행자 전용 공간

소공원

공유 도로

시케인

대조적인 포장

모든 이용자가 완전한 통행권을 사용할 가능성을 해쳐서는 안 된다. 재질, 표면 처리, 기타 시설들의 다양성은 시각적·감각적 표식 안에 한꺼번에 표현될 수 있다. 이러한 요소들의 통합은 더 활기찬 환경을 만들어내는 데 사용할 수 있다. 사용할 수 있는 시각적·감각적 표식은 다음의 내용을 포함한다. 그러나 이에 국한할 필요는 없다.

- 재질의 변화(공유 구역은 좀 더 거친 표면, 또는 보행자 전용 구역과 공유 구역 사이에는 감각적인 선형 띠)
- 높은 색채 대비(어두운 색에 밝은 색, 또는 밝은 색에 어두운 색)

- 조경 시설 및 화분
- 가로 시설물
- 여닫이문gate, 옮길 수 있는 화분 상자, 접이식 볼라드 등과 같이 임시적이거나 옮길 수 있는 시설물.

5. 보행 성능의 측정

정확한 보행 서비스 수준은 복잡하게 상호작용을 하는 많은 변수로 측정된다. 가장 널리 사용하는 「도로 용량 편람Highway Capacity Manual」[6]의 측정치는 철도 터미널과 경기장과 같은 특별한 장소에 대해서는 유용하지만 대부분 장소에 대해서는 적합하지 않다. 적당한 보행 혼잡은 개인의 안전과 도시의 활력에 도움을 주기 때문이다. 따라서 그 대신 도시 내 보행자들을 위해서 고려해야 할 가장 중요한 다음의 다섯 가지 요소를 통합한 측정치를 찾아야 한다.

- 횡단보도 간의 거리: 신호 교차로signalized intersection에 있는 횡단보도와 미드블록에 있는 횡단보도를 포함해 이렇게 고정된 횡단보도 사이의 평균 간격으로 측정한다.
- 횡단 지체 시간: 신호등이 있는 교차로에서 보행자들이 녹색 신호를 얼마나 오랫동안 기다려야 하는지에 초점을 맞춘다(신호등이 없는 횡단보도는 이 측정 방법을 생략). 이 측정치는 그림 6-10의 방정식으로 계산된다.
- 안락함: 매우 중요한 요소이나 일반적인 정의를 내리기 어렵다. 더운 기후에서 가장 중요한 쟁점은 그늘, 특히 보행자가 대중교통을 기다리는 장소나 가로를 횡단하기 위해서 신호를 기다리는 장소에 그늘이 있느냐 하는 것이다. 이 경우에는 그늘이나 가로수 수관이 차지하는 비율이 유용한 척도가 될 수 있다. 개인의 안전이 가장 중요한 관심거리가 되는 지역에서는 가로를 직접 바라볼 수 있는 창문들 사이의 최대 간격처럼 '가로를 바라보는 눈eyes on the street'에 대한 측정치를 개발하는 것이 최선일지 모른다(건물을 가로에 인접해 배치하고 주거지와 업무지를 혼합하게 해서, 사람들이 밤낮으로 어느 때든 가로를 관찰할 수 있게 함으로써 보행자 안전에 관한 문제를 해결할 수 있기 때문

그림 6-10
횡단 지체 시간 산출식.
자료: Equation 18-5 from Transportation Research Board, "Highway Capacity Manual"(Washington, D.C., 2000).

$$d_p = \frac{0.5(C-g)^2}{C}$$

여기서

d_p = 평균 보행 지체(초),
g = (보행자를 위한) 유효 녹색 시간
C = 신호 주기(초).

표 6-2 **가로 설계를 위한 통합 서비스 수준**

서비스 수준	점수	횡단보도 간 평균 거리(미터)	횡단 지체 시간(초)	안락성 지수	횡단 차로 수 및 중간 대피 구역 유무	방해 없는 횡단 시간
A	5	30 이하	5 이하	5 초과	1개 차로(일방통행)	100%
B	4	31~60	6~15	4~5	1+1 차로	60~99%
C	3	61~90	16~25	3~4	대피처가 있는 2+2차로	30~59%
D	2	91~120	26~35	2~3	3차로(일방통행)	10~29%
E	1	121~150	36~45	1~2	대피처가 있는 3+3차로	1~9%
F	0	>150	>45	1 미만	대피처가 없는 10미터 이상, 또는 3+3 이상의 차로	0%

이다). 도시 설계의 질적 수준이 가장 큰 문제가 되는 지역에서는 가로 쪽에 있는 출입문이 열리는 빈도, (주차장 부지보다는) 건물과 붙은 보도의 비율, 또는 창이 없는 맨벽이 아니라 벽에 창문과 출입문이 난 건물의 1층 바닥 면적 비율 등을 척도로 사용해야 한다.

• **횡단보도의 노출**: 횡단해야 하는 차로 수 및 보행자를 위한 대피용 중앙분리대의 비율과 관련이 있다.

• **마지막으로, 방해 없이 횡단할 수 있는 시간**: 보행자 우선 신호 시간, 총 보행자 녹색 신호 시간, 차량 회전 금지 시간을 포함해 보행자들이 자동차들로부터 방해받지 않는 총 시간의 비율을 말한다.

보행에 대한 통합 서비스 수준을 계산하려면 모든 항목을 측정하고 서비스 수준의 순위에 맞는 정량적 점수를 할당한 다음 이들의 평균값을 택해야 한다. 예를 들어 어떤 가로의 등급이 횡단보도 간의 거리 측면에서는 B등급, 횡단 지체 시간 측면에서는 C등급, 그늘 제공 측면에서는 A등급, 횡단해야 하는 차로 수 측면에서는 C등급, 횡단할 수 있는 시간 측면에서는 B등급이라면, 평균 서비스 수준은 B등급으로 측정할 수 있다[즉, (4+3+5+3+4)÷5=3.8로 B등급]. 표 6-2는 통합 서비스 수준에 관한 한 가지 예를 보여준다.

6. 사례 연구: 마린 카운티의 안전한 통학로

캘리포니아 주 마린Marin 카운티county 당국에서 개발한 '안전한 통학로The Safe Routes to School' 프로그램은 정규 수업, 공모와 홍보, 보행 및 교통 정온화의 개선, 단속, 정기적

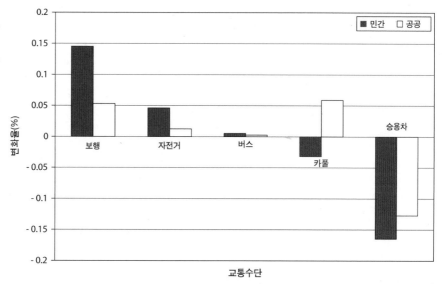

그림 6-11
마린 카운티에서, '안전한 통학로' 프로그램 시행 후, 공립 및 사립 학교의 어린이들의 통학 수단분담 비율의 변화.
자료: Nelson\Nygaard.

인 평가 등의 방법을 종합적으로 사용해 승용차로 등교하는 비율을 감소시키고자 한 것이다. 한 학년 과정에 해당하는 기간인 2004년 가을 학기와 2005년 봄 학기에 수행된 조사 결과에 의하면, 이 프로그램으로 말미암아 등교 통행의 승용차 분담 비율은 13퍼센트나 감소했고(사립학교 평균은 17퍼센트), 카운티 총 차량 운행 거리Vehicle Miles Traveled: VMT는 거의 260만 마일(약 416만 킬로미터)까지 감소했다. 또한 탄소 배출량은 1000톤 이상 감소했다(그림 6-11 참조).

학교 대책위원회 위원들(부모, 교직원, 지역사회 봉사자를 포함한다), 지역 공무원, 법률 감시 요원, 선출직 공무원으로 구성된 '시찰단walkabout'을 설치하는 것을 시작으로, 기술적 개선책들이 공동의 노력으로 개발되었다.

일단 결점이 발견되면, 기술자는 각 학교의 대책위원회와 함께 가능한 장단기 개선 방안들을 찾고자 노력한다.

자전거

Bicycles

1. 서론

북아메리카에서는 '자전거 타기bicycling' 현상을 유지하는 데 도움이 되는 많은 지침서와 안내서, 백서 등이 쓰여왔다. 이 책이 그중 하나는 아니다. 오히려 이 장은 자전거 타기를 지속 가능한 도시계획의 한 부분으로 통합하고, 남녀노소 모두가 자전거를 가장 매력적인 수단으로 이용하게 만드는 데 필요한 주요 원칙과 설계적 접근 방법들에 대해 살펴보고자 하는 것이다. 이 장을 읽어야 하는 대상은 자전거 관련 기반 시설의 불편함을 기꺼이 참아내는, 현재의 충직한 자전거 이용자가 아니고, 오히려 자전거를 타려는 생각은 있지만, 현실적으로 이에 대한 즐거움을 거의 발견하지 못하는 사람들이다.

2. 왜 자전거를 타야 하는가?

보행과 함께 자전거는 가장 지속 가능한 교통수단이다. 이를 구체적으로 설명하면 다음과 같다.

- 생태적 지속 가능성: 자전거는 지금까지 발명된 교통수단 중 가장 에너지 효율적이고, 한정된 자원으로 생산할 수 있으며, 최소한의 관리만으로 유지할 수 있고, 인간의 신진대사metabolism 작용으로 운행할 수 있는 수단이다. 또한 자전거는 작은 공간에서 많은 수의 사람을 이동할 수 있게 하는 가장 공간-효율적space-efficient인 수단 중 하나이다. 대부분의 자전거 부품은 수리하거나 재생해 사용할 수 있다. 자전거는 정비하거나 작동하기 위해서 유독물질을 사용하지 않는다. 자전거는 이용자들에게 지속 가능한 다이어트diet 효과를 즐길 수 있게 해주는 탄소 중립적carbon neutral인 교통수단이다. 이러한 점들을 고려하면, 자전거는 상용화된 교통수단 중에서 매우 독특한 것이라 할 수 있다.
- 사회적 지속 가능성: 제3장 「공중 보건」에서 언급한 것처럼, 자전거 타기는 인간의 신체적 건강과 감성적 건강에 도움이 된다. 또한 자전거는 대부분의 사람이 누구나 저렴한 비용으로 구입하고 관리할 수 있을 정도로 저렴한 교통수단이다.
- 경제적 지속 가능성: 탄소 배출권 가격이 올라가므로, 자전거 타기는 저밀도 교

외 지역에 대한 경제적 구제 방안이 된다. 제8장 「대중교통」에서 기술한 바와 같이, 대중교통의 성공 여부는 주로 밀도에 달렸다. 밀도가 낮아지면 대중교통의 잠재적 시장도 줄어들며, 대중교통 시장이 축소되면 대중교통 운영자들은 잦은 빈도로 차량을 운행할 수 없게 된다. 승객들은 통행 시간에 높은 가치를 두므로, 결과적으로 서비스 빈도가 낮은 대중교통을 거의 선택하지 않게 된다. 그러나 자전거 타기는 모든 밀도에서 적용할 수 있다. 자전거와 대중교통계획이 통합적으로 수립된 지역에서는 저밀도 지역이라도 자전거도로망을 통해 운행 빈도가 높은 대중교통 노선과 연결할 수 있다. 대중교통 운영자는 2분의 1마일(약 800미터) 간격으로 정류장을 두고 1시간 간격으로 버스 노선을 운행하기보다는 2마일(약 3.2킬로미터) 간격으로 정류장을 두고 15분 간격으로 운행할 수 있다. 이렇게 되면, 거의 모든 사람이 1마일(약 1.6킬로미터) 이내의 범위에서 자전거를 이용해 대중교통에 쉽게 접근할 수 있게 된다. 물론 이러한 시스템을 만들려면 외곽 도로 설계와 대중교통계획을 완전히 다시 구상할 필요가 있다.

3. 자전거 이용 증가 추세

특별히 '창조 계층creative class'[1]을 끌어들이고 정착시키려는 경제개발 전략을 가진 북아메리카의 도시들에서는 지난 10여 년 동안 자전거 타기에 관해서는 거의 혁명적이라 불릴 만한 일들이 일어났다. 자전거 타기는 젊고, 창조적이며, 출세 지향적인 사람들을 유인하는 무언가가 있다.

오리건 주 포틀랜드 시의 예는 흥미롭다. 포틀랜드 시 당국자는 최근 3년간 자전거 통행량이 연속적으로 많이 증가했다고 밝혔다. 포틀랜드의 몇몇 근린 주거지역에서는 자전거 통근율이 9퍼센트에 달한다. 포틀랜드 시는 300마일(약 480킬로미터)을 넘는 자전거 차로, 자전거 간선도로, 산책로 등을 건설했고, 결과적으로 1991년 이래로 자전거 네트워크의 규모가 3배가 되었다. 또한 같은 기간에 포틀랜드 시에 있는 4개의 자전거-친화적bicycle-friendly 교량을 통과하는 자전거 통행량은 6배 이상 증가했다(그림

---

1) 창조 계층이란 '개인의 창조적인 아이디어를 통해 경제적 가치를 창출하는 집단'으로 정의할 수 있다.

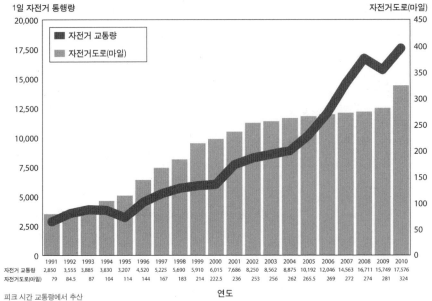

그림 7-1

오리건 주 포틀랜드 시, 윌러멧 강의 4개 주요 교량의 일평균 자전거 통행량.

자료: City of Portland Bureau of Transportation, "Portland Bicycle Count Report 2010."

1일 자전거 통행량 / 자전거도로(마일)

연도	1991	1992	1993	1994	1995	1996	1997	1998	1999	2000	2001	2002	2003	2004	2005	2006	2007	2008	2009	2010
자전거 교통량	2,850	3,555	3,885	3,830	3,207	4,520	5,225	5,690	5,910	6,015	7,686	8,250	8,562	8,875	10,192	12,046	14,563	16,711	15,749	17,576
자전거도로(마일)	79	84.5	87	104	114	144	167	183	214	222.5	236	253	256	262	265.5	269	272	274	281	324

피크 시간 교통량에서 추산

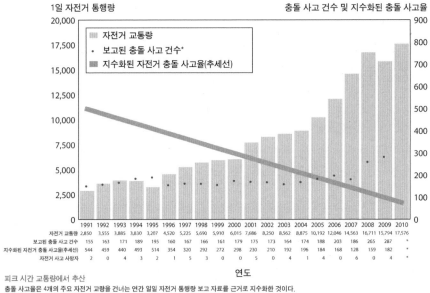

그림 7-2

자전거 타기가 증가함에 따라, 자전거 접촉 사고율은 급격히 감소한다(오리건 주 포틀랜드 시).

자료: City of Portland Bureau of Transportation, "Portland Bicycle Count Report 2010."

1일 자전거 통행량 / 충돌 사고 건수 및 지수화된 충돌 사고율

연도	1991	1992	1993	1994	1995	1996	1997	1998	1999	2000	2001	2002	2003	2004	2005	2006	2007	2008	2009	2010
자전거 교통량	2,850	3,555	3,885	3,830	3,207	4,520	5,225	5,690	5,910	6,015	7,686	8,250	8,562	8,875	10,192	12,046	14,563	16,711	15,794	17,576
보고된 충돌 사고 건수	155	163	171	189	195	160	167	166	161	179	175	173	164	174	188	203	186	265	287	*
지수화된 자전거 충돌 사고율(추세선)	544	459	440	493	514	354	320	292	272	298	230	210	192	196	184	168	128	159	182	*
자전거 사고 사망자	2	0	4	3	2	1	5	3	0	0	5	0	4	1	4	0	6	0	4	*

피크 시간 교통량에서 추산

충돌 사고율은 4개의 주요 자전거 교량을 건너는 연간 일일 자전거 통행량 보고 자료를 근거로 지수화한 것이다.

* 2008년도와 2009년도의 보고 충돌 사고 건수 증가는 사고 보고에 대한 요구가 증가했음을 나타낸다.

7-1 참조). 반면에 자동차 통행량은 0퍼센트 성장을 보여 안정적으로 유지되고 있다. 인구가 급속히 증가했는데도, 비교적 낮은 투자비로 자전거 기반 시설을 확충함으로써 승용차 통행량을 안정시키는 동시에 많은 재원을 절약할 수 있었다(사실, 1인당 자동차 운행 거리도 감소했다). 더욱이 그림 7-2에서 보는 바와 같이, 자전거 이용자 수는 증

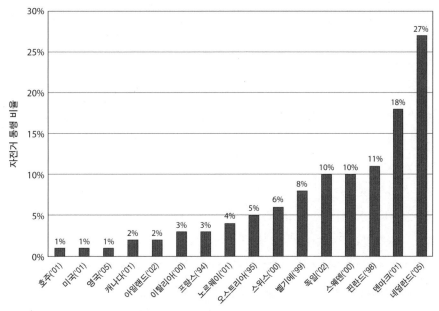

그림 7-3

유럽, 북아메리카, 호주의 국가별 자전거 분담률(총 통행량 중 자전거 통행량이 차지하는 비율).

자료: Pucher and Rolph Buehler. "At the Frontiers of Cycling: Policy Innovations in the Netherlands, Denmark, and Germany." Blaustein School of Planning and Public Policy, Rutgers University 2007. Original data from European Conference of the Ministers of Transport (2004); European Union (2003); U.S. Department of Transportation (2003); Netherlands Ministry of Transport (2006); German Federal Ministry of Transport (2003); Department for Transport (2005).

가하고 있지만, 자전거 접촉 사고율은 감소하고 있다.

물론 이 수치는 기후가 좋지 않은 곳인데도 자전거 통행량이 자동차 통행량을 넘어서는 코펜하겐Copenhagen, 암스테르담Amsterdam 등 북유럽 국가의 수도들과 비교하면 미흡한 수준이다(그림 7-3 참조).

4. 자전거 타기의 주요 원칙

1) 이용자가 많을수록 안전하다

더 많은 사람이 자전거를 탈수록 자전거를 타는 것은 더 안전해진다. 이와 반대로, 지역사회 내에서 자전거를 타는 사람이 적으면 적을수록 자전거 타기는 더욱더 위험해진다. 그러므로 자전거 타기 프로그램의 1차적인 목표는 자전거 이용률을 높이는 것이어야 한다.

2003년 피터 제이컵슨Peter Jacobsen[1]을 시작으로, 과거 10년 동안 이용자가 많을수록 안전하다는 것에 관한 연구가 지속적으로 진행되어오고 있다. 제이컵슨은 다음과 같은 사실을 발견했다.

보행자와 자전거가 많으면 많을수록 자동차 운전자는 보행자나 자전거와 덜 충돌하는 경향이 있다. 이 관계를 '멱함수 곡선 power function curve'[2] 형태의 모형으로 만들어보면, 자동차가 보행자나 자전거와 충돌하는 수는 대략 보행자 수나 자전거 통행자 수의 0.4승으로 증가한다는 추정 결과를 얻을 수 있다. …… 보행과 자전거 타기의 양을 고려한다면, 자동차 운전자가 보행자나 자전거를 타는 1명과 부딪힐 확률은 대략 보행자 수나 자전거 통행자 수의 -0.6승으로 감소한다.[2]

제이컵슨과 다른 연구자들이 얻은 결론은 직관에 어긋나지만 명확하다. 즉, 결론은 자전거 이용자의 안전을 향상하는 가장 효과적인 전략은 헬멧 착용과 법적 단속과 같은 전통적인 접근이 아니라 차라리 자전거를 타지 않는 더 많은 사람이 자전거를 타도록 유도하는 방법을 찾아내는 것이다. 물론 안전을 위한 전통적 접근이 중요하지 않다는 것이 아니라, 단지 이러한 접근이 엉뚱한 사람들에게 초점을 맞춘다는 것이다.

2) 자전거 이용자 수 늘리기

만약 자전거 이용자들이 많아질수록 자전거 타기가 더욱 안전해진다면, 자전거 이용률을 증가시키는 것이 안정성을 증대하지 않겠는가? 그렇다면, 어떻게 자전거 이용률을 증가시킬 수 있을까? 이는 자전거를 타지 않는 사람들에게 초점을 두면 가능하다.

첫 번째 단계는 그들이 자전거를 타지 않는 이유를 찾아보는 것이다. 미국의 한 연구에 의하면, 자전거를 타지 않는 하나의 이유는 자전거에 대한 인식의 부족이었다.[3] 암스테르담과 몬트리올Montreal, 시애틀에서 자전거를 타지 않는 통근자들을 대상으로 조사한 결과에 따르면, 가장 높은 순위를 차지하는 이유는 거리가 멀고 위험하다는 것이었다.[4] 또 다른 이유는 다른 사람들과 함께 자전거를 타기를 원하지만(친구와 함께 산책하거나 드라이브하는 것처럼) 이것이 쉽지 않고, 짐을 운반하기 어렵다는 것 등이다. 요약해보면, 잠재적 자전거 이용자들은 자전거, 자전거 주차 공간, 합리적인 통행 거리, 안전한 자전거도로망, 짐을 보관하는 공간 등이 필요하다는 것이다. 여기서는 이들 각각에 대해 다룬다.

---

2) 주어진 값에 대한 승수로 표현되는 함수 값이다. 예: 4 to the power of 2 is $4^2 (=4 \times 4 = 16)$.

그림 7-4
비바람이 들이치지 않게 집 옆에
주차된 자전거.
자료: Nelson\Nygaard.

모든 사람을 위한 자전거

자전거를 타려면 자전거가 필요하다. 자전거를 꼭 자신의 것으로 소유해야 하는 것은 아니지만, 자전거가 있다면 어딘가에 그것을 두어야 한다. 따라서 집, 사무실, 쇼핑 장소에는 반드시 자전거 주차장을 두어야 하며, 아니면 적어도 자전거에 맞게 설계된 자전거 거치대를 두어야 한다(그림 7-4 참조). 이런 이유로 자동차 주차 시설, 화장실 수, 접근성을 고려한 설계 등을 요구하도록 정해진 건축물 법규 및 지역지구제 법규에 이와 대체로 유사하게 자전거 주차 시설을 요구하는 내용도 포함하게 해야 한다.

다른 교통수단과 마찬가지로, 자전거가 더 보편화될수록 자전거를 더 많이 이용하게 된다. 요금 지불 시스템을 포함해 버스, 기차, 택시 등이 한 시스템 안에 통합 운영되는 곳에서는 대중교통의 이용률이 더 높다. 만약 모든 사람이 자전거에 접근할 수 있는 장소에 자생적으로 또는 계획적으로 형성된 시스템이 있다면, 자전거 이용은 더 많아질 것이다. '자전거 공유 프로그램bike share program'은 좋은 사례이다. 이들 프로그램은 자전거 대여 프로그램처럼 운영하지만 협력적으로 운영된다. 호텔과 직장에서는 고객과 직원들에게 자전거를 대여할 수 있으며, 일부 도시는 새로운 개발 지구에 공유 자전거를 설치하도록 요구한다. 자전거가 철도 시스템과 통합될 수 있다면, 사람들은 자전거를 통행의 마지막(혹은 첫) 수단으로 이용할 수 있을 것이다.

자전거로 이동할 수 있는 거리

통행 거리는 자전거 타기의 중요한 한 요소이다. 대략 시속 10마일(시속 약 16킬로미터로, 땀을 흘리지 않을 정도의 보행)로 20분 정도 걸리는 통근 거리라면, 통행 거리의 범위는 3마일(약 4.8킬로미터)이 된다. 그러므로 평균 3마일의 통행 거리 내에 있는 장소는 자전거를 타고 이동하기에 가장 경쟁력 있는 곳이 될 것이다. 사람들이 출근, 등교, 여가 활동 등을 위해 이보다 더 먼 거리를 통행해야 한다면, 자전거는 빠른 대중교통 노선을 이용하기 위한 전체 통행 구간의 일부에서 접근 수단으로 사용될 수 있다.

안전하게 느껴지는 자전거 길

자전거 통행자 수를 증대시킴으로써 자전거 통행의 안전을 제고하는 것이 목표라면, 안전에 대한 인식이 실제로 안전한 것보다 더 중요하다. 실제 자전거 충돌 사고에 관한 통계에 의하면, 자전거 차로나 자전거 전용 도로cycle track에서 자전거를 타는 것이 주요 간선도로의 바깥쪽 차로 한가운데에서 자전거를 타는 것보다 반드시 더 안전한 것은 아니라고 한다. 그러나 여기서 우리는 자전거 이용자 중 가장 용감한 사람들만이 기꺼이 고속으로 달리는 승용차 및 트럭과 함께 도로를 달릴 것이라는 점을 간과해서는 안 된다.

그러나 연구를 통해 확실히 밝혀진 것은 시 당국이 고품질의 전용 자전거도로를 제공한다면 사람들은 이를 이용한다는 것이다.[5] '자전거도로Bike Route'라는 표지판과 노면 표식만으로는 충분하지 않다. 자전거 통행량을 늘리려면 취약한 자전거 통행자와 자동차 교통을 물리적으로 분리해주어야 하고, 자전거 통행에 우선권을 주도록 교차로를 설계해야 한다. 이 연구는 자전거 통행자들에게 "주의가 산만한 자동차 운전자의 호의에 의존하지 말라"라고 말하며, 또한 "누군가는 자전거 통행자들의 안전에 관심을 두어야 한다"라고 말한다. 안전에 대한 인식을 높일 수 있는 설계 기법을 개발할 때, 교차로에서 자전거 통행자와 자동차 운전자들이 어떻게 상호작용하는지를 신중하게 고려해 실제적 안전성을 높이게 하는 것 또한 대단히 중요하다. 이에 관해서는 이 장의 뒷부분에서 논의될 것이다.

이용자들이 서로 어울릴 수 있는 자전거도로

걷거나 운전하는 동안 우리는 옆 사람과 대화할 수 있다. 왜 대부분의 자전거 기반 시설은 자전거가 홀로 타는 활동이라는 가정을 기반으로 만들어져야 하는가?

비록 줄곧 자전거를 헌신적으로 이용해온 사람일지라도, 이들이 자녀들을 얻으면 어려움에 직면한다. 그들은 자녀가 스스로 자전거를 탈 수 있는 나이가 될 때까지 먼저 아기용 의자child seat를 구입해 이용할 것이다. 그 뒤에는 어떻게 자녀와 함께 자전거를 탈 것이냐는 어려움에 직면한다.

만약 자녀가 보도에서 자전거를 탄다면, 부모는 그 뒤를 따라가며 탈 것인가? 아마도 아닐 것이다. 일반적으로 보도에서 자전거를 타는 것은 위법이기 때문이다. 그렇다면 부모는 차로에서, 자녀는 노상에 주차된 차량 너머에 있는 보도에서 자전거를 타야 하는가? 만약 자녀가 자전거 차로에서 자전거를 탄다면, 부모는 아이와 같이 탈 수는 있지만 나란히 갈 수는 없다. 대부분 자전거 차로의 폭은 단지 1대만이 충분히 다닐 수 있기 때문이다. 그리고 대부분의 지방정부는 두 사람이 옆에서 나란히 자전거를 타는 것을 금지하고 있다. 그렇다면 누가 먼저 가야 하는가? 엄마인가 딸인가?

만약 충분한 폭을 갖춘 자전거 전용 도로가 있다면, 그들은 함께 탈 수 있다. 그들은 자전거 타기에 관해 대화할 수 있으며, 안전에 대해서도 이야기할 수 있다. 이때가 교육하는 시간이다.

다행히 많은 관할구역(예를 들면 뉴멕시코New Mexico 주와 워싱턴 주)이 두 사람이 자전거를 옆에서 나란히 타는 것을 허용한다.[6] 아마도 이것은 모든 시간대에, 모든 장소에서 적용할 수 있는 해결책은 아닐 것이다. 그러나 자전거 이용자들의 '생애 주기life cycle'[3]를 충분히 고려하는 것이 자전거 통행률을 증대하는 최적의 방법이 될 것 같다.

규모가 큰 자전거 동호회는 자전거를 타는 사람들을 격려하고, 가족들이 함께 안전하게 자전거를 탈 수 있게 해주거나, 열성적인 자전거 회원들에게 경의를 표하는 등 많은 이벤트를 개최한다. 몇몇 일반적인 이벤트는 자전거 타기 행사를 기획하고 지원하는 것이다. 예를 들어 일요일 파크웨이에서의 활동(일요일에는 지역 가로를 차 없는 거리로 정하고, 자전거를 자유롭게 탈 수 있게 하는 것), 자전거 통근의 달(또는 주) 행사(이 기간에 지역에 입지한 회사들이 최고의 자전거 통근율 달성을 두고 경쟁하는 것), 자전거 축제 또는 다양한 모양의 자전거를 타는 것을 보여주는 이벤트 등이 있다. 이들 모든 이벤트는 자전거 타기 문화를 만드는 데 도움이 될 수 있다.

---

3) 사람들이 출생해서 사망에 이르는 기간까지의 삶, 즉 출생 → 성장 → 결혼 → 육아 → 노후 → 사망으로 이어지는 과정을 말한다.

물건을 운반하고, 담을 수 있는 곳

모든 사람이 그렇듯이, 자전거 이용자들도 가진 물건이 있다. 그들은 쇼핑하러 가서 물건을 산다. 그들은 일하는 데 사용하기 위한 물건들도 갖고 있다. 친구네 집으로 물건을 운반하기도 한다. 승용차에 물건을 실을 수 있는 트렁크가 있는 것처럼 자전거에 바구니basket나 잠금장치가 달린 가벼운 패니어pannier[4]를 설치하는 것만으로도 자전거 타기의 주된 장애물 중 하나를 제거할 수 있다.

편안한 자전거 타기

자전거 관련 시설을 설계하는 과정에 형태, 폭, 포장면, 위치, 교통량, 이용법 등에 관한 많은 것이 언급된다. 그러나 편안함에 대해서는 많이 다루지 않는다.

그림 7-5에서 그림 7-8까지의 사진은 각기 다른 네 가지 자전거 길의 설치 방법을 보여준다. 이들 자전거 길은 속도, 교통량, 차로 수 등에서 도로와 같거나 비슷한 형태로 차로 옆에 나란히 설치되어 있다. 이 사진들을 뜨거운 여름 기후에서 사는 사람들에게 보여주면, 그들은 예외 없이 대부분이 그늘로 가려진 자전거 길인 그림 7-7을 선

그림 7-5

12피트(약 3.6미터) 폭, 자동차 도로와 잘 분리, 양호한 시야, 가로수 없음.

자료: Nelson\Nygaard.

---

4) 간단한 짐을 실을 수 있는, 자전거 옆에 달 수 있는 보조 짐 바구니를 말한다.

그림 7-6

12피트(약 3.6미터) 폭, 자동차
도로와 잘 분리, 만족할 만한 시
야, 일부 그늘을 형성하는 나무.

자료: Nelson\Nygaard.

그림 7-7

6피트(약 1.6미터) 폭, 자동차 도
로와 분리, 불량한 시야, 양호한
그늘, 비포장.

자료: Nelson\Nygaard.

그림 7-8
그림 7-8
6피트(약 1.8미터)의 폭. 자동차
도로와 분리되지 않음, 양호한 시
야, 나무는 있으나 그늘이 거의
없음.
자료: Nelson\Nygaard.

그림 7-9
자동차 차로에서 자전거 타기: 버
스, 대형 트럭, 승용차들과 자전
거 타기(캘리포니아 주 샌프란시
스코).
자료: Nelson\Nygaard.

택할 것이다. 비록 이 자전거 길은 가장 좁고, 자동차 통행에 대한 시야도 좋지 않으며, 흙먼지로 덮였다 할지라도, 자전거를 타기에는 가장 쾌적한 것처럼 보인다. 아마도 일부 사람은 적당한 그늘이 있으므로 그림 7-8을 선택할 것이다. 그림 7-5는 가장 넓고 가장 좋은 시야를 확보하지만, 거의 아무도 이를 택하지 않을 것이다. 거친 환경에도 잘 적응하는 자전거 통행자는 아마도 자동차와 함께 차로에서 자전거를 타왔으므로 그림 7-9의 자전거 길을 선택할 것이다.

5. 누구나 자전거 타기를 즐길 수 있게 설계하라

자전거가 통행할 수 있는 가로를 만드는 것은 설계에서 다룰 문제이지만, 또 그만큼 통행자의 태도도 중요하다. 바로 이것 때문에, 자전거 타기는 가로 설계에서 다루어야 할 새로운 과제이다. 자전거 통행자들은 통행할 수 있는 모든 지면, 즉 차로에서 보도에 이르기까지 모든 공간을 이용하는 것에 능숙하다. 자전거 통행자들은 더 부드럽게, 그리고 더 효율적으로 이동할 수만 있다면, 가로에서 허용된 어떠한 방식도 개의치 않는다. 어린이에서 통근자에 이르기까지 숙련도와 이용 목적은 다르지만, 자전거 통행자들은 각기 다른 다양한 형태의 시설을 요구한다. 능숙한 설계가는 이러한 모든 가능성을 받아들이고, 통행자의 요구를 수용할 수 있으며, 이용을 장려할 수 있는, 그리고 특별히 안전에 가장 취약한 자전거 통행자를 보호할 수 있는 가로를 만들 수 있다.

1) 자전거 타기의 유형

기존의 대표적인 문헌에서는 자전거 통행자들을 몇 가지 유형으로 분류한다. 즉, 통행자에 따라 숙련자, 초보자, 어린이, 또는 목적에 따라 여가와 일상, 통근과 여가 등으로 구분한다. 이러한 유형 구분이 유용하기는 하지만, 통행자의 유형보다는 자전거 타기의 유형에 초점을 맞추는 것이 더 유용할 것이다. 런던 교통국Transport for London: TfL[5]은 자전거 타기를 다음과 같이 정의한다.

---

[5] 런던 교통국은 런던 대도시권의 교통 시스템 대부분을 책임지는 지역 정부 조직이다. 이 조직은 런던 전역의 교통 서비스를 관리하고 교통정책을 실행하는 역할을 담당한다(Wikipedia)

각 개인이 하나 이상의 그룹에 속할 수 있다는 것을 기억하는 것 또한 중요하다. 예를 들어 어떤 한 개인은 통근할 때 자전거를 이용할 수도 있고, 가족과 함께 야외 활동의 하나로 자전거를 탈 수도 있으며, 가끔 자녀들과 함께 자전거를 타고 쇼핑을 할 수도 있다. …… 자전거 타기는 단 하나의 균일한 활동이 아니라 일반적으로 두 바퀴를 가진 무동력 차량을 이용해 할 수 있는 많은 수의 다양한 활동이다.[7]

대부분의 자전거 통행자는 크게 다음 두 축의 유형들 사이의 범위에 속한다.

- **자동차와 함께 자전거 타기:** 그림 7-9에서 보는 바처럼 자전거 이용자가 자동차 교통의 흐름 속에서, 자동차가 좌회전하기 위해 좌회전 차로에서 대기하는 것처럼 자동차와 같은 패턴으로 움직이는 것을 말한다. '자동차와 함께 자전거 타기vehicular cycling'는 모든 도로에서 가능하다. 또한 도로상에 설치된 자전거 차로에서도 가능하다. 미국에서는 1퍼센트 미만의 사람들만이 모든 도로에서 자동차 교통류에 뒤섞여 자전거 타는 것을 편안하게 느끼며, 다른 7퍼센트의 사람들은 전형적인 자전거 차로의 환경을 편안하게 느낀다. 이런 비율은 세계적으로 공통적이다.[8]

- **자동차와 분리되어 자전거 타기:** 자동차 운전자보다는 보행자와 같은 방식으로 자전거를 타는 것을 말한다. '자동차와 분리되어 자전거 타기nonvehicular cycling'는 자전거 통행자들이 자동차 운전자들보다 더 복잡한 방법으로 이동할 공간을 찾아가야 한다. 즉, 서로 반대 방향에서 다가오는 자전거 통행자들은 보행자들이 하는 것과 똑같이 통제 없이 교차하면서도 충돌을 피할 수 있어야 한다. 이러한 형태의 자전거 타기는 샛길path, 자전거 전용 도로, 그리고 자동차들이 고속으로 달리는 곳이거나 또는 많은 자동차 교통량으로 말미암아 차로를 함께 이용할 수 없는 기타 교통 시설 등에서나 가능하다. 이러한 형태의 자전거 통행자들이 자전거 차로를 이용할 때에는 좌회전하기 위해서 자동차 회전 차로로 들어가 기다리는 것보다, '자전거 전용 회전 대기 공간box turn'을 만들어놓고, 그곳에서 기다리다가 횡단보도를 이용해 가로를 하나씩 건너려는 경향이 있다. 대략 60퍼센트의 사람들은 자전거를 이용하고 싶어 한다. 그러나 이들의 대부분은 자동차와 분리되어 자전거 타기를 원할 것이다.

더 많은 사람이 자전거를 타게 하려면, 또한 모두가 편안하고 안전하게 자전거를 타게 하려면, 일반 가로와 좁은 통로path 모두에서 이 두 가지 유형의 자전거 타기를 할 수 있도록 설계해야 한다. 앞의 예에서 본 바와 같이, 교차로는 반드시 자전거 통행자들이 차량과 함께 회전할 수 있어야 하고, 또한 보행자들과도 함께 회전할 수 있어야 한다. 따라서 관련 프로그램들은 사람들의 자전거 타기 숙련도와 무관하게 '자동차와 함께 자전거 타기'를 하는 사람들과 '자동차와 분리되어 자전거 타기'를 하는 사람들의 필요를 동시에 다루어야 한다.

2) 종합적인 네트워크

자전거도로망은 단순한 자전거 차로들보다 더 많은 것으로 구성된다. 자전거도로망은 정규 가로망과 마찬가지로 고속도로는 제외하고, 좁은 통로, 오솔길, 산책로 등과 연결되어야 한다. 자전거는 자동차가 다닐 수 있는 대부분 장소를 다닐 수 있다. 또한 보행자가 갈 수 있는 대부분 장소에도 갈 수 있다. 그러므로 자전거도로망에는 아주 미미해서 없어도 될 것 같은 아주 짧은 거리라 하더라도 자전거 통행이 예상되는 모든 가로를 반드시 포함해야 한다. 마찬가지로 다른 경로들에 연결된 자전거 전용 시설은 종합적인 네트워크를 만드는 데 매우 중요하다.

자전거 시설 네트워크는 다음과 특성을 가져야 한다.

- 모든 주요 행선지를 포함해, 지역사회 전체를 '화합적cohesive'으로 연결할 수 있어야 한다.
- 불필요한 우회가 없이 '직선direct'으로 구성되어야 한다.
- 명확한 목적지-중심적인destination-oriented 표지판을 설치해 자전거 통행자들이 '이해하기 쉽게' 해야 한다.
- 자전거 통행자들이 대로와 기타 주요 가로를 안전하게 횡단할 수 있도록, 교차로와는 특히 조심스럽게 '연계integrated'되어야 한다(자전거도로망은 단지 가장 미미한 연결만으로도 좋아진다).
- 주차 차량과 쓰레기 방치로 말미암아 자전거 차로의 통행에 지장을 받지 않도록 이들을 '단속'해야 한다.
- 자동차 운전자들과 자전거 통행자들이 공유 공간인지, 또는 구분된 공간인지 구별할 수 있도록 '명확히' 해야 한다.

3) 길 찾기

자전거 통행자들로서는 그들 자신이 자전거를 타고 어디로 가는지 아는 것이 중요하다. 명확한 경로 안내는 장차 자전거를 이용할 사람들에게 용기를 주는 데 도움이 된다(그림 7-10 참조). 널리 알려진 행선지들을 눈에 잘 띄도록 강조해주는 것이 자전거 대중화에 도움이 된다. 길 찾기 도구들은 다양한 자전거 편의 시설을 하나의 네트워크로 함께 엮는 데 도움을 준다. 길 찾기 프로그램은 다음과 같이 다양한 형태가 있다.

- 경로, 특정 행선지까지의 거리, 다음에 있을 회전 지점 등을 나타내기 위해서 연속적으로 이어지는 표지판 및 도로면의 기호들이 사용된다.
- 자전거 차로와 '새로sharrow'[6]는 자전거 이용자를 인도하는 데 도움을 준다(그림 7-11 참조).
- 색깔이 칠해진 자전거 차로는 특별히 복잡한 교차로를 통과하거나 회전할 때 '자동식별 경로self-identify route'가 될 수 있다(그림 7-12 참조).

---

6) 자전거와 자동차가 함께 사용하는 도로임을 알리고자 도로 바닥에 그린 V형 무늬와 자전거 모양의 표식을 말한다.

그림 7-11
자전거와 자동차 공유 도로 표식[뉴욕 주 브루클린(Brooklyn)].
자료: Nelson\Nygaard.

그림 7-12
교차로 통과 부분을 녹색으로 칠한 자전거 차로(워싱턴 주 시애틀).
자료: Nelson\Nygaard.

4) 자전거 관련 시설

시설 유형

자전거 관련 시설은 다음과 같은 네 가지 일반적 유형으로 분류할 수 있다.

- 노외 자전거 길off-street path
- 자전거 전용 도로
- 자전거 차로
- 좁은 차로narrow lane

노외 자전거 길(및 오솔길)

노외 자전거 길(및 오솔길trail)은 정규 가로망에는 포함되지 않는 자전거도로로, 미국의 설계 및 계획 관련 문서에서는 일반적으로 '공용의 길shared-use path'로 불린다. 이는 강과 철로를 따라 이어지는 길, 공원과 들판의 오솔길, 산책로, 그리고 사람들이 자전거를 타는 모든 장소를 포함한다. 이 길은 그 형태와 크기가 다양하지만, 자전거 2대가 옆에서 나란히 달리거나 다른 자전거를 추월하기 편안하게 그 폭은 최소 10피트(약 3미터)는 되어야 한다. 또한 이 길은 일반적으로 직선이고, 평평하며, 그늘이 있어야 한다. 대부분의 사례를 보면 자전거를 타는 사람, 조깅하는 사람, 롤러스케이트roller skate를 타는 사람, 산책하는 사람 모두가 이 길을 함께 이용한다. 따라서 자전거 통행량이 많을 것으로 예상되는 곳에서는 자전거를 타지 않는 사람들을 위해 별도의 구별된 공간을 제공해주어야 한다(그림 7-13과 그림 7-16 참조). 자전거 통행자들은 이 자전거 길에서 매우 빠른 속도로 달릴 수 있으므로, 이 길은 반드시 도로공학적 원리를 적용해서 건설되어야 한다. 이 자전거 길이 부지 진입로 및 자동차가 달리는 도로와 만날 때에는 자전거 통행자와 횡단 통행 간의 통행 우선권을 명확히 해야 하고, 동시에 자전거가 안전하게 횡단할 수 있게 해주어야 한다(그림 7-14와 그림 7-15 참조). 주요 도로를 횡단하는 곳에는 언제나 자전거를 자동으로 감지하는 기능을 갖춘

▲ 그림 7-13
일반적인 자전거 길의 구성.
자료: Nelson\Nygaard.

◀ 그림 7-14
시골 도로를 지나는 자전거 길(일리노이 주 매디슨 카운티).
자료: Nelson\Nygaard.

그림 7-15
터널 밑을 통과하며, 도로로 접근
하는 두 가지 모두를 갖춘 자전거
길(일리노이 주 매디슨 카운티).
자료: Nelson\Nygaard.

그림 7-16
보행로를 가로지르는 자전거 길
[캘리포니아 주 샌타바버라(Santa
Barbara)].
자료: Nelson\Nygaard.

교통 신호등이 필요하다. 작은 교차 지점에서는 양 방향에 동일한 신호 간격을 주어 기다리게 하는 것보다는 각 방향에서 접근하는 자전거 통행자들이 기다리다 차례로 횡단하도록 6피트(약 1.8미터) 너비의 '중앙 대피 공간median refuge'을 두면 충분할 것이다.

자전거 전용 도로(분리된 자전거 차로)

자전거 차로가 가로와 물리적으로 분리되었을 때, 이를 '자전거 전용 도로'라고 한다. 자전거 전용 도로는 일반적으로 일방통행으로 운영되며, 자전거 2대가 함께 나란히 통행(혹은 1대씩 왕복 통행)할 수 있는 충분한 거리인 6~7피트(약 1.8~2.1미터)의 폭을 유지해야 한다(그림 7-17 참조). 자전거 전용 도로가 교차로 및 부지 진입로와 만나는 곳에서는 자전거 통행자와 자동차 운전자들 간에 시야를 확보하는 데 주의를 기울여야 한다(그림 7-18 참조). 또한 이곳에 들어가 정

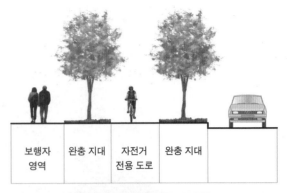

| 보행자 영역 | 완충 지대 | 자전거 전용 도로 | 완충 지대 | |

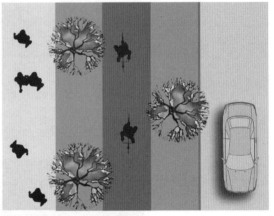

▲ 그림 7-17
전형적인 자전거 전용 도로의 구성.
자료: Nelson\Nygaard.

◀ 그림 7-18
자전거 전용 도로(뉴욕 주 뉴욕 시).
자료: Nelson\Nygaard.

기적으로 청소할 수 있도록 차로 규격에 꼭 맞게 제작된, 작은 청소 차량의 운영을 포함해 자전거 전용 도로에 대한 특별한 관리 계획이 필요하다. 더욱이 자전거 전용 도로는 보행자들이 이 도로로 들어오지 않도록 보도와 명확히 구분되게 설계해야 한다.

자전거 차로

'자전거 차로'는 자전거 및 기타 비동력 교통수단을 위한 통행로이다. 폭은 일반적으로 4~6피트(약 1.2~1.8미터)이며, 주차 차로와 자동차 주행 차로 사이에 있다(그림 7-19와 그림 7-20 참조). 이보다 폭이 더 넓은 자전거 차로는 자동차 교통과 분리되었거나, 자전거 전용 도로로 조성하지 않는 한 자동차 차로로 사용되는 경향이 있다. 자전거 통행자들은 갑자기 뒤에서 오는 차량과 부딪히는 것을 두려워하고(드물기는 하나 가끔은 심각한 충돌 사고가 발생하기도 한다), 또한 앞에 있는 자동차의

▼ 그림 7-19
전형적인 자전거 차로의 구성.
자료: Nelson\Nygaard.

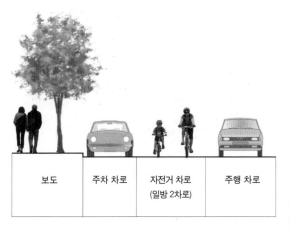

| 보도 | 주차 차로 | 자전거 차로
(일방 2차로) | 주행 차로 |

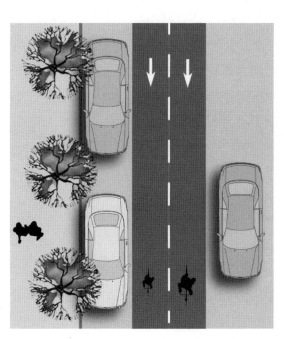

▲ 그림 7-20
전형적인 자전거 차로[미네소타(Minnesota) 주 미니애폴리스].
자료: Nelson\Nygaard.

그림 7-21
자전거 차로 녹색 도색(열가소성 플라스틱 사용) 작업(뉴욕 주 뉴욕 시).
자료: Nelson\Nygaard.

문이 갑자기 열리는 것에 대해 방심하기도 한다(이는 흔한 충돌 사고의 유형으로, 이러한 사고는 심각하며, 치명적일 수도 있다). 이러한 '열린 문 충돌dooring'을 줄이려면, 자동차 차로와 자전거 차로 사이에 2~4피트(약 0.6~1.2 미터)의 여유 공간을 완충용으로 길게 배치할 수 있다. 어떠한 경우이든, 평행 주차 지역에서는 연석과 안쪽 자전거 차선lane strip 사이의 거리가 최소 13피트(약 4미터)가 되어야 한다.

일방통행 가로에서 자전거 차로는 오른쪽 또는 왼쪽 중 어느 한쪽 편에 설치될 수 있다. 자전거 통행자들은 자전거 차로가 오른쪽에 있을 것이라고 더 많이 기대한다. 그러나 버스 정류장, 주차, 또는 우회전하는 대형 차량을 피하기 위해서 자전거 차로를 왼쪽에 둘 수도 있다. 그리고 이 방법은 일방통행 가로에 자전거 차로가 통행방향과 반대 방향으로 운영될 때(불법이지만 불가피한 경우) 더 효과적일 것이다. 어떤 자전거 차로는 단지 피크 시간대에만 이용되고, 다른 시간대에는 그곳에 주차를 허용하기도 한다. 뉴욕 시 등 많은 도시에서는 중요한 자전거 차로를 강조하거나 상충 지점을 알리고자 자전거 차로를 녹색으로 칠하기도 한다(그림 7-21 참조).

노상 주차장의 주차 점유율이 높은 곳에서는 자전거 차로가 자동차의 '이중 주차'로 말미암아 막힐 수도 있으므로, 자전거 차로는 무용지물이 될 수도 있다. 이러한 문제를 줄이고자 시 당국은 '하역 공간loading space'을 지정하고, 이중 주차 전용 구역을 만들거나, 또는 자전거 전용 도로를 만들 수 있다. 최선의 해결책은 주차를 효과적으로 관리해 모든 블록에 항상 여유 주차 공간을 만드는 것이다. 이에 관해서는 제10장「주차」를 참고하라.

좁은 차로

만약 가로가 자전거 차로를 설치하기에 너무 좁다면, 하나의 해결책은 자전거 속도가 너무 느린 경우를 제외하고는 자동차 운전자가 자전거를 추월하지 못하도록 오히려 차로를 좁게 만드는 것이다(그림 7-22 참조). '좁은narrow' 차로의 폭은 10피트(약 3미터) 보다 넓어서는 안 되며, 저속의 상태[시속 20마일(약 32킬로미터) 미만를 유지하도록 '교통 정온화'를 시행해야 한다.[9]

　　좁은 차로는 '공유 차로shared lane'가 아니다. 공유 차로의 폭은 일반적으로 3~14피트(약 4.0~4.3 미터)로 자동차 운전자가 자전거를 추월하기 충분할 정도로 넓으나 별도의 자전거 차로를 설치할 정도로 충분히 넓지 않다(그림 7-23 참조). 자동차의 통행 속도가 낮은 지역을 제외하고, 공유 차로는 가장 용감무쌍한 자전거 통행자를 제외한 모두에게 문제를 일으킨다.

▼ 그림 7-22
전형적인 좁은 차로의 구성.
자료: Nelson\Nygaard.

| 보도 | 주차 차로 | 좁은 차로 | 보도 |

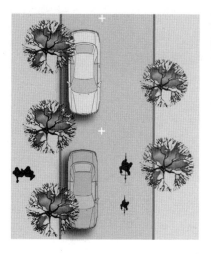

▲ 그림 7-23
자전거 차로가 필요 없는 좁은 폭의 저속 가로[루이지애나(Louisiana) 주 뉴올리언스].
자료: Nelson\Nygaard.

제7장 · 자전거　141

자전거 대로

자전거 대로(bike boulevard)는 자전거 통행자들에게 가장 적합하며, 교통량도 적고, 자동차 통행 속도도 낮은 가로이다. 특히 자전거 타는 것이 너무 두려워 큰 가로에서 자전거를 타지 못하는 사람들에게 적합하다. 일반적으로 자전거 대로에는 교통 정온화 기법이 적용되고, 자전거 통행을 위한 연속적인 경로를 만들도록 구성되어 있다(그림 7-24 참조). 자전거 대로는 '안전한 통학로(safe routes to school)' 프로그램이 운영되는 곳, 노선 상점가에 인접한 조용한 가로, 또한 더 큰 도로에서 자전거를 타는 것에 대한 대안으로 이용하기에 이상적이다.

그림 7-24
전형적인 자전거 대로의 구성.
자료: ILS Schriften 21: *Radverkehrskonzept Troisdorf: Fallstudie zu Niederkassel*, 1989, ISBN 3-8176-6021-9. http://www.opengrey.eu/item/display/10068/86794 page129

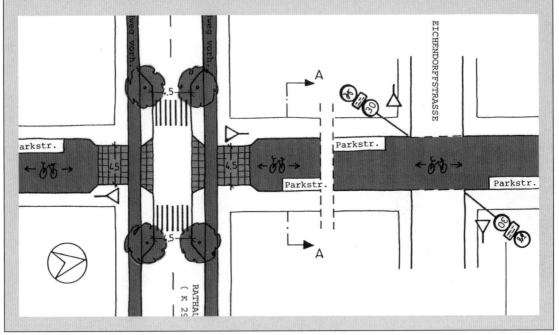

현장 여건에 맞춘 자전거 편의 시설

도시의 자전거도로망을 완전하게 만드는 것의 대부분은 자전거 전용 도로와 자전거 차로가 아니고, 오히려 이를 제외한 가로의 나머지 부분이 자전거 타는 것을 잘 받아들이게 만드는 현실적이고 임시적인 자전거 편의 시설이다(그림 7-25, 그림 7-26, 그림 7-27 참조). 이들 시설은 다음과 같은 내용을 포함한다.

- 저속(시속 20마일(약 32킬로미터) 이하) 지역. 특히 자동차 통행량이 하루 3000대 이하라면, 일반적으로 지정된 자전거 편의 시설을 둘 필요가 없다.
- 막다른 가로dead-end street 에 대한 자전거 접근권. 가로가 단절된 곳에는 자전거 통행자를 위한 연결성을 제공하는 것이 중요하다. '쿨드삭cul-de-sac'[7)]이 종종 자

▲ 그림 7-25
중앙분리대는 자전거 통행자들이 가로를 횡단할 때
대기할 수 있게 충분히 넓다(네덜란드, 암스테르담).
자료: Nelson\Nygaard.

▲ 그림 7-26
자전거 통행용 지름길(캘리포니아 주 데이비스).
자료: Nelson\Nygaard.

▶ 그림 7-27
보행자 및 자전거 전용 철도 횡단
시설[펜실베이니아 주 화이트헤이
븐(White Haven)].
자료: Nelson\Nygaard.

7) '막다른 길'로 표기하기도 한다. 저밀도 주거지에서 통과 교통을 막고, 주거지의 안정을 위해
    가로의 종단부에 회차 또는 피난을 목적으로 설치한다.

표 7-1 승용차와 자전거의 통행 속도 차이에 따른 자전거 시설 선택

자동차 통행 속도	좁은 차로	자전거 차로	자전거 전용 도로
≥ 시속 40마일(약 64킬로미터)		X	XX
시속 30마일(약 48킬로미터)		XX	X
≤ 시속 20마일(약 32킬로미터)	XX	X	

자료: Adapted from *Guide to Traffic Engineering Practice* Part 14: Bicycles, Austroads, Australia, 1999.

동차들이 저속으로 운행하며 교통량도 적어 자전거를 타기에 완벽한 것처럼, 막다른 가로에 대한 접근권은 자전거 이용자들에게 선택 기회를 늘려준다.
- 자전거 경사로. 특히 고속도로의 횡단 육교와 대중교통 역의 계단에 설치된 자전거 경사로.

적합한 시설의 선택

자동차와 자전거 간의 속도 차이는 최적의 시설 유형을 선택하는 기준으로 사용될 수 있다. 일반적으로 자전거 통행자들은 시속 5~20마일(약 8~32킬로미터)의 속도로 달린다. 자동차와 자전거의 속도 차이가 시속 12마일(약 19킬로미터) 미만인 곳에서는 자전거 통행자가 특별한 규정(예: 좁은 차로) 없이 한 차로를 이용할 수 있다. 속도 차이가 시속 25마일(약 40킬로미터)보다 큰 곳에는 자전거 전용 도로나 완충 공간이 있는 자전거 차로가 필요하다. 속도 차이가 그 사이인 경우에는 일반적인 자전거 차로가 적합하다. 표 7-1은 자동차 속도에 따라 선호되는 자전거 관련 시설의 유형을 보여준다.

5) 교차로와 합류 지점

교차로를 관통하는 자전거 경로를 계획하는 것은 시설을 선택하는 것보다 더 많은 주의가 요구되는 복잡한 과제이다. 합류 지점junction은 그 특성상 대부분의 상충이 일어나는 곳이다. 그리고 합류 지점 설계의 목적은 이들 상충의 심각성을 감소시키려는 것이다. 다행히 승용차와 보행자 모두를 위한 좋은 교차로 설계는 자전거에 대해서도 좋은 것이 된다. 따라서 이러한 교차로는 승용차 운전자, 보행자, 자전거 통행자 모두를 안전하게 해줄 수 있다.

규모가 큰 교차로를 다루는 가장 안전한 방법은 교차로 공간을 작은 단위로 분리하고, 이를 단계적으로 운영하는 방법이다(그림 7-28에서 그림 7-32까지 참조). 회전 차

▶ 그림 7-28

공간 분리의 원칙은 신호등 운영을 포함해
대규모의 교차로에 적용된다. 통행 경로
를 구분해주는 많은 교통섬에 주목하라.

자료: Nelson\Nygaard.

B2

교통수단
----- 보행
--- 비동력 차량
—— 동력 차량
교통신호
→ 통과
⟶◦ 양보
⟶● 정지

▼ 그림 7-29

합류 지점을 통과하는 자전거 전용 도로
를 배치하는 한 가지 선택 방법. 자전거 전
용 도로는 바깥쪽으로 굽어 있고, 자전거
통행자들은 승용차 교통에 근접해 있다.

자료: Nelson\Nygaard.

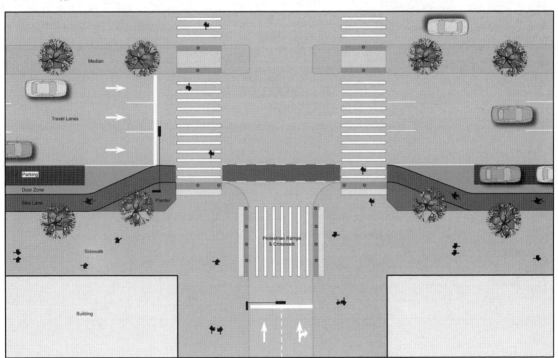

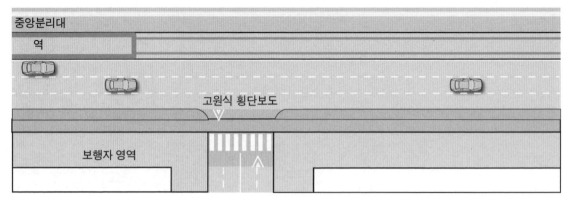

▲ 그림 7-30

작은 합류 지점을 관통하는 자전거 전용 도로 배치. 자전거 전용 도로에 통행 우선권이 부
여되고, 횡단 부분은 고원식으로 설치한다. 부지 진출입로에도 유사한 방법이 권장된다.

자료: Nelson\Nygaard.

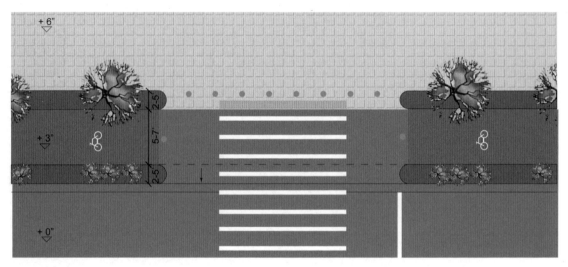

▲ 그림 7-31

미드블록 횡단보도에서는, 보행자에게 통행 우선권을 주기 위해 이 부분의 자전거 전용 도로나 자전거 차로는 단절된다.

자료: Nelson\Nygaard.

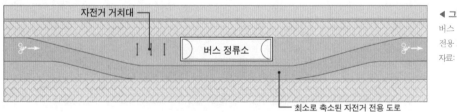

◀ 그림 7-32

버스 정류소 뒤쪽에 있는 자전거
전용 도로의 배치.

자료: Nelson\Nygaard.

로, 중앙분리대, '안전 대피섬refuge island' 등 모든 것은 합류 지점을 더욱 잘 관리할 수 있게 하는 데 도움이 된다. 취약한 도로 이용자(자전거 통행자)를 우선 통행하게 하는 신호등 체계는 이들을 더 잘 보이게 하고, 이들이 다른 통행과 상충됨이 없이 횡단하게 해준다.

상대적으로 규모가 작은 합류 지점에는 우선순위 부여 기술을 사용해서라도 자전거 통행자들이 정상적인 자동차 교통과 함께 운행할 수 있게 해야 한다. 단 1명의 자전거 통행자만 이용할지 모르는데도 모든 방향의 회전을 위해서 전문적인 시설을 공급하는 것은 합류 지점을 지나치게 복잡하게 만들 것이기 때문이다. 오히려 교통을 정온화하고, 자동차 운전자와 자전거 통행자가 서로 눈을 마주칠 수 있게 해주는 것이 더 낫다.

교차로 및 합류 지점 설계 시 고려해야 할 주요 사항과 요소는 다음과 같다.

- 가시성visibility: 완전한 시선을 유지하고, 자동차 교통에 인접해 자전거 시설을 배치함으로써, 합류 지점에서 자전거 통행자들이 잘 보이게 하라.
- 회전 속도turning speed: 자동차 운전자들이 천천히 회전하게 하고, 자전거 통행자를 발견할 수 있게 하라. 그러면 자동차 운전자가 자전거 통행자에게 양보할 것이다.
- 교차로에만 있는 자전거 차로와 '자전거 박스bike box'[8]: 교차로에서 자전거 통행자들이 자동차들의 앞쪽에서 대기할 수 있는 공간(특히 좌회전을 위한)을 확보하라. 합류 지점에서는 자전거 통행자들이 자동차보다 앞쪽에 기다리게 하는 것이 안전성을 높인다(그림 7-34 참조).[10]
- 교차로상의 대기 공간queue space: 많은 자전거 통행자는 합류부의 오른편에서 앞으로 진행하면서 좌회전하게 된다. 이 경우 자전거 통행자들은 먼 쪽 모서리에서 신호가 바뀔 때까지 대기해야 한다. 자전거 통행자를 위해 교차로상에 대기 공간을 구별해놓는 것은 자전거 통행자에게는 대기할 수 있는 적절한 공간이라는 것을 알려주는 동시에, 자동차 운전자들에게는 자전거 통행자들이 회전하기 위해 그곳에서 대기한다는 것을 알게 해준다(그림 7-33과 그림 7-35 참조).

---

8) 교차로 신호등이 적신호로 자동차들이 정지선에 멈추어 있을 때, 좌회전하려는 자전거 운전자들이 자동차의 앞부분으로 나아가 신호를 기다릴 수 있도록 만들어놓은 공간을 말한다. 이는 자전거 통행에 우선권을 주려는 것이다.

그림 7-33
교차로의 모서리는 자전거 통행자
들이 대기하는 장소라는 것을 나타
내고자 녹색으로 칠했다(중국, 창
저우(常州; Changzhou)].
자료: Nelson\Nygaard.

그림 7-34
교차로에 있는 별도의 자전거 차
로(캘리포니아 주 샌타바버라).
자료: Nelson\Nygaard.

▲ 그림 7-35

정지선과 횡단보도 사이 지역은 자동차
운전자와 자전거 통행자들에게 이곳이
좌회전하려는 자전거가 대기하는 공간
이라는 것을 알리기 위해 자전거 모양
의 기호를 표시한다(뉴욕 시, 맨해튼).

자료: Nelson\Nygaard.

▶ 그림 7-36

자전거 신호등(캘리포니아 주 데이비스).

자료: Nelson\Nygaard.

▼ 그림 7-37

교차로를 관통하는 자전거 차로의 배치. 자전거 경로가 합류부의 왼쪽 가로로 어떻게 연결되는지에 주목하라.

자료: ILS Schriften 21: *Radverkehrskonzept Troisdorf: Fallstudie zu Niederkassel*, 1989, ISBN 3-8176-6021-9, p. 119.

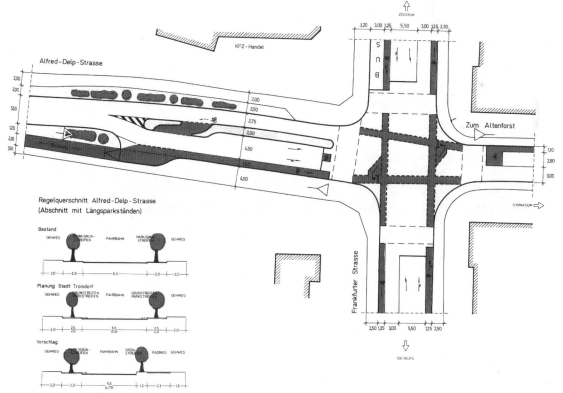

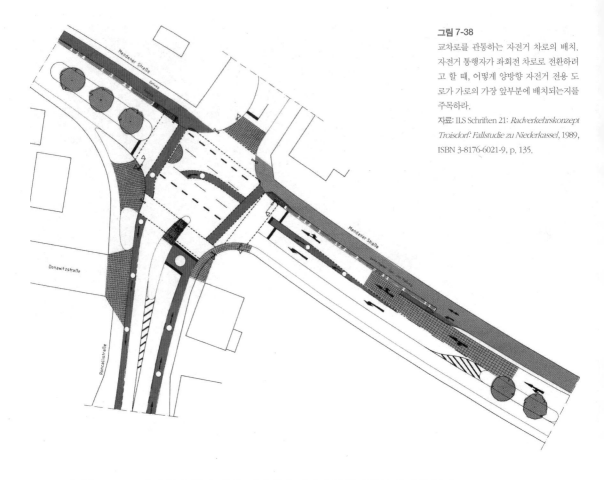

그림 7-38

교차로를 관통하는 자전거 차로의 배치.
자전거 통행자가 좌회전 차로로 전환하려
고 할 때, 어떻게 양방향 자전거 전용 도
로가 가로의 가장 앞부분에 배치되는지를
주목하라.

자료: ILS Schriften 21: *Radverkehrskonzept
Troisdorf: Fallstudie zu Niederkassel*, 1989,
ISBN 3-8176-6021-9, p. 135.

- **적신호**red signal **시 우회전 금지**: 합류 지점에서 자전거 통행자들의 안전을 증진
하기 위해서 사용되는 많은 기법(자전거 박스, 대기 공간)을 적용할 수 없다면, 적
신호 시 자동차의 우회전을 금지하라.

- **자전거 통행자들에게는 일단정지**stop **표지를 양보**yield **표지로, 적신호를 일단정지
로 취급하도록 허용**: 이는 아이다호Idaho 주에서 시행되는 법규인데 자동차 운전
자들 사이에서는 자전거 통행자들이 일단정지 표지와 적신호를 잘 지키지 않는
다는 공통적인 불평이 제기될 수도 있다.[11]

- **자전거 신호등**bicycle signal: 복잡한 교차로에서는 자전거만을 위한 전용 신호등을
운영하는 것이 도움이 될 수 있다. 예를 들면, 우회전하려는 자동차와 직진하려
는 자전거 통행자를 분리할 수 있는 신호 현시를 제공하는 것이다(그림 7-36 참조).

- **물리적 분리**: 만약 교차로에서 주요 교통류로부터 자전거 차로를 별도로 분리해
설치한다면, 교차로 설계는 자전거 통행자와 자동차 운전자들 사이의 적절한

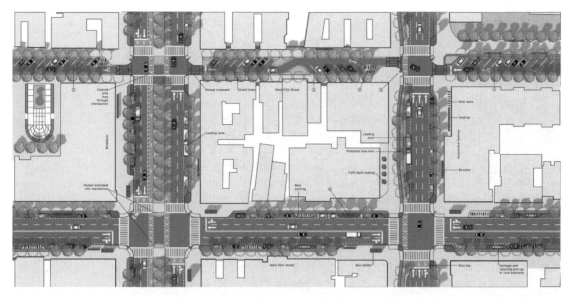

그림 7-39

다양한 자전거 차로의 배치를 보여주는 모범적인 블록의 완성 예상도[렌더링(rendering)]. 9) 중앙분리대를 따라 보호받도록 배치된 자전거 차로, 일방통행 가로의 왼쪽을 따라 배치된 자전거 차로, 보조 가로를 따라 교통 정온화를 위해 대각선 주차장이 둔 곳에는 자전거 차로를 두지 않음, 자전거 박스, 고원식 횡단보도.

자료: Nelson\Nygaard image created for "Blueprint for the Upper West Side: A Roadmap for Truly Livable Streets," NYC Streets Renaissance, 2008, http://transalt.org/files/ newsroom/reports/UWS_Blueprint.pdf.

시선을 유지하게 하기 위해서 매우 조심스럽게 다루어야 한다. 그리고 자전거 통행자와 다른 교통수단들 사이의 상충을 줄이기 위한 특별한 신호를 제공해주어야 한다(그림 7-37에서 그림 7-39까지 참조). 보행자 시설의 설계에 관련한 몇 가지 관점이 이들 교차로 설계를 다루는 데 유용하게 쓰일 수도 있을 것이다.

6) 자전거 주차

자전거 주차는 자전거 기반 시설의 필수적 구성 요소이다. 간단히 말하면, 누군가 자신의 목적지에 자신의 자전거를 세워둘 장소가 필요하고, 그 자전거가 다음 통행을 위해 사용될 때까지 그곳에 확실히 세워져 있을 것이라는 보장이 필요하다(그림 7-40 참조). 바람직한 자전거 주차를 위한 가이드라인은 다음과 같다.

---

9) 제3자에게 예상되는 모습을 효과적으로 설명하고자 색채, 재질, 위치 등을 정확히 표현하거나 투시도를 그리는 것을 말한다.

그림 7-40
울타리에 자물쇠로 채워져 매달
린 자전거의 모습은 자전거 주차
공간이 필요하다는 것을 나타낸
대뉴저지 주 뉴어크(Newark)].
자료: Nelson\Nygaard.

위치

자전거가 교통 시스템에 완전히 통합되기 위해서는 사람들이 일하고, 공부하며, 쇼핑
하고, 놀며, 살고, 일상의 많은 일을 하는 장소에 자전거 주차 공간을 두어야 한다. 다
음과 같은 것들을 고려하라.

- 관찰
  - 자전거들이 현재 자유롭게 주차된 장소를 찾아 주차장을 배치하라.
  - 자전거 이용자들, 동호회, 후원 단체 등을 대상으로 그들이 원하는 장소를
    조사하라.
- 접근
  - 보행자의 흐름을 방해하지 않는다면, 가능한 한 건물 출입구에 가깝게[50피
    트(약 15미터) 이내] 주차 공간을 배치하라(자전거의 가장 큰 장점 중 하나는 현관
    앞까지 바로 갈 수 있는 것이다).
  - 자전거 통행자가 자신의 자전거를 들고 계단을 오르내리거나, 좁은 통로를
    통과하거나, 자전거를 탈 수 없는 평면을 가로질러 가야 하는 위치는 피하라.
  - 보도에 설치할 수 있는 여유 공간이 없을 경우에는 자동차 주차장을 자전거
    주차 공간으로 바꾸라(승용차 1대의 주차 공간에 10대의 자전거를 세울 수 있다).

- 가시성, 보안성, 조명, 기후
  - 절도나 공공 기물 파괴를 막기 위해서 매우 잘 보이는 장소에 주차 공간을 배치하라.
  - 지나가는 사람과 물건을 사고파는 사람들에게서, 또는 사무실 창문에서 잘 보이는 곳에 주차 공간을 배치하라.
  - 특히 주차 차량을 살피도록 고용된 인근의 보안 요원들이 잘 볼 수 있는 곳을 물색하라.
  - 만약 절도와 공공 기물 파괴를 억제할 수 있는 시설이 불충분하다면, 보안 카메라를 설치하라.
  - 주차 시설을 밝게 하라.
  - 특히 자전거를 이용해 통근하는 사람들을 위해서 궂은 날씨로부터 주차된 자전거를 보호하라.

그림 7-41
강아지 모양을 한 자전거 거치대(뉴욕 시). 두 바퀴를 고정할 수 있고, 보도에 고정되어 있으며, 잠겨 있는 동안 자전거를 기대어 놓을 수 있다.
자료: Nelson\Nygaard.

자전거 주차 유형

자전거 거치대

가끔 나쁜 기후로부터 보호를 받지는 못하지만, '자전거 거치대bicycle rack'는 가장 많이 사용되는 주차 시설로 일반적으로 설치 비용이 가장 적게 든다. 이것은 공간적인 측면에서 볼 때 가장 효율적이며, 가장 많은 수의 자전거를 보관할 수 있다. 자전거 거치대는 많은 유형과 형태가 있으며, 이 중 상당수는 누가 보아도 자전거를 타지 않는 사람들이 설계한 것처럼 보인다. 그림 7-41과 같은 형태는 표준에 맞는 형태는 아니지만, 가장 효과적인 자전거 거치대이다.

- 자전거가 넘어지지 않도록 받쳐주어야 한다.
- 안전하게 고정할 수 있으며, 해체할 수 없어야 한다.
- 일반적인 자전거 몸체를 U형 자물쇠로 거치대

그림 7-42
전형적인 자전거 보관함(캘리포
니아 주 로스앤젤레스).
자료: Nelson\Nygaard.

에 걸 수 있으며, 케이블cable로 두 바퀴 모두를 거치대에 단단히 고정할 수 있게 해야 한다.

자전거 보관함

자전거 보관함locker은 거치대보다 더 높은 수준의 보안성security을 제공하며, 외부 기후로부터 자전거를 보호할 수 있다(그림 7-42 참조). 이용자들은 이곳에 옷, 헬멧, 기타 자전거 부대 용품 등을 함께 보관할 수 있다. 이 보관함의 이용 형태는 한 사람이 열쇠 하나로 장기간 혼자 이용하는 형태에서 다수의 이용자가 전자 카드형 열쇠를 가지고 장기간 함께 이용하는 형태, 시간제 대여 보관함에 이르기까지 다양하다.

자전거 보관소/차고/실내 시설

자전거 보관소shelter와 차고를 위해서는 거치대보다 더 넓은 공간이 필요하며, 더 많은 설치 비용과 유지 관리 비용이 든다. 하지만 특히 경비원이 있는 경우에는 확실히 높은 수준의 보안성을 제공해준다. 자전거 보관소는 전체적으로 또는 부분적으로 둘러싸인 건물 안에 자전거 거치대가 줄지어 설치된 형태이다(그림 7-43 참조).

표 7-2 **토지이용 단위 당 자전거 주차면 수**

토지이용	단위 토지이용당 주차면 수	공급자
주거 용도(다가구주택)	1면/3가구	민간 개발 업자
상업 및 소매 용도	1면/임대 면적 4000제곱피트(약 371.6제곱미터)	민간 개발 업자
업무 용도	1면/임대 면적 5000제곱피트(약 464.5제곱미터)	민간 개발 업자
학교	1면/학생 10명	시/학교 위원회
공원	2면/1에이커	시 당국
여가 시설	1면/사용할 수 있는 연상 면적 1000제곱피트(약 92.9제곱미터)	시 당국

자전거 주차면의 수

주차면의 수는 토지이용 형태와 지리적 특징에 따라 달라져야 하며, 자전거-친화적인
지역에는 더 많은 자전거 주차 공간을 확보해야 한다. 표 7-2는 자전거 주차면 수에 대
한 기준의 예시이다.

6. 자전거 서비스의 성취도 측정

자전거의 서비스 수준LOS은 노선을 정할 때와 시설의 유형을 선택할 때 사용할 수 있

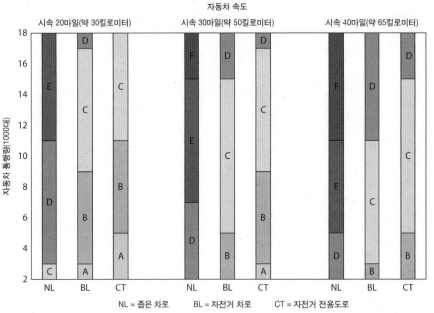

자동차 속도

시속 20마일(약 30킬로미터)　　시속 30마일(약 50킬로미터)　　시속 40마일(약 65킬로미터)

NL = 좁은 차로　　BL = 자전거 차로　　CT = 자전거 전용도로

그림 7-44
자전거 시설의 선택은 자동차 통행 속도와 교통량, 그리고 차로 폭에 의해서 결정된다.
자료: Values based on Horkey, D. L, Reinfurt, D. W., & Sorton, A. 1998 . "The Bicycle Compatibility Index: A Level of Service Concept," Implementation Manual Washington, D.C.: Federal Highway Administration.

다. 서비스 수준은 주로 자동차의 속도와 교통량, 그리고 이용할 수 있는 도로 폭의 함수이다. 그림 7-44는 이 관계를 나타낸 것이다. 예를 들면, 하루 9000대의 승용차가 시속 30마일(약 48킬로미터)의 속도로 통행하는 경우, 자전거 차로는 C 수준이 된다. 만약 더 높은 서비스 수준을 원한다면, 다음 사항들이 이루어져야 한다.

- 자동차 통행 속도를 낮추어라.
- 자동차 교통량을 줄여라.
- 자전거 전용 도로를 설치하라.

더 높은 수준의 자전거 편의 시설은 자전거 통행자들에게 더 높은 서비스 수준을 가져다줄 것이며, 더 높은 서비스 수준은 추가로 더 많은 사람이 자전거를 타도록 촉진하는 역할을 할 것이다. 게다가 더 많은 자전거 통행자가 어떤 경로를 이용하면, 이 경로는 더 넓은 시설을 필요로 하게 될 것이다.

7. 추가적인 정보

전미국주도로교통운수행정관협회 American Association of State Highway and Transportation Officials: AASHTO가 발간한 『자전거 편의 시설 개발을 위한 가이드라인 Guidelines for the Development of

Bicycle Facilities』은 미국 자전거도로에 대한 표준 지침서이다. 이 지침서는 전형적인 미국 교외 지역의 노상 자전거 차로에 초점을 맞추었다. 그렇지만 이 지침서는 '공유 가로shared street'나 '자전거 전용 도로'처럼 좀 더 창의적인 접근 방법에 대해서는 미흡하게 다루었다.

네덜란드의 『자전거 교통을 위한 설계 매뉴얼Design Manual for Bicycle Traffic』은 전미국주도로교통운수행정관협회와는 매우 다른 접근법을 택한다. 이 매뉴얼은 통합 자전거 시설 설계, 교통 정온화, 구별된 시설 등에 대해 강조한다. 이것은 영어로도 쓰였으며, 온라인(www.crow.nl)으로 주문할 수 있다.

2011년에 전국도시교통관련공무원조합National Association of City Transportation Officials: NACTO은 새로운 바이크웨이bikeway 설계를 위한 최적의 실무와 관련된 설계와 계획 권고 사항들을 포함하는 『도시의 자전거도로 설계 지침Urban Bikeway Design Guide』을 출판했다. 이 내용은 www.nacto.org에서 무료로 볼 수 있다.

제8장

대중교통

Transit

1. 서론

대량mass 또는 대중public 교통수단은 다른 사람들과 공유하며, 대중적으로 이용할 수 있는 교통 서비스를 모두 포괄하는 용어로, 지하철, 통근 열차, 경전철LRT, 노면전차, 버스, 셔틀버스, 그리고 기타 기술 및 서비스의 유형을 포함한다. 대중교통은 운행 시간표schedule에 따라 운행되거나, '다이얼어라이드dial-a-ride'[1] 또는 택시처럼 전화로 불러 이용할 수 있는 것이다. 대중교통 시설은 노후화되었거나, 혼잡하거나, 또는 뉴욕의 그랜드 센트럴 터미널Grand Central Terminal처럼 고급스러울 수도 있다. 대중교통은 어떠한 유형이든 우리 자신이 차량을 직접 운전하지 않으므로, 이동하는 동안 다른 일에 집중할 수 있는 시간을 가질 수 있다. 그러나 대중교통 차량을 우리 자신이 원하는 대로 통제할 수 없으므로, 이로 말미암은 잠재적인 불편도 고려해야 한다. 예를 들면 우리가 원하는 시간에 맞추어 출발할 수도 없으며, 우리가 가고 싶은 최종 목적지까지 갈 수도 없다.

1) 왜 대중교통에 투자해야 하는가?

왜 모든 사람이 자가용 승용차를 운전하도록 그대로 내버려두면 안 되는가? 미국대중교통협회American Public Transportation Association: APTA에 따르면, 여기에는 적어도 다음의 중요한 이유 여섯 가지가 있다.

① 생산성: 효율적으로 운행되는 대중교통은 승용차보다 단위 도로 면적당 10배 이상의 사람을 수송할 만큼 생산성이 높다. 따라서 도시 지역에서 도로의 수송 용량을 늘리려면 도로를 추가로 건설하는 것보다 대중교통에 투자하는 것이 더 비용-효과적인 경우가 많다.

② 환경성: 한 사람이 승용차에서 대중교통으로 통행 수단을 변경하면, 1일 탄소배출량 20파운드(약 9킬로그램) 정도를 감축할 수 있다.

③ 경제성: 대중교통은 부동산 자산의 가치를 올려줄 뿐만 아니라, 개발 및 상업의

---

1) 대중교통수단과 유사한 수요 반응형(on-demand) 교통수단의 하나이다. 주로 일정한 노선을 따라 운행하는 교통 서비스가 제공되지 않거나 불가능한 지역 또는 시간대에 운행하며, 준 대중교통수단(paratransit), 택시, 또는 운행 중인 셔틀 서비스 등과 비슷하다(Wiktionary).

활성화를 촉진할 수 있다. 대중교통에 1달러를 투자하면, 이에 따른 경제적인 수익이 4달러가 발생할 것으로 추정된다.

④ 재정성: 대중교통은 단지 도시뿐만 아니라 개인에게도 비용-효과적인 교통수단이다. '연방저당권협회 Fannie Mae; Federal National Mortgage Association: FNMA'에 따르면, 한 가정이 승용차 1대를 소유하지 않음으로써 절약되는 비용으로 30년 동안 추가적으로 10만 달러의 고정금리 주택 담보 대출을 받을 수 있다고 한다.

⑤ 형평성: 대중교통은 나이가 너무 많거나, 너무 어리거나, 너무 가난하거나, 또는 장애가 심해서 운전을 할 수 없는 대략 30퍼센트에 달하는 미국인이 선택하는 교통수단이다.

⑥ 건강성: 대중교통을 이용하려면 어느 정도는 걸어야 하고, 이것이 비만을 줄인다.

2) 왜 대중교통을 선택하는가?

일반적으로 많은 계획가를 포함한 정책결정자들은 각 통행에 대한 의사 결정 과정이 다음과 같은 요인들에 의해 영향을 받는다고 생각한다.

- 통제할 수 있는 요인(예를 들면 서비스의 질적 수준)
- 시간의 흐름에 따라 영향을 미칠 수 있는 요인(예를 들면 토지이용 및 도시 설계)
- 통제를 벗어난 요인(예를 들면 연료 가격)

그러나 교통수단을 이용하는 고객들은 자신의 통행에 대한 의사 결정의 기반을 다소 다른 요인에 두는 경향이 있다.

- 비용-편익 분석처럼 합리적이거나 또는 의식적인 요인(예를 들면 대중교통수단은 자동차보다 X분만큼 더 오래 걸리지만, X만큼의 경비를 절약할 수 있다).
- 사회적·심리적·무의식적·정서적인, 또는 '비합리적인' 요인으로 예를 들면 다음과 같다.
  - 승용차 대비 대중교통의 '이미지 image', 또는 버스 대비 철도의 이미지
  - 인지하는 안전성 대비 실제적인 안전성
  - 인지 비용 대비 실제 비용(사람들은 계좌에서 자동으로 공제되는 자동차 할부금이나 보험료와 같은 '숨겨진 비용 hidden cost'이나 '매몰 비용 sunk cost'에 대해 생각하지 않는 경향이 있다).

대중교통 서비스를 계획할 때 항상 앞의 두 가지 관점을 모두 염두에 두어야 한

다. 대중은 궁극적으로 이 서비스를 이용할 사람들이기 때문이며, 또한 대중교통 서비스에 대한 관심 부족이 보행뿐 아니라 다른 교통수단을 이용해야 완수할 수 있는 전체 통행의 '도어 투 도어door-to-door'[2] 특성을 충분히 고려하지 못하게 할 것이기 때문이다.

아울러 계획가들은 질 좋은 환승 서비스라는 '당근carrot'과 비싼 주차 비용이라는 '채찍stick'이 대중교통 선택에 강하게 영향을 미치는 상대적인 요인들이라는 사실을 잊어서는 안 된다. 비록 이러한 광범위한 맥락들이 계획가의 직접적인 통제를 넘어서는 것이라 해도, 이들은 항상 계획가들의 사고 과정에 통합되어야 한다. 이들 맥락은 노선 선형 및 정류장 배치, 제공해야 하는 서비스 수준, 투입해야 하는 투자의 수준 등과 같은 핵심적인 의사 결정 과정에서 하나의 고려 요소가 될 수 있기 때문이다.

2. 대중교통수단

> 글쎄요. 선생님, 이 지구상에는 없습니다.
>
> 실존하며,
>
> 진실되며,
>
> 짜릿한 느낌을 주는,
>
> 여섯 량의
>
> 모노레일 같은 것이!
>
> — 〈**심슨 가족**The Simpsons〉의 「마지 대 모노레일Marge vs. the Monorail」에서

어떤 대중교통 기술은 너무나 흥미로운 것이므로, 일부 지역사회에서는 기술을 먼저 선택하고 그다음에 이 기술을 어디에 적용해야 할지를 생각한다. 이와 같은 전형적인 예는 만화영화 〈심슨 가족〉의 일화에서 찾을 수 있다. 그 일화의 내용은 가짜 약을 판매하는 떠돌이 장사꾼인 라일 랜리Lyle Lanley가 스프링필드Springfield 시에 새로운 교통수단인 모노레일을 판매하려고 시도하는 것이다. 불행하게도 (비록 재미는 덜하지만) 비슷한 예를 현실에서도 찾을 수 있다.

---

2) '(From) door to door'의 약자로 최초 출발 지점에서 최종 도착 지점까지 한 번에 이루어지는 서비스를 말한다.

대중교통 프로젝트를 계획하면서 항상 몇 가지 기본적인 문제에 대한 질문과 그에 대한 답을 고려해야 한다.

- 프로젝트의 목적은 무엇인가?
- 이들 주어진 목적이 어느 정도 달성되었는지를 판단하려면, 성능은 어떻게 측정해야 하는가?
- 이들 성능 측정치를 적용한다면, 어떤 종류의 서비스가 이 시장 상황에 가장 적합할 것인가?
- 이들 성능 측정치를 적용한다면, 이 서비스에 가장 적합한 기반 시설 유형, 통행로 관리, 차량은 무엇인가?
- 어느 정도 투자할 수 있는가(비용 대비 효과를 극대화하는 적정 투자 수준은)?

만약 당신이 장래가 촉망되는 대중교통계획가로서 이 장에서 기억해야 할 유일한 한 가지가 있다면, 바로 '특정 기술을 소유하고자 하는 열망이 아닌, 대중교통 서비스에 대한 요구를 기반으로 기술을 선택하라'는 것이다. 주객을 전도하는 일을 피하고, '날아다니는 자동차 증후군Flying Car Syndrome'에서, 즉 맥락과 무관하게 미래가 우리에게 멋진 기술을 찾게 해줄 것을 약속해왔고, 우리는 그것을 가질 것이라는 생각에서 벗어나야 한다. 궁극적으로 이것이 가장 중요한 과정이다. 어떤 차량으로 할 것인지에서 출발하지 말고, 서비스해야 할 시장, 목적, 관련된 성능 측정치는 무엇인지 등을 이해하는 것에서 출발한다면, 적합한 수단을 선택할 수 있을 것이다.

대중교통 시스템을 개발할 때에는 항상 작은 것에서 시작해서 점차 확장해가야 한다. 먼저 그것이 가장 적합한 시스템인지를 생각하지 않고, 경전철, 개인용 고속 대중교통Personal Rapid Transit: PRT, 노면전차 등의 새로운 기술에 현혹되기가 쉽다. 어쨌든 이러한 기술들은 오리건 주 포틀랜드 시에서 네덜란드의 암스테르담 시에 이르는, 성공적이며 번창하는 많은 도시의 상징물이 되었다. 그러나 기술을 위한 기술은 어리석은 것이다.

1) 교통수단의 정의

대중교통 차량은 특성이 서로 다르다. 그래서 우리는 대중교통 차량과 수단을 혼용해 언급하는 경향이 있다. 그러나 대중교통수단은 이 장의 전체에서 논의될 다음과 같은 여러 가지 요소로 구성되어 있다.

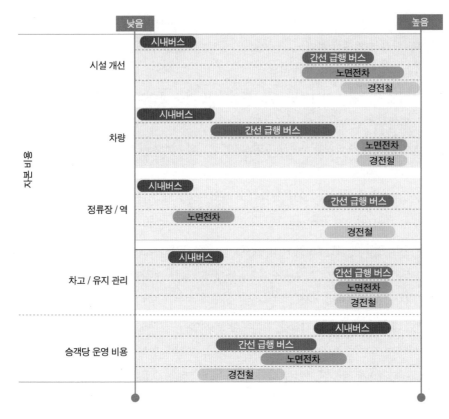

그림 8-1

요소와 성능 두 가지 측면에서 보면, 교통수단을 구분하기 모호할 때도 있다.

자료: Nelson\Nygaard.

- 통행로right-of-way 설계 및 운영 관리
- 정류장 및 역의 설계와 접근 기준
- 서비스 모형 및 운영 계획
- 차량 유형

　　일반적으로 교통수단은 전형적이거나 또는 권장하는 파라미터parameter들을 기반으로 명확히 정의할 수 있지만, 그리고 사실상 이 장에서도 그렇게 하지만, 교통수단에 관한 생각이 너무 융통성이 없거나 너무 편협하지 않게 주의해야 한다. 교통수단들간에 선을 그어 구분한다는 것 자체가 모호할 수 있다. 예를 들면 노면전차는 통행로, 정류장, 운행 모형 등에서 전형적인 경전철(사실 일각에서는 이와 같은 '고속 노면전차rapid streetcar'를 광범위하게 이용하자는 의견이 있다)과 같이 묶어서 분류할 수 있다. 게다가 같은 교통수단이라고 해도 성능이 다를 수 있다. 예를 들면 그림 8-1에서 보는 바와 같이, 일반적으로 경전철은 지역 버스들보다 승객 1인당 운영비는 적게 들지만 이는 주로 용량 때문이며, 이 비용은 탑승률에 따라 달라진다. 샌프란시스코의 경전철은 1량 또는 2량의 차량으로 운행되므로 다른 도시들의 경전철보다 용량이 적으며, 붐비는 여러 노선에는 길이가 60피트(약 18미터)에 달하는 굴절버스articulated bus가 운행되어 승객 1인당 기준으로 보면 버스의 운영비보다 경전철의 운영비가 더 많이 든다.

2) 통행로와 정류장의 역할

일반적으로 다양한 유형의 대중교통 차량은 통행로 및 정류장의 형태와 연관되지만, 통행로와 정류장은 어느 정도 서로 독립적이다. 예를 들면 버스나 열차는 자동차 교통류와 함께 운행하거나, 또는 독자적인 통행로에서 운행할 수 있으며, 단순한 정류장을 이용하거나 또는 좀 더 복잡한 역을 이용할 수 있다.

대중교통이 운행 속도와 신뢰성 측면에서 승용차와 경쟁할 수 있는 능력이 통행자들을 끌어들이는 결정적 요소이다. 그러나 버스가 정체 상황이나 적신호, 또는 일단정지 신호에 머무르는 동안, 그리고 정류장에서 필요 이상으로 오랜 시간 '머무름dwell으로' 말미암아 지체가 발생한다.

버스처럼 일반 자동차 교통류와 함께 운행되는 대중교통 차량의 문제는 단순히 더 느리다는 것만이 아니다. 자동차 교통류로 말미암아 일어나는 지체는 신뢰성에 심각한 영향을 미칠 수 있다. 차량이 일단 운행 시간표보다 늦어지면, 더 많은 승객이 자신의 목적지 정류장까지 도착이 늦어지고, 또한 정류장에서 더 많은 승객이 내리고 타야 하므로 차량은 훨씬 더 늦어지는 경향이 있다(그림 8-2 참조). 때때로 대중교통 차량이 너무 늦어지면, 뒤따라오는 차량의 진행을 막는다. 이러한 현상을 '뭉침bunching'이라고 한다.

통행로의 설계와 관리 운영 시 고려해야 할 사항은 다음과 같다.

- **사람의 지체**: 나 홀로 차량Single Occupant Vehicle: SOV의 지체와 60명의 승객을 수송하는 버스의 지체를 동일한 '차량의 지체vehicle delay'로 보는 전통적인 기준과는 반대로, 통행 시간은 '사람의 지체person delay'라는 관점에서 고려되어야 한다.
- **미래의 신뢰성**: 비록 현재는 지체가 거의 없는 곳이라고 해도, 대중교통 전용 통행로를 확보하는 것이 교통 혼잡의 증가에 대한 대비책과 예방책이 될 수 있다.
- **전략적 투자**: 긴 교통축 전체에 걸친, 상대적으로 유연한 대중교통 우선 처리(예: 대중교통 우선 신호와 '끼어들기 차로queue jump lane'는 속도, 신뢰성, 탑승률에서 상당한 개선을 가져다줄 수 있다.

도시에서 운행 중인 시카고 대중 교통국의 버스가 혼잡으로 지체되고 있다. 이것이 지역 버스 운행의 현실이다.
자료: Nelson\Nygaard.

- **비용 절감**: 속도는 운행 빈도와 직접적인 관련이 있다. 대중교통 차량이 늘어지면, 같은 운행 빈도를 유지하기 위해서 더 많은 차량이 필요하기 때문이다. 따라서 교통 혼잡으로 야기되는 대중교통의 지체는 운영 비용의 측면에서 보면 엄청난 금액의 비용을 발생시키는 것이 된다.
- **영구성**: 통행로와 정차 역 또는 정류장을 포함한 모든 대중교통 기반 시설이 눈에 잘 뜨이고 영구적이라면, 이들 시설은 미래의 잠재적인 이용자와 사적인 자금을 공공시설에 투자하려는 개발 업자 모두에게 투명성과 안전성을 제공할 수 있다.

정류장과 역을 설계할 때 고려해야 할 사항은 다음과 같다.

- **평탄면 승하차**level boarding: 차량 바닥을 낮추거나 플랫폼을 높여서, 또는 이 두 가지를 결합해서 차량에 오르는 계단을 제거하면, 휠체어를 탄 승객이 타고 내리는 시간을 몇 분 정도 줄일 수 있다. 휠체어를 이용하는 승객은 번거로운 리프트에 의존하기보다는 경사로나 평판을 이용하면 쉽게 오르내릴 수 있기 때문이다.
- **모든 문으로 승하차**: 내릴 때 요금을 내게 하는 '하차 시 지불off-boarding payment', 또는 타기 전에 승차권 판매기를 이용해 미리 요금을 내는 '선지불 승차prepaid boarding' 정책을 사용하면, 승객이 차량의 모든 문에서 동시에 타고 내리게 할 수

있다. 이런 '지불 증명 시스템proof-of-payment system'을 도입하면 요금 미납률을 낮은 한 자릿수에 그치게 하므로 운영비 절감액이 요금 수익 손실액을 넘게 해야 한다.

- 정류장의 배치: '백열전구형 확장' 보도 구간을 이용한 일직선 형태의 정류장을 만들 경우, 대중교통 차량이 자동차 교통류로 다시 끼어들 필요가 없다. 마찬가지로 교차로를 벗어나 멀리 떨어진 곳에 정류장을 둘 경우, 여러 종류의 차량과 혼합된 교통류에서 운행하는 대중교통 차량은 신호등이 바뀌기를 기다리는 교통류에서 기다리지 않고, 정류장으로 바로 들어갈 수 있다. 그리고 정류장에서 나오는 차량은 녹색 신호를 기다리거나, 방금 차에서 내린 승객들이 차량 앞을 지나 가로를 횡단하는 것을 기다리지 않아도 된다.

- 정류장의 접근성: 도착지가 정류장으로부터 보행이 가능한 4분의 1마일(약 400미터)이나 2분의 1마일(약 800미터) 거리 이내, 또는 5~10분 보행 거리 이내에 있어야 한다는 양적 기준과 함께, 보행로의 질적 수준은 대중교통 서비스의 성공을 결정하는 가장 중요한 요인이다. 정류장으로 오고가는 보행로가 적어도 인접 지역을 벗어난 경우에는 이 보행로는 불행하게도 종종 대중교통계획가가 통제할 수 있는 범위를 벗어난다. 하지만 시간이 지남에 따라 고품질의 대중교통은 걸어 다닐 수 있는 고밀도 근린 주거지역의 개발을 촉진할 수 있다.

3) 토지이용과의 연관성

일정 수준 이상의 인구밀도 또는 고용 밀도는 다양한 대중교통수단에 대한 투자의 비용-효율성을 확증하거나 정당화하는 데 필요하다(그림 8-3 참조). 보행자-중심적 설계와 토지이용의 다양화를 포함하는 대중교통-지원적 환경을 만드는 데 밀도는 여러 가지 토지이용 요소 중 하나이지만, 이는 어떠한 수준의 서비스와 투자가 보장되어야 할 것인지를 결정하는 유용한 판단 요소로 활용할 수 있다.

한 가지 주의해야 할 점은 철도 교통수단이 시간이 지남에 따라 토지이용 맥락을 형성하는 모습을 보여왔다는 것이다. 지금까지 그 효과를 증명할 자료가 많지는 않지만, 경전철처럼 전용 통행로와 정류장을 갖춘 역동적인 '간선 급행 버스Bus Rapid Transit: BRT' 또한 같은 효과를 가져다줄지도 모른다. 그러나 대중교통 기반 시설이 더욱 가시적이고, 더욱 영구적이며, 규모가 크면 클수록 일반적으로 대중교통 중심 개발Transit-

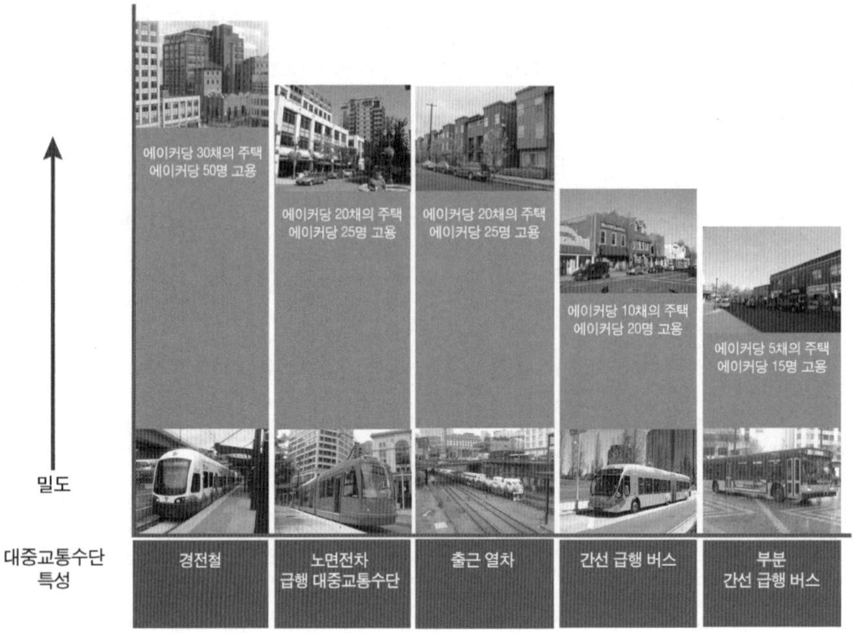
밀도
대중교통수단
특성
에이커당 30채의 주택
에이커당 50명 고용
에이커당 20채의 주택
에이커당 25명 고용
에이커당 20채의 주택
에이커당 25명 고용
에이커당 10채의 주택
에이커당 20명 고용
에이커당 5채의 주택
에이커당 15명 고용
경전철
노면전차
급행 대중교통수단
출근 열차
간선 급행 버스
부분
간선 급행 버스

그림 8-3
좀 더 집약적인 대중교통수단에 대한 투자가 그럴듯하다고 하기 전에, 밀도의 최소 임계치를 만족하는지 확인해야 한다.
자료: Nelson\Nygaard.

Oriented Development: TOD에 대한 매력은 더욱 커진다. 특히 대중교통 중심 개발은 토지이용과 대중교통 서비스를 상호 지원하는 선순환 체계를 만들어낼 수 있다.

4) 버스

버스는 철도와 비교하면 비교할 수 없는 정도의 유연성과 비용적 측면에서 이점이 있다. 그러나 전기를 동력으로 이용하는 '무궤도 버스trolley bus'를 제외하면, 버스는 많은 오염 물질을 배출하고, 철도 차량보다 크기가 작으며, 좌우로 흔들리고, 고무 타이어로 거친 포장 상태의 도로를 지날 때에는 덜컹거려서 편안한 승차감을 주지 못한다. 또한 일반적으로 이미지 측면에서도 문제가 있다. 그럼에도 버스는 급부상하는 대중교통 시장에서 간선 및 주요 교통축에 상대적으로 높은 품질의 서비스를 제공할 수 있으며, 좀 더 안정된 시장에서는 필수적으로 요구되는 지선 서비스를 제공할 수 있다.

특히 대중교통수단으로서의 버스 서비스는 차량 모양은 같으나 그 형태는 다양하다. 이들 서비스는 주로 통행로의 설계 및 관리, 정류장 설계 및 접근 방식에서 서로 차이가 있기 때문이다.

시내버스

시내버스local bus 서비스는 가장 많이 이용되는 대중교통 시스템이다. 시내버스는 상대적으로 정류장의 간격이 좁고[접근 거리는 속도와 반비례해서 조화되게 해야 하지만, 일부 시스템의 경우에는 그 간격이 800피트(약 240미터)보다 크지 않다], 정류장은 연석이 놓인 가로의 가장자리에 있으며, 버스는 다른 차량과 함께 가로에서 운행한다. 그리고 운행 빈도는 매우 다양하다.

비록 대부분 시내버스는 정해진 경로를 따라 운행하지만, 승객의 요구(버스 안에서 또는 미리 전화로)에 따라 경로에서 4분의 1마일(약 400미터) 또는 2분의 1마일(약 800미터)까지 벗어날 수 있는, '경로를 벗어난deviated fixed route' 또는 '유연한flex' 서비스를 할 수 있다. 이러한 유형의 서비스는 교통 서비스 자원이 부족한 저밀도 지역에서 그 범위를 넓혀 운영할 수 있다.

급행 및 제한 운행 버스

급행express 서비스는 때때로 '통근 경로commuter route'라고 불린다. 사실 많은 급행 서비스는 통근자용 버스로 사용되며, 피크 시간에만 운행하고, 고속도로에서 '다인승 차량 전용 차로High Occupancy Vehicle lane: HOV lane'를 통해 도심으로 연결되는, 교외에 있는 '환승 주차장park-and-ride lot'에 정차한다.

이와는 대조적으로, '제한 정차 노선limited-stop route'[3]은 일반적으로 도시의 간선축을 따라 운행하며, 종종 같은 노선을 따라 운행되는 시내버스 서비스를 보완하는 역할을 담당한다. 이 제한 운행 서비스는 정류장 간 거리에 따라 정해진다[일반적으로 대개 2분의 1마일(약 800미터) 또는 그 이상, 적어도 중심 업무 지구 외곽에서는]. 또한 이 서비스는 일반적으로 운행 빈도는 상대적으로 높으며, 주중이나 피크 시간대에만 운행한다.

셔틀버스

셔틀버스는 시내버스와 유사하지만, 정류장에서 목적지까지 '최종 단거리last-mile'를 연

---

3) 뉴욕과 샌프란시스코와 같은 미국의 일부 대도시에서는 급행 버스 서비스 노선 중 일부를 '제한 정차 노선'으로 운영한다. 이를 이용하면 일반 버스보다 적은 시간으로 목적지까지 갈 수 있다. 단 이 서비스는 일부 정류장에는 정차하지 않고, 주말과 공휴일, 그리고 주중에 피크 시간이 아닌 때에는 운영하지 않는다.

결하거나, 소규모 지역의 내부를 순환하는 등 특정 시장을 지원하는 경향이 있다. 셔틀버스는 주로 내부가 보이는 형태의 소규모 차량을 사용하며, 시 당국이나 민간 업체 조합 등이 직접 운영하거나 자금을 투자해 운영한다(셔틀버스에 대한 몇 가지 특별 서비스 설계 규칙은 이번 장의 후반부에서 기술한다).

간선 급행 버스

대중교통협동연구프로그램Transit Cooperative Research Program: TCRP은 간선 급행 버스를 "역, 차량, 서비스, 통행로, 지능형 교통 체계Intelligent Transportation System: ITS 등을 통합해 독특한 이미지를 떠올리게 하는 긍정적인 특성을 지닌 급행 대중교통수단으로, 고무바퀴 차량으로 운행하는 유연성 있는 수단이다"[1]라고 정의했다. 다시 말하면, 간선 급행 버스는 자동차로 운행하는 전통적인 교통수단이라기보다, 버스를 더 빠르고, 더욱 신뢰할 만하며, 고품격으로 만들기 위해서 종합적으로 고안된 새로운 수단이라고 볼 수 있다(그래서 이를 종종 '고급 버스quality bus'라 부르기도 한다). 또한 간선 급행 버스는 철도보다 훨씬 더 낮은 선투자 비용으로 실행할 수 있고, 자본 투자비capital cost는 마일당 수십만 달러에서부터 수천만 달러에 이른다.

간선 급행 버스는 상대적으로 새로운 교통수단이며 전통적인 관점에서 벗어난 것이므로, 이 용어가 주는 의미에서 상당히 많은 혼동(및 논란)을 준다. 간선 급행 버스는 일련의 다양한 요소로 구성되어 있고, 선택의 종류나 폭이 넓다. 그리고 일부 지역사회에서는 이러한 구성 요소들의 일부 특성만을 적용한 서비스를 도입하고, 이를 '급행 버스rapid bus'로 기술하기도 한다. 이 두 용어 사이의 구분은 항상 명확하지는 않지만, 많은 급행 버스 프로젝트는 그들의 기획자들에게 단순히 간선 급행 버스라고 불린다.

이는 철도를 옹호하는 사람들 사이에 상당한 회의를 불러일으켰으며, 이들 중 어떤 이는 간선 급행 버스 계획을 이용해 철도 프로젝트를 중단시키려는 어두운 음모가 있다고도 한다. 어떤 경우에는 이런 주장이 맞을 수도 있지만, 계획가들은 "철도냐, 간선 급행 버스냐"라는 논쟁에 사로잡히는 것을 피해야 한다. 이러한 논쟁은 어떤 특정 교통축과 지역사회의 특수한 환경보다는 폭넓은 일반론에서 다루어지는 경향이 있으며, 계획가들이 가진 하나의 도구 상자 안에 들어 있는 두 수단이 지닌 잠재적인 상호 보완적 도구로서의 가치를 무시해버리는 경향이 있기 때문이다. 대신에 계획가들은 앞에서 기술한 과정을 따라야 한다. 즉, 추구하고자 하는 목표와 성능 측정치를 먼저 규명하고, 그다음으로 교통수단을 무엇으로 할 것인지를 정해야 한다.

어찌 되었든, 간선 급행 버스의 시행은 남아메리카, 호주, 유럽, 북아메리카 등에서 성공적인 것으로 받아들여지고 있다. 간선 급행 버스 프로젝트는 철도보다 더 짧은 시간 안에 상대적으로 적은 초기 비용으로 시행할 수 있으며, 간선 급행 버스는 통행시간을 안정적으로 단축하고, 신뢰도를 높이며, 많은 새로운 승객을 끌어들인다. 지금까지 북아메리카의 적용 사례를 통해 국제적으로 통용되어온 간선 급행 버스 시스템이 훨씬 더 확대되는 경향이 있으며, 일반 가로를 벗어나 별도의 통행로를 받거나, 일부에서는 추월을 위한 복수 차로를 두기도 하며, '요금 통제 구역fare-controled area'을 갖춘 역을 두는 등의 방식으로 특성화되기도 한다.

북아메리카 지역에서 일반적으로 사용되는 간선 급행 버스 전략은 다음과 같다.

- **통행로**: 철도에 비해 간선 급행 버스가 지닌 장점 중 하나는 대중교통 전용 차로를 설치할 수 없을 정도로 많은 교통량이 있는 곳, 그러나 이 교통류에 의해 궤도 차량의 운행이 단절될 수밖에 없는 곳에서는 혼합 교통류와 함께 운행함으로써 노선의 개별 구간 내에서 나타나는 각기 다른 상황에 맞추어 탄력적으로 운행할 수 있는 능력을 갖추었다는 것이다. 통행로에 대한 처리 방식은 다음과 같다.

  - 버스 전용 차로bus-only lane: 가로의 바깥이나 가로의 중앙에 설치한 대중교통 전용로에, 또는 우회전 차량이나 가로변에 주차하려는 차량도 이용할 수 있는 바깥 차로에 설치한다(어떤 경우에는 택시와 자전거도 이 버스 차로를 공유하게 할 수 있다). 일반 자동차 교통류에서 물리적으로 분리되지 않은 차로에 대해서는 이곳이 일반적 용도로 사용되는 공간이 아니라는 것을 추가로 알려주는 시각적인 신호를 주기 위해서 다른 색깔로 칠할 수도 있다.

  - 끼어들기 차로queue jump lanes: 교차로에서 신호를 기다리는 일반 자동차 앞으로 끼어들어 대기하다가, 특별 신호주기를 이용해 다른 자동차들보다 먼저 나갈 수 있게 해준다.

  - 대중교통 우선 신호체계Transit Signal Priority System: TSP: 교차로에 진입하는 버스의 진행을 위해 녹색등을 몇 초 더 지속하게 하거나, 어떤 경우에는 적신호를 조금 일찍 녹색 신호로 바꾸어주기도 한다.

- **정류소**: 일반적으로 간선 급행 버스 정류소나 역은 2분의 1마일에서 1마일(약 1.6킬로미터) 정도 간격을 두게 하고, 이곳에는 좀 더 많은 쉴 곳, 앉을 공간, 실시간 대기 시간[4]을 포함한 버스 운행 정보 등 고객의 편의를 제공한다. 좀 더

로스앤젤레스 시의 광역 급행 버스 서비스인 래피드(Rapid)는 아마도 미국에서 가장 유명한 간선 급행 버스 시행 사례 중 하나일 것이다. 하지만 이 서비스는 적은 비용(현재까지 마일당 25만 달러 미만)으로 상대적으로 많은 편익을 빨리 얻기 위해서, 일반적으로 비용이 많이 들고, 정치적으로 논란이 되는 버스 전용 차로와 같은 요소들을 포기한 고전적인 간선 급행 버스 시스템이다(그림 8-4 참조).[2] 비록 이 시스템이 주로 브랜드 전략, 정류장 간격 제한, 직선 경로, 높은 질의 정류장 편의 시설, 저상 버스, 버스 우선 신호 등에 의존하기는 하지만, 통행 시간의 절감은 최대 31퍼센트까지, 또한 탑승률의 증가는 최대 40퍼센트까지 달성했다.[3] 2000년에 구축된 이 시스템은 2010년에는 28개 노선을 포함했으며, 총 운행 거리는 440마일(약 704킬로미터)에 이르렀다.

그림 8-4
로스앤젤레스 급행 대중 버스 시스템은 매우 적은 비용을 투자해 통행 시간과 탑승률을 개선한 사례이다.
자료: Fred Camino(크리에이티브 커먼즈 라이선스에 따라 사용: http://creativecommons.org/licenses/by-sa/2.0).

활성화된 간선 급행 버스 시스템을 갖춘 정류소는 고원식 승강장과 승차권 판매기(승객이 승차권을 미리 구입해 버스의 모든 문으로 승하차를 할 수 있게 하기 위한), 평탄면 승하차 등의 편의성을 갖추고 있다.

• 차량: 간선 급행 버스 차량은 일반적으로 독특한 외양이나 로고logo와 도색 배합을 이용해 브랜드brand화하기도 하며, 때로는 기차처럼 보이려고 외관을 날렵하게 설계하기도 한다. 일반적으로 간선 급행 버스 차량은 낮은 바닥면과 3개 이상의 출입문을 가진 60피트(약 18미터) 길이의 '굴절버스'이다.

• 서비스: 간선 급행 버스 노선은 배차 간격을 15분, 심지어 그 이내로 하는 '무대기 빈도walk-up frequency'(운행이 빈번해 별도의 운행 시간표가 불필요하다)로 서비스를 제공한다. 이는 버스 운전자에게 "안전을 보장하는 선에서 될 수 있는 한 빠

---

4) 차량을 타기 위해 기다리는 시간으로, 차 외 시간의 일부이다.

르게 운행하라"라는, 또한 정류장에 "운행 시간표보다 빠르게 도착하지 않으려고 일부러 뒤에 머무르지 말라"라는 지침을 주었다는 의미이다. 대중교통로 밖에서는 시내버스 서비스로 운영하는 여러 노선이 비록 일부 대중교통로transitway를 이용하지만, 일반적으로 간선 급행 버스 노선은 상대적으로 직선의 형태이며 단순하다.

간선 급행 버스는 철도 개설을 향한 첫 단계일 수도 있으며, 또는 간선 급행 버스 건설 자체가 목적일 수 있다. 간선 급행 버스 노선은 전체 교통축에 걸쳐서 점진적으로(예컨대 간선 급행 버스 시스템으로 가기 이전 단계로 급행 버스 도입), 또는 단계별로 진행될 수도 있다.

간선 급행 버스가 철도와 비교해서 본질적으로 뒤떨어지는 점은 용량이다. 비록 일부 국제적 시스템들은 대용량의 대중교통로와 역을 이용해 매우 인상적인 수준의 용량을 달성할 수 있게 하지만, 버스는 궤도 차량처럼 여러 대를 붙여서 운행할 수는 없다는 근본적인 한계가 있다. 따라서 간선 급행 버스 시스템은 엄청난 노동력과 장기 운영 비용을 투입하지 않는 한, 아주 높은 수준의 수요를 감당할 수 없다.

5) 철도

그것이 어떤 종류이든, 대중교통 철도는 20세기 중반에 북아메리카에서 노면전차를 제거한 실패의 경험을 제외하고는 안정적이다. 이를 이용하려는 승객들은 철로와 전기를 공급하는 공중선overhead wire을 보고(또는 광역 철도metro rail나 일부 경전철 시스템의 경우에는 역의 입구를 보고) 철도가 어느 방향으로 갈 것인지를 인지한다. 마찬가지로 민간 개발 업자들은 철도를 주요한 공공 투자로서 인식하고, 종종 여기에 자금을 투자하기도 한다. 궤도 차량railcar은 좀 더 부드러운 승차감을 제공하며, 열차는 버스보다 높은 수송 능력을 갖추고 있으므로 수요가 많은 교통축에서는 운영비를 줄일 수 있다. 끝으로 도시 철도(대부분이 통근자용 철도 노선은 아니지만)는 버스보다 더 조용하고 깨끗한 편이다. 또한 디젤보다는 전기를 연료로 사용하므로 연료비 상승에서 대중교통 운영자들을 보호할 수 있다. 그러나 철도는 대체로 우수한 도시교통수단이지만, 이를 위해서는 마일당 수천만 달러(약 수백억 원) 또는 수억 달러(약 수천억 원)의 높은 자본 투자비가 소요된다는 점을 고려해야 한다.

여기서는 철도와 자동차를 상호 대체할 수 있는 수단으로 취급했다. 그러나 여기에는 분명한 주의가 필요하다(앞부분의 '1) 교통수단의 정의'를 참조하기 바란다).

노면전차

제2차 세계대전 이전에는 노면전차가 도시 개발의 원동력이었으며, 최근에는 이것을 부활시키려는 분위기가 일어나고 있다. 1980년대와 1990년대에 북아메리카의 여러 도시에서 대중교통 철도를 부활시키려는 계획가들과 정책결정자들은 경전철을 더 선호했다. 그러나 최근에는 비록 느리고 수송 능력도 작지만, 비용이 적게 드는 노면전차가 다른 철도 수단에 대한 보완재 또는 대체재로서 매력적인 옵션이 되고 있다. 노면전차의 비용은 각기 다르지만, 일반적으로 마일당 수천만 달러(약 수백억 원) 이상이 소요되는 반면에, 경전철은 마일당 5000만 달러(약 500억 원)를 초과하며, 마일당 1억 달러(약 1000억 원) 이상이 들 수도 있다.

이동성이라는 면에서 보면 노면전차는 버스보다 장점이 별로(또는 일부밖에) 없다. 그러나 경제개발을 유도하므로, 접근성을 높일 수 있거나, 접근 범위 내에 주요 행선지들의 수를 증가시킬 수 있다(이어지는 사례 연구 참조). 또한 노면전차는 새로운 승객을 창출하는 수단이라는 것을 입증할 수 있는 실적을 보여주었다. 즉, 토론토Toronto에서 시행한 한 연구에서는 거의 유사한 서비스를 제공하는 버스를 노면전차로 대체한 곳마다 승객이 15~25퍼센트 증가한다는 것을 발견했다.

노면전차는 일반 '혼합 교통류mixed traffic'[5] 안에서 운행되며, 상대적으로 자주 정차하는 경향이 있으므로, 운행 속도가 상당히 느릴 수 있다. 이러한 이유로 노면전차는 도심지 내부와 인접한 근린 주거지역들 사이에서 단거리로 운행되는 경향이 있다. 노면전차는 경전철 차량보다 크기가 약간 작고, 일반적으로 1개의 차량으로 운행되며, 크기가 작으므로 도시 가로에 잘 맞는다. 또한 노면전차 차량은 경전철 차량보다 가벼우므로, 노면전차 차로는 빠르게, 저렴한 비용으로 건설할 수 있다. 기초 바닥도 깊지 않으며, 편의 시설 재배치도 거의 필요하지 않기 때문이다. 노면전차는 온종일 수요가 많고, 한쪽 방향으로 수요가 집중되기보다는 양방향으로 수요가 균형 잡혀 있으며, 피크 시간대에 수요가 집중되고, 또한 상대적으로 자동차 교통량이 적은 곳에서 가장 성공적인 수단이다.

---

5) 하나의 가로에서 버스, 승용차, 노면전차 등 여러 교통수단이 함께 혼합되어 운행되는 교통류를 말한다.

노면전차는 몇 가지 기본적인 유형(모두 전기를 공중선으로 공급하는 유형)으로 나눌 수 있다.

- **복원된 구형 노면전차**: 제2차 세계대전 이전부터 이들 차량은 종종 대통령자문위원회 Present's Conference Committee: PCC 차량으로 불려왔다(그림 8-5 참조).[6] 1950년대에 들어 차량 제조가 중단되었으므로, 단지 제한적으로만 공급할 수 있다. 또한 이 문화 유물적 차량은 바닥이 높고, 휠체어 승강기를 갖지 않으므로, 장애인들이 타고 내리기가 쉽지 않다. 일반적으로 이들 차량의 가격은 대당 대략 100만 달러(10억 원)이다.

- **신형 '복제** replica**' 전차**: 이들 차량은 구형 차량의 설계도로 제작되지만, 휠체어 승강기를 포함하도록 수정될 수 있다.

- **현대적 노면전차**: 이들 차량은 바닥면의 높이가 낮으며, 이전의 차량보다 더욱 안락하고 조용한 승차감을 제공한다(그림 8-6 참조). 또한 좌석과 입석을 합쳐서 170명이나 되는 승객을 태울 수 있는 높은 용량을 가진다. 그리고 부품들을 구

---

6) 1930년대에 미국에서 처음 제작되어 쓰이던 시가전차의 별칭이다. 첫 모델의 승인을 대통령자문위원회가 해준 것에서 이름이 유래했다.

포틀랜드 시의 노면전차는 노선을 따라 이어지는 주변의 부동산 가치를 40퍼센트나 상승시켰고, 민간투자를 최대 30억 달러까지 끌어들였다. 비록 이러한 투자의 상당 부분은 노면전차가 출현하기 전부터 일어났지만, 노면전차 노선은 이미 산업화되어 있던 펄 지구(Pearl District)에 대한 재개발사업을 촉진해 완성시켰다. 그리고 지금은 남부 해안 지역(South Waterfront)에 고밀도 개발을 할 수 있게 만들고 있다(그림 8-6 참조). 이 노면전차 노선은 이미 두 번 확장되었고, 세 번째로 윌러멧 강(Willamette River)을 가로지르는 훨씬 더 긴 노선이 건설되고 있다.

그림 8-6
노면전차는 포틀랜드의 재개발을
촉진하고 완성했다.
자료: Nelson\Nygaard.

하기 쉬우므로 유지 보수가 더 쉽다. 이에 덧붙여 운행 차량 전체를 이들 현대 적 노면전차로 편성하기는 더 쉽다. 그러나 최근에는 차량 대당 가격이 400만 달러(약 40억 원)에 이를 정도로 상대적으로 비싸다.

경전철

경전철은 북아메리카의 철도 계획가들이 한 세대가 넘는 동안 가장 선호하는 교통수 단이었다. 그 이유는 이것이 통상 마일당 1억 달러(약 1000억 원) 미만의 아주 적은 비 용(때로는 이보다 훨씬 적을 수도 있다)으로도 중重철도나 광역 철도가 갖는 많은 이점을 제공할 수 있다는 것이다. 경전철은 정류장이 작고 간소하며, 일반적으로 화물 철로나

1981년에 운행을 시작한 샌디에이고의 '무궤도 버스'는 도시 외곽으로 확산된, 승용차-중심적인 미국의 도시들에서도 대중교통 철도가 많은 승객을 유인할 수 있음을 보여주었다. 비록 시스템을 일부 차단한 이래로 주중 평균 탑승객이 다소 감소하기는 했지만, 또한 아직 공항이나 라호이아(La Jolla)와 미션베이(Mission Bay) 등 유명 행선지들과 연결되지 않아 시스템이 상당한 공백이 있는데도, 탑승객은 최근 몇 년 동안 매년 거의 12만 명에 이른다.

도시 가로의 일부에서 지표면 운행을 할 수 있으므로 공간을 넓게 사용하지 않아도 되어서, 그 기반 시설 비용이 적게 든다. 경전철 차량은 시간당 최대 65마일까지 속도를 낼 수 있으나, 몇 개 블록마다 한 번씩 정차하므로 신속히 감속할 수 있게 해야 한다.

경전철 차량의 길이는 80~90피트(약 24~27미터)이고, 총 용량은 200명이 넘는다. 경전철은 일반적으로 1~4량으로 편성되어 있어, 1명의 운전자가 한 번에 수백 명의 승객을 나를 수 있으므로, 수요가 많을 때에는 단위 운영비의 감소로 비롯된 실질적인 수익을 가져다줄 수 있다.

경전철은 경전철이 가진 유연하고 혼합적인 특성으로 말미암아 폭넓게 변형되어 응용되어왔다. 예를 들면 유럽의 트램과 '지하 전차도電車道; pre-metro'(일반적인 지하철과는 다르다), 보스턴Boston, 샌프란시스코, 필라델피아Philadelphia 등을 포함한 미국 도시들에서 볼 수 있는, 가로의 지면과 터널 속을 번갈아서 운행하는 '시가전차 파생 시스템streetcar-derived system', 그리고 중규모의 미국 도시들에서 중심 업무 지구Central Business District: CBD와 도시 외곽 지역을 연결하는 '유사 통근 열차 시스템commuter rail-like system'에 이르기까지 다양하다. 새크라멘토Sacramento와 샌디에이고San Diego의 시스템을 포함한 미국의 제1세대 새로운 경전철 시스템은 기존에 사용할 수 있는 통행로를 이용하거나, 비용을 절약하기 위해서 단선 철로를 이용하는 등의 비용 절감 방안에 의존하는 것에 비중을 두었다. 시애틀에 있는 경전철과 같은 최근의 시스템들은 긴 터널과 고가 구간을 이용하므로 더 정교하나 건설 비용은 더 많이 든다.

통근 철도

통근 철도commuter rail는 중重 철도[7]의 유형이다. 이 철도는 일반적으로 디젤을 연료로

---

7) 중(重)철도(heavy rail) 차량은 크고 무거운 열차로 운행되는 철도 서비스를 말하며, 중(中)철도(medium rail), 경(輕)철도(light rail) 등과 비교된다.

사용하는 기관차이며(뉴욕, 시카고Chicago)와 그 외 다른 나라의 시스템은 공중선으로 공급되는 전기를 사용한다), 주로 교외 지역의 노동자들을 도심지의 일터로 수송하는 역할을 담당한다. 통근 철도는 화물 수송 차량이나 암트랙Amtrak[8]과 같은 장거리 승객용 차량과 선로를 공유하기도 한다. 객차는 장거리 여행에도 편안한 환경을 갖추어놓았으며, 대부분 역에는 대규모 환승 주차장을 두고 있다. 마일당 수백만 달러(약 수십억 원)의 비용이 들어가는데도 통근 철도 서비스를 시행하는 데에는 (운행 비용이 다소 비싸지만) 상대적으로 비용이 적게 든다. 그리고 피크 시간대에 주요한 교통축의 혼잡을 감소시킴으로써 비록 제한적이기는 하지만 지역 대중교통 네트워크에서 중요한 역할을 담당할 수 있다.

최근에는 '디젤 동력분산식 열차Diesel Multiple Unit: DMU'[9] 노선이 텍사스Texas 주 오스틴Austin, 오리건 주 포틀랜드 인근, 캘리포니아 주 샌디에이고 카운티, 뉴저지 교외 지역에 구축되었다. 디젤 동력분산식 열차는 통근 철도와 경전철을 혼합한 유형으로 차량의 크기가 작고, 열차가 짧으며, 또한 (어떤 경우에는) 상대적으로 빈번하게 온종일 운행된다. 자본 투자 비용은 일반적인 통근 철도보다 약간 많다. 미국의 경우, 연방철도청Federal Railroad Administration: FRA의 지침에는 유럽에서 일반적으로 쓰이는 경량 디젤 동력분산식 열차가 화물열차와 선로를 공유하지 못하도록 제한되어 있다. 그러나 이러한 경량 디젤 동력분산식 열차는 여객열차가 운행하지 않는 야간에 이동하는 화물열차와 일시적으로 구분해 운행할 수도 있으며, 무거운 중량(비용이 약간 비싸다)의 디젤 동력분산식 열차는 함께 운행할 수 있게 하고 있다.

광역 철도

일반적으로 북아메리카에서 지하철subway로 불리는 광역 철도는 도시의 대중교통수단

---

8) 미국의 철도여객공사를 말한다. 제2차 세계대전 후 고속도로 건설과 항공기의 발전으로 1916년을 정점으로 해서 여객 수송량이 급속히 감소했다. 그 뒤 1971년 간선의 여객 수송을 유지하려는 노력의 일환으로 정부와 각 철도 회사의 출자로 설립되었다.

9) 디젤 동력분산식 열차는 열차에 탑재된 디젤엔진으로부터 동력을 전달받아 움직이는 총괄 제어(multiple-unit: 보통 통근 철도에 적용하는 것으로 한 곳의 운전실에서 전체 차량을 제어할 수 있게 편성된 열차의 각 차량을 의미한다) 열차이다. 따라서 이 열차는 별도의 기관차가 필요하지 않다. 또한 이들은 나라에 따라 다르지만 궤도차(railcar) 또는 전동차(railmotor)로 언급되기도 한다(Wikipedia).

중에서 가장 뛰어나다. 새로운 광역 철도metro rail를 건설하는 비용(마일당 수천만 달러, 심지어는 수십억 달러로 큰 비용이다)을 정당화할 수 있는 미국의 도시들이 거의 없으므로, 여기서는 아주 간략하게 논의한다. 일반적으로 말해서, 이는 고속(지하철이든 지상 철이든 완전한 선로 구분에 의한), 대용량, 안전성, 청결성, 정숙성을 갖춘 교통수단으로, 이에 투자한다면 그만큼의 편익을 얻을 수 있을 것이다. 광역 철도는 전형적으로 밀도가 높은 도시 지역을 거미줄처럼 덮으며, 일부 노선은 교외로 뻗어 있다. 일반적으로 광역 철도 정류장들은 때로는 마을버스feeder bus와 다른 철도 노선들을 지원하는 다수단 교통 '중심지hub'가 된다. 이 책의 주된 목적이기도 하나, 가장 흥미로운 것은 제12장「역과 역권」에서 다룰 광역 철도와 기타 역의 설계에 관한 것이다. 이 분야는 앞으로 몇 십 년 동안 북아메리카에서 수행될 중요한 교통계획의 많은 부분을 차지하게 될 것이기 때문이다.

6) 페리

광역 철도와 마찬가지로 페리ferry도 제한적으로 적용할 수 있다. 대중교통수단 중에서 독특하게 페리는 건설 비용이나 유지 관리 비용이 들지 않고, 무상으로 통행로를 이용할 수 있다. 하지만 선박의 승객당 운영비는 상당히 많이 들 수 있다. 즉, 일반적으로 버스나 도시 철도의 운영비가 승객의 통행당 2~3달러인 것과 비교하면, 페리는 통행당 10달러 이상이 든다. 페리 승객은 일반적으로 높은 운임을 낼 의사가 있고(어떤 경우에는 이들은 자동차를 이용할 수 없으므로), 페리는 경제개발을 유발하는 상당한 관광 시장을 유인할 수도 있다. 하지만 선착장은 수변에 입지해야 하므로, 이것이 갖는 지리적 위치 때문에, 또한 어떤 경우에는 환경 규제 때문에 대중교통 중심 개발에 대한 제약을 받을 가능성이 있다. 이들 선착장 입지는 접근을 위한 특별한 요건들을 항상 고려해야 한다. 도심 터미널의 외곽에 있고, 보행자 접근이 때때로 제한을 받으며, 특히 승용차 페리는 피크 시간에 심각한 혼잡을 일으킬 수 있기 때문이다(그림 8-7과 그림 8-8 참조).

　　수상 대중교통 서비스에는 수상 택시도 포함된다. 수상 택시는 도시 지역의 작은 터미널 사이를 이동하는 단거리 통행 서비스를 제공하며, 계절적으로 발생하는 소풍이나 관광-지향적 서비스를 제공한다.

그림 8-7, 그림 8-8

밴쿠버의 아쿠아버스(Aquabus) 수
상 택시는 밴쿠버 도심 수변을 따
라 이어진 주요 행선지들과 폴스
크리크(False Creek) 남부 해안 사
이의 단거리 통행 서비스를 제공
한다. 이것의 해상 버스 서비스는
지역 대중교통 운영자인 트랜스링
크(TransLink)에서 운영하는 것으
로, 적극적인 요소 중 하나이다.
그리고 이것은 매우 혼잡한 교량
을 넘어가는 통행 서비스를 보완
해주는 여분의 대중교통 서비스를
제공한다.

자료: Aaron Donovan.

7) 신축성 있는 교통수단

준-대중교통

준-대중교통paratransit은 수요-반응형demand-responsive 수단이며, '가로변에서 가로변curb-
to-curb' 또는 '도어 투 도어door-to-door' 서비스를 제공한다. 일반적으로 이용객들은 전화로 미리 예약해 이 수단을 이용할 수 있으며, 차량은 표준형 버스보다는 바깥쪽 일부를 잘라서 내부가 보이게 한 조금 작은 버스, 승합차van, 일반 승용차를 사용하는 것이 일반적이다. 준-대중교통은 종종 주로 노인이나 장애인에게 제공되는 서비스로 여겨졌었다. 그리고 실제로 「미국장애인법ADA」은 고정된 노선을 따라 운행하는 대중교통 서비스 운영자가 이러한 고정-경로형fixed-route 서비스를 이용할 수 없다고 입증된 사람들에게 준-대중교통 서비스를 제공할 것을 요구한다. 그러나 일반 대중을 위한 '다이얼어라이드' 서비스는 상대적으로 고정-경로형 서비스를 공급하는 데 큰 비용이 들거나 또는 고정-경로형 서비스를 이용하기 불편한 저밀도 지역에 흔히 제공된다. 비록 이러한 전화 호출-탑승 서비스는 승객 1인당 비용으로 보면 여전히 고정-경로형 서비스보다 상대적으로 비싸지만, 총비용은 더 낮아 도시 외곽 지역과 농촌 지역에서는 매력적인 대중교통 옵션이 될 수 있을 것이다.

택시

통상적으로 택시taxicab는 대중교통수단으로 간주하지는 않는다. 그러나 택시는 필수적인 응급 구명 서비스, 또는 다른 통행 수단을 보완해주는 편리한 서비스로서 이동성을 보장해주는 역할을 한다. 일반적으로 교통계획가들은 택시 시스템을 규제하는 것에 관해서는 별로 관심이 없다. 그러나 철도역에 택시 승차장을 설치하는 것을 포함해 가능한 모든 곳에 택시로 접근할 수 있게 해주어야 하며, 현실적으로 가능하다면 택시로 대중교통 노선에 접근할 수 있게 해야 한다. 그리고 몇몇 공공 기관은 준-대중교통 프로그램의 일환으로 이용자들에게 택시 바우처voucher[10]를 제공하거나, 교통 수요관리TDM[11] 프로그램의 일환으로 안전 귀가 보장Guaranteed Ride Home: GRH 프로그램 참여자들에게 일부 요금을 지원해주기도 한다. 미국과 다른 선진국에서는 거의 찾아볼 수 없지만, 택시 서비스와 유사한 것으로 지트니jitney[12] 또는 '합승 택시group taxi'가 있다. 공

---

10) 상품이나 서비스를 구매할 수 있는 증서를 말한다.

11) 승용차 이용이 크게 증가함에 따라 교통 시설을 확충하는 것만으로는 그 수요를 대응하는 데 한계가 있다는 인식에서 운전자, 특히 개인 승용차 이용자의 통행 행태를 변화시켜 다인승 자동차나 대중교통수단으로 옮겨가게 하는 규제 방식이다[노정현, 『교통계획: 통행수요이론과 모형』(나남, 2012)].

12) 지트니란 미국 화폐의 최소 단위인 니클(Nickel)의 옛 이름에서 유래되었다. 즉, 아주 저렴한 요금으로 탈 수 있는 교통수단이라는 뜻으로, 공유 택시(shared taxi)의 개념을 가진다. 이 서

항의 '공유 탑승 서비스shared-ride service (리무진 서비스)'도 지트니 서비스의 한 형태이다. 자유 시장 체계를 옹호하는 많은 사람은 미국의 전통적인 대중교통 서비스(그들의 관점에 의하면 쓸모없고 적절하지 않은 서비스)에 대한 대안으로 민간 지트니 서비스의 폭넓은 이용을 장려한다. 하지만 형평성, 안전성, 그리고 다른 몇 가지 우려 때문에 지트니 서비스는 아직까지 널리 도입되지 않고 있다.

8) 기타 교통수단

마지막으로, 다음과 같은 교통수단들을 포함한 수많은 기타 대중교통수단이 존재하지만, 이들은 일반적이지 않으므로 여기서는 자세하게 다루지 않는다.

- 기타 고정-궤도형fixed-guideway 교통수단: 자동 경전철Automated Light Rail Transit: ALRT, 모노레일, 피플 무버 등을 포함한다.
- 지형-기반형terrain-based 교통수단: 공중 케이블카aerial tram, 톱니 궤도 철도cog railway, 지상 케이블카funicular 등을 포함한다.
- 개인용 고속 대중교통Personal Rapid Transit: PRT
- 고속철도High-Speed Rail: HRS: 표준형 고속철도와 자기부상열차를 포함한다.

3. 대중교통의 설계

인구통계학적 특성과 상관없이 현재 대중교통을 이용하는 사람들과 잠재적인 이용자들은 신속성, 편리성, 안락성, 안전성, 금전money 등 모두에 자신의 가치를 부여한다. 모든 통행에서 대중교통은 승용차와 경쟁할 수 없다. 그러나 심지어는 가장 승용차-중심적인 도시에서도 대중교통은 일반 가정에 필요한 일종의 '보조용 승용차second car'의 기능을 담당함으로써, 승용차를 보유할 필요성을 줄여준다. 동시에 만약 대중교통이 대중교통-의존적인 승객들에게 높은 수준의 서비스를 제공한다면, 이른바 '선택형 승객choice rider'[13]들을 대중교통으로 유인할 수 있다.

비스는 여러 승객이 요구하는 각기 다른 출발지와 도착지에 들러서 태우거나 내려주는 것이다. 일반적으로 승합차가 이용된다(위키백과).

그렇지만 실제로 성공적인 대중교통 서비스를 설계하려면 종종 다음과 같이 상충하는 목표들 간에 어려운 트레이드오프tradeoff[14]를 해결해야 한다.

- '대중교통-의존형transit-dependent 승객'을 주된 대상으로 지원할 것인가, 또는 '자유 재량적 승객'을 유인해 탑승객을 늘릴 것인가?
- 지리적으로 넓은 지역을 서비스 대상으로 할 것인가, 또는 일부 교통축에 대해 질 높은 서비스를 제공할 것인가?
- 정류장들의 간격을 좁혀 승객의 보행 거리를 줄일 것인가, 또는 간격을 넓혀서 서비스 속도를 높일 것인가?
- 운행 빈도를 낮추어서 행선지를 한 번에 바로 연결하는 서비스를 늘릴 것인가? 또는 운행 빈도를 높이기 위해서 불편하지 않을 정도의 환승transfer을 허용할 것인가?

가장 근본적인 절충은 생산성과 서비스 적용 범위coverage 간의 문제이다(그림 8-9 참조). 대중교통을 운영하는 기관들은 가급적 많은 승객의 도보 거리 이내에 정류장을 배치하려는 경향이 있다. 그러나 가장 비용-효과적으로 자원을 배치하는 방법은 가장 붐비는 교통축에 더 높은 수준의 서비스를 제공하는 것이다.

이러한 의사 결정에서 하나의 정답은 없다. 단, 한 가지 확실한 것은 적정 효용을 제공하는 서비스를 설계하려면 능동적이고 합리적인 선택을 하는 것이 가장 중요하다는 것이다.

이 절에서는 어느 도시 또는 지역이 대중교통 투자를 통해 최고의 효용을 얻도록 도와줄 수 있는 최선의 실행 방법을 찾아보고자 한다. 물론 이들 원칙의 적용은 각각의 장소가 지닌 독특한 특성에 따라 다를 것이다.

---

13) 일반적으로 대중교통 승객들을 '고정형 승객(captive riders)'과 '선택형 승객(choice riders)'으로 구분한다. 고정형 승객이란 자동차를 운전하지 못하거나 운행할 자동차를 소유하지 못해 대중교통을 이용할 수밖에 없는 정형화된 승객을 말하는데 물리적 장애인, 정신적 장애인, 또는 저소득자 등이 해당되고, 종종 이민자들이나 가시적인 소수 인종(visible minorities: 겉보기에도 사회 대다수 구성원과 다른 인종에 속함이 뚜렷이 드러나는 집단)들을 포함하기도 한다. 반면에 선택형 승객이란 운전할 줄 알며, 자신이 운행할 수 있는 자동차를 소유한 사람들이지만, 자동차 대신에 대중교통을 선택하는 승객을 말한다.
14) 서로 대립하는 요소 사이의 균형을 말하는 경제학적 용어이다.

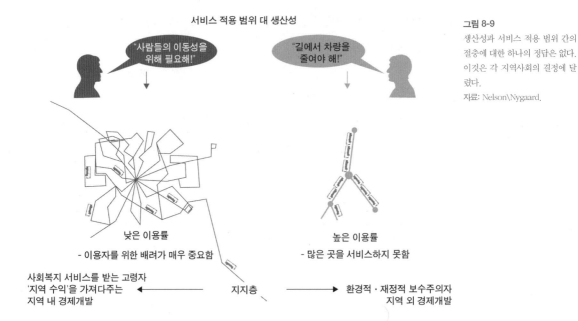

1) 가장 중요한 요소들

새로운 대중교통 서비스를 설계하거나 기존 서비스에 대한 개선 방안을 찾는 데에는 다음의 세 가지 요소가 가장 중요하다.

- 속도: 다시 말하지만, 지체를 줄이는 것(특히 가장 붐비는 노선에서)이 중요하다. 단지 통행 시간을 줄이는 것뿐 아니라, 신뢰성을 높이고 운영비를 줄이기 위해서, 또는 같은 비용으로 더 많은 서비스를 제공하기 위해서 지체를 줄여야 한다. 만약 버스의 속도를 25퍼센트 높일 수 있다면, 운행 빈도도 25퍼센트 높일 수 있다. 예를 들어 추가적인 비용 없이 속도를 높이는 것만으로도 운행 간격을 20분에서 15분 간격으로 좁힐 수 있다.

  심지어 전용 차로, 우선 신호, 고품질의 정류장 등을 설치할 수 없는 곳에서도 단순히 정류장 배치를 최적화하는 것만으로도 지체를 줄일 수 있다. 일부 노선에서는 버스들이 전체 운행 시간의 50퍼센트 이상을 정류장이나 신호등에 정차해 있는 시간으로 소모하기도 한다. 그리고 대중교통-의존적인 승객을 포함한 모든 사람은 그들의 시간에 가치를 둔다.

- 운행 빈도: 연구에 따르면, 대중교통을 기다리느라 보내는 시간은 차량 내에서 보내는 시간과는 달리 실제보다 2~3배 더 길게 느껴진다고 한다. 이런 사실에

비추어보면, 특정 통행을 하려는 승객들을 자발적으로 대중교통 서비스를 이용하도록 끌어들이기 시작하는 데 필요한 최소 운행 빈도는 15분에 한 번이라 생각된다. 이 경계를 넘어 더 자주 운행하면 할수록, 더 많은 승객을 끌어들일 것이다.

- 승객의 편의: 사람들은 통행 시간뿐 아니라, 편리성, 안락성, 안전성, 금전에도 가치를 둔다. 속도의 경우와 마찬가지로, 대중교통 서비스는 다음과 같은 부분에서도 개인 승용차와 경쟁해야 한다.
  - 일상적인 혼잡을 피할 수 있을 정도로 충분히 넓은 차량
  - 주중, 저녁, 주말 운행
  - 원활한 환승(환승 수단 간에 시각을 맞추고, 될 수 있으면 환승 수단에 대한 추가 요금을 징수하지 않는다)
  - 정류소shelter,[15] 휴게소, 정류장 및 역의 좌석 등 편의 시설
  - 보안상 안전하고, 밝은 조명 시설을 갖춘 대기 공간
  - 보행자(및 자전거)를 위한 편안한 접근로
  - 깨끗한 정류장과 차량
  - 편리한 승차권 구매 장소
  - 균일하고 단순한 요금 구조
  - 개인의 요구에 맞춘 수요자-중심의 할인 승차권
  - 선명한 표지판, 명확하고 쉽게 구할 수 있는 운행 시간표 및 노선도를 포함한 양질의 정보
  - 정류장에서, 웹에서, 또는 개인 통신장비를 사용해 접근할 수 있는 실시간 운행 정보

2) 버스 운행 경로의 설계

많은 버스 운행 경로는 다음과 유사한 과정을 통해 결정된다.

처음에는 한 그룹의 사람들이 모여서 특정 지역에 서비스가 필요함을 결정한다. 그러면 시 당국은 하나의 대중교통 노선을 만들기 시작한다(그림 8-10 참조).

---

15) 정류소는 햇볕이나 비를 피할 수 있도록 지붕을 갖춘 정류장(stop)을 말한다(예: 그림 8-15).

초기 단계에 결과가 좋으면(인지도가 올라가며 알려지고, 승객이 증가하면), 시 당국은 서비스를 늘린다. 그때 앨버트슨 씨Mr. Albertson가 전화해 "현 운행 경로에서 그리 멀리 떨어지지 않은 곳에 노인들이 사니 남쪽으로 단 한 블록 떨어진 가로로 운행해줄 수 없느냐"라고 묻는다. 이에 대해 시 당국자는 "네, 그렇게 하지요"라고 동의한다. 이곳은 현 경로에서 그리 멀리 떨어져 있지 않다. 그 뒤에 지역 서비스 단체가 전화로 "현 운행 경로에서 네 블록만 더 확장해 운행해서 대형 할인점까지 연결해달라"라고 요청한다. 그리고 시 당국은 "그러지요"라고 이를 승낙하지만, 모든 통행자를 그렇게 먼 곳까지 수송할 수 있을 정도로 충분한 차량을 갖고 있지 못하다(통행자의 3분의 1만을 그곳까지 수

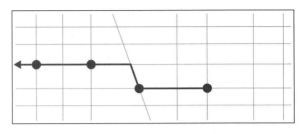

▲ 그림 8-10
시 당국은 하나의 대중교통 노선을 만들기 시작한다.
자료: Nelson\Nygaard.

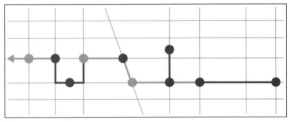

▲ 그림 8-11
오래지 않아, 노선이 이렇게 바뀐다.
자료: Nelson\Nygaard.

송할 수 있다). 그때 존스 부인Mrs. Jones이 전화해, "눈이 멀어 앞을 볼 수 없으므로, 그녀의 집까지 들러서 돌아 나와 준다면 더 쉽게 서비스를 이용할 수 있겠다"라고 한다. 시 당국은 "알겠습니다"라고 동의하지만, 그녀가 실제로 버스를 이용하려는 때는 아침과 오후 시간대뿐이다. 그런데도 오래지 않아 운행 경로는 그림 8-11처럼 바뀌게 된다.

그러므로 이 노선은 모든 사람에게 서비스를 제공하려고 하지만, 아무에게도 서비스를 제공하지 못하게 된다. 이 이야기는 말도 안 되는 것 같지만, 맥 빠지게도 현실에서는 일반적으로 일어나는 현상이다. 일반적으로 대중교통을 운영하는 기관들은 서비스를 변경해달라는 대중의 요청을 고려해야 한다. 그러나 변경에 대한 합리적인 근거를 가지고 그 요청을 반영해야 한다. 그렇지 않으면 운행 경로는 결과적으로 스파게티spaghetti 모양처럼 꾸불꾸불하게 꼬이게 된다.

버스 서비스가 대중교통수단으로 해결해야 할 과제는 여기에 있다. 운행 경로의 유연성은 축복인 동시에 저주이다. 서비스에 대한 요구 사항에 맞추어 쉽게 바꿀 수 있지만, 종종 너무 쉽게 바뀌는 경우가 있다. 특히 대중이 강하게 요구할 경우에는 그 방향으로 이끌릴 수 있다. 버스 서비스를 대중교통으로 설계할 때 다음과 같은 일련의 기준을 준수한다면, 경로가 운행 목적에 부합하는지, 또한 서비스 변경 요구에 대한 수락 여부에 합리적 근거가 있는지를 주기적으로 쉽게 점검할 수 있다.

품질, 효율, 효과를 극대화하는 대중교통 버스 시스템을 성공적으로 설계하기 위한 몇 가지 원칙이 있다.

- 운행 경로는 직선 형태가 되어야 한다. 만약 운행 경로가 현저한 편차deviation를 가지면,[16] 승객들은 다른 통행 방법이 있거나, 심지어는 이 서비스가 통행 시간이 더 짧더라도 이용하지 않을 것이다.

- 운행 경로의 변경을 최소화해야 한다. 서비스는 한 가지 패턴, 즉, 올 때inbound와 갈 때outbound를 하나의 조합으로 운영해야 한다. 어떤 경우에는 한 운행 경로에서 운행 서비스 패턴을 다르게 하는 경우도 있지만, 피치 못할 사정이 있는 경우에만 그렇게 해야 한다. 대안으로 서비스 노선의 분리(아마도 지선feeder 노선), 경로의 탄력적 운행, 또는 '다이얼어라이드' 등의 방법도 고려할 수 있다. 그러나 각 버스 노선은 하루 동안에는 반드시 동일한 경로로 운행해야 하며, 일주일 내내 운행하는 경우에도 가능한 동일한 경로로 운행해야 한다.

- 운행 경로는 대칭이어야 한다. 모든 지역에서 서비스를 이용하는 고객들이 해당 노선을 양방향에서 이용할 수 있게 해야 한다. 심지어는 양방향 동일하게 운행하는 경우에라도 환상형 경로loop를 설계하는 것은 피하라.

- 주요 행선지들을 운행 경로의 양쪽 끝에 두게 해야 한다. 양쪽 끝에 강력한 '정박지anchor'를 두면 운행 경로의 양방향 모두에서 탑승률을 제고할 수 있다. 그래야 양방향의 탑승률이 균형을 이룬다(역방향 통근을 생각하라).

- 운행 경로는 잘 알려진 시장에 연결되게 해야 한다. 운행 경로는 잘 알려진 시장에 연결되게 해야 하며, 여러 노선의 운행 경로들 간에 경쟁을 피하게 해야 한다. 여러 노선의 운행 경로가 특정한 행선지로 향하는 교통축을 따라 필연적으로 함께 운행해야 하는 것이 아닌 한, 동일 교통축에 서비스 유형(예: 통근 서비스)당 한 노선 이상을 운행하지 않게 하라.

- 서비스의 위계를 설정하라. 모든 노선은 동격이 아니다. 각 노선은 통근, 급행 또는 제한 정차, 마을버스 등 각기 지향하는 바와 목적이 다를 수 있다. 이들 노선은 운행 경로의 길이, 운행 간격, 주말 운행 여부, 정차 빈도, 정체성과 브랜드, 정류소, 편의 시설 등 여러 가지 면에서 각기 다를 수 있다. 각 노선의 운행 경로는 정해진 서비스 위계에 맞도록 명확히 조정되어야 한다.

---

16) 직선이 아닌 수요에 맞추어 꾸불꾸불한 형태를 가지는 경우를 가리킨다.

- 연결성을 극대화하고, 환승을 두려워하지 마라. 될 수 있으면 어디든 다른 대중교통 서비스와 연결하라. 탑승객들은 또 다른 수단을 선택해 옮겨 타기 전에 한 번 정도 갈아타는 것을 일반적이라고 받아들인다. 다른 노선과 겹치거나, 아주 근접해 운행되는 긴 경로로 구성된 노선들에 대해서는 간선trunk과 지선feeder의 형태로 운영하는 것으로 전환하는 것을 검토해야 한다. 대부분 승객은 그들 자신의 통행을 위해서 두 번 또는 그 이상 환승해야 한다면, 아마도 다른 교통수단을 찾으려 할 것이다.

- 최대한 환승하기 쉽게 하라. 환승 거리와 환승 경로의 명료성은 중요하다. 만약 갈아타기 위해 한두 블록 이상을 걸어야 하거나, 또는 명료한 '길 찾기 안내'가 없으면, 승객들은 환승할 때 소요되는 추가적인 시간의 낭비와 불편함 때문에 대중교통을 이용하지 않게 된다. 저밀도 환경에 적합한 대중교통 운행 시간표를 설계하기 위한 한 가지 옵션은 환승 센터에서 갈아타야 하는 버스들이 동시에 만나도록 시각을 맞추어주는 '펄스 시스템pulse system'을 적용하는 것이다. 그렇게 하면 환승 대기 시간을 줄이거나 없앨 수 있다. 이 시스템은 만약 어떤 한 노선이 환승하려는 시각에 정확하게 맞추지 못하면 어려움에 처하는 문제점이 있으나, 정상적 상태에서는 효과적인 방법이 될 수 있다.

- 언제든지 주요 대중교통 중심지로 가는 직행 서비스를 제공하라. 대부분의 대중교통 서비스는 도시 둘레의 몇몇 핵심적인 대중교통 중심지hub에 모여든다. 따라서 어떤 노선이든 운행 경로를 하나 또는 그 이상의 대중교통 중심지에 연결하면, 더욱 효과적이 될 것이다.

- 일정한 간격으로 운행하라. 버스가 일정한 간격으로 출발하도록 시간을 맞추어 두면, 승객들은 운행 시간표에 거의 의지하지 않고도 버스가 언제 정류장을 통과하는지 기억할 수 있다. 될 수 있으면 기억하기 쉽게 '시계 문자판clockface' 숫자에 맞추라(예를 들면, 10분, 15분, 20분, 30분 또는 60분 간격).

- 정류장들은 적절한 간격으로 배치하라. 일반적으로 고밀도 지역보다 저밀도 지역에 정류장을 적게 배치하고, 시내버스 노선보다 속도가 중요한 노선(예: 통근버스 노선, 간선 급행 버스 노선 등)이나 장거리 노선에도 적게 배치해야 한다. 지형적 특성과 특수 요구 집단special-needs population[17]을 고려해야 한다고 하더라도,

---

17) 대형 생산 단지 또는 인구 집객 시설 등의 대규모 승객을 가리킨다.

시내버스 노선의 정류장 간격은 적어도 800피트(약 240미터) 이상으로 하고, 4분의 1마일(약 400미터) 정도의 간격이면 더 좋다. 정류장 수가 적다는 것은 사람들이 승차할 수 있는 몇몇 정류장에 모인다는 것을 의미하며, 이곳에 정류소와 기타 편의 시설을 설치할 명분을 얻으므로, 이로 말미암아 전반적인 안전성을 개선할 수 있다.

- 운행 시간과 거리를 늘려 수입을 극대화하라. 차고지의 입출고 시간을 될 수 있는 한 줄이고, 교대 시간layover time도 최소화하도록 설계해야 한다.
- 적절한 회복 시간을 가지게 하라. 통상적으로 혼잡이나 기타 운행을 방해하는 이례적인 상황이 발생할 경우를 대비해, 운전자의 교대(또는 결원) 및 피로 회복을 위한 시간으로 실제 전체 운행 시간의 10~15퍼센트가 필요하다.
- 승객들이 품위를 갖출 수 있도록 그에 맞는 수준의 차량과 정류장을 사용하라. 시내를 운행하는 노선에는 저상 버스를, 장거리 통근 노선에는 푹신한 좌석을 갖춘 '장거리용 대형 버스over-the-road coach'를 투입하는 등 편안한 승차감을 제공할 수 있는 적절한 기술을 적용하라. 버스 정류장에서는 안락함을 제공해야 하고, 가능한 곳은 어디든지 정류소를 설치하라.
- 길 찾기 안내 시설과 정보를 통합하라. 명확한 '길 찾기 안내' 시설은 대중교통 시스템들 간의 통행을 연결해주며, 또한 주변의 매력적인 장소와 서비스를 안내해주므로, 이용자의 전반적인 편의를 강화하고 단순화할 수 있다.

도심지 또는 기타 고밀도 복합 용도 구역에 셔틀 서비스를 도입할 때 적용할 수 있는 추가적인 규칙은 다음과 같다.

- 여러 형태의 통행을 지원하라. 쇼핑하는 것만을 목적으로 하는 '구매자용 셔틀버스shopper shuttle'는 출근 목적, 쇼핑 목적, 여가 목적 등의 다양한 통행 형태를 지원하는 셔틀보다 생산성이 떨어진다.
- 자주, 그리고 신속하게 정차하라. 셔틀은 주요 행선지의 '현관까지 데려다주는 서비스front-door service'를 해주어야 한다. 또한 모든 문으로 승하차할 수 있는 저상 차량을 운행해 승하차 시간을 줄여야 한다.
- 요금은 무료로 하라. 요금을 무료로 하면 모든 문에서 승하차할 수 있고, 또한 적은 요금이라도 아깝게 생각하는 단거리 통행자들의 탑승을 유도할 수 있다.
- 서비스 시간은 길게, 자주 운행하라. 셔틀 운행은 20분 간격으로 시작할 수 있지만, 10분 간격으로 운행하는 것, 또는 피크 시간대에는 더 자주 운행하는 것을

단기적인 목표로 해야 한다. 자주 운행하면 이용자들은 운행 시간표를 볼 필요도 없이 언제든지 올라탈 수 있다. 저녁에 운행하는 셔틀 서비스는 되돌아가는 통행에 대한 걱정을 하지 않고 한 장소에서 저녁 식사나 여흥을 즐길 수 있게 해준다. 주말 운행도 주중과 마찬가지로 중요하다.

- 단지 셔틀만이 아니라 지역을 마케팅하라. 셔틀을 이용하는 것은 대중교통을 타거나 '한 번 주차parking once'를 위한 수단이며, 또한 그 지역에서 활용할 모든 활동 기회를 이용하기 위한 수단이다. 셔틀 서비스만 별도로 마케팅marketing 해서는 안 되며, 이를 더 큰 마케팅 전략의 한 요소로 활용하라.

- 차량의 승하차 공간을 크게 하라. 셔틀의 승객들은 주로 단거리 통행자들이다. 탑승객들이 모든 문을 통해서 쉽게 들어오고 나가게 해서 승하차 시간을 줄여야 한다.

- 안락한 입석 공간에 초점을 두라. 대부분 통행이 단거리를 이동하므로, 많은 탑승객은 의자에 거의 앉지 않고 서서 이동한다. 차량에는 좌석도 중요하지만, 승객들이 편리하고 안전하게 서서 이동할 수 있도록 손잡이용 끈이 설치된 편안한 입석 공간을 만들도록 신경을 써야 한다.

- 바깥이 잘 보이도록 창문을 크게 설치하라. 셔틀 탑승객들이 종종 매장이나 식당 등 자신이 내릴 장소를 눈으로 보아 쉽게 알 수 있게 해줄 필요가 있다. 매일 같은 정류장에서 하차하는 정기 탑승자가 아닌 부정기 탑승자가 많으므로, 그들이 가고자 하는 장소를 눈으로 직접 볼 수 있게 해주는 것이 중요하기 때문이다.

- 독특한 이미지를 나타내 보이게 하라. 탑승객들이 셔틀을 버스 노선의 하나로 생각하지 않게 하는 것이 중요하다. 외형이 독특한 차량은 정기적인 통근자나 가끔 이용하는 승객 모두에게 무엇인가 다른 서비스라는 이미지를 보여줄 수 있다(그림 8-12 참조). 차량은 모든 마케팅 재료의 한 요소로 포함되어야 하며, 또한 서비스의 이미지를 나타내는 한 부분이 되어야 한다. 심지어는 거의 자금을 투입하지 않고도 독특한 색깔이나 외관을 갖춘 차량을 만들 수 있고, 편의성을 증대할 수 있다. 그리고 시간이 지남에 따라, 이 독특한 차량 형태는 셔틀 서비스에 대한 독특한 이미지를 강하게 형성시킬 수 있다.

- 청정 연료를 사용하라. 오늘날의 환경에서 많은 대중교통 이용자는 그들이 대중교통을 이용하는 주요 이유를 '친환경being green'이라고 답한다. 셔틀 서비스가 성공하려면 차량은 청결해야 하고, 청결하다고 인식되어야 한다.

그림 8-12

콜로라도 주 잉글우드(Englewood)
의 셔틀, '아트(Art)'는 독특하게 브
랜드화되었다.

자료: Nelson\Nygaard.

3) 정류장 설계

다시 말하지만, 탑승객들은 기다리는 일에 소비하는 시간을 실제보다 몇 배 더 길게
느낀다. 이런 이유로 비록 운행 빈도가 높은 노선이라도 편의 시설은 중요하다. 하지
만 자본비용과 유지 보수 비용, 그리고 현장 여건 때문에, 현실적으로는 모든 정류장
에 모든 편의 시설을 공급할 수는 없다. 그 대신에 이용 정도를 기반으로 편의 시설을
우선 공급할 수 있다. 표 8-1은 클리블랜드 광역대중교통국Greater Cleveland Regional Transit
Authority이 개발한 정류장의 분류 체계이다.[4] 이 표를 보면 상대적으로 탑승자가 적은
정류장에는 노선 운행 경로 정보 표지판을 제공하고, 될 수 있으면 바닥 포장, 조명, 쓰
레기통 등을 설치한다. 이와 정반대로, 탑승자가 많은 주요 지역 정류장을 독특하게
디자인하고, 이곳에는 주변 지역 정보 및 실시간 운행 정보 등을 포함한 모든 편의 시
설을 설치한다.

　버스 정류장 설계 시에는 다음 원칙을 적용해야 한다.

- 서비스는 명확해야 한다. 최소한 모든 대중교통 정류장마다 가시성 높고 명확하
  게 읽을 수 있는 표지판을 설치할 필요가 있다(그림 8-13 참조). 버스 정류장 표지
  판의 크기는 적어도 12인치×18인치(약 30센티미터×45센티미터)로 하고, 지면에
  서 최소 6피트(약 1.8미터) 높이로 세운다. 표지판은 가로와 직각으로 배치해 양

표 8-1 클리블랜드 광역대중교통국의 버스 정류장 위계 및 편의 시설

	유형 1	유형 2	유형 3	유형 4	유형 5
	기본 정류장	중밀도 지역 지원	고밀도 지역 지원	지역사회 종점 정류장	지역 관문
노선 번호 표지판	✓	✓	✓	✓	✓
포장된 대기 바닥	✓*	✓	✓	✓	✓
조명 시설	*	✓	✓	✓	✓
쓰레기통	✓*	✓	✓	✓	✓
벤치		✓	✓	✓	✓
조경		✓	✓	✓	✓
자전거 거치대		✓	✓	✓	✓
정류소			✓	✓	✓
운행 시간 정보			✓	✓	✓
추가 의자			✓	✓	✓
실시간 운행 정보				✓	✓
공공 예술				✓	✓
대중교통 시스템 지도				✓	✓
주변 지역 정보				✓	✓
독특한 디자인 요소들					✓

* 가능한 장소에만 설치

그림 8-13
시카고 대중교통국 버스 정류장 표지판, 운행하는 노선들과 운행 시간이 표시되어 있다.
자료: Nelson\Nygaard.

쪽 방향에서 잘 보이게 하며, 또한 길 건너편에서도 잘 보이게 한다. 해당 정류장을 운행하는 각 대중교통 운영자를 모두 표지판에 나열해야 한다. 표지판 공간에 여유가 있으면, 정류장 식별 번호, 운행 노선 번호, 운행 요일 및 시간, 추가적인 정보를 제공하는 전화번호 등을 표시해야 한다.

- 정류장은 안전하고 깨끗해야 한다. 버스 정류장은 잘 유지 관리되고 밝아야 하며, 또한 승객을 위한 안전한 대기 공간을 제공해야 한다. 정류장은 인근 건물에서는 물론 가로에서도 잘 보여야 한다. 버스 정류장을 설계할 때 시선을 적절하게 확보해, 버스 운전자들이 정류장에서 대기 중인 승객들을 쉽게 발견하고 안전하게 정차할 수 있는 시간을 가질 수 있게 해야 한다.

- 정류장은 안락해야 한다. 대기 지역에는 승객들이 앉거나 서서 버스를 기다릴 수 있는 충분한 공간을 제공해야 한다. 이들 대기 지역은 교통류로부터, 그리고 보도에서 일어나는 기타 활동에서 보호받을 수 있는 피난처의 기능을 가져야 한다. 여러 외부 요소로부터 될 수 있는 한 폭넓게 보호받게 해야 한다. 완전한 정류소를 만들기 어려운 곳에는 인근 건물의 차양 또는 가로수로 기다리는 탑승자들을 덮을 수 있게 해주어야 한다.

- 정류장은 식별하기 쉬워야 한다. 대중교통 정류장으로서 가시성이 높아야 하며, 식별성도 좋아야 한다. 그리고 해당 버스 시스템의 브랜드에 대한 정체성을 드러낼 수 있어야 한다. 비록 같은 편의 시설의 요소들이 정류장마다 어느 정도 다르더라도 친밀하게 느껴지게 해야 한다.

- 정류장은 정보를 제공해야 한다. 처음 버스를 타는 사람이든, 또는 심지어 타본 경험이 있는 사람이든, 기다리는 그 자체는 모호하고 불안한 것이다. 예를 들면, '버스는 언제 오나?', '운행이 끝난 것은 아닐까?', '이 시간대에는 얼마나 자주 오는가?', '내가 올바른 장소에서 기다리는가?', '이 버스를 탈 수는 있을까?', '자전거를 싣고 갈 수 있을까?' 등의 의문이 생긴다. 운행 경로 정보를 표시한 표준 표지판, 시스템 정보(휠체어 및 자전거 관련 정보 등), 실시간 대기 시간 표시, 운행 시간표, 노선도 및 '시스템 지도' 등의 길 찾기 요소들을 제공해야 한다(그림 8-14 참조). 표지판 막대가 있는 곳이라면 어디든지 상대적으로 노선도를 부착하기 쉬운 원통형 기둥canister을 설치하고, 호텔과 주요 관광지를 포함한 시스템 지도가 그려진 판pannel은 어디든지 가능한 곳에 설치해야 한다.

- 정류장은 접근하기 좋아야 하며, 주변 지역과 통합되어야 한다. 정류장은 이동이 어려운 승객들

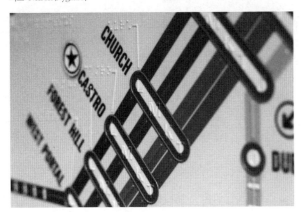

그림 8-14
샌프란시스코의 무니 메트로(Muni Metro)에 대한 시스템 지도는 시각 장애인들이 읽을 수 있는 점자 정보를 포함하고 있다.
자료: Nelson\Nygaard.

그림 8-15
버스 정류장은 예술성을 지닌
공공 편의 시설로 변형할 수 있
다. 필라델피아의 펜실베이니
아남동교통국(Southeastern
Pennsylvania Transportation
Authority: SEPTA) 정류소.
자료: Nelson\Nygaard.

이 접근하기 쉬워야 하고, 가로의 양쪽 편 보도와 가능한 모든 신호 횡단보도로
구성된 직접적이고 완전한 보행자 통로를 통해서 근린 주거지역으로부터 정류
장까지 막힘없이 연결되게 해야 한다. 자전거 거치대도 설치해야 한다. 정류장
은 상점, 사무실 등을 포함한 '활동 지역area of activity' 가까이에 위치해야 한다.

주요 정류장에는 다음과 같은 추가적인 편의 시설들이 요구된다. 이런 종류의 편
의 시설은 철도역과 일부 간선 급행 버스 정류장에서는 전형적인 것들이다.

- 냉난방시설
- 공공 예술(그림 8-15 참조)
- 신문 판매대와 지역사회 안내 '키오스크kiosk'
- 정류장 위치를 표시한 표지판(건널목이나 인근의 랜드마크landmark를 기준으로)
- 근처 주요 목적지로 가는 길을 표시하는 길 찾기 안내판
- 인근 지역의 지도
- 자전거 보관함

4) 승객을 위한 정보

사람들에게 왜 대중교통을 자주 이용하지 않는지 이유를 물어보면, 가장 공통적인 대

답은 단순히 그 지역의 대중교통 시스템을 이용하는 방법을 잘 모른다는 것이다. 심지어는 대중교통 노선에 대해서 잘 아는, 많은 정기 이용자까지도 대중교통을 이용해 다른 어떤 장소에 가는 것이 불편할지도 모른다.

대중교통을 이용하는 것은 자기 승용차를 운전해서 가는 것처럼(특별히 미국에서 어디를 가든, 똑같은 표지판들이 늘어선 도로를 따라 운전만 하면 되는 것처럼) 단순하거나 명료하지 않다. 따라서 대중교통을 이용하기 위해서는 일종의 '학습 과정learning curve'이 요구되는데, 이 과정은 사람들을 겁먹게 하고, 좌절하게 만들며, 또한 당황하게 만든다.

가독성legibility이란 대중교통 서비스를 어떻게 이용하는지에 대한 정보가 알아보기 쉽고, 명확하게 이해할 수 있도록, 얼마나 단순하고 정확하게 설명하는지를 나타내는 단어이다. 대중교통을 운영하는 일부 기관은 자신들의 서비스에 대한 정보를 명료하고 쉽게 이해할 수 있도록 제공하지만, 대부분의 경우에는 그렇지 못하다. 종종 각종 정보물은 디자인이나 용도를 고려하지 않고, 순수하게 실용적인 목적만을 위해 만들어진다. 특히 서비스 자원들이 넓게 퍼져 있을 때에는 많은 대중교통 운영 기관은 버스의 운행이라는 단순한 목적에 집중하는 것을 택한다. 사실 대중교통 시스템은 고객들에게 서비스를 제공하는 것이므로, 양질의 서비스 정보를 제공하는 것은 대중교통 운영 기관들의 핵심적인 임무이며 당연히 그렇게 해야 한다.

다음은 대중교통 시스템을 효과적으로 이해시킬 수 있는 최선의 방법이다.

길 찾기 안내

대중교통 시스템이 어디로 가는지가 명확할 때 이해하기 쉽다. 노면 철도surface rail, 일부 간선 급행 버스, 무궤도 전기 버스 노선들은 길 찾기 안내에 유리하다. 승객들이 선로track, 대중교통 통행로transitway(선로가 명확히 구분된 경우), 공중선 등이 어디로 가는지를 볼 수 있기 때문이다. 지하철과 대부분의 버스 노선은 시각적인 면에서 이와 같은 유리한 점이 없으며, 이는 승객들에게는 또 다른 불확실적 요소가 될 수 있다.

하지만 이해하기 쉬운 표지판, 지도, 심지어 차량은 승객을 유도하는 안내 기능을 담당하며, 처음 이용하는 사람들에게는 안정감을 줄 수 있다. 로스앤젤레스에서 메트로Merto 버스들은 서비스 유형(예를 들면 간선 버스, 제한 정차 버스, 시내버스, 급행 버스 등)에 따라서 각기 다른 색깔을 택한다. 모든 기호와 인쇄물은 그래픽 디자인 기준을 준수해야 하고, 표지판들은 역의 주요 '갈림길decision point'마다 올바른 높이와 각도에 맞추어 적절히 배치되어야 한다.

비록 이 책은 대중교통의 길 찾기에 관한 자세한 사항은 깊게 다루지 않지만, 길 찾기의 중요성은 아무리 강조해도 지나치지 않다. 가장 좋은 실제 사례들은 런던교통국Transport for London: TfL에서 만든 표지판, 지도, 기타 자료에서 찾아볼 수 있다. 또한 이들은 온라인(www.tfl.gov.uk)에서도 볼 수 있다.

지도

대중교통 시스템 지도는 다음의 내용들을 보여주어야 한다.

- 가능한 곳마다, 구분된 별개의 선으로 운행 경로들을 보여주어라.
- 운행 빈도frequency와 운행 시간span에 관한 정보를 선의 색깔, 두께, 또는 점선을 이용해 표시하라. 대부분의 대중교통 지도는 이렇게 하지는 않으며, 이는 마치 일반 도로 지도에서 주 가로와 보조 가로를 구분하지 않는 것과 유사하다(최악의 경우에는 고속도로와 근린 주거지역의 가로를 구분하지 않는다).
- 정류장 간격이 넓은 경로에는 정류장들의 위치를 보여주어라.
- 될 수 있으면 운행 시간표를 제공하라.
- 하루 중 시간대에 따라 변하는 서비스와 같은 세부 사항을 그림으로 표시하고, 많은 글자를 사용하는 것을 피하도록 노력하라. 글자가 많으면 지도가 복잡해지고, 또한 영어에 능숙하지 않은 사람들은 이해하기 어려울 수도 있다.
- 될 수 있으면 근린 주거지역의 쇼핑지구 등 지역의 '랜드마크(주요 지형지물)'를 표시하라.
- 서비스 지역 내에서 다른 대중교통 운영 기관이 제공하는 주요 서비스들과 이들 서비스의 연계 방법을 보여주어라. 더 추가할 수 있다면, 공유 자전거 대여 장소와 카셰어링 지원 센터와 같은 다른 지속 가능한 교통수단에 관한 정보도 제공하라.
- 지도가 너무 복잡해지지 않는다면, 가능한 범위 내에서 해당 시스템뿐 아니라 전체 서비스 지역을 포괄하는 안내 지도를 만들어라. 가는 선 또는 희미한 선으로라도 가로망을 표시해주는 것은 보행 연결을 어떻게 할 것인지를 이해하는 데 도움을 줄 수 있다.

많은 철도와 일부 버스 시스템은 운행 경로, 정류장, 주요 대중교통 연결 지점 외의 요소들에 관한 많은 정보를 포함하지 않는 단순한 다이어그램diagram(도표) 또는 개

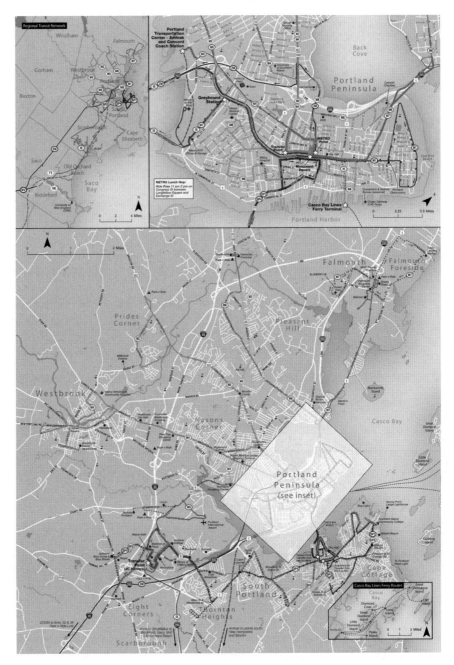

그림 8-16

메인(Maine) 주 포틀랜드 지역의 대중교통지도는 정류장과 기타 중요한 세부 사항들이 표시되어 있다.

자료: Nelson\Nygaard, Portland Area Comprehensive Transportation System(PACTS) Transit committee, Greater Portland Council of Governments, Federal Transit Administration.

략적으로 도식화한 시스템 지도를 사용한다. 시스템이 특별히 복잡한 일부 경우에는 이런 방법이 적절하며 바람직할 것이다. 하지만 단순한 철도 시스템 또는 심지어 상대적으로 큰 규모의 버스 시스템의 경우에는 일반적으로 보았을 때 지리학적으로 정밀한 지도가 더 적합하다. 이러한 지도가 지상 대중교통을 이용하는 사람들이 길을 찾는 데 중요한 도움(예: 랜드마크 및 가로)이 되기 때문이다. 이 모든 경우에서 정보가 너무 많거나, 너무 적지 않게 적절한 균형을 유지해야 한다.

운행 경로 지도(또는 노선도)는 주요 정류장(많지 않을 때에는 모든 정류장), 다른 대중교통과의 연결점, 경로 주변의 주요 행선지 등을 표시한 다이어그램일 수도 있다. 일부 대중교통 운영 기관에서는 시스템 지도와 운행 경로 지도 외에도 자주 운행하는 노선만을 표시한 '고빈도-서비스 지도frequent-service map'와 같은 보충적인 지도들을 추가로 제공하기 시작했다. 이들 지도는 시스템을 거의 이용해보지 못한 승객들에게는 이를 명확히 이해할 수 있게 해주며, 이용해본 승객들에게는 추가로 자발적인 통행을 유도할 수 있다(그림 8-16 참조).

대중교통 지도를 제작해 공급하는 방법은 점진적으로 새로운 매체media를 이용하는 것으로 바뀌고 있다. 대중교통 운영 기관에서는 주로 인쇄할 수 있는 지도(종종 웹사이트website에서는 쉽게 내려받을 수 있는 GIF 또는 JPG 파일이 아니라 단지 PDF 파일로만 제공한다)를 공급한다. 그리고 일부 경우에는 영리나 자원봉사를 목적으로 이동 전화기mobile phone [18]의 애플리케이션application을 개발하는 개인뿐 아니라 '구글 트랜싯Google Transit'과 같은 민간 기업을 포함한 제3의 기관에서 만든 지도로 대체하고 있다. 비록 대중교통 운영 기관들은 관련 자료들이 자신의 통제에서 벗어나는 것을 두려워하기는 하지만(그리고 얼마 전에는 이에 대해 방어적으로 대응하려 했었다), 이들 대중교통 운영 기관 대부분은 경로, 운행 시간표, 실시간 도착 정보 등을 인터넷 개발자에게 제공하는 것이 자신들과 고객들이 적은 비용으로 더 큰 가치를 얻을 수 있게 함을 깨닫기 시작했다. 또한 '온라인 지도online map'는 상대적으로 갱신하기 쉽다는 장점도 가진다.

새로운 매체와 실시간 정보

최근 들어 웹사이트와 이동 전화기의 앱처럼 좀 더 새로운 매체들이 대중교통 정보를 배포하는 과정을 아주 단순화하는 수단이 되고 있다.

---

18) 스마트폰(smart phone)을 의미한다.

승객들을 유인하는 가장 큰 전략은 실시간 도착 정보(예: "1번 노선 5분 후 도착")를 제공하는 것이다. 이러한 실시간 정보를 배포하는 비용은 경제적으로 어려운 승객들에게조차도 보편화된 이동 전화기의 출현으로 말미암아 대폭적으로 감소했다.

불행하게도 미국에서는 매우 드문 경우이기는 하지만, 대중교통 차량이 운행 시간표대로 일관성 있게 운행되는 곳에서조차도, 대기 시간에 대한 실시간 정보는 고객의 안전과 만족을 크게 증가시킬 수 있었다. 사실상 이는 결과적으로 새로운 통행자들을 대중교통으로 끌어들이는 것을 막는 중요한 장벽 중 하나를 제거한 것이었다. 이런 정보는 이동통신 장치 사용자뿐 아니라, 정류장과 역에 있는 컴퓨터 화면을 통해서도 얻을 수 있게 해야 한다.

대중교통 정보를 제공하기 위해서 사용할 수 있는 새로운 매체들은 다음과 같은 것이 있다.

- 운영 기관의 웹사이트: 이는 우수한 사용자-인터페이스user-interface 설계 기준을 잘 준수해야 하고(시각적으로, 구조적으로 단순하게), 또한 자신들의 홈페이지에 '서비스 경보service alert'와 '통행 계획 작성기trip planner'(대중교통 운영 기관이 자체적으로 개발한 통행 계획표 작성 도구들은 점차 외부에서 전문적으로 만든 것으로 대체되고 있다) 등이 잘 드러나게 표현해야 한다. 아직까지는 많은 기관의 웹사이트가 고객보다는 직원들의 관심을 끄는 '뉴스news'에 가치를 두는 홈페이지에 집중하고 있다.
- 합작 웹사이트: 베이 지역의 '511.org'와 같은 웹사이트는 지역 내 모든 대중교통 운영 회사들 간의 '정보교환 센터clearinghouse' 기능을 한다.
- 제3의 기관 웹사이트: 구글 트랜싯처럼 제3의 기관이 웹사이트를 통해 지도와 운행 시간표를 제공한다.
- 모바일 앱: 주로 제3의 기관이 스마트폰 애플리케이션을 개발한다.
- 문자메시지 서비스: 자발적으로 가입한 신청자들에게 운행 서비스 변경에 대한 정보를 '푸시push' 서비스로 일방적으로 보내준다.
- 소셜 네트워킹 웹사이트: 페이스북facebook, 트위터twitter 등은 모두 유용한 정보를 제공할 수 있으며, 대중교통 서비스를 더 친근하고 접근하기 쉬운 것으로 느끼게 하는 역할을 한다.
- 쌍방향 키오스크: 주요 정류장과 역에 있는 키오스크를 통해 쌍방향 통신을 할 수 있다 .

다음은 새로운 매체를 이용할 때 대중교통을 장려하기 위해서 염두에 두어야 하는 것들이다.

- **일관성**: 다른 브랜딩branding 전략 요소들과 마찬가지로, 새로운 매체를 통해 제공되는 정보는 될 수 있는 한 통일성 있게 디자인해야 한다. 또한 내용과 어조의 일관성도 중요하다.

- **질적 관리**: 제3의 외부 정보 업체의 등장은 은총이자 저주이기도 하다. 비록 대중교통 운영 기관들은 제3의 기관에 정보를 공개하는 것을 꺼려서는 안 되지만, 이들 정보가 정확하게 제공되도록, 그리고 기관의 기준에 맞게 활용되도록 관리해야 한다.

- **부가가치**: 새로운 매체가 존재한다는 것은 그것을 꼭 활용해야만 한다거나, 그것에 많은 자원을 투입해야 한다는 것을 의미하지 않는다. 비록 대중교통 운영 기관들이 유망한 신기술을 빨리 도입하는 것을 겁내지 말아야 하지만, 이들은 '장기적 잠재 가치potential long-term value'를 따져보아야 하며, 비록 우리의 사회가 점진적으로 디지털화하는 시대에 들어왔다고 해도, 여전히 많은 승객과 잠재적 이용자는 기존 인쇄물이나 방송 정보를 선호한다는 점을 명심해야 한다.

5) 대중교통 우선 전략

대중교통 우선이란 토지이용 및 교통에 대한 의사 결정 시 승용차보다 대중교통(나아가 대중교통수단에 접근하는 수단으로서 자전거와 보행을 포함한다)을 선호하도록 관련 정책을 독려하거나 유도하는, 종합적이고 잘 조율된 일련의 전략들을 추구하는 것을 의미한다. 대중교통 우선 정책에는 정책적 발의(규제, 조례, 법률 등), 금융적 혜택, 설계지침, 설비 개량 등을 포함한다. 대중교통 우선 토지이용은 상대적으로 고밀도, 복합용도, 대중교통 중심, 보행 중심으로 개발하는 것이다.

대중교통 우선 계획의 장점

기존의 개발 패턴과 도시계획 정책은 대중교통을 강하게 억제하고, 자동차를 선호하게 하는 경향을 보였다. 기업과 고용주들은 종종 무료 주차를 제공하며, 교통 관련 기금은 1차적으로 도로에 집중 투입되고, 가로들은 자동차 교통류를 빠르게 처리하도록 설계된다. 그리고 지역지구제는 토지이용의 용도를 엄격히 분류하고, 상대적으로 저밀도를 유지하게 하며, 지나치게 많은 양의 주차장을 설치하도록 강요한다. 2009년의 전국가구통행실태조사National Household Travel Survey에 따르면, 미국에서는 전체 통행의 1.9퍼센트만 대중교통을 이용할 정도로 여전히 대중교통 이용률이 매우 낮은 것은 놀랄 만한 일이 아니다.[5] 대중교통 우선 정책은 자동차에 대한 의존성을 파괴하고, '압축개발compact development'을 촉진하며, 대중교통, 자전거, 보행을 다시 도입하는 데 도움이 될 수 있다.

대중교통 우선 교통 체계의 특징

교통 체계를 대중교통 우선으로 바꾸기 위한 설계는 일반 도로와 고속도로에서 대중교통과 비동력 교통수단에 통행 우선권을 부여하기 위한 물리적인 형태를 택하는 것이라 할 수 있다. 자동차 교통의 처리량throughput과 대중교통의 신뢰성이나 속도 사이의 갈등이 불가피할 경우, 대중교통에 통행의 우선권을 부여하는 대중교통 우선 계획이 필요하다. 이는 단순한 교통수단에 대한 편향bias이 아니다. 대중교통 우선은 자동차 이동성보다 사람 수송량에 우선권을 줄 수 있는 효과적인 수단이다. 대중교통 우선을 위해 취할 수 있는 몇몇 교통 체계의 개선 방법들은 다음과 같다.

- 자동차 차로보다 대중교통로
- 주차장 대신에 '백열전구형 확장' 연석, 또한 일반 차로에 버스 정차 허용
- 대중교통 우선 신호등
- 보행자와 자전거 이용자들을 위한 '완전 가로complete street' 설계
- 기반 시설 기금의 일정 비율을 대중교통과 비동력 교통수단에 투입하는 정책
- 교통 수요관리 전략

4. 성취도 측정

끝으로, 단지 효과적인 서비스를 설계하는 것만으로는 충분하지 않으며, 지속적으로 서비스를 추적 관찰monitor하고, 재정비해야 한다.

계획가들은 종종 대중교통의 성과를 탑승률로 측정하는 경우가 많다. 그러나 대중교통의 수단분담률이 증가하는지, 운영비가 이용 승객 수보다 더 빠르게 늘어나지는 않는지, 승객 편의성 등과 같이 측정이 어려운 질적 요소는 개선되는지, 대중교통

이 전체 지역사회의 경제적 발전, 삶의 질, 사회적 형평성, 생태적 지속 가능성 등의 목표를 달성하는 데 어느 정도 도움이 되는지 등과 같은 추가적인 질문이 필요하다.

대중교통의 성과를 평가하는 데 효과적인 도구들은 다음과 같은 것들이 있다.

- 성능 측정 시스템을 개발하라. 정기적인 성능 측정은 비교적 단순할 수 있다. 그러나 서비스 전반과 지역사회의 기타 목표들에 대한 평가를 담아내기에 충분히 포괄적인 것이 되어야 한다. 먼저 다음과 같은 측정 항목들을 고려하라.
  - 생산성, 시간 단위 또는 다른 단위를 기준으로 단위당 승객 수로 표현
  - 비용-효과 측정치 cost-effectiveness measure , 통행당 보조금 등
  - 속도(예를 들면 규정된 제한속도 대비 정차를 포함한 평균 속도의 비율)
  - 운행 빈도와 시간
  - 안전성(예를 들면 운행 거리당 사고 수)
  - 대중교통의 수단분담
  - 총 차량 운행 거리 VMT
  - 고객 만족도, 실제 승객이 경험한 신뢰성 자료를 바탕으로 이를 가중 평균해 산출한 운행 정시성과 '이용의 비독립성(즉, 대중교통 차량이 만차로 도착하면, 기다리는 승객은 차량을 탈 수 없으므로 다음 차량을 기다려야 한다. 이는 결과적으로 차량이 운행 시간에 맞추지 못하는 것과 같다)'을 포함
  - 경제적 편익
  - 거주 적합성, 보행자와 자전거 간의 상충을 포함
  - 환경적 영향, 대기 질과 소음 공해 등
- 경로별로 성과를 측정하라. 일부 대중교통 운영 기관은 성능 기준(최저 한계치 또는 최저 '5분위 수quintile')에 미달된 노선들에 대해 매년 또는 정해진 기간마다 성능 검사를 수행해야 한다.
- 형평성과 환경 정의에 관한 쟁점들을 고려하라. 미국에서는 연방 정부의 지원을 받는 대중교통 운영 기관이라면 반드시 '환경 정의 environmental justice '[19]를 고려한

---

19) "환경 오염과 파괴에 따른 피해는 보통 사회적·경제적·정치적 약자에 귀착되는 경향이 있다. 때문에 이들 권리가 잘 보장되지 않는 사회나 시대에 환경이 더욱더 오염되고 파괴되는 경향이 있다. …… 이 같은 정의롭지 못했던 시대의 관행에서 벗어나 환경을 보호하고 개선하여 사회적 약자를 보호하고 미래세대의 안녕을 도모하는 환경정의를 추구해야 한다"(정희성, "환경 정의에 눈 뜨자", ≪한겨레≫, 1996년 7월 29일 자, 5면).

인구 약 10만의 중밀도 도시인 볼더 시의 대중교통 승객 수는 1990년대 초에는 하루당 2만 명에 미치지 못했다. 그러나 2009년에는 거의 3만 5000명에 육박할 정도로 최근 몇 년간 급격히 증가했다.[6] 볼더 시 당국은 다음 몇 가지 전략을 적용했다. 즉, ① 주차장 수입금에서 기금을 조성해 도심에 근무하는 모든 근로자에게 무료 통합 대중교통 승차권을 제공하는 도심 교통 수요관리 프로그램 시행, ② 대중교통 승차권 프로그램에 동참하는 지역 주민들에게 25~30퍼센트의 영구 보조금(초기 연도에는 50퍼센트) 지급, ③ 지역의 대중교통 운영 기관인 RTD(Regional Transportation District)가 제공하는 기초 서비스를 기반으로 하는 지역사회 대중교통망(Community Transit Network: CTN) 건설 등의 전략이다. 지역사회 대중교통망은 주로 RTD에서 운영하는 7개의 지역 노선으로 구성되었지만, 이 노선들은 시 당국의 보조를 받으므로, 모든 운행 경로가 운행 간격을 10분 이하로 해서 운행한다. 운행 경로들은 단순하고 직선형이며, 각 노선은 각각의 독특한 브랜드를 지닌다. 예를 들면 '홉(Hop)', '스킵(Skip)', '점프(Jump)' 등 각양각색의 이름이 있고, 각 노선마다 지역 규모에 맞는 컷어웨이(cutaway: 내부가 들여다보이는 차량)를 독특한 색깔로 브랜드화하고, 차량 내부에서는 음악이 흘러나오게 했다. 마지막으로, 지속적인 마케팅 캠페인뿐 아니라, 정류소와 같은 시설을 개선하기 위한 기금을 마련하고자 지역 판매세를 징수한다.

'Title VI' 요건을 서비스 운영의 한 부분으로 채택해야만 한다. 대중교통 측면에서 불리한 지역사회에서는 대중교통 서비스의 공급 수준에 대비한 인구통계학적 수치들이 서비스에 대한 형평성을 판단하는 유용한 도구가 될 수 있다.

- 설문 조사를 시행하라. 운행 정시성('무대기 빈도walk-up frequency'로 빈번하게 운행하는 노선에 대해서는, 운행 시간표 준수보다 운행 간격을 추가적으로 측정해야 한다)처럼 차량 감지기에서 수집한 자료를 이용해서 산출할 수 있는 고객 만족도를 측정하는 것과 더불어, 이용 승객과 잠재적 탑승객들을 대상으로 정기적인 설문 조사를 시행해야 한다. 이 조사는 버스 안에서, 온라인으로, 회신용 우편으로, 또는 직접 대면의 형태로 진행할 수 있다.

- 모범 운영 사례와 비교하라. 비슷한 규모와 형태를 가진 도시에서 제공되는 서비스들과 비교하라. 동경의 대상이 되는 모델 도시뿐 아니라, 비슷한 상황의 도시들의 모범 사례를 자세히 살펴보라.

5. 대중교통계획을 위한 참고 자료

우수한 대중교통계획에 관한 수많은 자료가 인터넷에서 무료로 제공된다. 예를 들면 다음과 같다.

- 대중교통협동연구프로그램의 보고서와 종합 자료: 대중교통협동연구프로그램에서는 교통계획가, 대중교통 운영자 또는 다른 사람들에게 흥미를 끌 수 있는 광범위한 대중교통 관련 주제에 대한 실용 연구 보고서를 발행한다. 대부분의 연구 자료는 http://www.tcrponline.org에서 무료로 내려받을 수 있다.
- 국립대중교통연구센터 National Center for Transit Research: NCTR: 국립대중교통연구센터는 다양한 대중교통계획과 설계에 관련된 연구 조사를 시행하고, 그 결과를 온라인(http://www.nctr.usf.edu)에 무료로 제공한다.
- 대중교통에 관련된 정보 인쇄물의 설계, 「대중교통 서비스 공급자를 위한 가이드북 A Guidebook for Transit Service Providers」: 국립대중교통연구센터의 수석 연구원인 앨러스데어 케인 Alasdair Cain이 제작한 것으로, 대중교통 지도와 운행 시간표, 기타 인쇄물 등의 설계에 관한 지침을 담은 안내 책자이다. 이 자료는 온라인(http://www.nctr.usf.edu/abstracts/abs77710.htm)에서 볼 수 있으며, 기타 관련 연구 자료는 국립대중교통연구센터 웹사이트에서 볼 수 있다.
- 미국대중교통협회: 미국대중교통협회의 웹사이트(http://www.apta.com) 및 기타 출판물들에는 대중교통계획가에게 필요한 정보와 실용적 가치가 있는 뉴스들이 풍부하게 포함되어 있다.
- 교통및개발정책연구소 Institute for Transportation and Development Policy: ITDP의 「간선 급행 버스 계획 지침 Bus Rapid Transit Planning Guide」: 이 지침서는 2007년에 교통및개발정책연구소가 출간한 것으로, 간선 급행 버스 시스템을 성공시키기 위한 구성 요소 ingredient에 대한 상세하고 실제적인 검사 방법을 제공한다. 관련 자료는 교통및개발정책연구소 웹사이트(http://www.itdp.org)에서 무료로 내려받을 수 있다.

제9장

자동차

Motor Vehicles

1. 개요

불, 바퀴, 농경 기술이 발견된 약 7000년 이전부터 지금까지, 도시 형성과 더불어 자동차auto-mobile 처럼 대중의 상상력을 사로잡은 인간의 발명품은 없었다. 여기에는 자동차가 우리가 원하기만 하면, 날씨와 관계없이 사시사철 언제 어느 때든 이동할 수 있게 해준다는 실용적 이점이 있기 때문이다. 우리는 자동차를 이용해 꽤 먼 거리를 빠르게, 편하게, 매우 안전하게 이동할 수 있다. 말안장에 올라타고 이동하는 것, 한정된 운행 시각에 맞추어 기차에 올라 낯선 사람들과 함께 어색한 분위기로 이동하는 것과 같은 이전의 교통수단에 비하면, 개인 자동차는 통행자들에게 편리성, 안락성, 융통성 등 많은 이점을 제공한다.

그러나 이러한 자동차의 실용성보다 자동차가 우리에게 미치는 더 큰 영향은 우리의 감정을 형성하는 능력이다. 운전대를 잡고 앉아 있으면 마치 단단한 갑옷을 입은 것 같은 느낌을 받는다. 자동차는 단순히 우리가 이용하는 도구가 아니라 우리 자신의 확장이다. 자동차는 단순한 보호용 갑옷이 아니라, 권력과 매력을 나타내는 수단이다. 우리에게 자동차는 마치 다른 사람들에게 자신을 나타내기 위해 입는 양복과도 같다. 우리는 가난하다고 해도, 자동차를 타고 있으면 부유해진 것처럼 느낀다. 우리가 절망에 빠져 있을 때, 그럴듯하게 외부를 장식한 자동차에 올라 적절한 스테레오 음악에 채널을 맞추고, 적당히 꾸불꾸불한 고속도로 위를 달리면, 우리는 마치 나만의 우주 중심에 앉아 있는 황홀한 느낌을 얻을 수 있다.

도시계획 교과서에서 도시가 형성되는 과정을 다룰 때, 엘리사 오티스Elisha Otis 의 엘리베이터 발명, 토머스 에디슨Thomas Edison 의 전구 발명, 윌리스 캐리어Willis Carrier 의 전기 에어컨 발명 등을 강조할지도 모른다. 그러나 비록 그 이용 범위에 따라 차이는 있으나, 자동차가 지난 60년간 대부분 도시의 형태를 형성하는 지배적인 요인이 되어온 것은 자동차가 지닌 전반적인 매력 때문이었다. 실제로 그림 9-1과 그림 9-2에서 보는 바와 같이, 대부분의 도시는 사람들의 거주지보다 자동차를 위해 더 많은 토지를 할애한다.

많은 지식인은 그동안 미국인들의 자동차 '중독addiction' 문제에 대한 정책이 마약 중독자들을 위해 주사 바늘을 교환해주는 프로그램과 매우 흡사하게 현상 유지 또는 미미한 손상 감소를 위한 정책의 변경 등으로 대처해왔음을 개탄해왔다. 사실 많은 사람은 자신의 자동차에 대해 감정적 애착을 느낀다. 우리 대부분은 자신의 자동차를 단

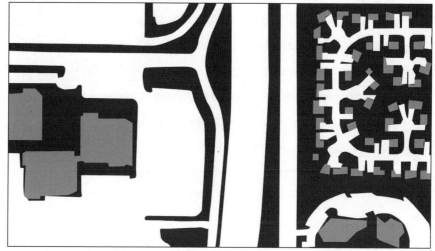

그림 9-1, 그림 9-2
캘리포니아 주 샌러몬(San Ramon)
의 전통적인 자동차-중심적 교외 지
역의 모습.
자료: Google Earth/Nelson\
Nygaard.

순한 이동수단으로만 보는 것이 아니라, 약간의 죄의식을 느끼면서도 성공적인 결혼
생활을 파탄에 이르게 할 수 있는 아름다운 내연녀를 대하는 것처럼 비합리적으로 행
동한다.

사실 70년 전부터 자동차 제조 회사들은 교외 거주자들이 크고 값비싼 SUV를 구
입해서, 이것을 타고 지겹고 따분한 일상에서 벗어나 모험을 즐기도록 그들을 길들일
수 있다고 확신했다. 1934년에 ≪새터데이 이브닝 포스트The Saturday Evening Post≫는 새
롭게 출시된 조던 플레이보이Jordan Playboy를 대대적으로 홍보했다(그 뒤인 1984년에 닛
산Nissan은 이 차의 이름을 여성 이름인 실비아Silvia에서 '200SX'로 새롭게 명명했는데, 이후 SX

는 몇몇 스포츠 차량의 표준 약칭이 되었다). 이때 사용한 다음과 같은 광고 문구는 자동차 홍보를 위한 새로운 표준으로 자리 잡았다.[1]

래라미Laramie 의 서쪽 어딘가에는, 내가 말하고자 하는 것을 잘 아는, 야생마를 길들이는 소녀가 있다.

그녀는 말할 수 있다. 번쩍이는 불빛과 그 불빛들 사이에서 1100파운드의 철재로 만들어진 멋진 조랑말 한 마리가 무엇을 하는지를, 그리고 이 조랑말이 앞으로 나아갈 때 얼마나 자유롭고 멋지게 활동하는지를.

진실로, 이 플레이보이는 그녀를 위해 만들어졌다.

한낮의 태양 아래서 신나게 즐기고, 뛰놀며, 경주하는 그을린 갈색의 아름다운 얼굴의 아름다운 아가씨를 위해 만들어졌다.

그녀는 야생 그대로인 것과 길들여진 것이 엮인 것을 좋아한다.

거기에는 옛사랑을 생각나게 하는 웃음소리와 아름다운 목소리와 불빛을 내는 자동차가 있고, 이 자동차에 안장과 채찍을 연결하는 느낌이 있다. 그것은 갈색의 물체이다. 그러나 거리를 휩쓸고 다니는 우아한 모습을 지니고 있다.

기진맥진하거나 나른해져 따분해졌을 때 플레이보이에 올라타라.

그리고는 말에 올라타고 기대어 이리저리 돌아다니는 아가씨의 마음으로 진정한 삶이 있는 땅을 향해 떠나라. 와이오밍Wyoming 황혼의 붉은 지평선을 향해.

많은 사람이 비디오게임, 애완동물, 박제 동물, 험멜Hummel 접시의 수집, 지역 프로스포츠 팀 등에 정서적으로 강하게 밀착되어 있다. 그러나 이러한 취미에 빠져 있다고 해서 이들이 자동차 운전처럼 매년 4만 명의 미국인을 죽이지는 않는다. 자동차 사망의 대부분은 마치 우리의 제어 범위를 벗어나 어쩔 수 없는, 이른바 '사고accident'에 의한 것이며, 거의 뉴스거리조차 되지 않는다. 반면 큰 관심을 모았던 뉴스거리는 약 3000명의 무고한 시민들이 사망한 2001년의 9·11테러, 62명이 사망한 1989년 샌프란시스코의 로마프리타Loma Prieta 지진, 허리케인 카트리나Katrina 의 영향으로 주민 2000여 명이 사망한 뉴올리언스New Orleans 지역의 홍수 사건이었다. 그런데 우리는 왜 이렇게 많은 사람이 자동차 사고로 사망한 것에 대해서는 관대한 것인가? 자동차 운전과 다른 활동과의 차이점은 무엇인가?

거기에는 두 가지 중요한 이유가 있다.

첫째, 우리는 "자유가 아니면 죽음을 달라"라는 말로 개인적 자유와 이동의 자유를 동일시하기 때문이다(불행하게도 많은 운전자는 스스로 이 자유를 취했다고 생각했을 때 결국 죽음을 맞이했다). 담배 회사의 거짓을 폭로해 담배를 멋있는 것에서 더러운 것으로 인식하게 만들고자 하는 금연 운동과 같은 캠페인에서 배울 수 있는 것을 제외하면, 이러한 착각에 대해 공공 정책 측면에서 우리가 할 수 있는 것은 별로 없다.

- 교훈 1: 절대로 자동차 운전자들이 나쁜 사람들이라고 말해서는 안 된다. 오히려 자동차 운전자들은 부동산 업체와 자동차 업체들에 속아 자신들의 필요를 충족하지도 못하는 자동차-중심적 생활 방식을 택하게 된 선량한 사람들이다.
- 교훈 2: 너무 극단적으로 생각하지 말아야 한다. 다른 사람들에게 피해를 주지 않는 장소에서만 흡연하면 문제가 되지 않듯이, 많은 보행자 사이를 뚫고 과도하게 운전하지 않는다면 문제가 되지 않는다.
- 교훈 3: 긍정적인 측면에 초점을 맞추어라. 사람들이 더 많이 걷고 자전거를 더 많이 타도록 그들의 생활 방식을 조정하고 운전을 적게 하게 하면, 그들의 삶이 얼마나 더 만족스럽고, 행복하며, 흥미롭게 될 수 있는지를 인식하게 만들어라. 이를 위해 캘리포니아 프레즈노Fresno 지방의 '자전거 타기Biking=즐거움Joy'이라는 캠페인을 모방하라.

둘째, 자동차를 준비하는 데 소요되는 비용의 대부분은 감추어졌거나 없어져 버리는 매몰비용sunk cost이므로, 운전자는 이 비용을 일단 내고 나면, 더 많은 운행을 하려고 할 것이기 때문이다. 공공 정책의 측면에서 보면, 자동차 운행에 관해 숨겨진 비용을 밖으로 드러내는 것이 가장 우선적이며 가장 기초적인 시도이다. 그러므로 이들 숨겨진 비용을 찾아 드러내는 것이 지속 가능한 도시에 관심을 가진 계획가들에게 가장 높은 우선순위를 차지할 것임이 분명하다.

빅토리아교통정책연구소Victoria Transport Policy Institute의 토드 리트먼은 차량 운행의 숨겨진 비용들을 찾아 정리하는 데 누구보다도 많이 노력해왔다. 그는 자신의 백과사전적 저서인 「교통 비용과 편익 분석: 기술, 추정, 적용Transportation Cost and Benefit Analysis: Techniques, Estimates and Implications」(www.vtpi.org에서 무료로 열람할 수 있다)에 이 비용들을 요약해서 기술했다. 리트먼이 제시한 주된 비용 요소들은 아래 목록과 같다.

- 차량 소유: 차량을 소유하는 데 필요한 고정비
- 차량 운영: 연료비, 오일oil 교환 비용, 타이어 교체 비용, 고속도로 통행료, 단기 주차 요금 등 변동비

- **통행 시간**: 통행에 소요된 시간의 금전적 가치
- **사고**: 통행자 자신이 일으킨 직접적 사고 및 다른 통행자에게 사고를 일으키게 한 간접적 사고에 대한 비용
- **주차**: 차량 소유자 또는 다른 사람이 낸 주거지 노외 주차 비용 및 주차장 장기 임대료
- **혼잡**: 자신으로 말미암아 다른 도로 이용자에게 미치는 혼잡비용
- **도로 시설**: 이용자들이 이용료를 내지 않는 도로의 건설비 및 운영비
- **토지 가치**: 공공 도로 부지로 사용되는 토지의 가치
- **교통 서비스**: 경찰의 교통 상황 관리, 응급 서비스와 같은 교통 서비스를 제공하는 비용
- **대기 오염**: 자동차의 대기 오염물 배출로 발생하는 비용
- **온실가스**: 기후변화를 가져다주는 온실가스의 '수명 주기 비용-life-cycle cost'[1]
- **소음**: 자동차 소음 공해 발생에 의한 비용
- **자원 외부 효과**-externality: 자원의 소비, 특히 석유류 소비에 따른 외부 비용-external cost
- **장벽 효과 또는 차단 효과**-barrier effect: 도로와 자동차 교통류로 말미암아 보행, 자전거 운전 등 비전동 차량 통행-non-motorized travel에 미치는 지체-delay
- **토지이용 영향**: 확산된 토지이용, 자동차-중심적 토지이용의 영향으로 증가된 비용
- **수질오염**: 교통 시설과 차량이 발생시키는 수질오염과 수질학적 영향
- **폐기물**: 자동차 폐기물 처리와 관련된 외부 비용

이들 비용 중에서 몇몇은 운전자가 직접 발생시킨 것이고(내부화 비용), 나머지 비용은 다른 사람 또는 크게는 경제가 발생시킨 것이다(외부화 비용). 이 중 후자, 즉 외부화된 비용은 경제에 비효율적이며, 다른 사람들에게 피해를 준다. 이러한 '외부화 비용'은 각각의 양은 적지만 그 수는 많다. '내부화 비용-internalized cost'은 크게 고정비와 변동비로 나누어진다. 고정비는 자동차의 구입 비용을 포함해, 자동차 보험료처럼 매년 지출하는 비용을 말한다. 일단 차량을 구입하고 자동차 보험료를 내고 나면, 운전자들은 운행할 때마다 자신이 차량 구입에 투입한 경비에 대해 '본전을 뽑으려는-get their

---

1) 수명이 다할 때까지 소요되는 비용을 말한다.

그림 9-3

차량 운행의 내부화 비용과 외부
화 비용.

자료: Todd Litman, Victoria Trans-
port Policy Institute (from Trans-
portation Cost and Benefit Analy-
sis: Techniques, Estimates and Im-
plications, Figure 1, Page ES-4).

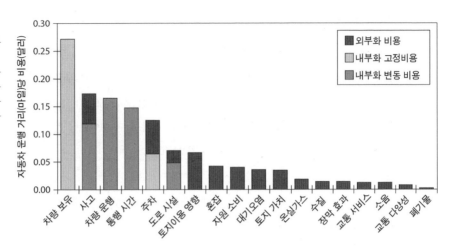

money's worth' 동기를 가진다. 변동비는 차량 연료처럼 사용량과 밀접한 관계가 있다. 운전자가 차량을 적게 운행하면 할수록 즉시 그만큼 연료 소비가 줄어드는 것을 알기 때문이다. 리트먼은 이들 비용 요소를 요약해서 그림 9-3과 같은 도표를 작성했다. 이 도표는 차량·마일vehicle mile 당 평균 비용을 그 크기 순서대로 나타낸 것이다.

여기서 우리는 차량 운행 비용이 거의 3등분으로 나누어지는 것을 알 수 있다. 즉, 35퍼센트는 외부화되어 다른 사람들이 내는 외부 비용이며, 약 28퍼센트는 운전자가 내는 고정비이다. 따라서 단지 37퍼센트만이 운행에 비례해 운전자가 내는 변동비이다. 리트먼은 전체 비용이 농촌 지역에서는 마일당 0.94달러, 도시 지역에서는 피크시 마일당 1.64달러가 될 것으로 추정했다. 그러나 운전자들은 일단 차량을 구입하고 나면, 이들 총비용의 37퍼센트만을 직접 내고, 나머지는 사회가 담당한다.

경제적 효율성과 공공 정책 측면에서 보면, 이와 같은 현상은 하나의 재앙이다. 우리가 운전자들에게 더 많이 운전하도록 보조금을 지원하면서 동시에 어떻게 교통 체증과 대기오염에 대해 불평할 수 있겠는가? 만약 정부가 국가 차원의 아이스크림 무료 제공 프로그램을 갑자기 중단한다면 아이들은 불평할 것이다. 이와 매우 유사하게 운전자들이 당장 자동차 운영비를 모두 부담해야 한다면 역시 불평할 것이다. 따라서 운전자들에게 운행비 부담을 전가하는 것은 점진적으로 이루어져야 하며, 새로운 세금 항목이나 수수료의 형태보다는 세금 정책의 변경을 통해 시행해야 한다. 아울러 지금처럼 재산세와 소득세 수입으로 차량 운행을 보조하는 정책은 비효율적이며, 사회적으로 부당하다는 점을 운전자들이 이해할 수 있게 해야 한다.

또한 시 정부나 주 정부는 운행량에 비례해 고정비를 징수하는 체계를 만들어 자동차를 적게 운행하는 사람이 비용을 적게 내는 구조로 만들도록 노력해야 한다. 이를 위한 가장 효과적인 방법의 하나는 제11장에서 살펴볼 '카셰어링 프로그램car-sharing program'(자동차 공유 프로그램)이다. 그 외에 또 다른 유용한 방법으로서 '운행한 만큼 내는pay-as-you-go', 또는 '주유한 만큼 내는pay-as-you-pump' 자동차 보험 제도가 있다. 이 보험 제도에서는 보험 요율이 차종, 자동차 소유주의 주소 등을 기준으로 산출한 고정 가격이 아니라, 주로 차량 운행 거리당 가격으로 정해진다.

2. 자동차 시설 설계

자동차들이 지속 가능한 도시에 적절하게 순응하게 만들기 위한 네 가지 단순한 설계 규칙이 있다. 이들 규칙을 이해하라. 그러면 모든 것이 용이해진다.

① 주변 토지이용 맥락에 맞게 설계하라.

② 과속은 죽음을 부른다.

③ 교통 혼잡이 없는 길을 만들 수는 없다.

④ 자동차 운행이 편리한 도시를 만들려면, 먼저 보행자들을 즐겁게 하는 도시를 만들어라.

이들 네 가지 개념의 각각에 대해서는 다음 부분에서 상세히 기술한다.

1) 주변 토지이용 맥락에 맞게 설계하라

대부분의 전통적인 가로 설계 매뉴얼에서는 도시 전체의 가로를 하나의 통일된 규격에 맞추게 한다. 그러나 적절한 가로 설계는 다른 어느 것보다 주변 토지이용 맥락에 따라 많이 달라져야 한다. 고속도로의 차로는 저속의 주거지 가로의 차로보다 당연히 넓어야 하고, 중심 상업지역 가로의 보도는 공업지역 가로의 보도와는 다르게 설계해야 한다. 지방부 도로가 도시부로 진입할 때, 그 가로는 마치 도로 주변에 건물들이 늘어선 것처럼 도시화된 모습으로 설계되어야 한다.

토지이용 맥락의 변경이 설계 기준에 어떻게 영향을 주는지 정의하고자 몇몇 도시 및 가로 설계 매뉴얼은 '뉴어바니즘학회Congress for the New Urbanism'[2]의 횡단면transect[3] 법을 도입했다. 이 횡단면법은 생물학 분야에서 서식지의 형태에 따라 다양한 식물과

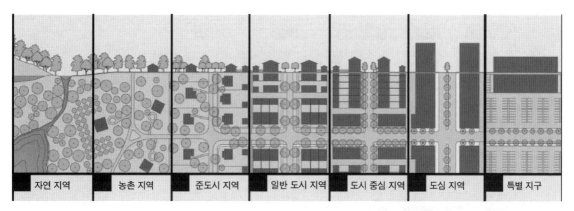

자연 지역	농촌 지역	준도시 지역	일반 도시 지역	도시 중심 지역	도심 지역	특별 지구		

▲ 그림 9-4

농촌-도시의 전형적인 대상(횡단면), SmartCode version 9.2에 따름.

자료: Duany Plater-Zyberk & Company.

설계 속도	주행 차로 폭	T1	T2	T3	T4	T5	T6
시속 20마일 미만	8피트	■	■	■	□		
시속 20~25마일	9피트	■	■	■	■	□	□
시속 25~35마일	10피트	■	■	■	■	■	■
시속 25~35마일	11피트	■	■			■	■
시속 35마일 이상	12피트	■				■	■

■ 필수
□ 권장

설계 속도	주차 차로 폭	T1	T2	T3	T4	T5	T6
시속 20~25마일	(기울기) 18피트					■	■
시속 20~25마일	(평행) 7피트				■		
시속 25~35마일	(평행) 8피트			■	■		
시속 35마일 이상	(평행) 9피트					■	■

▶ 그림 9-5

차로 규격, SmartCode version 9.2에 따름.

자료: Duany Plater-Zyberk & Company.

설계 속도	유효 회전 반경	T1	T2	T3	T4	T5	T6
시속 20마일 미만	5~10피트			■	■	■	■
시속 20~25마일	10~15피트	■	■	■	■	■	■
시속 25~35마일	15~20피트	■	■	■	■	■	■
시속 35마일 이상	20~30피트	■	■			□	□

(See Table 17b)

동물의 서식 범위가 어떻게 바뀌는지를 설명하고자 하는 것이다. 예를 들자면 생물학자들은 바다의 조간대intertidal zone에서부터 해안사구coastal dune, 하구brackish estuary, 습지대marshland, 초원grassland, 삼림지oak woodland, 상록수지evergreen woodland로 이어지는 선을 긋고, 그 선의 일정 간격 안에 있는 모든 생물 종species의 수를 센다. 이들 생물학자

---

2) 뉴어바니즘은 주거지와 직장을 포함하는 보행 가능한 근린 주거지역을 추구하고자 하는 하나의 도시 설계 운동이다. 이는 1980년대 초 미국에서 시작되었으며, 점차 부동산 개발, 도시계획, 그리고 시의 토지이용 전략 등 많은 면에서 영향을 끼쳐왔다. 뉴어바니즘학회는 1993년 미국에서 출범했다.

3) 횡단면은 동일한 종(예: 식물군)이 나타나는 선형의 띠를 말한다.

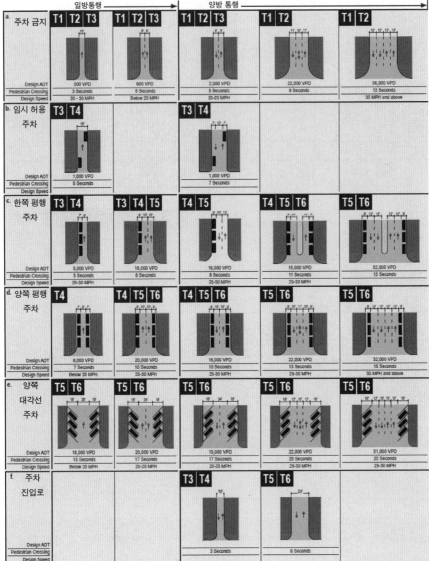

그림 9-6
차로와 주차 조합. SmartCode version 9.2에 따름.
자료: Duany Plater-Zyberk & Company.

는 조개류는 단지 조간대에서만 발견되고, 그러나 게류는 조간대와 해안사구 모두에서 발견됨을 확인했다. 단, 초원에서 발견되는 게류는 갈매기들이 먹고 버린 껍질뿐임을 확인했다.

　마찬가지로, 인간의 거주지에 대해서도 황무지에서 농촌 지역과 교외 지역을 거쳐 도심지에 이르는 선을 그을 수 있다. 교외 지역에서는 하얀색 담장과 포치, 낮은 건물들을 볼 수 있지만, 도심지에서는 이러한 것들이 이상하게 보일 것이다. 화려한 빅토리아 풍Victorian의 조명은 중심 가로에서는 아주 잘 어울릴지도 모르지만, 농촌 지역에서는 우스꽝스럽게 보일 것이다. 안드레스 두아니Andrés Duany와 두아니의 동료들은 인간 거주지의 횡단면에 대해 면밀하게 조사해서 거주지를 그림 9-4와 같이 '자연 지역 존Natural Zone'을 T1으로, '도시 중심 존Urban Core Zone'을 T6로 하는 6개 존으로 구분했다.

두아니의 연구진들은 이 횡단면 체계를 이용해 건물 높이와 배치, 건축 상세, 조경 처리를 비롯한 여러 가지 요소를 각 존마다 다르게 하는 '도시 설계 지침urban design code'을 개발했다. 이들은 이 지침을 '스마트코드SmartCode'라 불렀으며, 횡단면 개념을 가로 설계에 적용해 차로 폭, 회전 반경, 주차 구획 등을 비롯한 각종 설계 요소를 해당 '상황 존context zone'[4])에 맞추어 조정하게 했다. 그림 9-5와 그림 9-6은 스마트코드에서 제시하는 주요 설계 지침을 요약한 것이다.

다른 가로 설계 매뉴얼은 다른 방법으로 존의 특성을 반영한다. 이에 대한 내용은 다음 절에서 기술한다.

2) 과속은 죽음을 부른다

과속은 한 지점에서 다른 한 지점으로 빨리 갈 수 있다는 이점 외에도 운전자에게 짜릿한 황홀감을 느끼게 해준다. 따라서 사람들은 단순히 빨리 달리고 싶어 한다. 세계 테마파크협회International Association of Amusement Parks and Attractions: IAAPA의 통계에 따르면, 2007년 미국에 있는 400개 이상의 놀이공원amusement park 방문자들은 주로 어지러운 정도의 속력을 즐기고자 1200억 달러 이상을 소비했다고 한다.[2]

충돌 사고가 날 때 과속은 우리의 적이다. 아이작 뉴턴Isaac Newton은 물체가 서로 부딪힐 때의 충격력은 두 물체의 질량과 속도의 제곱에 비례한다고 했다. 다시 말해 물체의 운동에너지는 $(E_k)=1/2mv^2$이므로 속도가 2배가 되면, 충격 시 운동에너지는 4배가 된다. 인간의 몸을 구성하는 인체의 각 부위는 우리가 힘껏 달리다가 넘어질 때의 충격을 견딜 정도로 특별히 설계되어 있다. 가장 빠르게 달리는 육상 선수인 우사

---

4) 일반적으로 '존'이란 공간적으로 구분한 지역을 말한다. 그러나 '상황 존'이란 공간적 구분의 의미보다는 그 지역의 특성을 규정짓는 의미로 사용하는 것으로 보인다.

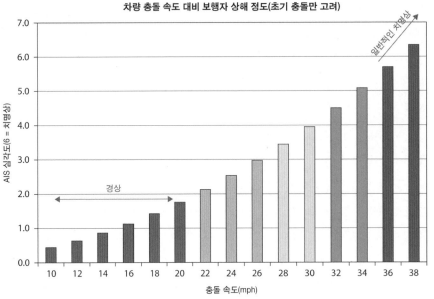

차량 충돌 속도 대비 보행자 상해 정도(초기 충돌만 고려)

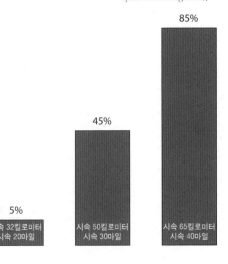

그림 9-7
차량 속력 대비 보행자 상해 및
사망 위험.
자료: Nelson\Nygaard.

인 볼트Usain Bolt가 100미터 달리기에서 평균 시속 23마일(시속 약 37킬로미터) 정도의
속력을 낼 뿐, 우리 대부분은 기껏해야 최고 시속 18마일(시속 약 29킬로미터)의 속력으
로밖에 달리지 못한다. 이 정도 속력으로 달리다가 넘어지면, 툭툭 털고 일어나 상처
난 곳에 1회용 반창고를 붙이고 가던 길을 계속 갈 수 있다. 우리가 가만히 서 있고, 자
동차가 시속 18마일로 달려와 충돌하는 경우에도 마찬가지로 같은 정도의 충격을 받
는다.

그러나 우리가 달리는 속력이나 자동차가 다가오는 속
력이 이 한계를 넘는다면, 우리 몸이 받는 영향은 꽤 심각해
진다. 시속 18마일에서 충돌했을 때에는 가벼운 찰과상과 멍
정도에 그치지만, 속력이 더 빠를 경우에는 골절상과 내상을
입을 수 있다. 그리고 그림 9-7과 그림 9-8에서 보는 바와 같
이 시속 37마일(시속 약 60킬로미터)의 속력에서 충돌하면, 거
의 죽음에 이를 정도로 치명적이 된다.[3]

속도가 높아지면, 멈추기 위해 반응하고 브레이크brake
를 밟기 전까지 걸리는 시간에 이동하는 거리가 증가하므로,
안전도 문제는 더욱 복잡해진다. 당신이 자동차를 운전하고
있고, 앞에서 어린아이 하나가 공을 주우려고 도로로 뛰어들

그림 9-8
차량 속력에 따른 보행자 사
망률.
자료: Nelson\Nygaard(data
down from U.S. Department
of Transportation, Killing
Speed and Saving Lives).

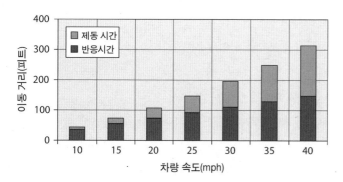

그림 9-9
속도별 반응 시간(reaction time)
과 정지거리.
자료: Nelson\Nygaard.

어온다고 하자. 시속 20마일(시속 약 32킬로
미터)의 속력에서는 당신이 상황을 감지하고
브레이크를 밟기까지 반응하는 데 약 70피
트(약 21미터)를 이동하고, 브레이크를 밟은
후로부터 차가 멈추기까지 약 40피트(약 12
미터) 정도를 이동한다. 시속 40마일(시속 약
64킬로미터)의 속력에서는 이 거리가 각각
150피트(약 45미터)가 된다[5](그림 9-9 참조).[4]

3) 교통 혼잡이 없는 길을 만들 수는 없다

혼잡은 교통 서비스 시장에서 수요와 공급 간의 조정을 통해 이루어지는 평형 상태에
서 발생한다. 경제가 성장하는 단계에서는 혼잡비용을 부과하거나, 또는 다른 '시장 기
구market tool'가 작동하지 않는 한, 교통 혼잡은 어떠한 상황에서든 항상 존재한다. 교통
혼잡은 차로 수가 많든 적든 관계없이 발생한다. 만약에 차로 수를 늘리면, 사람들은
그에 맞추어 통행 행태를 조절하고, 부동산 시장은 더 자동차-중심적으로 반응한다.
만약 차로 수를 줄이면, 통행 행태와 부동산 시장 역시 이에 따라 조정될 것이다.

　교통공학자들이 도로에서 교통 혼잡이 없는 서비스 수준LOS을 유지하는 것은 무
의미하다는 것을 받아들이는 것은 다행이다. 그러나 서비스 수준을 대신해 다른 성과
측정치가 없는 한, 무엇인가 불안하다. 적합한 측정치를 개발하기 위해서 교통공학자
들은 토지이용 계획가와 부동산 경제학자들과 협력해 최적의 차량 수용 수준(용량)을
결정해야 한다. 기반 시설을 건설하는 비용을 절감하는 동시에, 주거용 토지의 가치를
높이기 위해서 부동산업자들은 가로의 폭을 줄이기를 원할 것이다. 교통공학자들은
통행량을 조절하기 위해서 가로 간의 연결성을 높이고자 할 것이며, 토지이용 계획가
들은 대중교통 역 주변에 고용을 늘리고, 소매점들을 집중시키려 할 것이다. 그러나
교통 서비스 시장이 도시 개발을 지원하지 못하는 상황이라면, 경제학자들은 프로젝

---

5) 　결국 시속 40마일로 이동하는 자동차가 상황을 감지하고, 완전히 정지하기까지 이동하는 거
　리는 약 300피트가 되며, 이를 '정지거리(stopping distance)'(운전자가 정지해야 할 상황을
　인지한 순간부터 차가 완전하게 멈출 때까지 진행한 거리)라 부른다.

트의 규모를 축소하거나 밀도를 줄이려 할 것이다. 따라서 교통계획은 균형을 잡는 행위, 즉 경제학자들, 도시설계자들, 또한 다른 도시계획 전문가들 사이의 지속적인 협상의 한 부분이라고 할 수 있다.

도로의 폭을 넓히는 것만으로는 교통 혼잡의 문제를 해결할 수 없다. 따라서 지역사회가 추구하는 가치에 가장 잘 맞는 편리한 차량 운행과 보행 편리성 간의 적절한 균형을 선택해야 한다.

4) 자동차 운행을 위한 도시를 만들려면, 먼저 보행을 즐겁게 만들어야 한다

이 마지막 규칙은 가장 중요하다. 그리고 이것은 우리의 직관적인 생각과는 가장 상반된 것이다. 자동차 운행을 위주로 설계된 장소는 종종 '운전하기 재미없는 장소'가 되기 일쑤이다. 빠른 속력을 낼 수 있는 넓은 도로는 편안함이 가장 큰 이점이기는 하지만, 다른 운전자가 너무 많으면 이런 자산은 곧바로 부채로 바뀐다. 석유 연료를 연소하면서 부수적으로 발생하는 나쁜 영향 외의 대부분 문제는 자동차의 기하학적 구조에서 기인한다. 자동차는 덩치가 크다. 따라서 통행자 1인당 차지하는 도로 공간이라는 측면에서 보면, 자동차는 다른 교통수단보다 10배 이상의 도로 자원을 소비한다. 더 큰 문제는 통행할 때마다 출발지와 목적지에 방대한 주차 공간이 필요하다는 것이다. 대부분 도시에서 최소 주차장 설치 기준을 따르더라도, 이를 만족하려면 건물 그 자체에서 사용할 수 있는 연상 면적보다 더 넓은 공간을 주차장에 할애해야 한다.

주로 자동차에 맞추어 모든 목적지마다 지정된 주차 공간을 두고, 항상 '자유류 상태free-flow state'를 유지할 수 있는 도로를 갖추도록 설계된 장소는 결과적으로 많은 자동차 운행이 필요한 처지에 놓인다. 또한 그만큼의 주차장은 토지이용 밀도를 낮추고, 따라서 각 토지이용 기능 간의 거리가 '도보 거리walking distance'를 벗어난 곳으로 확산한다. 넓은 도로는 다른 수단을 선택할 수 없는 사람들에게 걷기, 자전거 타기, 대중교통 이용 등에 매우 유용할 수 있으나, 아이들은 학교에 가거나 축구 연습을 하러 갈 때 더는 걸어갈 수 없으므로 부모들은 이런 아이들의 운전기사 노릇을 해야 한다. 직장인들은 자동차를 타고 점심을 먹으러 회사 밖으로 나가든지, 아니면 집에서 싸온 도시락을 들고 회사 휴게실로 가야 한다. 그러나 자동차를 타고 점심을 먹으러 가더라도 어느 정도는 걸어야 할 것이다. 운전자가 가까운 곳에 주차하기 위해 주차 공간을 찾아 15분 정도를 배회하지 않으려면, 먼 곳에 차를 세워두고 그곳에서부터 음식점까지 따분하게 걸어야 하기 때문이다.

좀 더 균형 잡힌 지역은 자동차들의 운행을 수용하지만, 보행의 즐거움을 희생할 정도는 아니다. 브리티시컬럼비아British Columbia 주 밴쿠버 시의 여러 새로운 근린 주거 지역처럼 1920년대와 1930년대에 개발된 도시와 근린 주거지역들에서는 이러한 균형을 잘 맞춘 전형적인 예를 찾아볼 수 있다. 균형을 맞추는 규칙은 다음과 같이 매우 단순하다.

- 주차 공간을 공유하고, 잘 운영해서 여유 있는 주차면을 확보해야 한다.
- 가로는 편안히 건널 수 없을 정도로 넓어서는 안 된다. 좁은 간격으로 배치된 가로들이 서로 격자로 연결된 가로망이 필요하다.
- 보행자 횡단보도는 최소한 300~400피트(약 9~12미터) 이내의 간격으로 설치되어야 한다.
- 보도는 걷기 편하고, 조경이 잘 되어 있어야 하며, 빠르게 이동하는 자동차 교통에서 보호받을 수 있어야 한다.
- 건물의 전면은 주차면이 아니라, 가로를 향해야 한다.
- 도보 거리 이내에 일상의 생활필수품들을 구입할 수 있는 곳의 밀도를 높여야 한다. 그러나 도시의 밀도가 오히려 불편을 줄 정도로 높아서는 안 된다.

이 모든 규칙을 함께 적용하면 마법과 같은 일이 일어난다. 사람들은 더 많이 걷고, 걷기를 즐기게 된다. 자동차 운행 거리는 약 50퍼센트가량이나 급속히 감소한다.[5] 부동산 가치는 올라가고, 대기오염, 수질오염, 소음, 기반 시설 관련 비용들은 모두 뚝 떨어진다.

3. 맥락에 맞는 설계 매뉴얼

전미국주도로교통운수행정관협회AASHTO는 『도로 및 가로의 기하학적 설계에 관한 정책집A Policy on Geometric Design of Highways and Streets』을 지속적으로 발간하고 있다. 이 문서는 흔히 '그린 북Green Book'이라 불리는데, 그 이유는 한때 표지가 녹색이었기 때문이다. 이것은 가로 설계의 탈무드Talmud[6]라 할 만하다. 이 문서는 포괄적인 내용을 다루

---

6) 유대인의 정신적·문화적 유산으로 유대교의 율법, 관습, 전승, 해설 등을 망라한 책이며 모세

표 9-1 보행 가능 통로와 자동차-지향형 통로의 비교

특성	보행 가능 통로	자동차-지향형 통로
목표 속도의 범위	시속 20~30마일	시속 35~50마일
자동차 교통류로부터 보행 분리	연석 주차(curb parking) 및 가로변 시설물 지대	선택적, 일반적으로 도색된 차선으로 분리 가능
가로변의 폭	보도, 조경, 그리고 가로 시설물을 수용하기 위해 최소 9피트(주거지)와 12피트(상업지)	최소 5피트
블록의 길이	200~600피트	4분의 1마일까지
보호된 횡단보도의 간격(보행 신호, 무신호 교차로에서 시인성이 높은 표식)	200~600피트	보행자 수요를 수용할 수 있을 정도
신호 교차로에서 보행자 우선 신호	보행 신호등과 잔여 시간 알림판, 적절한 횡단 횟수, 짧은 신호주기	자동차 우선, 아마도 좀 더 긴 신호주기
횡단보도	노상 주차장이 있는 곳에서는 연석 확장을 이용해 횡단 길이를 짧게 만든 시인성이 좋은 횡단보도	가로 폭 전체만큼
중앙분리대의 폭	만약 횡단보도상에 보행자 보호 지역을 둘 경우 최소 6피트, 좌회전 차로를 둘 경우 10피트 추가, 만약 보행자 보호 지역 없이 좌회전 차로를 둘 경우 총 14피트	좌회전 차로가 하나인 경우 14~18피트, 두 차로인 경우 26~30피트
보도를 가로지르는 자동차 접근로	특별히 자주 운행되는 설계차량을 위한 추가적인 폭이 요구되지 않는 한 24피트 이하	필요 없음
연석 주차	버스 정류장과 횡단보도를 제외한 정상 조건	없음
연석의 회전 반경	10~30피트, 다른 선택 조건들이 없는 곳에서는 저속 도류화 우회전	30~70피트, 많은 교통량을 위한 회전 통로

기는 하나, 그 내용에 대해서는 여전히 논쟁의 대상이다. 이 그린 북의 큰 장점은 유연성에 있다. 이 문서는 다양한 규격과 상황에 따른 설계 지침을 폭넓게 다룬다. 그러나 설계자들이 주어진 규격의 상한과 하한을 어떠한 상황에서 적용해야 하는지에 대한 지침이 거의 없으며, 특히 다른 방법을 적용해야 하는 상황에 대한 설명이 부족하다는 약점이 있다.

미국의 교통기술자협회Institute of Transportation Engineers: ITE[7]는 그린 북이 지닌 내용의 모호성을 지적하고자 2010년 추천 규정recommended practice 의 하나로 『보행 가능한 도시 가로의 설계Designing Walkable Urban Thoroughfares: A Context Sensitive Approach』라는 책을 출간했다. 이 책은 교통기술자협회가 뉴어바니즘학회, 미국 연방고속도로국FHWA, 미국 환경보호국EPA과 합작해 출간한 것이다. 표 9-1은 보행 가능 통로와 자동차-지향형 통로 간의 중요 차이점을 보여준다.[6]

5경 다음으로 중요시된다.

7) 미국의 교통기술자협회는 이동성과 안전을 모두 추구하고자 하는 교통전문가들의 교육적·과학적 협회로 1930년에 설립되었다(Wikipedia).

결정적으로, 교통기술자협회 매뉴얼은 가로 각 부분의 적정 규격과 특성이 도시 맥락urban context에 따라 달라야 한다는 것을 인식한다고 할 수 있다. 이 매뉴얼은 스마트코드의 '상황 존'과 같은 정의를 사용하지만, 스마트코드처럼 T1~T6라 부르는 대신 C1~C6라 부른다(여기서 T는 'Transect'를, C는 'Context'를 의미한다). 또한 이 매뉴얼은 하나의 상황 존 내에서 가로에 인접한 토지이용이 주거 중심인지 아니면 상업 중심인지에 따라 설계 특성 값을 다르게 적용해야 한다는 것을 인정한다. 이 교통기술자협회 매뉴얼은 온라인(www.ite.org)에서 PDF 형태로 무료로 제공되며, 스마트코드는 www.transect.org에서 볼 수 있다.

교통기술자협회의 『주거지 가로Residential Streets』와 마찬가지로, 영국의 『가로 매뉴얼Manual for Street』은 조금 좁고, 교통량이 적은 가로와 주거지 가로를 설계하기 위해서 참고할 수 있는 우수한 자료이다. 특히 『주거지 가로』에서는 '국지 가로'에 대한 설계 지침을 다음과 같이 제시한다.

- "포장 노면의 폭은 24~26피트(약 7.2~7.8미터) 정도가 가장 적당하다." 이는 2개의 주차 차로와 1개의 양방향 차로, 2개의 주차 차로와 1개의 일방향 차로, 또는 2개 차로와 1개의 주차 차로를 설치할 수 있는 폭이다.
- "교통량이 적고, 제한적으로 주차가 허용되는 가로의 노면 폭은 22~24피트(약 6.6~7.2미터) 정도가 적당하다."
- "넓은 공간에 자리 잡은 농촌 지역사회의 국지 가로처럼 교통량이 적고, 주차 수요가 없는 가로의 노면 폭은 18피트(약 5.4미터)가 적당하다."[7]

도로 양측에 노상 주차를 할 수 있는 폭 24피트(약 7.2미터)의 양방향 가로는 특히 흥미로운 형태이다. 이를 '양보 가로yield street(또는 대기 가로queuing street)'라 부른다. 이러한 가로에서 서로 마주 보며 진입하는 운전자들이 교대로 진행하기 위해서는 누가 먼저 갈 것인지를 결정해야 하기 때문이다. 비록 한 차로를 양방향 통행으로 사용하는 것이 위험해 보이기도 하지만, 사실 이들은 지금까지 설계된 가장 안전한 가로 중 하나에 해당한다. 운전자들이 서로 충돌해 심각한 부상을 당할 만큼 충분한 속력을 낼 수 없기 때문이다. 양보 가로는 '예비 진출입 차로occasional driveway'가 있거나, 노상 주차면들이 비어 있어 반대편에서 접근하는 차량을 이곳에서 피해 대기할 수 있는 정도의 소규모 블록에서 가장 효과적이다.

1) 적합한 매뉴얼 채택

지역사회를 특별하고 특이하게 만드는 많은 특성이 있다. 그러나 가로가 잘 만들어졌다는 것이 이들 중 가장 높은 순위를 차지하지는 않을 것이다. 가로 설계 매뉴얼은 다루기 어려운 시 당국의 기술자들을 교육하는 데 도움이 될 수 있다. 그렇다고 해서 모든 도시가 자체 매뉴얼을 만들 필요는 없다. 그 대신에 다른 매뉴얼을 그 도시의 고유한 특성에 맞게 수정해서 사용할 수 있다. 예를 들어 제설을 고려한다든지, 역사적으로 가치가 있는 가로 조명을 설치한다든지, 도로 포장재로 판석flagstone을 사용하는 것 등을 들 수 있다.

다음 두 단계는 가로를 설계할 때 매우 중요하다.

① 고속도로 설계 매뉴얼을 도시 가로에 그대로 적용해서는 안 된다. 이는 미국과 캐나다의 주 정부 단위에서 나타나는 주요 문제이다. 이들 지역에서는 도시 내의 오래된 중심 가로가 지방부 도로와 연결되어 있으며, 이들 가로의 관리와 운영은 해당 주의 도로 관리 당국이 관할한다. 따라서 지방부 도로와 마찬가지로 도시 가로를 더 넓게 만들어 운전자의 실수를 줄임으로써 도로의 안전을 개선하려는 설계 방식을 적용하고 있다. 그러나 도시 지역에는 보행자가 존재하므로, 가로를 넉넉하게 만들면 운전자는 차량 속력을 높이고, 운전 부주의는 더 커지므로 오히려 안전성이 더 나빠진다. 이 주제는 지방 국도의 환경에서 도시 가로로 어떻게 전이할 것인지에 대한 지침을 제공하는 「뉴저지 중심 가로에 대한 탄력적 설계Flexible Design of New Jersey's Main Streets」[8]에서 잘 다룬다.

② 먼저 가로에 대해 최선의 지침을 주는 매뉴얼을 채택하고, 이를 지속적으로 수정한다. 교통기술자들이 채택된 매뉴얼의 지침을 따르지 않아서 자신이 설계한 가로에서 교통사고가 날 경우, 개인적으로 법적 책임을 지게 하는 몇몇 지방정부에서는 이 과정이 매우 중요하다. 예를 들어 일부 관행적인 지침에서 '표준standard' 차로 폭은 12피트(약 3.6미터)이지만, 작게는 9피트(약 2.7미터)에서 크게는 14피트(약 4.2미터)까지 허용하게 하고 있다. 그러나 어떤 조건에서는 더 작은 폭이 적합하다든가 또는 더 큰 폭이 적합하다는 등에 대한 특별한 언급이 없는 한, 교통기술자들은 이 표준 값을 지켜야 한다는 압박을 느낄지 모른다. 더 적합한 지침을 채택하는 것이 시 정부 차원에서는 유용하지만, 주 정부 차원에서는 이것이 더욱 큰 영향력을 가진다. 예를 들면 텍사스 교통관리

국Texas Department of Transportation은 교통기술자협회의 『보행 가능한 도시 가로의 설계』를 주 정부에서 관리하는 도시 가로의 설계 매뉴얼로 사용한다.

4. 설계 지침

어떤 매뉴얼을 선택하든 관계없이, 그 매뉴얼이 다음과 같은 주요 주제들에 대해 명확한 지침을 제공해주는 것이 중요하다.

1) 설계차량

'설계차량design vehicle'은 설계자들이 가로 또는 교차로를 설계할 때 기준으로 삼는 대표 차량이다. 교차로가 대형 세미-트레일러semi-trailer를 수용할 정도로 커야 하는가, 아니면 소형 배달용 밴-트럭panel truck 정도의 크기이면 되는가? 버스가 여기서 우회전해야 하는가? 소방차나 버스가 통과하기 위해서 중앙선을 넘어도 문제가 없는가? 이렇게 설계차량을 정의하는 것은 교차로 설계에서 가장 중요하다. 대형 차량의 회전을 위해서는 더 넓은 공간이 필요하기 때문이다. 적절한 교차로를 설계하기 위해서는 최소한 네 종류의 설계 차량을 고려해야 한다.

- 속도 규제 차량: 대부분의 보행자 또는 자전거 관련 충돌 사고는 교차로에서 일어나므로, 차량이 우회전할 때 저속을 유지하게 하는 것이 중요하다(운전석이 좌측인 경우에는 좌회전할 때). 즉, 만약 교차로가 대형 트럭이 우회전하기 쉽게 설계된 경우에는 일반 차량은 시속 25마일(시속 약 40킬로미터)의 속력으로 회전할 수 있으므로, 이 교차로는 보행자에게 안전하지 않을 수 있다. 따라서 '속도 규제 차량speed-control vehicle'은 대개 전형적인 승용차로 한다. 그러나 설계자들의 과제는 더 큰 차량이 다닐 수 있게 하면서도, 승용차처럼 작은 속도 규제 차량이 위험할 정도로 빨리 운행하지 못하게 하는 것이다.
- 설계차량: '설계차량'이란 중앙선을 넘어 반대편 차로를 침범하거나, 인도의 경계석을 넘지 않고 정상적으로 운행할 수 있는 규모의 차량을 의미한다. 적절한 설계차량을 정하는 것은 주관적 판단에 따르는 것이므로 정답은 없다. 그러나 전형적인 도심의 가로에는 아주 큰 트럭은 거의 다니지 않으므로, 40피트 밴-트

력을 설계차량으로 하면 대부분의 도시 상업 활동에 지장이 없게 할 수 있다. 이 상황에서는 세미-트레일러가 화물을 배송해야 한다면, 우회전하기 위해 세 번 좌회전을 해야 하거나, 또는 교통량이 적어 유턴U-turn을 해도 무방한 야간에 배송해야 한다. 그러나 주요 '화물 운송 통로freight route'에서는 더 큰 트럭을 설계차량으로 정하는 것이 적합하다. 마찬가지로 '비상 대응 통로emergency response route'에는 사다리차를, '대중교통 경로transit route'에는 버스를 설계차량으로 해야 할 것이다. 반면에 교통량이 적은 주거지 가로에서는 승용차가 중앙선을 넘어 유턴할 수 있게 해도 무방하다. 좁은 교차로에서 트럭이 우회전할 수 있게 하는 유용한 방법은 교차로에서부터 12~20피트(약 3.6~6.0미터) 정도 떨어진 가로상에 '정지선stop-bar'를 설치하는 것이다. 이 때문에 트럭은 필요하다면 인접 가로의 바깥쪽 직진 차로를 침범해 천천히 회전할 수 있다.

- 통제 차량: '통제 차량control vehicle'은 도로의 사용 빈도는 높지 않지만 반드시 고려해야 할 대상이다. 그러나 아마도 이를 고려하기는 쉽지 않을 것이다. 통제 차량이 유턴하여 반대 방향으로 가기 위해서는 중앙선을 넘어야 할지도 모른다. 어떤 경우에는 대형 화물차나 소방차가 중앙분리대를 넘어갈 수 있도록 중앙분리대 부분을 '파상 연석rolled curb'의 형태로 만드는 것이 적합할지도 모른다. 가로 설계자들은 속도 규제 차량의 속력을 낮추기 위해서 회전 모서리 부분에는 낮은 연석을 설치하고, 통제 차량이 이 연석을 타고 넘어 완벽하게 우회전을 할 수 있도록 볼라드를 더 큰 회전 반경 선상에 설치한다.

- 비전동 차량non-motorized vehicle: 교차로 설계에서 자전거 관련 시설이 다른 교통 수단에 대한 설계 고려 요소에 어떻게 영향을 미치는지를 고려하는 것이 중요하다. 예를 들어 자전거도로는 속도 규제 차량 또는 설계차량에 더 큰 유효 회전 반경을 제공하는 결과를 가져다줄 수 있으며(자세한 내용은 이 절의 후반부에서 다룬다), 마찬가지로 교차로를 관통하는 자전거 전용 도로를 둔다면, 앞의 세 가지 설계차량에 대한 고려 요소를 변경해야 한다.

일반적으로 말해서 설계차량을 작게 하면 할수록 가로는 보행자에게 더 안전하고, 인접 토지의 가치도 높아진다. 이러한 현상의 주된 원인은 교차로가 상대적으로 작고, 좀 더 낮은 속도로 운용되기 때문으로 보인다. 그러나 설계차량을 너무 작게 하면, 다음과 같은 중요한 문제들을 불러올 수 있다.

- 화물차들이 조심스럽게 천천히 우회전해야 하므로 상품 배달이 지연되고, 따라

서 심각한 교통 체증을 일으킬 수도 있다. 필라델피아 또는 퀘벡Quebec 시와 같이 유서 깊은 오래된 도심 지역처럼 좁은 가로망을 형성하는 곳에서는 상인이나 배송 업체들이 그 지역의 독특성과 동시에 높은 부동산 가치 때문에 비록 추가적인 운송 비용이 들더라도 그곳에서 영업을 계속하려고 한다. 그러나 다른 모든 조건이 같다면, 대중 주점 주인들은 운송이 번거롭고 추가 비용이 소요되는 곳보다는 맥주 배달이 용이한 가로변에 가게를 차리고 싶어 할 것이다.

- 경찰차, 소방차, 구급차 등과 같은 비상 서비스 차량의 경우에는 시간의 지체가 곧바로 인명 상실과 직결된다. 아마도 도로 설계자들이 풀어야 할 가장 큰 과제는 교통안전과 비상 대응 시간의 균형을 찾는 것일지도 모른다. 소방차가 전혀 지체하지 않고 달릴 수 있는 가로는 승용차의 과속을 유도할지도 모르며, 이는 결국 보행자 사고로 더 많은 사망자를 발생시킬 수 있다. 비상 대응에 대해서는 이 절의 뒷부분에서 다룬다.

- 현재로서는 설계하는 가로에 대중교통 서비스 시설을 도입할 계획이 없다 하더라도, 교차로를 너무 좁게 만들어 장래에 이러한 서비스를 불가능하게 만들기는 원하지 않을 것이다. 장차 운행될 가능성이 있는 버스 노선을 생각하고, 버스가 우회전할 수 있는 곳에 주의를 기울여야 한다.

2) 설계속도

설계속도design speed의 개념은 주로 고속도로 설계에 이용된다. 그러나 이 개념은 부적절하게도 가끔 도시 가로 설계에서도 찾아볼 수 있다. 설계속도는 대부분의 운전자가 편안하게 운전할 수 있는 속도를 의미한다. 설계자들은 대개 도로를 '경주 트랙race track'처럼 기울여서(이를 편구배super-elevation라 부른다) 빠르게 곡선 도로를 달릴 수 있게 해준다. 또한 높은 속도에서 안전성을 향상하기 위해 '갓길shoulder'을 이용해 넉넉한 차로 폭을 만들어주므로 운전자가 차로를 벗어나더라도 큰 사고로 이어지지는 않게 한다. 고속도로에서 설계속도는 대개 제한속도speed limit보다 높다. 따라서 제한속도를 약간 초과해 운전하더라도 큰 어려움은 없다.

그러나 도시 가로에 높은 설계속도를 적용하면, 운전자들은 직감적으로 설계속도가 얼마인지를 알고, 대부분의 운전자는 '자기 충족 예언self-fulfilling prophecy'[8] 상태에 빠져 표지판에 표기된 제한속도를 무시하고 빠르게 달린다. 복잡한 도시 환경에서 차량이 빠른 속도로 운행하면, 상대적으로 안전성은 낮아진다. 그래서 지방부 도로에서 좋은 효과를 보이는 기법들이 도시부 가로에서는 정반대의 효과를 나타내기도 한다.

교통기술자협회 매뉴얼을 포함한 대부분의 도시 가로 설계 매뉴얼에서 설계속도는 설계자들이 목표로 하는 운행 속도이다. 이는 운전자가 모든 도로 이용자의 안전을 보장하며, 편안히 운전할 수 있는 속도이다. 도시 가로에서 적절한 운행 속도를 유지하게 한다는 것은 도로 설계 시 다음과 같은 개념을 포함하는 것을 의미한다.

- 차로 폭은 적절한 설계차량이 목표로 하는 속력으로 운행할 수 있게 해야 하나, 필요 이상으로 넓어서는 안 된다. 만약 도로 폭에 여유가 있으면, 차로 폭을 너무 넓게 하는 것보다는 이 공간을 보행로를 넓히거나, 노상 주차장을 추가하거나, 자전거도로를 추가하는 용도로 사용해야 한다.
- 차로와 연석 사이에 '어정쩡한 공간shy area'이나 갓길을 두지 않는다.
- 편구배를 두지 않는다.
- 노상 주차 공간을 둔다.
- 교차로에서 모서리 반경을 작게 하고, 고속 우회전 도류 시설을 삭제하거나 구조를 변경한다.
- 신호 교차로를 적절한 간격으로 배치하고, 원하는 속도를 낼 수 있도록 신호주기를 조정해 신호를 '연동화synchronization'한다.
- 도시 외부의 고속 운행 지역에서 도시 내부의 저속 운행 지역으로 연결되는 곳에는 도시의 관문gateway 요소와 적절한 장치를 설치해 속도를 점진적으로 변환하도록 유도한다.
- 고원식 횡단보도raised pedestrian crossing와 고원식 교차로처럼 지면을 높이는 수직변환vertical shift 기법을 도입한다.
- 도로경계석을 확장한다.
- 자전거 시설을 설치한다.

---

8) 자기실현적 예언 또는 자성 예언이라고도 하며, 예언의 영향으로 말미암아 발생하지 않을 수도 있었던 현상이 예언대로 된 현상을 말한다(위키백과).

3) 차로 폭

각 도로에 적합한 '차로 폭lane width'은 설계차량, 설계속도, 차로의 위치 등 여러 가지 요소에 따라 다르다.

전형적인 40피트(약 12미터) 길이의 버스는 그 너비가 8피트(약 2.4미터)에서 8피트 6인치(약 2.6미터) 사이인데, 양 측면에 사이드미러side mirror가 1피트가량 튀어나오는 것을 고려하면, 전체적으로는 너비가 10피트 6인치(약 3.2미터) 정도에 이른다. 소형 밴 트럭panel truck[9] 역시 유사한 크기이다. 2009년형 허머Hummer H2는 너비가 6피트 9인치인데, 접을 수 있는 8인치 정도의 사이드미러를 생각하면 전체 너비가 8피트를 넘는다. 화물차와 버스가 그 너비보다 좁은 차로에서도 운행할 수는 있으나, 도로 설계자들은 여분의 너비가 미칠 영향을 고려해야 한다. 예를 들어 화물차 사이드미러가 오토바이 운전자의 머리에 부딪히지는 않을까? 사이드미러가 노상 주차 공간이 없는 좁은 차로 변의 연석 부근에서 누군가를 기다리는 보행자에게 피해는 주지 않을까? 대형 화물차 및 버스의 교통량이 많은 가로에서 이들 차량의 사이드미러들이 서로 부딪혀 부서져서 대중교통 운영자들에게 추가적인 비용의 부담을 주지는 않을까?

일반 버스와 화물차의 최적 운행을 위해서 차로 폭은 11피트(약 3.3미터) 정도는 되어야 한다. 만약 10피트(약 3미터) 너비의 2차로를 설치할 경우에는 화물차나 버스가 안전하게 운행하기 위해서 운전자는 두 차로 모두에 걸쳐 운행해야 할지도 모른다. 또한 주요 가로에 대해서 도로 설계상 모든 요소의 최소 규격을 적용하는 것은 주의해야 한다. 특히 자전거도로의 차선을 그릴 때 주의해야 한다. 그렇지 않으면 자동차 운전자들이 자전거도로의 차선을 무시하고 달릴지도 모른다. 전형적인 4차로 가로의 경우 안쪽 차로의 폭은 10피트로 하고, 바깥 차로의 폭은 다양한 도시 교통 차량을 수용할 수 있도록 11피트로 한다.

저속 운행 가로와 버스 및 화물차 통행이 거의 없는 가로의 차로 폭은 일반적으로 10피트이면 충분하다.

주거지의 저속 운행 가로와 측면 진입 차로의 가로 폭은 9피트(약 2.7미터)이면 충분할 것이다. 그러나 운전자들은 진입하는 차량이 있을 경우에는 속력을 낮추어야 한다. 대부분의 저속 운행 가로 또는 교통량이 적은 가로에서는 차로의 개념은 무의미하

---

9) 운전실과 화물 적재함이 일체로 된 트럭을 가리킨다.

다. 양방향 교통이 같은 공간을 함께 사용할 수 있으며, 자동차들은 이 공간을 보행자와 자전거 이용자들과 공유할 수 있기 때문이다.

4) 몇 차로로 할 것인가?

경험상으로 볼 때, 중앙분리대에 다음 신호를 기다릴 수 있는 안전한 대피 공간을 두지 않고, 보행자들에게 40피트(약 12미터) 이상을 한 번에 횡단하게 해서는 안 된다. 이 거리를 초과하면 더디게 움직이는 보행자들이 교차로의 전체 거리를 횡단할 경우, 모든 도로 이용자에게 심각한 지체를 발생시키는 문제를 일으키거나, 또는 느리게 걷는 보행자들에게 미치는 심각한 불안전성 문제를 배제할 수 없다. 따라서 가로에 횡단보도를 설치할 경우에 가로 폭을 일정 규모 이상으로 크게 하는 것은 오히려 도로 용량을 추가적으로 감소시키는 결과를 초래한다. 실용적인 면에서 보면, 도시 가로의 최대 폭은 편도 3차로의 차도, 좌회전 차로, 그리고 6피트(약 1.8미터)의 중앙분리대를 포함하는 정도이다. 폭이 넓은 가로는 보행자들에게 너무 큰 장애물이 된다.

현장 조사 결과에 따르면 도시 환경에서 한 차로의 용량은 주로 교차로를 어떻게 운용하는지에 따라 다르지만, 시간당 650~1200대 정도이다.[9] 도시 가로를 설계할 때 필요 이상으로 차로 수를 늘려서는 안 된다.

5) 교차로 설계

교차로는 가로들이 서로 연결되는 결절점이다. 이 공간은 보행자, 자전거, 대중교통 차량, 자동차 등이 움직일 때 상충을 최소화하기 위해서 가급적 시간 차이를 두어 함께 이용하게 된다. 도시 지역에서 교차로 설계의 일반적인 규칙은 차량 속도를 낮게 유지하면서 될 수 있는 한 가장 조밀하게 만드는 것이다. 교차로 설계에는 많은 방법이 있다. 예를 들면 2개의 좁은 지역 가로가 교차하는 교차로에는 신호등을 두지 않고, '고원식 교차로raised intersection'를 도입하는 것이 최선일 것이다. 이 방법은 차량 속도를 낮게 유지하므로 자동차 운전자, 자전거 통행자, 보행자 모두가 서로 시선을 맞출 수 있다. 따라서 이동 시 서로 간의 충돌을 최소화할 수 있다.

그러나 정반대로 규모가 큰 교차로의 경우에는 다양한 차량의 흐름을 위해 구별된 차로를 두고, 보행자들을 위한 안전 구역(교통섬), 뚜렷이 구분되는 자전거도로, 교

> ## 가로 규모에 관한 경험 법칙[10]
>
> 1. 중앙분리대로 분리되어 있지 않은 가로는 3차로보다 넓어서는 안 된다. 이 경우 양방향 1차로를 두며, '중앙 회전 차로(central-turn lane)'[11]를 둘 수도 있다.
> 2. 중앙분리대로 분리된 가로[이를 '분리 가로(divided street)'라 한다]는 양방향 4차로(편도 2차로)를 넘지 않게 한다. 단, 교차로의 통행 분리대(traffic separator)에 인접해 좌회전 차로를 둘 수 있으며, 또한 우회전 차로도 설치할 수 있다.
> 3. 예외적인 상황에서는 분리 가로는 6차로로 할 수 있다. 그러나 교차로 설계 시 횡단 거리를 짧게 유지하도록 조심스럽게 관리해야 한다. 즉, 교차로에서 좌회전을 위해서는 단지 1차로를 추가할 수 있으며, 교차로 모퉁이의 좌회전 반경을 작게 하고, 우회전 차로는 될 수 있는 한 배제한다. 만약 우회전 차로를 만들어야 한다면, 보행자와 차량 간 충돌을 방지하고, 보행 거리를 단축하고자 '도류용 교통섬(channelized island)'을 두어야 한다.
> 4. 일방통행 가로(one-way street)는 3차로를 초과해서는 안 된다.

통 신호등을 설치하는 것이 최선이다. 큰 교차로를 통과하는 차량의 속도는 설계적 형태와 운용 방식으로 적절히 조절할 수 있다. 그림 9-10은 적절히 설계된 도시부 교차로의 한 예를 보여준다.

도시 내 가로의 교차로는 '공유된 공공 공간shared public space'이다. 따라서 교차로의 모든 이용자가 교차로가 갖는 공유 기능을 알도록, 특히 다른 이용자를 의식하도록 설계되어야 한다. 현실적으로 가장 좋은 교차로를 만들려면 다음과 같은 설계 원칙들을 적용해야 한다.

• 모든 교통수단의 접근과 요구들을 수용하라. 어떤 교통수단도 배제하지 마라.
• 이용자 간에 우선순위를 고려해 설계하라. 고려해야 할 최우선 대상자는 안전상 가장 취약한 보행자들이며, 최하위 고려 대상은 안전상 가장 덜 취약한 자동차이다.
• 교통수단 간에 상충을 최소화하라. 여기서 상충이란 동일한 시간에 동일한 장소를 함께 이용할 때, 각 이용자의 이동 경로들이 서로 교차하는 것을 말한다. 이는 특히 교차로에서 많이 발생한다.

---

10) 경험 법칙(rule of thumb; 개략 법칙)이란 인치 단위를 사용하는 서양인들이 약 1인치에 해당하는 엄지손가락으로 개략적인 길이를 측정하는 것에서 유래된 말로, 과학적인 방법이 아니라 경험적 방법으로 만들어진 규칙이나 법칙을 의미한다.
11) 중앙분리대의 일부 또는 전체를 진행 반대 방향으로 좌회전 또는 유턴 용도로 사용하는 차로를 말한다.

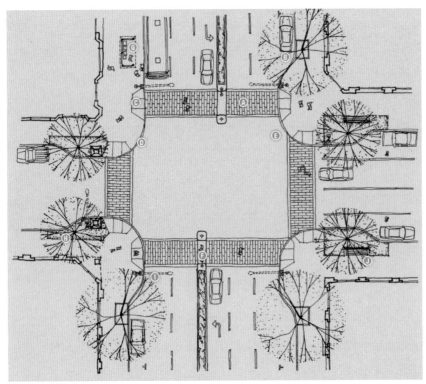

- 모든 이용자가 시야를 잘 확보하게 하라. 특히 보행자와 운전자 사이의 양호한 시야를 확보해야 한다.
- 가로 간의 '교차 각도intersection angle'14)를 과도하거나 과소하게 만들지 말고, 4지(네 갈래) 이상의 복잡한 교차로를 만들지 마라.
- 보행자들이 이동하는 차량에 노출되는 것을 최소화하라. 이를 위해 교차로를 될 수 있는 한 조밀하게 만들고, 횡단 시간과 횡단 길이를 최소화한다.
- 차량 속도를 조절하라. 좋은 도시 가로urban street는 더욱 복잡하고 다기능적이므로, 도시 가로는 농촌 가로rural street보다 더 낮은 차량 속도를 유지하게 해야 한다.

---

12) 횡단보도와 보행로가 만나는 곳에 경사로를 설치한다.
13) 보행자용 교통섬을 가리킨다.
14) 두 직선, 두 곡선, 두 평면, 그리고 평면과 직선 등이 한 점 또는 한 직선에서 만나서 이루는 각을 말한다.

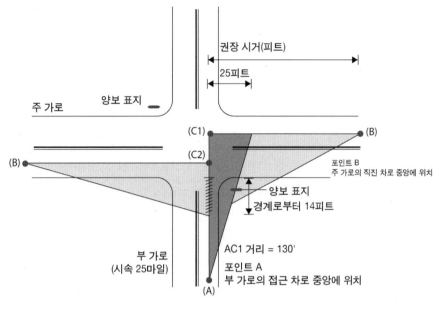

그림 9-11

시거 삼각형: 도시 지역에서 신호
로 통제되는 교차로의 시거 삼각
형은 고속도로보다 훨씬 더 협소
하다.

권장 시거(피트)

25피트

양보 표지

주 가로

(C1)　　　　　　　　　　　(B)

(C2)

포인트 B
주 가로의 직진 차로 중앙에 위치

(B)

양보 표지
경계로부터 14피트

AC1 거리 = 130'

부 가로
(시속 25마일)

포인트 A
부 가로의 접근 차로 중앙에 위치

(A)

6) 모서리 시거

'모서리 시거corner sight distance'[15]의 개념은 고속도로 설계에서 매우 중요한 개념으로, 이 거리가 확보되면 차량이 빠른 속력으로 합류merge할 수 있으며, 안전하게 회전할 수 있다. 도시 지역에서 차량의 속도가 낮으며, 신호등이나 '일단정지 표지stop sign'로 통제되는 교차로[16]에서는 적정 시거에 대한 평가가 현저히 다르다(그림 9-11 참조). 고속도로에는 고속도로 시거 요건을 적용하는 것이 중요하며, 도시 가로에서는 교차로 차량 통제 형태에 따라 그에 맞는 적절한 시거 요건을 적용하는 것이 중요하다.

　여기에는 몇 가지 고려해야 할 규칙이 있다.

- 일반적으로 가로는 직각으로 교차해야 한다. 이렇게 함으로써 교차로에서 최적의 가시선sight line과 최소의 횡단 거리를 만들어낼 수 있다. 차량이 아주 낮은 속도로 이동하거나, 또는 일부 이동이 제한되는 경우를 제외하고는 60도보다 낮은 각도로 교차하게 해서는 안 된다(그러나 비록 대부분의 가로 설계 매뉴얼에 나온

---

15) '시거'란 다른 시설물이나 교통으로 말미암아 방해받지 않는 상태에서 운전자가 볼 수 있는
　　거리를 말한다.

16) 이를 '통제 교차로(controlled intersection)'라고 한다.

규칙을 위반하지만, 차량이 매우 낮은 속도로 운행되는 도시 가로에 대해서는 세계적으로 가장 안전한 가로를 형성하는 중세의 오래된 소도시 중심 지역의 복잡한 가로 패턴을 적용할 수도 있다).

- '일단정지 표지stop sign'로 통제되는 교차로에서는 운전자가 어느 차량이 우선 '통행권right of way'을 갖는지 확인하기 위해서 일단 정지선에 멈추어 다른 세 방향에서 접근하는 차량을 모두 보고 확인할 수 있어야 한다. 더욱 중요한 것은 운전자가 정지선에 멈추어 교차로의 네 모서리로부터 보행로를 따라 접근하는 보행자들을 볼 수 있게 해야 한다는 것이다. 이렇게 함으로써 운전자들은 네 곳의 횡단보도를 통해 횡단하는 보행자들을 보고, 이들에게 통행권을 양보할 수 있다.

- 신호등 교차로에서는 운전자들이 우회전 또는 좌회전 시 자칫 충돌할지도 모를 보행자들과 자전거 운전자들을 인지할 수 있어야 한다. 적신호 시 우회전이 허용될 경우, 운전자들이 안전하게 우회전하기 위해서는 그들의 좌측 가로에서 접근하는 자동차 교통류의 차량 간격도 볼 수 있어야 한다.

- 교차로와 인접한 곳에는 노상 주차를 막을 뿐 아니라, 보행자들이 횡단하기 위해서 기다리며 교차로로 접근하는 차량을 볼 수 있고, 또한 운전자들이 보행자들을 잘 볼 수 있는 장소를 만들기 위한 '연석 확장 기법'을 적용하므로 시거를 개선할 수 있다.

- 교차로에서 운전자들을 산만하게 만들어 횡단하는 보행자들을 인지하는 것을 방해하는 잡다한 표지판을 최소화해야 한다.

- 교차로 모서리 부분에 표지판 기둥, 배전함, 나무 등을 포함한 수직 설치물의 폭은 일반적으로 보행자의 이동 폭보다 넓어서는 안 된다.

- 교차로 근처의 관목, 배전함, 기타 시각 장애물들의 높이는 조그마한 어린이의 키보다 낮아야 한다.

- 차량이 저속으로 운행하는 통제 교차로의 경우, 가지치기를 해서 나무 아랫부분의 가지와 나뭇잎을 높게 다듬어야 한다. 그리고 나무 몸통이 보행자를 가릴 정도로 넓게 자라지 않는다면, 교차로 근처에 가로수를 심을 수도 있다. 또한 가로수들의 몸통이 시각적 장벽을 만들 정도로 너무 빼곡히 심는 것은 조심해야 한다. 교차로에서 가로수가 시거 삼각형에 미치는 영향을 계산할 때에는 나무가 성장했을 때의 몸통만을 고려하고, 전체 수관은 고려하지 않아도 된다. 아울

러 이들 가로수 관리만을 위한 전용 예산이 준비되어야 한다.
- 매우 낮은 속도에서는 시거에 관한 설계 규칙들이 그렇게 중요하지는 않으며, 이는 도시부 '신호 교차로'에서도 마찬가지이다.

7) 모서리 반경

그림 9-12에서 보는 바와 같이, '모서리 반경corner radii'과 '회전 반경turning radii'은 같은 것이 아니다. 전자는 모서리 연석의 실제 반경을 말하며, 후자는 차량이 회전할 수 있는 반경을 말한다. 교차로 모서리 설계에 관한 일반적인 규칙은 다음 내용을 포함한다.
- 모서리 반경은 자동차 회전속도를 최소화하고, 보행자 횡단 거리를 최소화하기 위한 실제적인 최소치이다[보통은 6~15피트(약 1.8~4.5미터)이며, 회전이 금지되는 경우 2피트(약 0.6미터)이다].
- 회전 반경은 노상 주차, 자전거도로, '수집 가로receiving street[17]'의 모든 차로(단지 가장 가까운 차로가 아니다) 등을 포함한 여유 공간과 '효과적인effective' 회전 반경을 반영해 계산해야 한다.
- 교차로의 모서리는 정기적으로 운행하는 대중교통 차량을 포함해 교차로 공간을 자주 이용할 차량 중 가장 큰 차량을 수용하도록 설계해야 한다. 버스와 화물차의 회전 속도를 시간당 5~10마일(약 1.5~3.0미터)로 가정하고, 이들 대형 차량이 회전할 때 진입

그림 9-12
모서리 반경과 회전 반경의 차이.
자료: Oregon Department of Transportation.

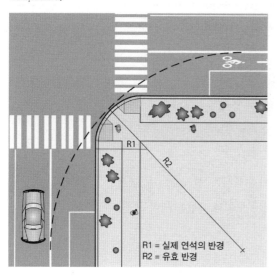

R1 = 실제 연석의 반경
R2 = 유효 반경

표 9-2 반경과 회전속도

회전속도(mph)	자동차 회전 반경(피트)
10	18
12.5	30
15	46
17.5	74
20	103
22.5	136
25	185

자료: "AASHTO, Policy on Geometric Design of Highways and Streets, 2004 Edition"의 160쪽, 식 3-12를 이용해 계산한 결과이다.

---

17) 차량이 회전해 진입하려는 가로를 가리킨다.

가로의 모든 차로를 이용할 것이라고 가정하라. 소방차와 대형 배송 화물차 등
교차로를 가끔 이용하는 차량이 회전하기 위해서 반대편 차로를 이용하거나,
이들 차량이 방향을 전환하기 위해서 중앙선을 넘는 것을 허용할 수 있다. 또한
정지선을 뒤로 물리거나 모서리 부분을 타고 넘을 수 있도록 낮은 연석을 설치
하는 등의 선택적 설계도 할 수 있다.

- '오토턴AutoTURN'과 같은 소프트웨어는 회전 반경을 설계하고 실험하는 데 유용한
  도구이다.
- 표 9-2에서 보는 바와 같이 걷기 편한 도시환경에 맞도록 될 수 있는 한 회전 반
  경을 작게 설계하라.

8) 우회전 차로

다음은 우회전 차로의 설계에 관련된 몇 가지 '경험 법칙'들이다.

- 우회전 전용 차로는 도로 용량을 늘리는 데 유용하다. 전용 차로가 없다면 우회
  전하려고 대기하는 차량이 직진해 교차로를 통과하려는 차량의 흐름을 막을 수
  있기 때문이다. 특히 이러한 현상은 보행자가 많은 교차로에서 잘 나타난다.
  즉, 전용 차로가 없다면 보행자들이 횡단하는 동안 우회전하려는 차량은 신호
  주기가 바뀔 때까지 차로를 완전히 막을 수 있기 때문이다. 그러나 우회전 전용
  차로는 보행자의 횡단 거리를 길게 만들고, 모서리의 연석 확장을 막는 단점이
  있다. 따라서 전용 차로가 유용하다는 분석 결과가 없는 한, 대부분의 도시 가로
  는 우회전 전용 차로가 필요 없다는 가정에서 시작하라(그림 9-13 참조).
- 우회전 전용 차로는 노상에 자전거 차로가 있는 가로에서 특히 유용하다. 이 우
  회전 차로가 직진하려는 자전거 통행자들과 회전하려는 자동차들 간의 상충을
  줄여주기 때문이다(그림 9-14 참조).
- 우회전 전용 차로 및 도류화의 필요성 여부를 검토하기 위해서는 '싱크로Synchro'
  와 같은 소프트웨어를 사용하라. 그러나 어떤 경우이든 모형의 제안을 받아들
  일 것인지는 전문가적 판단에 따르라.
- 만약 교통 분석 결과와 전문가적 판단에 따라 회전 차로를 도류화해야 한다면,
  반드시 그림 9-13과 그림 9-14에서 보는 바와 같은 현대적 표준에 따라 설계해
  야 한다.

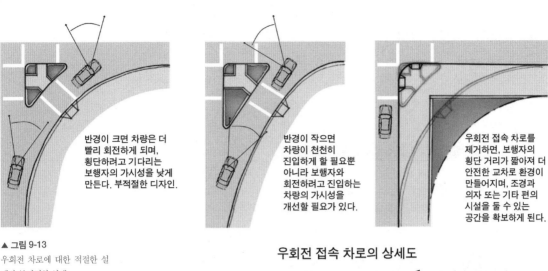

반경이 크면 차량은 더 빨리 회전하게 되며, 횡단하려고 기다리는 보행자의 가시성을 낮게 만든다. 부적절한 디자인.

반경이 작으면 차량이 천천히 진입하게 할 필요뿐 아니라 보행자와 회전하려고 진입하는 차량의 가시성을 개선할 필요가 있다.

우회전 접속 차로를 제거하면, 보행자의 횡단 거리가 짧아져 더 안전한 교차로 환경이 만들어지며, 조경과 의자 또는 기타 편의 시설을 둘 수 있는 공간을 확보하게 된다.

▲ 그림 9-13
우회전 차로에 대한 적절한 설계와 부적절한 설계.
자료: "San Francisco Better Streets Plan," Courtesy the San Francisco Planning Department.

우회전 접속 차로의 상세도

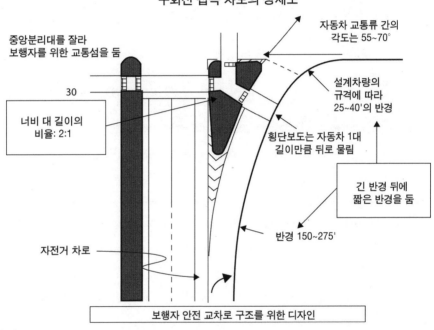

중앙분리대를 잘라 보행자를 위한 교통섬을 둠

자동차 교통류 간의 각도는 55~70°

설계차량의 규격에 따라 25~40'의 반경

30

너비 대 길이의 비율: 2:1

횡단보도는 자동차 1대 길이만큼 뒤로 물림

긴 반경 뒤에 짧은 반경을 둠

자전거 차로

반경 150~275'

보행자 안전 교차로 구조를 위한 디자인

▶ 그림 9-14
우회전 접속 차로의 상세도

• 그러나 회전 차량이 전용으로 진입할 수 있는 별도의 수집 차로receiving lane가 있는 곳에는 자유류free-flow 도류화 회전 차로의 사용을 피하라.

9) 연석 확장

노상 주차장이 설치된 가로상의 교차로와 미드블록 횡단보도가 있는 곳에는 반드시

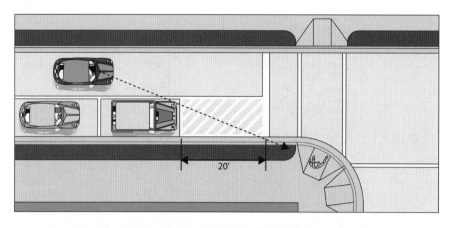

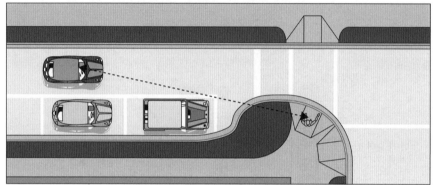

그림 9-15와 그림 9-16처럼 보도의 연석을 확장해야 한다. 연석 확장의 폭은 일반적으로 노상 주차 차로의 폭과 같게 해야 하며, 배수로가 자전거도로 또는 차로를 침범하지 않도록 연석과 배수로를 약간 조정할 수 있다. 또한 앞에서 논의했던 바와 같이, 적절한 모서리 반경을 적용해야 한다. 왜냐하면 연석 확장은 결과적으로 도로 폭을 줄이므로, 연석 확장 부분의 모서리 반경은 연석 확장을 하지 않을 때보다 그만큼 더 크게 해야 한다. 연석 확장은 다음과 같은 많은 편익을 발생시킨다.

- 보행 횡단 거리를 단축시킴으로써 보행자들이 차량에 노출되는 시간을 줄이고, 신호등의 보행자 녹색 점멸 신호 시간을 단축한다.
- 보행자와 운전자 간의 가시성을 향상한다.
- 도로를 좁게 만들어 잠재적인 '교통 정온화' 효과를 얻는다.
- 가로 시설물, 조경, 연석 경사로 등을 설치할 수 있는 추가적 여유 공간을 확보할 수 있다.
- 교차로의 가시선을 개선함으로써 잠재적인 노상 주차 공간을 추가로 확보할 수

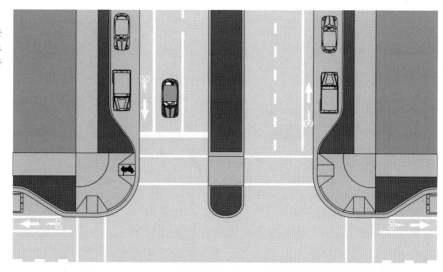

그림 9-17
연석 확장 부분과 노상 주차 공간
을 보행로 축에 통합함으로써 보
행의 안전성과 편리성을 향상하
게 한다.

있다. 연석을 확장했으므로 보행자들은 도로에 들어서지 않더라도 주차 차로의 끝까지 걸어 나갈 수 있다. 따라서 이곳에서 보행자들은 도로 위를 운행하는 자동차를 더 쉽게 볼 수 있고, 운전자들은 이곳에 서 있는 보행자들을 더 쉽게 볼 수 있다.

더 나은 도시환경을 만들기 위해서는 연석 확장 부분과 노상 주차 공간이 보행로 축에 통합될 수 있다(그림 9-17 참조). 이러한 기법은 연석 확장 부분과 주차 공간, 보행로에 유사한 포장재를 사용하는 것을 포함한다. 가로의 안쪽으로 돌출해 들어오도록 연석을 확장하는 대신, 주차는 보행로의 '시설물 구역furniture zone' 안으로 '주머니pocket' 형태로 파고들어 온 곳에서 이루어진다. 시설물 구역(노상 주차 차로 또는 연석 확장 부분)과 차로 간의 단차를 줄 수 있는 곳에서는 이러한 설계를 강화하기 위해서 배수로와 배수구는 차로와 주차 차로 또는 연석 확장 부분 사이에 두게 해야 한다. 이렇게 함으로써 자전거 차로 또는 자동차 차로로부터 노상 주차 차로를 구분하는 강한 시각적 효과를 낼 수 있다. 때로는 기존의 배수 시설을 그 자리에 그대로 내버려두어도 된다.

10) 진입부 관리와 진입로 설계

진입부 관리access management[18]는 자동차를 더 빨리 이동하게 만들고, 차량의 안전성을

---

18) 가로에서 각 필지 또는 교차로로 진입하는 부분의 관리를 가리킨다.

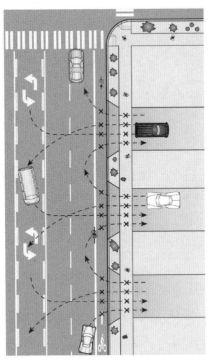
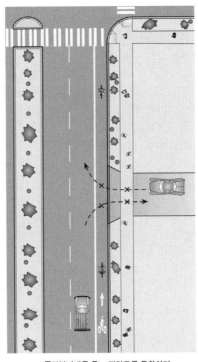

그림 9-18
진입부 관리는 차량뿐 아니라
보행자들에게도 편익을 가져
다준다.
자료: Oregon Department of
Transportation.

부지 진입을 통제하지 않는 경우 각각의 진입로에는
8개의 잠재적 충돌 지점이 생긴다.

중앙분리대를 두고 진입로를 통합하면
충돌 지점을 줄일 수 있다.

개선하려는 의도를 가진 일련의 기술이지만, 이들이 사용하는 전략 대부분은 보행자에게도 편익을 가져다준다. 예를 들어 너무 많은 진입로driveway 는 보행 환경의 질을 현저히 저하시킨다. 따라서 시 당국은 주요 간선 가로와 상업지 가로에 진입로를 금지하거나 강하게 제한해야 하며, 그 대신에 차량을 측면 가로나 후면 가로를 통해 진입하게 해야 한다. 고원식 중앙분리대를 설치하는 것은 보행로를 걷거나 가로를 횡단하는 보행자들에게 현저한 편익을 가져다주는 또 다른 진입부 관리 기술이다. 그림 9-18은 어떻게 진입을 통제하고, 진입로를 제한하는 것이 보행자와 운전자 간 상충점의 수를 감소시키는지를 잘 보여준다.

진입부 관리의 주요 기술은 다음과 같다.

- 진입로의 크기, 양, 빈도를 제한한다. 일반적으로 여러 진입 지점을 하나로 통합하는 것을 포함한다.
- 주 가로main street 의 차량 속도와 운전자의 가로 진출입 행태를 조절하기 위해서 교통 정온화 기법을 적용한다.
- 진입로 및 보조 가로minor street 상의 횡단보도 설계 시에는 보행자와 자전거를 우

선으로 고려한다. 이는 주로 도로 연석에서부터 진입로를 보도의 높이까지 들어 올려 평탄하게 만드는 것을 의미한다. 그리고 보도는 같은 재질로 해서 연속성을 가지게 하되, 진입로 부분은 다른 설계 도안을 적용한다. 보도는 보행자의 통행이 우선되어야 하므로, 진입로를 이용하는 자동차 운전자들은 보행자들에게 통행을 양보해야 한다.

11) 입체적 분리

보행자 육교와 지하보도

일부 설계자는 보행자들이 주요 가로를 횡단하는 것을 돕기 위한 과제에 직면했을 때, 보행자들이 보행 신호를 기다리지 않고, 차량 흐름에 아무런 영향을 주지 않으며, 모두의 안전을 크게 향상할 수 있는 육교나 지하보도를 먼저 생각할지 모른다. 그러나 많은 도시의 경험을 통해서 볼 때, 보행자를 위한 입체 분리는 다음과 같은 많은 단점을 드러낸다.

- 보행자들은 자신의 목적지를 향해 직접 똑바로 이동하는 것을 좋아한다. 연구 결과에 따르면, 대부분 보행자는 지상 횡단로를 이용할 때보다 시간이 50퍼센트 이상이 더 많이 소요되면, 육교나 지하보도와 같은 입체 횡단 시설을 회피한다고 한다.[10] 도로의 상부 또는 하부를 통해서 양측을 연결하기 위해서는 긴 나선형의 경사로가 필요하다. 휠체어 이용자들이 다닐 수 있게 하려면 5퍼센트 이하의 경사가 되어야 한다. 일반적으로 육교 하부의 수직적 여유 간격clearance[19]으로 16피트의 높이가 필요하며, 추가로 교량 구조물 두께 3피트를 고려하면 결과적으로 380피트(약 11.5미터)의 경사로가 필요하다는 것을 의미한다. 일반적으로 6피트의 중앙분리대와 좌회전 차로를 포함한 왕복 6차로 도로의 총 폭은 83피트(약 2.5미터)에 지나지 않으므로, 육교를 통해 횡단하는 거리는 지상 횡단보도에 비해 10배 정도가 된다.[20] 계단이나 엘리베이터가 있다고 해도, 보행자들은 계단을 이용하기 위해서는 상당한 거리를 돌아가야 하거나 엘리베이터를

---

19) 수직적 여유 간격이란 교량이나 육교의 하부를 횡단하는 도로나 철도를 통과하는 차량이 지장을 받지 않을 정도의 수직적 공간 크기를 의미한다.

20) 380×2+83=843피트

타기 위해 기다려야 한다.

- 지하보도와 육교는 갇힌 공간을 만든다. '환경 설계를 통한 범죄 예방CPTED'의 원칙에서 강조하는 것은 사람들이 잠재적 위험을 직면했을 경우를 대비해 모든 방향의 시야를 확보해야 하며, 또한 여러 개의 탈출 경로를 만들어야 한다는 것이다. 이러한 원칙은 실제로 범죄를 막는 것뿐 아니라, 보행자들이 편안하며 안전하다고 느끼게 해준다. 우리는 인간이므로 갇힐 가능성이 있는 곳으로 걸어들어가는 것을 좋아하지 않는다.

도시 지역에서 입체적으로 분리된 보행 시설이 적합한 장소는 다음과 같은 몇 곳으로 제한되어 있다.

- 고속도로, 철로, 수로 등과 같은 주요 장애물을 횡단하기 위한 곳
- 고가 구조물 위에 설치된 도시 철도 역사와 쇼핑몰shopping mall, 또는 공원을 직접 연결하는 보행로를 만들기 위한 곳
- 운동 경기장처럼 많은 보행자가 이동하는 곳
- 미니애폴리스Minneapolis의 미드타운 그린웨이Midtown Greenway와 뉴욕의 하이 라인High Line처럼 연속적인 보행 통로가 마련된 곳과 콜로라도 주 볼더와 오리건 주 유진Eugene과 같이 협곡을 따라 만들어진 통로가 있는 곳

자동차 교통의 입체적 분리

도시 지역에서는 자동차 교통을 위한 입체 분리 시설을 설치하는 것은 피해야 한다. 예외적인 상황에서는 승용차와 화물차의 통행을 위한 입체화가 필요할 수도 있다. 그러나 고가도로와 같은 오버패스overpass보다는 터널tunnel이나 언더패스underpass로 하는 것이 좋다.

12) 응급 서비스 차량

모든 가로는 경찰차, 구급차, 소방차 등을 포함한 응급 서비스 차량이 안정적으로 운행할 수 있도록 설계되어야 한다. 그렇지만 설계자들은 대형 응급 차량을 어느 정도 수용할 것인지를 신중하게 고려해야 한다. 초를 다투는 응급 상황인 화재에 대한 안전성을 높이기 위한 1차적인 대응은 가로를 넓고 곧게 설계하는 것이다. 그러나 대형 사다리차가 빨리 달릴 수 있도록 설계된 가로는 개인 승용차들도 빨리 달리게 한다. 결

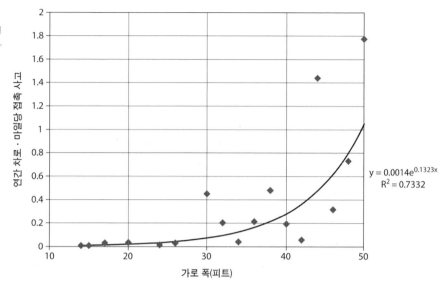

그림 9-19

가로 폭이 증가하면 교통사고에서
비롯된 상해율(injury rates)이 증가
한다.

자료: Courtesy of Peter Swift.

과적으로는 화재 안전이 교통안전과는 불협화음을 이룬다고 할 수 있다(그림 9-19 참
조). 이 딜레마dilemma를 해결하기 위해서 가로 설계자는 교통사고 상해와 사망을 최소
화하면서도 비상 출동 시간emergence response time을 적절한 수준에서 유지하는 '생명 안
전life safety'이라는 측면에서 접근해야 한다. 대부분의 미국 사회에서는 교통사고에 의
한 상해 및 사망자 수가 화재에 의한 수보다 10배 이상이 된다(그림 9-20 참조).

응급 구조 요원들에게 출동 시간은 어느 정도의 속도로 얼마나 가느냐에 달렸다.
일반 차량의 통행 속도를 증가시키지 않으면서도 응급 차량의 속도를 높이기 위해서
시 당국은 응급 차량이 그들의 편의를 위해 수시로 교통신호를 바꿀 수 있게 해야 하
며, 대중교통 전용 도로를 사용할 수 있게 해야 한다. 그리고 주요한 응급대응 경로에
대해서는 상대적으로 혼잡을 줄이기 위한 교통관리 기법traffic management tool을 적용해
야 한다. 또한 이동 거리를 줄이기 위해서, 시 당국은 가로들이 서로
연결되는 격자형 가로망을 설치해야 한다. 만약 개발 업자가 단절된
가로, 또는 '막다른 길(쿨드삭)'을 만들 경우에는 높은 '응급 영향 부담
금emergency impact fee'을 부과해 소방서를 추가적으로 지을 것에 대비해
야 한다.

서로 연결된 격자형 가로는 응급 구조 요원들에게 다음과 같은
세 가지 면에서 중요하다. 첫째, 소방서에서 응급 상황 발생지까지 될
수 있는 한 가장 짧은 거리를 제공한다. 둘째, 만약 주된 경로가 공사

그림 9-20

가로 설계에서 생명 안전 측면
의 접근이라는 것은 교통안전
및 비상 대응 시간을 동시에 고
려하는 것이다.

자료: Courtesy of Peter Swift.

상해
16,400

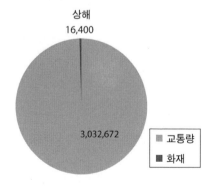

3,032,672

■ 교통량
■ 화재

중이거나 2중 주차한 배송용 화물차로 말미암아 막혔다면, 다른 대체 경로를 제공한다. 끝으로 응급 구조 요원들이 여러 방향에 있는 소방서로부터 주요 응급 상황 발생지까지 간섭을 최소화하면서 한 번에 접근할 수 있게 해준다.

서로 연결된 격자 가로망을 형성하며, 높은 건물들이 모인 지역에 대한 명확한 도시계획 기준이 마련된 지역에서는 탁월한 응급 상황 대처 능력을 유지할 수만 있다면, 가로 폭이 20피트(약 6미터)보다 작아도 된다. 더 안전하고 더 좁은 가로를 응급 출동 경로로 활용하려면, 소방대장과 함께 가로에 대한 생명 안전 기준과 특별히 좁은 가로가 허용될 수 있는 조건들을 정해야 한다. 교통안전과 소방 안전 사이의 균형을 어떻게 맞출 것인지에 대해 더 많은 정보를 얻으려면, 「오리건 주의 근린 주거지역 가로 설계 지침Oregon Neighborhood Street Design Guidelines」과 뉴어바니즘학회 및 미국 환경보호국의 「비상 출동과 가로 설계Emergency Response and Street Design」'를 참고하면 된다(인터넷 홈페이지 www.cnu.org에 게재되어 있다).

13) 교통 정온화

일반적으로 적절하게 설계된 가로에서는 자동차들이 안전한 속도로 운전하도록 규제하는 또 다른 부수적인 노력이 필요하지는 않다. 만약 운전자들이 너무 빠르게 운전한다면, 이는 일반적으로 차로 수가 너무 많고, 너무 넓으며, 교차로가 너무 크거나 너무 멀리 떨어졌다는 것을 의미한다. 아울러 교통신호주기가 자동차들이 더 빨리 달리도록 설정되었다는 것을 의미한다.

만약에 자동차 운전자들이 지역공동체에서 원하는 속도의 범위를 초과해 더 빠르게 운전한다고 하면, 교통 정온화와 같은 일련의 기술을 사용해 차량 속도를 줄이도록 바꿀 필요가 있을 것이다. 교통 정온화는 적어도 다음 중 어느 하나의 요소에 영향을 준다.

- 차량 속도: 차량 속도는 충돌의 강도에 영향을 주는 중요한 결정 인자이다.
- 보행자 및 자전거의 노출 위험: 횡단 거리를 줄이면 횡단 시간은 감소하고, 결과적으로 위험에 노출되는 것을 줄인다.
- 운전자 예측성: 만약 도로 이용자들이 차량이 언제 어떻게 움직일 것인지를 잘 예측할 수 있다면, 이 가로는 더 안전해질 것이다.
- 자동차 교통량: 자동차 교통량을 줄임으로써 자동차에 의한 영향을 줄인다.

그림 9-21
차량 속도가 너무 빠른 경우에는
시케인과 같은 교통 정온화 방법
으로 가로를 개량할 수 있다.
자료: "San Francisco Better Streets
Plan," Courtesy the San Francisco
Planning Department.

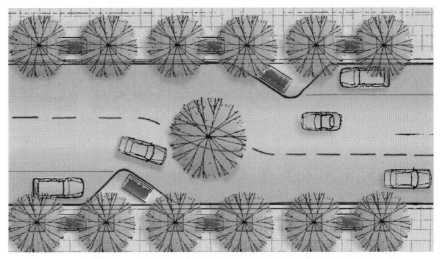

진정한 교통 정온화를 위한 프로젝트가 되려면, 교통 정온화 기능을 일주일 내내, 밤낮없이 수행할 수 있어야 한다(그림 9-21 참조). 주말 시장을 열기 위해 차량 통행을 막는 것은 교통 정온화가 아니다. 학교 내 안전 순찰도 교통 정온화는 아니다. 방과 후 나 주말에는 차량이 없기 때문이다. 교통 정온화 방법에 관한 상세한 내용은 리드 유 잉Reid Ewing 의 「교통 정온화: 실제 상황Traffic Calming: State of the Practice」[11]과 같은 글에서 찾아볼 수 있다.

5. 교통량 추정 모형

1) 4단계 통행 수요 모형

지난 반세기 넘게, 미국의 교통계획 프로젝트에서는 장래의 교통 수요를 예측하는 주 요 도구로 4단계 통행 수요 모형을 사용해왔다. 이들 모형은 토지이용 패턴, 사회경제 지표, 교통 체계가 정해졌다고 가정하고, 이를 기반으로 통행 행태를 예측하는 일련의 순차적인 계산 과정을 사용한다.

4단계 모형은 원래 1950년대에 지역 활동 중심지 간의 자동차 교통량을 예측하는 데 초점을 두고, 고속도로 기반 시설에 대한 장래 교통 수요를 예측하고자 도입되었 다. 그 뒤 시간이 지나면서 이 4단계 모형은 '비자동차 수단non-automobile mode'들을 분석 대상에 포함하고, 이와 관련된 많은 요인을 적용하고자 진화해왔다. 이와 같은 변화는 부분적으로는 1990년 「대기청정개정법Clean Air Act Amendments: CAAA」(주로 총 차량 운행 거리VMT, 차량 속도, 혼잡 운행 시간 등 대기의 질에 미치는 영향에 대해 좀 더 엄격한 분석을 요구)과 1991년 「다수단노면교통효율화법Intermodal Surface Transportation Efficiency Act: ISTEA」(자동차 외의 교통수단과 토지이용 영향들을 고려할 것을 요구)에 의해 유도되었다.

전형적인 통행 수요 분석 모형의 실행 과정에서는 분석 대상 지역을 '교통 분석 존Travel Analysis Zones: TAZ'이라 불리는 몇 개의 지리적 소공간으로 나눈다. 이들 존은 고밀도 도시 지역에서는 몇 개의 블록으로, 또한 농촌 지역에서는 수 제곱마일에 이르는 지역으로 그 크기는 다를 수 있다. 교통 수요 모형은 다음과 같은 4개의 순차적 단계를 통해 이들 존 간의 통행 수요를 추정한다.[21]

① **통행발생**trip generation: 존별 토지이용과 사회경제지표들을 기반으로, 존별로 발생되는 통행량을 결정한다. 예를 들면 저밀도 개발지에 부유한 가구들이 모여 사는 인구 밀집 존들은 상대적으로 더 많은 승용차 통행이 발생하는 경향이 있는 것을 알 수 있다. 일반적으로 '통행발생률trip generation rate'은 과거 자료의 분석을 통해 산출한다.

② **통행분포**trip distribution: 각 존의 상대적 유인력을 기반으로, 통행발생 단계에서 추정된 각 통행의 출발 존과 도착 존을 결정한다. 예를 들면 소매 공간이 많은 존일수록 더 많은 구매 통행을 유인할 것이다. 또한 모든 조건이 동일하다면 통행 비용을 최소화하기 위해 더 가까운 존으로 통행이 분포될 것이다.

③ **수단선택**mode choice: 각 개별 통행이 어떤 교통수단을 이용할 것인지를 결정한다. 이때 통행자는 각 수단별 통행에 소요되는 비용, 편리성, 통행 시간 등을 비교해 교통수단을 정한다는 것을 기초로 한다. 좀 더 정확한 모형에서는 통행 시간을 '차 내 시간in-of-vehicle time'[22]과 대중교통 환승 시간 또는 주차 소요 시간 등을 포함하는 '차 외 시간out-of-vehicle time'으로 나누어 적용한다. 이 4단계 모형의 3단계인 수단선택 과정까지는 모든 통행이 사람 통행person trip 단위로 분석된다. 그러나 여기서는 수단선택 구성 요소를 나 홀로 차량SOV 통행, 다인승

---

21) 통행 수요 분석 모형에 관한 구체적인 내용은 노정현, 『교통계획: 통행수요이론과 모형』(나남, 2012)를 참고하기 바란다.
22) 차량 내에서 이동하며 보내는 시간을 가리킨다.

차량 또는 대중교통 통행, 그리고 도보와 자전거와 같은 비자동차 통행으로 나눌 수 있다. 미국 통계청Census Bureau에 의해 수집된 출근 통행의 수단선택 행태 자료는 모형을 만드는 데 유용하다. 그러나 이들 자료는 하루 전체 통행의 아주 적은 표본sample에 해당하는 자료라는 것을 잊지 말아야 한다.

④ 경로 배정route assignment: 각 통행이 출발지에서 도착지로 이동할 때에 어느 경로path를 택할 것인지를 정한다. 이 단계에서 승용차 통행은 특정 도로들에 배정하고, 대중교통 통행은 고정된 버스 노선들에 배정한다. 이때 경로의 혼잡을 고려해 출발-도착지 간 통행 비용이 최소화하는 경로를 찾는 반복 과정이 사용된다. 예를 들면, 너무 많은 교통량이 어느 한 가로에 배정되면, 그 결과 그 가로는 혼잡으로 과도한 지체를 발생시키므로 다음 반복 과정에서는 통행이 다른 경로에 다시 배정된다. 이 반복 과정은 전체 교통 체계가 균형을 이룰 때까지 계속된다.

미래 목표 연도 교통 체계의 각 시나리오scenario에 대한 통행 수요를 예측하기 위해서 모형을 사용하기 전에, 먼저 기존 자료를 이용해 모형을 정산calibration하고, 모형 추정 결과를 조정한다. 이상적으로는 이 정산 과정은 4단계의 모든 단계에서 이루어져야 한다.

2) 4단계 통행 수요 모형과 대중교통

4단계 통행 수요 모형은 본질적으로 많은 한계를 가진다. 특히 통행 의사 결정 행태가 복잡하고, 많은 사람이 매일 여러 교통수단을 이용하는 고밀도 도시 지역을 대상으로 할 때에는 더욱 그러하다. 다음과 같은 한계점들은 도시 지역에서 대중교통 통행을 분석할 때, 또는 도시 지역에 대한 개선안을 분석할 때 부정확한 결과를 발생시키는 원인이 될 수 있다.

• 통행 목적: 과거의 4단계 모형은 가정household에서 출발해 다시 가정으로 돌아오는 '출근 목적 통행work trip'에 초점을 맞추었다. 이렇게 출근해서 퇴근하는 '통근 통행commuter trip'에 주목해온 것은 '비출근 목적 통행non-work trip'에 대한 기초 자료가 부족한 것에 주된 원인이 있다. 그러나 구매, 등교, 개인 용무 등 비출근 목적 통행의 수는 출근 목적 통행의 수보다 많다. 미국의 '전국가구통행실태조사National Household Travel Survey'에 따르면, 많은 도시 지역에서 저녁 피크 시간 통

행 중 출근과 관련되지 않는 통행이 전체의 70퍼센트에 이른다고 한다.[12] 일부 모형은 통행 목적을 구분하는 범주의 수를 제한하므로 사용하는 데 어려움이 있다. 또한 많은 지역에서는 비출근 목적 통행 실태 자료가 존재하지 않을 수도 있다.

- **존 기반 통행**zone-based travel: 이 모형은 통행이 존의 중심에서 출발해 존의 중심까지 이동하는 통행을 대상으로 분석한다. 그러나 도보나 자전거 통행처럼 자동차를 이용하지 않는 통행은 도착 존의 중심까지 가지 않고 단지 '존 경계zone boundary'를 넘어가는 근거리 통행인 경우가 많으며, 나머지 대다수도 한 존 내에서 움직인다. 그 결과 통행 거리는 실제보다 더 큰 것처럼 보일 수 있으므로, 가끔 도보 통행이나 자전거 통행은 과소 추정되기도 한다.

- **동질성**: 어느 한 존 내에서는, 통행자들의 인구통계학적 특성과 각 장소의 토지이용 특성은 동일하다고 간주한다. 그러나 이들은 다른 교통수단의 이용을 촉진하거나 방해할 수 있는 요소로, 비록 조그마한 존 내에서라도 통행자에 따라, 또한 장소에 따라 다양하게 다를 수 있다.

- **수단의 편중**bias: 기본적 모형은 전통적인 버스 대신에 간선 급행 버스BRT나 대중 철도를 이용하고자 하는 개인적 성향을 고려하지 않는다. 더욱이 수단선택 시 보행과 자전거 이용을 촉진하는 토지이용(보행의 연결성, 가로의 연결성, 블록을 작은 규모로 설정 등을 반영)을 고려해 적용하는 모형은 거의 찾아볼 수 없다.

- **통행 시간**: 대부분의 모형은 피크 시간 통행의 변화를 고려하지 않는다. 일반적으로 모형의 통행 추정 과정은 먼저 통행을 피크 시간에 배정하고, 혼잡 경로를 피하거나 교통 수요관리TDM 기법에 따른 통행 시간의 변화를 설명하기 위해서 통행 배정량을 수동으로 조정하는 반복 과정을 실행한다.

- **주차 변수**: 만약 주차 비용 또는 주차 및 출차에 소요되는 차 외 시간을 정확히 반영하지 못하면 모형은 정확하지 못할 것이다.

일반적으로 '대도시권 계획 기구Metropolitan Planning Organizations: MPO'와 같은 도시계획 당국은 해당 지역의 요구 사항 또는 사용할 수 있는 자료를 기반으로 추출된 다양한 요인을 모형에 적용한다. 그러나 대부분은 가구 수와 고용자 수 등 전형적인 출근 목적 통행의 발생 요인들에 관심을 두며, '주거 환경built environment' 또는 주차 비용과 관련된 요인들을 포함하는 모형은 전혀 없으므로, 나 홀로 차량 통행이 과대 추정되는 결과를 초래하기도 한다.

3) 4단계 통행 수요 모형의 개선

4단계 통행 수요 모형은 지역 간 자동차 통행 수요를 예측하기 위해 고안되었지만, 좀 더 복잡한 도시교통 프로젝트에 대한 통행 수요를 예측하는 도구로 사용될 수 있도록 기능성과 응용 측면에서 개선되어왔다. 개선 내용의 대부분은 산업화하기 위한 모형 개정을 반영한 것이며, 나머지는 특별한 조건들이나 정책 지침들을 다루기 위한 지엽적인 변형들이다. 모형화modelling 하는 것은 시간과 비용이 많이 드는 작업이다. 많은 계획 당국은 모형화의 노력에 관심을 두므로, 때로는 모형의 알고리즘algorithm 이나 기본 가정을 바꾸기 위해서 특별한 과정이 요구되기도 한다.

많은 계획 당국은 앞서 언급한 한계점들을 해결하기 위해서 4단계 모형의 기능을 다음과 같이 향상해왔다.

- 알고리즘에 더 양호한 사회경제지표들을 사용
- 존의 동질성을 높이기 위해서 존 내의 사회경제 및 토지이용의 변동variation 의 한계를 정할 뿐 아니라, 존 내와 인접 존까지의 통행 거리를 제한하기 위한 존 세분화
- 통행 목적을 세분화해 더 많은 수의 범주를 정의
- 대중교통-친화적, 보행-친화적, 또는 자전거-친화적 토지이용을 고려하기 위한 환경적 요소를 추가

4단계 모형에 대한 이러한 조정이 도시 지역의 다양한 교통수단에 대한 통행 수요를 좀 더 효과적으로 예측할 수 있도록 개선해주나, 본질적인 제약 사항을 완전히 해결해주지는 못한다. 따라서 관련 업계의 추세는 이 4단계 모형에 대한 새로운 대안을 찾고자 하는 것이다. 하나의 예로 '활동 기반 모형activity-based model'을 들 수 있다. 이 모형은 개인과 가구의 통행 선택을 분석 대상으로 하므로 통행자의 행태를 더 잘 설명할 수 있다. 이 활동 기반 모형은 교통 수요관리 장려금, 혼잡, 연계 통행trip-chaining 의 욕구, 차량 및 수단의 선택, 계절적 변동이나 기후적 변동, 연료비의 변화 등에 대한 개인적인 반응을 잘 반영할 수 있다. 또한 하나의 교통 분석 존에서 발생하는 모든 통행의 행태를 하나로 집계함으로써 발생하는 문제점들을 해결할 수 있다.

6. 고속도로

고속도로는 운전자들이 빠르게, 편안하게, 매우 안전하게 장거리를 이동할 수 있게 해주는 매우 큰 장점을 가진다. 또한 고속도로는 효율적으로 화물을 수송하게 해주며, 대도시권 통근자들이 빠르게 출근할 수 있게 해준다. 그리고 고속도로가 인접 근린 주거지역의 가로에 미치는 부정적인 영향은 거의 없다.

그러나 고속도로는 다음과 같은 몇 가지 불이익을 가져다준다.

- 용량 손실: 도시 가로는 신호, 노상 주차, 기타 장애물 등으로 말미암아 1시간에 차로당 약 700대의 승용차를 이동시킬 수 있는 데 비해서, 고속도로는 차량 흐름만 원활하다면 1시간에 차로당 약 2000대의 승용차를 이동시킬 수 있다. 그러나 고속도로가 도시 가로의 격자망을 관통할 경우에는 고속도로 노선과 교차하는 가로들을 단절시킨다. 따라서 입체교차 시설(오버패스 또는 언더패스)을 통해서만 제한적으로 통행할 수 있으므로 그만큼 도시 가로의 용량을 감소시킬 수 있다.

- 혼잡 애로 지점chokepoint: 교통량이 많은 고속도로 진출로(램프ramp)가 좁은 도시 가로망과 연결되면, 이곳에서는 병목현상(넓은 관로pipe에서 좁은 관로로 연결되는 현상)으로 비롯된 혼잡 문제가 발생한다. 따라서 고속도로에서 진출하는 많은 교통량을 보행-친화적인 좁은 가로망에 어떻게 분산할 것인가 하는 문제가 해결해야 할 과제이다.

- 사각지대dead zone: 고속도로는 가장 빠듯하게 한다고 해도 도시의 한 블록 전체를 차지할 정도로 그 폭이 넓다. 비록 고속도로가 도시 지역을 지하로 관통하는 최상의 상황이라 할지라도, 고속도로에서는 보행로를 따라 각종 활동이 이루어질 수 없는 '사각지대'가 발생한다.

- 소음과 오염: 고속도로는 시끄러우며, 특히 천식을 유발하는 미세 먼지 같은 오염 물질을 집중적으로 배출한다. 캘리포니아의 베이 지역 대기 질 관리 지구Bay Area Air Quality Management District는 개발 예정지가 고속도로로부터 1000피트(약 300미터) 이내에 있다면, 개발자들에게 거주자들의 공해 노출을 줄이기 위한 대기 오염 관리 연구를 수행하도록 요구한다.

- 부동산 가치의 하락: 북아메리카에서 수행된 고속도로 철거 사업의 사례 연구에 따르면, 앞에서 기술한 문제들 때문에, 도시 고속도로는 일반적으로 인접 부동

산 가치를 절반 정도 하락시킨다고 한다.[13]

• 부동산 가치의 수출export : 도시 고속도로는 시장성이 없는 농촌 지역을 자동차-의존적 개발지로 이용할 수 있게 해주므로, 결과적으로 도심의 부동산 가치를 교외 지역으로 이동시키는 효과를 가진다.

1) 고속도로 문제의 해결

만약 도시가 어쩔 수 없이 고속도로를 유지해야 한다면, 또는 새로운 고속도로가 건설될 예정이라면, 고속도로의 부정적 영향을 감소시킬 다음 몇 가지 도구를 사용할 수 있다.

• 지하화하라. 첫째로, 될 수 있으면 고가보다는 지하로 도시 지역을 통과하게 하라. 이는 소음과 시각적 영향을 현저히 줄여주며, 동시에 다른 문제들을 쉽게 완화할 수 있게 해준다.

• 덮어씌우라. 만약 도시 고속도로를 지하화한다면, 그것을 덮어씌우는 방법을 찾으라. 시애틀, 머서Mercer 섬, 그리고 다른 도시들은 고속도로의 상부를 공원으로 덮어씌웠다. 지가가 높은 도시 지역에서는 특별한 구조물이 필요 없다면, 고속도로 상부를 덮는 비용이나 땅을 구입하는 비용이나 거의 비슷할 것이다. 이렇게 만들어진 넓은 부지를 개발 목적으로 매각하거나, 그 부지로 체육 경기장 등 공공시설을 옮기는 것은 도시의 재정적 측면에서도 타당성이 있을 것이다.

• 둘러싸라. 고가로 도시 지역을 지나가는 도시 고속도로의 하부 공간은 교각이 너무 많아 시야가 차단되므로, 사람들의 안전에 대한 우려를 낳는 황량한 사각지대를 만든다. 벽으로 고속도로 하부를 둘러싸고, 그 내부를 창고로 활용하는 것이 더 좋다.

• 하부에 건물을 배치하라. 고가 고속도로를 벽으로 둘러싸는 것보다 더 적극적인 활용 방법은 하부에 상가를 두는 것이며, 또한 이로서 '장벽 효과barrier effect'를 최소화할 수 있다. 도쿄 시는 긴자Ginza 근처의 대도시권 도시 고속도로의 하부에 인근 주민을 위한 조그마한 식당을 포함한 2층 구조의 세련된 쇼핑몰을 만들어 큰 효과를 얻었다. 또한 그 구조를 매우 견고하게 만들어 고속도로 위를 달리는 화물차들의 소음이나 진동을 최소화하므로 상가를 따라 걷는 보행자들은 고속도로가 있다는 것을 전혀 인식하지 못하게 했다(그림 9-22 참조).

• 도로를 따라서 나란히 건물을 배치하라. 오하이오Ohio 주 콜럼버스Columbus 시에 있는 하이스트리트High Street 는 아마도 도시 내부를 지나는 고속도로의 부정적인 영향을 최소화한 가장 좋은 사례일 것이다. 시 당국은 지역 간 고속도로인 I-670를 오버패스하는 구간을 넓혀, 그곳에 대규모 근린 상가 거리인 하이 스트리트를 건설했다. 그곳에는 멋진 상점들이 늘어섰으며, 그 길을 따라 곳곳을 걷는 보행자들은 자신이 많은 차량이 지나가는 8차로의 고속도로 밑으로 지나간다는 것을 전혀 인식하지 못한다.

고속도로 진출입로와 관련된 묘책trick 이 몇 가지 있다.

• 한 방향으로 연결: 고속도로 진출로(램프)의 병목 문제를 해결하기 위해서 많은 도시는 고속도로 교통량을 도시 내 격자 가로망에 적절히 분산하려는 방법으로 진출로를 한 방향만 설치한다. 이 경우 고속도로 진출로는 고속도로 진행 방향을 따라 1개 또는 2개의 일방통행 가로에 연결되므로, 운전자들은 이 일방통행 가로를 따라 진행하다가 우회전 또는 좌회전해 효율적으로 도시의 격자 가로망으로 들어갈 수 있게 한다. 반대 방향에 있는 진입로도 동일한 방법을 사용한다.

• 관문 설치: 고속도로에서 운전할 때와 도시 가로에서 운전할 때에는 매우 다른 인지 상태가 필요하다. 고속도로에서 운전자들은 전방의 잠재적 위험 요소를 예측하고, 속력을 조절하기 위해 먼 거리를 똑바로 주시하게 된다. 그러나 도시 가로에서는 위험 요소들이 모든 방향에서 다가올 수 있으므로, 운전자들은 더 많은 방향, 더 짧은 거리를 주시한다. 운전자들이 운전 방식을 바꾸는 것을 도와주기 위해서, 즉 고속도로 운전에 익숙해진 상태에서 벗어나도록 충격을 주기 위해서 진출로에 관문 시설gateway treatment 을 설치하는 것이 도움이 된다. 가장 효과적인 수단 중 하나는 운전자들이 고속도로를 벗어나는 장소에다 부드럽게

제약하는 나무나 구조물과 같은 수직적 요소들을 배치해 이들의 시야에 들어오게 하는 것이다. 고속도로와 도시 가로의 안전 규칙들은 정반대이며, 고속도로 진출로는 이들의 전이 지점이므로, 아마도 고속도로 설계 시 고속도로 진출로는 가장 고심해야 하는 요소일 것이다.

- **복수 통로의 대로**: 도시 가로의 기능을 적절히 유지하면서 주 교통류를 처리하기 위해 복수 통로multiway를 가진 대로 형태를 도입하는 것을 고려하라. 이들 가로의 중간 부분은 빠른 속도의 통과 교통을 위한 차로, 옆 부분은 가로변의 시설에 매우 낮은 속도로 접근하는 교통을 위한 접근 차로로 구성된다. 샌프란시스코 시 당국은 보행 조건을 개선하고, 도로 주변의 재산 가치를 올리면서도 많은 양의 자동차 통행량을 처리하기 위해 센트럴 프리웨이Central Freeway를 복수 통로의 대로로 바꾸었다.

- **아름다움과 보행자 스케일**: 도시 가로가 고속도로처럼 보인다면 운전자들은 고속도로에서 운전하는 것처럼 자동차를 몰 것이다. 고속도로 진출부의 인접 지역에 보행자 영역에 들어왔다는 분명한 신호를 운전자들에게 보낼 수 있도록 보행 시설 설계 기법에 더 주의를 기울여야 한다. 이는 고속도로 진출로에도 도심에서 볼 수 있는 것과 동일하게 가로 조명, 조경, 건물, 유지 관리 시설, 기타 편의 설비 등을 두는 것을 포함한다.

- **혼잡의 수용**: 끝으로, 고속도로 진출로는 도시 가로망에 대한 혼잡을 관리할 수 있는 중요한 '미터링 효과metering effect'[23]를 만들어낼 수 있다는 것을 인식하는 것이 중요하다. 도시 가로가 처리할 수 있는 차량보다 더 많은 차량이 진출하지 못하게 하라.

2) 고속도로의 철거

세계 각국의 도시들은 고속도로가 주는 유익함보다 걸을 수 있는 도심이 주는 유익함이 더 크다는 것을 인식하고, 도시 고속도로를 설치하기보다는 이들을 도심에서 철거

---

23) 미터링이란 교통류를 인위적으로 조절하는 방식을 총칭한다. 고속도로 진출로(또는 진입로)에서 고속도로로부터 진출(또는 고속도로로 진입)하는 교통류를 조절해 도시 가로(또는 고속도로 본선)의 교통류를 원활하게 유지하는 기법을 '램프 미터링(ramp metering)'이라 부른다.

하고 있다. 북아메리카 지역에서 도시 고속도로를 철거한 예는 많지만 똑같은 사례는 없다. 그러나 도시 고속도로의 부정적인 영향을 줄이기 위한 노력에 대한 많은 교훈을 채터누가Chattanooga, 샌프란시스코, 밀워키Milwaukee, 서울, 포틀랜드 등의 도시에서 얻을 수 있다. 다음은 이들로부터 얻은 몇 가지 교훈이다.

- 도로 용량의 감소로 승용차 통행량을 줄일 수 있다. 또한 총 차량 운행 거리를 줄인 만큼 사회적·환경적 편익이 늘어난다. 예를 들면 에너지 사용량과 탄소 배출량의 감소, 대기 질과 공중 보건의 개선, 운전자·보행자·자전거 통행자의 안전도 개선, 매연과 소음 공해의 감소, 현재의 대중교통 용량을 더 비용-효과적으로 활용하는 것 등이다.

- 넘치는 교통량은 흡수될 수 있다. 지금까지의 경험에 따르면, 적절한 수요관리 기법과 토지이용 전략을 사용해 모든 통행 수단에 대한 대체 경로를 활용함으로써 합리적으로 수용할 수 있는 교통량의 상한치를 예상했던 것보다 더 높일 수 있다. 일단 용량이 감소하면, 남은 교통량이 얼마가 되든 이를 처리하는 데에는 격자형 가로망이 특히 효과적이다. 연구 결과에 따르면, 통행 수요가 교통망 전체로 흩어지지 않고 하나의 직선 경로로 집중되는 경향이 있으므로, 단순히 도로 용량을 늘리는 것은 실제로 혼잡을 가중할 수 있다고 한다.

- 대규모 통행 수요를 대중교통으로 전환하는 것이 철거의 필요조건은 아니다. 다른 도시들의 경험을 통해 볼 때, 도시 고속도로의 철거는 그 자체가 통행 패턴을 현저히 변화시키는 요인이 된다. 차량은 다른 경로를 찾아 움직일 것이며, 통행자들은 자신의 통행을 위해 가장 편리한 수단을 선택하거나, 다른 시간대에 이동하거나, 다른 장소로 목적지를 옮길 것이다.

- 고속도로 철거는 촉매 효과를 가져다준다. 고속도로의 철거로 남는 여분의 도로 부지는 종종 시민의 편의를 위해 오픈스페이스와 같은 시설로 전환되거나 재개발될 수 있다. 그러나 이렇게 하지 않더라도, 고속도로 철거의 효과는 넓은 공간이 있다는 것을 느끼는 것만으로도 의미가 있다. 또한 주변 지역의 재산 가치가 상승하며, 근린 주거지역은 투자자와 방문자들에게 더 매력적이 된다. 아울러 보행자 통행이 많아지고, 그늘진 으슥한 곳이 없어짐으로 말미암아 범죄는 줄어들 것이다. 비록 범죄가 줄어들지는 않는다 할지라도, 안전에 대한 인식은 변할 것이다. 심지어는 과거에 고속도로로부터 직접적인 서비스를 공급받았던 지역에서조차도, 고속도로가 경제적으로 가져다주는 부정적인 영향의 장기적 효

과에 대해 언급한 도시 연구 사례는 없었다.

- 디자인이 핵심이다. 단순히 입체로 분리된 도로 시설을 없애고, 평지 도로로 바꾸는 것만으로는 충분하지 않다. 모든 도로 이용자를 수용하기 위한 완전 가로의 설계, 교통 정온화, 기타 공학적 기술이 적용되어야 한다. 설계에 대한 의사 결정은 형평성과 효율성, 교통 서비스 공급의 지속 가능성을 고려해 이루어져야 한다.

- 도로 용량의 감소 현상은 지속적으로 관리되고, 보완되며, 감시되어야 한다. 고속도로 철거는 한 번으로 끝나는 파괴 프로젝트가 아니다. 고속도로 철거가 효과적이기 위해서는 장기적인 노력과 조정하려는 의지가 필요하다. 현상을 지속적으로 관찰하고, 자동차 운전자뿐 아니라 대중교통 이용자, 보행자, 자전거 통행자를 포함한 모든 도로 이용자를 위한 해법을 설계하는 전체적이고 종합적인 접근이 필요하다.

- 철거는 트레이드오프를 충분히 고려한 뒤에 진행해야 한다. 비록 가장 좋은 상황에서 진행한다 할지라도, 고속도로 철거가 도시 질병을 치유하기 위한 하나의 만병통치약은 아니다. 불가피하게도 일부의 희생은 감수해야 한다. 교통류를 지상 도로로 옮김으로 말미암아 보행자들은 위협을 받을 것이다. 또한 자동차의 이동성이 축소되는 만큼 상대적으로 몇몇 사업은 오히려 촉진될지도 모른다. '복합 토지이용mixed land use'을 통해서 이동성을 접근성으로 대체하려는 시도가 다른 사람들에게는 용납할 수 없는 밀집을 가져다줄 수도 있다. 어떠한 경우든, '경쟁 가치competing value'에 대해 반드시 시민 간의 대화를 가져야 한다. 삶의 질, 경제개발과 같은 다른 가치가 우선된다면, 이동성에 대한 감소는 받아들여질 것이다.

- 고속도로 철거는 더 큰 도시 전략의 한 부분이 되어야 한다. 고속도로 철거는 삶의 질, 지속 가능성, 철거로 가능해진 경제개발을 향상하기 위한 종합적이고 명확한 시민 비전의 한 요소일 때 가장 효과적이다. 철거에 따른 모든 잠재적 편익을 고려하면, 고속도로 철거는 그 자체가 끝이 아니고, 더 큰 목적과 목표를 향해 나아가는 수단이 되어야 한다.

제10장

주차

Parking

1. 서론

모든 도시에는 대부분 기업의 경제활동을 위해, 또한 자가용 승용차를 소유한 주민들의 삶의 질을 높이기 위해 충분한 자동차 주차 시설이 필요하다. 그러나 얼마나 많은 주차장이 있어야 '충분한가'? 너무 많다면 어느 정도인가? 사실 주차장을 건설하는 비용을 고려하면, 주차장이 너무 많은 것은 주차장이 경제활동에 지장을 줄 정도로 너무 적은 것만큼이나 좋지 않다.

만약 어떤 도시가 교통 혼잡의 감소, 주택 구입 능력의 향상, 대기 질의 개선, 기후변화의 방지, 정부 기능의 효율성 제고, 경제 전반의 활성화를 동시에 해결하기 위해 어느 한 주제에 집중해야 한다면, 이 주제는 주차장 문제에 초점을 맞추는 것이다.

추가적으로 철도역의 주차장에 관한 내용은 제12장 「역과 역권」에서, 피고용자들에게 부여하는 무료 주차 혜택 대신에 현금을 지급하는 프로그램인 '주차비 현금 지급parking cash-out'[1])에 관한 구체적인 내용은 제13장 「교통 수요관리」에서 살펴볼 수 있다. 더욱 많은 정보를 얻으려면, 계획가들의 책장에서 제인 제이컵스의 저서들 옆에 나란히 꽂힌 돈 쇼우프의 저서 『무료 주차의 높은 비용-The High Cost of Free Parking』[1]을 찾아보라.

2. 주차는 운명이다

주차는 거의 전반적인 우리의 삶과 경제에 연관되어 있다. 도시설계자들이 주차장을 적절히 계획하려면 다음과 같은 연관성들을 모두 이해해야 한다.

- 주차는 토지를 소모한다. 주차장은 주행 통로, 진출입로(램프), 이격setback 등을 포함해, 에이커당 평균 100개의 주차면, 또는 한 주차면당 330제곱피트(약 30제곱미터)의 면적이 필요하다. 그러므로 건축면적 1000제곱피트(약 90제곱미터)당 3개 이상의 주차면 설치를 요구하는 도시가 있다면, 이는 결과적으로 건축면적보다 더 많은 주차장 면적을 요구하는 것이 된다(그림 10-1 참조). 교외 지역 사무

---

1) 승용차로 통근하지 않는 직원들에게 주차면 가치만큼의 보조금을 현금으로 지급하는 것을 말한다.

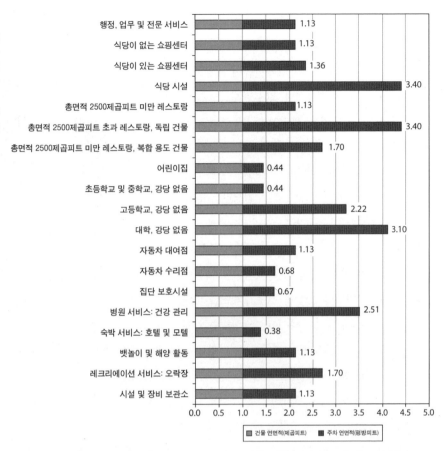

그림 10-1
일반적인 주차장 설치 요건이 적용된 경우에 주차장 면적을 건물 면적과 비교하면, 도시 지역에서는 건물 면적보다 주차장 면적이 더 많아진다.
자료: Nelson\Nygaard/City of Ventura, CA, Downtown parking and Mobility report.

항목	값
행정, 업무 및 전문 서비스	1.13
식당이 없는 쇼핑센터	1.13
식당이 있는 쇼핑센터	1.36
식당 시설	3.40
총면적 2500제곱피트 미만 레스토랑	1.13
총면적 2500제곱피트 초과 레스토랑, 독립 건물	3.40
총면적 2500제곱피트 미만 레스토랑, 복합 용도 건물	1.70
어린이집	0.44
초등학교 및 중학교, 강당 없음	0.44
고등학교, 강당 없음	2.22
대학, 강당 없음	3.10
자동차 대여점	1.13
자동차 수리점	0.68
집단 보호시설	0.67
병원 서비스: 건강 관리	2.51
숙박 서비스: 호텔 및 모텔	0.38
뱃놀이 및 해양 활동	1.13
레크리에이션 서비스: 오락장	1.70
시설 및 장비 보관소	1.13

■ 건물 연면적(제곱피트)   ■ 주차 연면적(평방피트)

용 건물의 주차장 설치에 관한 일반적인 기준은 1000제곱피트(약 90제곱미터)당 5개의 주차면을 두게 하는 것이므로, 이 경우는 전체 개발 면적의 거의 3분의 2 정도를 주차장에 투입해야 한다고 할 수 있다.

• **주차는 비싸다.** 새로운 '주차 건물의 주차면structured parking space' 하나를 건설하는 데 소요되는 비용은 하드웨어 비용과 소프트웨어 비용을 모두 포함해 2010년 기준가격으로 4만 달러 이상이 소요되며, 이를 지하로 건설할 경우 3만~6만 달러 정도가 소요된다. 대부분의 도심지는 지가가 높은 만큼, 이곳의 '지상 주차면surface parking space'의 가격은 더욱더 비쌀 것이다. 비록 충분한 주차 공간을 가지는 것은 중요하지만, 너무 많은 주차 공간을 가진 건물은 낭비적이다. 이런 높은 비용 때문에, 도시의 모든 주차 공간을 소중한 자원으로 관리하는 것이 필수적인 과제이다. 빈 주차면 하나의 가격은 4만 달러로, 이는 가로수 식재, 교통 정온화 사업, 셔틀버스 운영, 기타 접근성 개선에 쓰일 수 있는 큰 금액이다.

- 주차는 '주택 구입 능력affordability'을 감소시킨다. 노외주차장off-street parking의 주차면 하나는 거의 원룸형 아파트 1채만큼에 해당하는 건축물 공간이 필요하다. 샌프란시스코 도시계획국에 따르면, 전형적인 다가구주택의 거주 단위residential unit당 부속 주차면 하나를 건설할 경우, 주택 가격은 20퍼센트가량 증가하고, 같은 비율만큼의 주택 건설량을 감소시킨다고 한다. 근린주거지역기술센터Center for Neighborhood Technology의 스콧 번스타인Scott Bernstein에 따르면, 각 가구가 자가용 자동차 1대를 포기하면 2008년 기준가격으로 10만 달러의 주택 담보를 추가로 확보할 수 있거

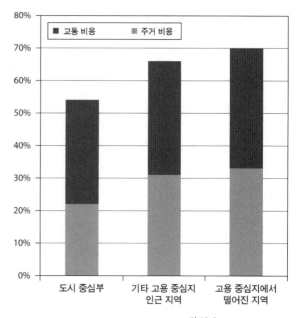

그림 10-2
저소득 가구는 대중교통 근처에 살며 자가용 승용차의 운행을 줄임으로써 교통 비용을 줄일 수 있다.
자료: Center for Neighborhood Technology.

나, 임대료, 교육비 또는 다른 활동 기회를 위해서 한 달에 650달러씩 저축할 수 있다고 한다. 도시의 중심지에 있는 주택은 상대적으로 비싸지만, 이곳에 거주하는 사람들에게는 주거 비용을 추가로 내는 것보다 주차와 교통으로 내는 비용의 절약이 훨씬 더 크다고 할 수 있다(그림 10-2 참조).[2]

- 주차는 교통 혼잡을 악화시킨다. 주차 공간, 특히 통근자나 방문자들을 위한 주차 공간은 자동차를 끌어당기는 자석과 같은 역할을 한다. 주차 공간으로 접근하는 자동차들이 필요로 하는 도로 용량을 초과하는 것보다 더 많은 자동차를 위한 주차 공간을 제공하는 것은 의미가 없다. 오리건 주 포틀랜드 시, 매사추세츠Massachusetts 주 케임브리지Cambridge 시, 캘리포니아 주 샌프란시스코 시와 같은 일부 도시는 교통 혼잡을 관리하는 도구로 통근자의 주차를 제한하거나, 적정한 주차 요금을 징수한다. 사실, 주차 요금을 징수하는 것이 가장 효과적인 '교통 수요관리TDM' 기법이다. 그러나 가장 나쁜 유형의 교통 혼잡은 잘못된 주차 관리로 말미암아 발생한다. 여유 주차면이 많지 않으면 운전자들은 빈 주차면을 찾아 배회해야 하는 처지에 놓이며, 이는 자동차 이동량을 증가시킬 뿐 아니라 과도한 회전 이동과 나쁜 운전 행태를 낳는다. 따라서 이러한 통행 행태는 자동차 통행이 늘어남으로 비롯된 것보다 더 심한 교통 혼잡을 일으킨다. 실제로 기존 연구들에 의하면, 주차장을 찾아 '배회하는cruising' 교통은 상업지역 교

통량의 8퍼센트에서 74퍼센트에 이른다고 한다.[3]

- 주차는 온실가스 배출을 일으킨다. 무료 주차를 제공하는 것은 무료로 가솔린을 제공하거나 자동차를 운전할 때마다 많은 금액의 수표를 끊어주는 것과 같다. 주차 보조금parking subsidy을 제거하고, 운전자들이 실제 주차 비용을 내게 함으로써 총 차량 운행 거리VMT를 25퍼센트까지 절약할 수 있다.

- 주차는 강과 바다를 오염시킨다. 대부분 도시에서 주차장에 떨어지는 빗물은 주차장을 씻어내며, 곧바로 빗물 배수관으로 흘러들어가 아무런 처리 과정 없이 지역의 강이나 냇물로 그대로 흘러간다. 이 빗물에는 휘발성 유기화합물의 독성 물질, 브레이크 분진, 기타 오염 물질이 포함되어 있다. 미국 환경보호국EPA에 따르면, 사실 많은 도시에서 주차장은 가장 큰 단일 수질오염원이라고 한다. 주차장이 감소하면 여유 토지가 늘어나며, 빗물은 이곳을 통해 오염 물질을 분해할 수 있는 토양으로 흡수된다. 또한 주차장을 설계할 때 주차장 유출수runoff가 자연 수로에 도달하기 전에 토양으로 흡수되도록 투수성 포장 및 투수 시스템을 도입할 수 있다.

- 주차는 보행-친화적 어바니즘을 파괴할 수 있다. 잘못 설계된 주차장은 보기 싫으며, 상업지역이나 주거지역의 보행성walkability을 감소시키고, 사람들로 하여금 자동차 운전을 더 많이 하게 할 것이다. 잘 설계된 주차장은 보행자, 자전거 및 대중교통 이용자를 위한 여건도 개선하는 동시에 자동차를 위한 주차 서비스를 제공할 수 있다.

3. 주차 경제학 개론

도시의 주차 문제를 해결하기 위해서는 기술자처럼 생각하는 것보다 경제학자처럼 생각하는 것이 더 중요하다. 아이스크림, 옷, 아파트 등과 같이 주차도 단순히 하나의 상품이므로, 애덤 스미스Adam Smith의 다양한 수요와 공급 법칙을 여기에 적용할 수 있다. 경제학 이론은 시 당국이나 사업체가 주차 수요 및 공급의 균형을 이루기 위한 다음과 같은 몇 가지 제한적인 도구가 있다는 것을 가르쳐준다. 예를 들면 다음과 같다.

- 대체substitution는 제13장 「교통 수요관리」에서 다룰 모든 기법을 포함해서, 주차는 자동차 운행을 대신할 대안적 수단에 대한 매력을 높여줄 수 있다.

- **규제**regulation는 특정 사업의 쇼핑객 또는 피고용자와 같은 특정 부류의 이용자들에 대해 주차장 이용을 제한할 수 있다.
- **가격**price은 요금이 비싼 목적지 인근 주차장보다 불편하지만 조금 더 저렴한 주차장을 선택하도록 운전자들을 유도할 수 있다.
- **대기행렬**queuing(또는 줄지어 기다리는 것)은 운전자들이 다른 주차 공간을 찾거나, 다른 운전자가 떠나기를 기다리기 위해서 배회하게 만든다.

수도, 전기, 가스와 같은 지원 서비스나 주택 등과 같은 많은 공공재public goods에 대해서는 앞에 언급한 도구의 일부 또는 전체를 통합해 '자유 시장free market'을 조정하므로 더 큰 사회적 목표를 달성할 수 있다. 예를 들어 전화 회사는 저소득 가정에 대해 매우 저렴한 가격으로 '생명선 서비스lifeline service'[2]를 제공하도록 규제를 받는다. 그리고 전화 회사는 전화를 거는 사람이 통화할 수 없는 전체 시간(통신에서 말하는 대기행렬과 같다)을 최소화하고자 할인 요금제, 비피크 시간대 요금제, 장거리 통화 요금제 등을 사용한다.

옛 소련(소비에트연방)Soviet Union의 중앙정부는 모든 시민에게 적절한 주거 서비스를 보장하기 위해 일정 수의 주택을 무료 또는 아주 저렴하게 공급하도록 지시했다. 공산주의 정부는 자유롭고, 공평하며, 생산적인 사회에서는 모든 사람이 주택을 가져야 하며, 또한 이 사회적 목표를 달성하기 위해서 세금을 걷는 것이 효율적이라고 판단했다. 마찬가지로 정부는 빵을 생산하도록 지시했고, 시민을 잘 먹이고 행복하게 만들기 위해서 빵을 무료로 나누어주었다.

서구 자본주의에서는 소련 공산당을 모방해 모든 시민을 위한 무료 주택이 아니라 모든 자동차를 위한 무료 주택, 즉 무료 주차장을 보장하도록 의무화하고 있다. 사실 미국에서는 64만 명의 시민이 노숙자로 남아있는데도[4] 주차면은 정부 지시에 따라 자동차 1대당 3.5~8개를 제공한다.[5] 비록 우리는 음식, 의복, 주택을 포함한 모든 기타 '사회적 재화social goods'에 대해서는 자유 시장적 접근을 택하는데도 우리 사회에서는 시민이 아니라 자동차가 특별한 대우를 받는다.

---

2) 무선이동전화 또는 인터넷 전화는 기지국이나 중계기의 전원 또는 전화기의 배터리 전원이 소모되면 통화를 할 수 없는 것에 반해, 유선전화는 이러한 제약이 없으므로, 비상 상황이나 자연재해 시 아무리 어려운 상황이더라도 외부와 연락을 취할 수 있는 최후의 보루라는 의미에서 '생명선 서비스'라 부른다.

1) 만약 운전자 개인이 주차 요금을 내면 어떻게 될까?

주차 비용은 주로 다른 재화와 서비스 비용에 숨겨져 있거나, 대부분을 사회 전체가 나누어 부담한다. 그러나 종종 자동차 운전자는 그들이 사용한 주차 서비스에 대한 요금을 개인적으로 내기도 한다. 이러한 경우에는 애덤 스미스의 '보이지 않는 손invisible hand'이 작용한다.

수요에 대한 가격탄력성은 요금의 변화에 따라 수요가 어떻게 변할지를 추정하는 데 도움을 준다. 많은 연구에서 주차 서비스는 대체재substitute들이 있는 다른 상품과 비교할 때, 상당히 비탄력적인 재화이며, 따라서 주차 서비스에 대한 수요를 줄이려면 가격을 크게 높여야 한다는 것을 발견했다. 소비자들은 여러 자동차 회사 및 자동차 모델 중에서 하나를 선택해 구매할 수 있으며, 또한 몇 년 동안 자동차 구매를 연기할 수도 있으므로, 자동차 자체에 대한 구매 수요의 가격 탄력성이 높은 것은 당연하다. 그러나 주차 서비스에 대한 수요는 비탄력적이다. 주차 비용은 자동차 운행에 필요한 모든 비용(연료비, 차량 마모 비용, 그리고 가장 중요한 것은 운전자의 통행 시간 비용과 운전자가 또 다른 교통수단을 연계해 이용할 때 소요되는 상대적인 시간 비용 등을 포함한다) 중 매우 적은 부분을 차지하기 때문이다.

여러 연구에 의하면, 주차 서비스의 가격에 대한 수요 탄력성 범위는 -0.1과 -0.6 사이이며, 평균 -0.3으로 입증되었다. 이는 주차 서비스의 가격이 100퍼센트 상승하면, 주차 수요가 30퍼센트 감소한다는 것을 의미한다.

4. 주차장 건설 및 관리 도구

구체적인 관리 기술과 도구들을 살펴보기 전에, 지역사회가 주차장을 건설하고 관리하는 데 도움을 줄 수 있는 몇 가지 유용한 도구를 살펴볼 필요가 있다.

1) 교통기술자협회의 「주차 발생」 매뉴얼: 조심스럽게 사용하라!

지역사회가 주차율parking rate을 정하기 위해서 사용하는 가장 일반적인 도구는 교통기술자협회ITE가 출판한 「주차 발생Parking Generation」 매뉴얼이다. 이것은 자동차-의존적 지역사회를 만드는 데 유용한 안내서이다. 그러나 이를 크게 조정하지 않고 그대로 복합 용도의 보행-친화적 지역사회에 적용하는 것은 적합하지 않다. 이 책의 '사용자 지침서User's Guide'에서 언급했듯이, 이 교통기술자협회 매뉴얼의 대부분 자료는 대중교통 서비스가 없거나, 심지어는 보행자가 접근하기 어려운 외떨어진 곳의 단일 용도지역single-use place에서 추출된 것이다.

또한 이 매뉴얼에 있는 자료를 읽는 방법을 이해하는 것이 중요하다. 동일한 자동차-의존적 지역이라 할지라도, 각 지역의 주차 수요는 토지이용 형태에 따라 현저히 다르다. 통계적 유의성이 낮거나, 낮은 설명력(R^2 값)에 특별히 주의하라. 교통기술자협회에서 제시하는 수치는 피크 시간의 주차 수요에 대한 최악의 시나리오를 나타낸 것이다. 따라서 최소 주차 기준을 정하는 데 이들 수치를 사용하는 것은 피해야 한다.

2) 도시토지연구소의 공유 주차

도시토지연구소Urban Land Institute: ULI의 '공유 주차 모형Shared Parking Model'은 마이크로소프트Microsoft 엑셀Excel 프로그램의 스프레드시트spreadsheet로 구현되며, 이는 주차장을 공유하는 복합 용도지역과 상업지역에 교통기술자협회 매뉴얼을 적용할 때 유용한 보충 자료가 된다. 이 스프레드시트는 각각의 서로 다른 토지이용에 대한 최대 이용 특성을 비교해서 공유 주차면 수를 계산한다. 즉, 야간과 주말에 주차 수요가 최대가 되는 영화관은 주중에 주차 수요가 최대가 되는 업무 시설과 주차장을 공유할 수 있다. 이 스프레드시트는 2005년에 도시토지연구소와 쇼핑센터국제협회International Council of Shopping Centers에서 발간한 『공유 주차장(제2판)Shared Parking, Second Edition』에 대한 부속 프로그램이다.

교통기술자협회의 수치들과 마찬가지로 도시토지연구소 모형의 자료를 사용할 때에는 약간의 주의가 필요하다. 만약 이 모형의 기본 설정을 사용한다면, 전체 주차 수요가 과대 추정되는 경향이 있다. 그 이유는 다음과 같다.

- 첫째, 교통기술자협회와 마찬가지로, 도시토지연구소의 기본 가정은 모든 사람이 운전한다는 것이다. 따라서 보행-친화적이고, 대중교통의 접근성이 좋은 지역에 대한 주차 수요는 도시 배출 가스 모형URBan EMISsions model: URBEMIS과 같은 다른 도구를 사용해 하향 조정해야만 한다.
- 둘째, 도시토지연구소의 공유 주차 모형에서 사용하는 기본 주차율parking ratio은

월별 평일 주차 수요 추정

그림 10-3

도시토지연구소의 공유 주차 모형은 각 토지이용별로 하루 중 어느 시간대에 주차가 피크를 나타내는지 보여준다.

자료: Nelson\Nygaard, from Shared Parking model, *Shared Parking*, Second Edition, Urban Land Institute 2005.

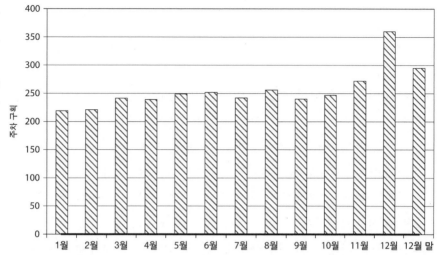

일반 프로젝트의 주차 수요량을 추정하기 위한 것이 아니다. 이 기본 주차율은 반드시 공급되어야 할 주차면의 수에 관한 도시토지연구소의 의견을 나타낸 것이다. 즉, 이 모형은 피크 시간에 85~95퍼센트의 주차 점유율을 유지할 정도로 충분히 여유로운 주차면을 공급하는 것을 가정한다. 따라서 교통기술자협회의 「주차 발생」 매뉴얼에서 제시하는 피크 시간 평균 주차율을 이 모형의 기본 주차율로 사용하면 주차 수요를 좀 더 정확하게 추정할 수 있을 것이다.

• 끝으로, 도시토지연구소의 스프레드시트는 주차 점유율이 12월에 가장 높다고 가정하고(그림 10-3 참조), 주차 수요량을 추정할 때 12월의 수치를 기본 값으로 한다. 그 결과 다른 49주 동안에는 많은 주차면이 비었을 가능성이 있는데도 가장 주차 수요가 많은 성탄절 이전 3주 기간에 맞춰 주차장을 계획하게 된다.

다행히도 엑셀 스프레드시트는 쉽게 조정할 수 있으므로, 사용자는 계획의 목적에 맞는 피크 시기 및 교통수단분담에 대한 기본 가정을 세우고 그에 맞는 값을 입력할 수 있다.

3) 미국 인구센서스

1970년대 전국을 대상으로 수집된 교통기술자협회의 자료와는 달리, 미국 인구통계조사(인구센서스census) 자료는 가구의 자동차 보유율에 대한 지역별 자료를 정확히 제공하므로, 이 자료는 피고용자들의 주차 수요를 추정하는 데 도움을 줄 수 있다. 그러나 인구센서스 자료는 다음의 몇 가지 단점이 있다.

- 인구센서스는 10년에 한 번씩 시행하므로, 이들 자료는 사용하는 시점에서 보면 낡은 것일 수 있다.
- 자료의 출처는 센서스의 '긴 양식long form'[3]이므로, 블록 단위의 자료를 분석할 때에는 표본의 크기가 너무 작지 않은지에 주의를 기울여야 한다.
- 이 자료는 주거용 주차 수요를 추정하는 데에는 매우 유용하지만, 상업용 주차 수요를 추정하기에는 정밀하지 못하다.

인구통계조사 자료를 이용하려면 웹사이트 factfinder.census.gov에 접속하면 된다. 첫째 단계는 분석 대상 지역의 '센서스 블록 그룹census block group'[4]을 식별하는 것이다. 이 작업을 수행하려면 메뉴에서 '지도Maps'를 선택한 다음에 '참조 지도Reference Maps'를 선택한다. 그다음 '센서스 트랙트 및 블록Census Tracts and Blocks'을 확인하고, 조사 지역이 속한 주의 이름과 우편번호를 입력한다. 이렇게 하면 미국의 모든 지역에 대한 센서스 트랙트와 센서스 블록 그룹의 경계를 보여주는 지도를 볼 수 있다.

이들 블록 그룹에 대한 자료를 얻으려면 다시 factfinder.census.gov로 이동해서, 메뉴에서 '데이터 세트Data Sets'을 선택하고, '10년 단위 자료Decennial Census'와 '요약 파일 3Summary File 3'과 '상세표Detailed Tables'를 차례로 선택한다. 그다음으로는 '지리적 형태Geographic Type'의 풀다운 메뉴pull-down menu에서 블록 그룹Block Group을 선택한 뒤, 원하는 자료에 해당하는 주, 카운티, 센서스 트랙트, 블록 그룹을 택한다. 그다음 페이지에서는 찾고자 하는 자료를 선택한다. 가장 흥미로운 데이터 세트 중 두 가지는 다음과 같다.

---

3) 미국 인구센서스의 조사 양식은 '긴 양식(long form, Form D-61B)'과 '짧은 양식(short form, Form D-61A)'으로 나누어진다. 긴 양식은 총 37쪽에 달하는 조사표로 조사 항목이 많을 뿐 아니라, 개인 정보에 대한 조사 내용이 많으므로 응답률이 낮다. 따라서 이는 인구센서스의 정확성을 떨어뜨리는 요인의 하나가 된다.

4) '센서스 블록'은 미국 통계청에서 가구를 대상으로 조사할 때 사용하는, 표본조사가 아닌 전수조사의 대상이 되는 가장 작은 지리적 단위이다. '센서스 블록 그룹'은 몇몇 블록을 묶어놓은 것이며, 이들을 묶어놓은 것이 '센서스 트랙트'이다. 평균적으로 블록 그룹 당 약 39개의 블록들이 있으며, 미국에는 푸에르토리코(Puerto Rico)까지 포함해 820만 개의 블록이 있다. 센서스 블록은 통상 600~3000명 정도의 인구 규모를 가지며, 센서스 트랙트는 약 4000명 정도의 인구 규모로 '인구조사 표준 지역'이라 부른다(Wikipedia).

옥스너드 시의 자동차 보유율: 가구(임차)당 차량 보유 대수

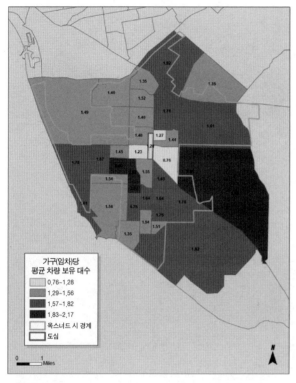

그림 10-4

센서스 데이터를 이용하면 도시 내에서 승용차 보유 패턴이 어떻게 다른지를 쉽게 알 수 있다. 주차 수요는 토지이용 형태보다 위치에 따라 그 차이가 더 크다.

자료: Nelson\Nygaard.

- P30: 16세 이상 근로자들의 출근 교통수단
- H44: 이용 가능한 자동차 여부

또한 이곳에서 소득, 인종, 인구 규모, 근무지, 통근 시간 등과 같은 관련 정보를 풍부하게 얻을 수 있다. 이들 자료를 이용해 교통 자료와 사회적 자료 사이의 상관성을 분석하므로 사회적 형평성을 분석할 수 있다. 이들 데이터 세트 중 하나를 클릭하면, 지리 정보 체계Geographic Information System: GIS 매핑mapping을 포함해 엑셀이나 다른 소프트웨어로 복사할 수 있는 간단한 도표를 만들 수 있으므로 이를 더 상세한 분석에 사용할 수 있다.

이 데이터 세트를 적용하면, 주차 수요와 승용차 보유율이 토지이용 형태보다, 심지어는 소득 수준보다 지리적 위치에 따라 더 큰 차이를 보인다는 것을 명확히 알 수 있다. 즉, 같은 도시 내라 할지라도, 대부분 지역사회에서는 대중교통이나 소매 지역에 인접해 거주하는 보행-친화적 가구들은 승용차-의존형 근린 주거지역에 거주하는 가구들보다 승용차를 매우 적게 보유한다는 것을 알 수 있다(그림 10-4 참조).

4) 미국 교통국 센서스의 교통계획 자료

미국 센서스 웹사이트는 거주자와 그들의 통행 행태에 관한 자료에 초점을 맞춘 반면, 미국 교통국Department of Transportation: DOT은 근로자의 통행 행태에 초점을 맞춘 자료들을 생산한다. 이 자료들은 웹사이트 www.fhwa.dot.gov/ctpp에서 「센서스 교통계획 자료Census Transportation Planning Products: CTPP」[5]의 '근무지 표Part 2 Place of Work Tables'를 요청해

---

5) 「센서스 교통계획 자료」는 미국 통계청의 대규모 표본조사 자료를 이용해 교통계획가들이 설계한 특별한 표들을 모아놓은 것이다. 이 표들은 다음 세 가지 지형도를 포함하므로 독특하다(센서스 교통계획 자료 홈페이지).

옥스너드 시의 통근 출발지 분포

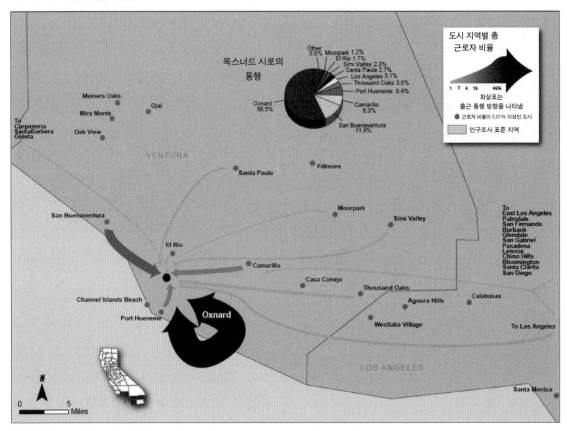

콤팩트디스크Compact Disc: CD 형태로 받아 사용할 수 있다. 이 CD는 무료로 제공되며, 여기에는 어떻게 관련 자료를 선택하는지와 간단한 분석 방법을 설명하는 소프트웨어가 들어 있다.

이 표를 통해서 근로자들의 통근 행태가 주거 입지별로 어떻게 다른지를 알 수 있다. 예를 들어 도심에 사는 근로자가 외곽의 카운티 지역에 사는 근로자보다 전체적으로 자동차를 40퍼센트 정도 덜 사용하는 것을 알 수 있다. 이 자료는 도심지 사무용 건물의 예상 주차 수요를 추정하는 데 유용한 '조정 계수adjustment factor'로 사용될 수 있다.

또한 더욱 흥미로운 것은 이 자료가 각 고용 중심지로 통근하는 근로자들의 통행

그림 10-5

「센서스 교통계획 자료」를 이용해 지역사회의 통행 패턴을 자세히 알 수 있고, 이를 통해서 주차, 대중교통, 기타 접근 전략에 대해 적절한 투자를 할 수 있다.

자료: Nelson\Nygaard.

Part 1: Residence-based tabulations summarizing worker and household characteristics

Part 2: Workplace-based tabulations summarizing worker characteristics

Part 3: Worker flows between home and work, including travel mode

패턴을 보여준다는 것이다. 이들 통행 패턴에 관한 자료는 모든 종류의 교통 투자 계획에 매우 유용하게 사용될 수 있다. 예를 들어 그림 10-5는 캘리포니아 주의 작은 도시 옥스너드Oxnard에 대한 근로자의 통근 자료를 보여준다. 당초 계획가들은 이 도시에 근무하는 근로자 대부분이 멀리 떨어진 농촌 마을, 또는 더 멀리 떨어진 로스앤젤레스 시로 장거리 통근을 한다고 가정해왔다. 그러나 놀랍게도 도시 내부의 근거리 통근자들이 가장 큰 비중을 차지했으며, 또 다른 주요 통근 지역은 인근의 샌부에나벤투라San Buenaventura이었다. 이 분석 결과를 바탕으로 옥스너드 시 당국은 지역 내 자전거, 보행, 셔틀에 대해 우선적으로 투자했으며, 또한 교통 혼잡 관리의 목적을 달성하기 위해서 샌부에나벤투라까지 연결하는 대중교통의 운행을 늘렸다.

5) 도시 배출 가스 모형

'도시 배출 가스 모형'은 도시 개발로 방출되는 오염 물질을 추정할 목적으로 캘리포니아의 대기 질 관리 지구에서 개발해 무료로 제공하는 도구이다. 자동차에서 배출되는 오염 물질과 이산화탄소 배출량을 산정하려면 정확한 통행발생률을 결정해야 하므로, 이 모형에서는 교통기술자협회의 통행발생 관련 변수 값들을 지역 특성에 맞도록 세부적으로 조정할 수 있게 했다. 개발 사업에 따른 통행발생량은 사업 자체의 특성뿐 아니라, 주변 지역의 특성에 따라서 달라진다. 예를 들어 주거지와 근무지가 잘 균형 잡혀 있고, 빈번한 대중교통 서비스가 잘 연계되어 있으며, 보행-친화적 가로망이 잘 갖추어진 경우에는 자동차 통행률이 현저히 낮다. 또한 많은 상점, 서비스, 대중교통 노선이 존재하는 기존의 중심 근린 주거지역에 고밀도 주택을 추가로 개발하는 경우에는 같은 규모의 주택을 고속도로 인터체인지 인근 저밀도 주택단지로 둘러싸인 곳에 입지하는 것보다 더 적은 통행이 발생한다. 이러한 이유 때문에, 도시 배출 가스 모형은 사업 중심지로부터 반경 약 2분의 1마일(약 800미터) 이내의 지역과 전체 사업 지역 중 더 넓은 지역에 대한 자료가 필요하다.

전체 모형과 사용 설명서는 www.urbemis.com에서 무료로 내려받을 수 있다. 캘리포니아 연방 지방법원은 캘리포니아의 건설산업협회Building Industry Association와 샌호아킨밸리San Joaquin Valley의 통합 대기오염 통제 지구Unified Air Pollution Control District 간의 법정 소송 판례를 통해 통행발생 계수 값을 조정할 때 이 모형을 사용하는 것을 인정했다.[6]

5. 주차 관리 원칙

활기찬 상업 지구와 살기 좋은 근린 주거지역을 만들기 위한 필수적인 전제 조건은 잘 설계된 주차 정책이다. 적절한 주차 정책이 없으면, 복합 용도의 대중교통-지향적 개발은 재정적으로 시행할 수 없는 경우가 있다. 효과적인 주차 계획의 지침이 되는 원칙들은 다음과 같다.

① 주차에 두루 적용되는 해법은 없다.

다른 모든 경우와 마찬가지로, 주차 계획 시 그 장소의 특성과 고유한 강점에 주의를 기울여야 한다. 교외 지역에서 쓸 수 있는 주차 해법은 종종 도심지에서는 맞지 않으며, 그 반대 경우도 마찬가지이다. 확실히 주차 수요의 패턴은 토지이용의 형태보다는 위치에 따라 더 큰 차이가 있다.

지난 한 세기 동안 보행-친화적인 복합 용도의 중심 지역에서 겪었던 일반적 실수는 교외 지역의 주차 기준을 그대로 적용했다는 것이다. 이는 "도심지 쇼핑몰에 쇼핑객들이 이용할 수 있는 넓은 무료 주차장이 없다면, 교외의 쇼핑센터와 '경쟁compete'할 수 없다"라는 가정에 오류가 있었기 때문이었다. 사실 도심지가 쇼핑몰이라는 동일한 방식으로 경쟁한다면 항상 질 것이다. 오히려 복합 용도지역에 과도한 주차장을 공급하기보다는 높은 품질, 다양성, 보행-친화적 환경, 뛰어난 주차 관리 기법 등 그 지역만의 조건을 가지고 경쟁해야 이길 수 있다.

② 어디에나 주차장에 약간의 여유분을 두어, 항상 주차할 수 있게 하라.

운전자는 그 지역의 전체 주차면이 얼마나 되는지에는 관심이 없다. 그들에게 중요한 것은 빈 주차면을 얼마나 쉽게 찾을 수 있는가 하는 것이다. 이는 주차 시설이 85~90퍼센트 정도의 점유율을 갖도록 관리해야함을 의미하며, 이 점유율은 주차면 찾기의 용이함과 자원의 효율적 이용의 최적 균형을 가져다줄 수 있는 수준이다. 물론 규모가 큰 중앙 집중식 시설일 경우, 또는 정교한 실시간 주차 정보시스템을 가진 경우에는 주차 점유율의 목표를 높일 수 있다. 또한 주차 가용성availability을 높이고자 주차 요금, 주차 시간제한, 기타 제약들을 활용할 수 있다. 이는 가로와 주차장 입구에 인접한 곳에서 가장 잘 보이는 경우에 특히 중요하다. 주차장 점유율이 90퍼센트 이상을 넘는 경우에는 가용성을 높이기 위해서 주차 요금을 올리거나, 주차 시간을 제한하거나, 기타 또 다른 조치를 취해야 할 필요가 있음을 의미한다.

③ 원하는 때는 언제든지 주차할 수 있다는 인식을 가지게 하라.

경제적인 성공의 여부는 주차장의 실제 가용성에 있는 것이 아니라, 가용성에 대한 대중의 인식에 달렸다. 주차 공간이 운전자들에게 보이지 않으면, 여유가 있어도 거의 이용되지 않는다. 다음과 같은 몇 가지 전략을 통해서 주차 가용성에 대한 인식을 개선할 수 있다.

- 정보: 최소한 도로 표지판, 정보 책자, 웹사이트에 주차할 수 있는 시설의 위치를 강조해 표시할 수 있다. 이상적으로는 실시간 정보 표지판을 통해 그 시각에 각각의 주차장에 빈 주차면의 수를 운전자들에게 직접적으로 보여주는 것이다. 홍보 자료를 이용해 지역의 모든 주차장에 대한 정보를 제공한다면, 이는 잘 이용되지 않는 주차장을 방문자들과 연결해주는 중요한 역할을 할 것이다.

- 차등 주차 요금 및 수요관리: 주차장에 대한 인식은 가장 잘 보이는 주차 공간, 특히 노상 주차 공간과 주차 건물의 낮은 층이 얼마나 점유되었느냐에 가장 큰 영향을 받는다. 이러한 곳에서는 주차 요금과 시간제한이 특히 더 중요하다. 일반적으로 이렇게 선호되는 주차 공간에 대해서는 더 높은 주차 요금을 징수해야 하며, 주차 시간을 짧게 제한해야 한다.

- 교육: 가장 편리한 주차 공간을 고객들을 위해 남겨두려면, 상인과 직원들은 주차장의 최상층처럼 눈에 잘 띄지 않는 지역에 주차하도록 유도해야 한다.

- 주차 대행 서비스: 만약 고객이 직원의 도움을 받는 것에 대해 기꺼이 추가 비용을 부담할 의사가 있다면, 이 고객은 주차 대행 서비스 덕택에 주차할 곳을 찾는 걱정을 하지 않아도 된다.

④ 주차 시설은 공유되게 하라.

다른 토지이용 용도 시설들이 주차 공간을 서로 공유하면, 주차 시스템의 효율성을 극대화할 수 있으며, 또한 적은 주차 공간을 가지고 동일한 수요를 만족시킬 수 있다. 이것은 다음의 두 가지 주요 이유 때문이다.

- 토지이용 용도마다 서로 수요의 피크 시간대가 다르기 때문이다. 예를 들어 주거지의 주차 수요는 저녁과 주말에 가장 높다. 그리고 사무실 주차 수요의 피크 시간대는 평일 근무 시간인 반면에, 소매 상업지의 주차 수요의 피크 시간대는 주말이다.

- 공유 주차는 주차 수요의 피크를 완화할 수 있기 때문이다. 일반적으로 통용되는 주차장 통합 이용은 여러 용도를 지원할 수 있는 주차 서비스를 공급할 수 있게 해준다. 대부분의 주차 시설은 수요의 변동variation에 대비하고, 단일 용도 또는 주 용도의 피크 수요를 수용하고자 지나치게 큰 규모로 되어 있다. 더 많은 이용자가 서로 다른 피크 시간대에 주차 시설을 공유하면 할수록 시설의 효율성은 증가한다.

이러한 잠재적 이점을 활용하기 위해 주차 시설은 공유할 수 있도록 설계해야 한다. 예를 들어 보행 출입구는 단지 특정 건물을 통해서만 이어지는 것이 아니라 가로를 통해 연결되어야 한다. 그렇지 않으면 보안상의 쟁점들이 공유 주차 시설의 운영에 저해 요소가 될 수 있다. 주차면을 특정 이용자를 위해 따로 잡아놓아서는 안 된다. 예를 들면 거주자를 위한 전용 주차처럼 예약 주차면을 둘 경우, 이 주차면에 대해서는 특별 할증 요금을 징수해야 한다.

주차 공간은 공통적인 기준에 따라 소유되고 관리되어야 한다. 공공 주차 시설은 제도적 장벽이 없으므로 가장 공유하기가 쉽다. 만일 민간 주차 시설이 건설된다면, 개발 계약서에 대중의 접근과 공유를 허용한다는 조항을 두어야 한다. 상업 활동 촉진 지구BID를 지정할 때에는 제3의 소유자로부터 주차장을 임대해 운영하는 조직을 두어 일반 대중이 주차 시설에 자유롭게 접근할 수 있게 함으로써, 이러한 노력을 용이하게 시도할 수 있다. 이는 주차장의 활용성을 극대화하므로, 결과적으로는 지구 내의 경제적 생산성을 높이는 효과를 얻을 수 있다.

⑤ 고객을 최우선으로 생각하라.

주차 시설을 이용하는 사람들은 각기 다른 경제적 보상을 얻으며, 다른 교통수단을 이용할 능력도 서로 다르다. 예를 들어 근로자들은 대중교통수단이 가장 빈번하게 운행하는 피크 시간대에 매일 같은 통근 통행을 하므로 다른 대중교통에 대한 선택을 고려할 수 있으나, 이들이 주차의 용이성과 주차 요금 때문에 다른 직장을 선택하지는 않을 것이다.

이와는 대조적으로 쇼핑객들과 방문자들은 주로 비피크 시간대에 통행하고, 통행 횟수도 그리 많지 않으며, 대안으로 선택할 수 있는 많은 목적지를 가진다. 따라서 이들은 경제적 개발 목표를 달성하기 위해서 관심을 두어야 할 가장 중요한 그룹이다.

주차 시설 공급에 제약을 받는 복합 용도 지구 내에서는 다음과 같은 순서에 따라 주차 시설 이용에 대한 우선권을 주어야 한다.

- 고객과 쇼핑객들
- 다른 방문자들
- 거주자들
- 피고용자들
- 환승 통근자들

⑥ 전체 주차 서비스를 일괄 시스템으로 관리하라.

될 수 있는 한 노상 및 노외 주차, 공공 및 민간 주차 등 서로 다른 형태의 주차 시설이라도 동일한 원칙으로 관리해야 한다. 주차 요금, 주차 시간제한, 요금 지불 체계는 이해하기 쉽게 될 수 있는 한 표준화해야 한다.

⑦ 주차 시설의 공급을 늘리기 전에 대안을 분석하라.

주차 시설을 공급하는 것은 새로운 통행을 수용하기 위해 내야 하는, 가능하고 값비싼 하나의 대안일 뿐이다. 새로운 주차 시설을 건설하기 전에 다른 교통수단을 통해 적은 비용으로 동일한 양의 통행을 수용할 수 있는지 검토해야 한다. 잠재적인 대안들은 다음과 같다.

- 정보의 개선: 더 나은 표지판과 실시간 정보는 기존 주차 시설을 좀 더 효율적으로 사용할 수 있게 만들 수 있다.
- 주차 대행 서비스: 특히 피크 시간대의 기간이 짧다면, 더 많은 주차 시설을 공급하는 것보다 주차를 대행하는 직원을 추가로 고용해서 통로를 줄이고, 이곳에 차를 '줄지어 세워놓는 것stack'이 비용-효과적일 것이다. 기계식 주차는 같은 면적에 더 많은 차량을 수용할 수 있는 또 다른 방법이다.
- 대중교통의 개선: 더 빠르고, 더 자주 운행하는 대중교통 서비스는 대중교통을 더 많이 이용하도록 유인할 것이며, 이는 결국 다른 이용자들이 주차 공간을 자유롭게 이용할 수 있게 해줄 것이다.
- 자전거와 보행 환경 개선: 자전거 주차 시설, 가로상의 자전거 차로, 횡단보도의 개선은 더 많은 근로자와 방문객을 걷거나 자전거를 이용하도록 유도할 수 있다.
- 재정적 장려: 어떤 경우에는 새로운 주차 시설을 건설하는 것보다 차량을 운행하지 않도록 사람들에게 장려금을 지급하는 것이 더 저렴할 것이다.

– 기타 수요관리 프로그램: 여기에는 앞에서 언급한 요금 전략과 허가 전략뿐
　아니라 카풀carpool(자동차 함께 타기)과 밴풀vanpool이 포함된다.

⑧ 도로의 교통 혼잡을 관리하는 도구로서 주차를 이용하라.

　어떤 도시든 관계없이, 주차 서비스의 공급을 조절하는 것은 교통 혼잡을 관리
하는 가장 강력한 도구이다. 교통 혼잡을 관리하기 위해서 쓸 수 있는 수요관
리 기법은 다양하지만, 유류세와 도로 통행료 징수 등과 같은 많은 수요관리
기법은 지방자치단체가 통제할 수 없는 것들이다.

　주차 시설의 양과 주차 요금의 수준은 자동차 교통량에 주요하게 영향을
미친다. 도시 내부에 주차면 하나가 늘어나면, 자동차 통행량이 추가적으로 늘
어날 가능성이 생긴다. 한편 주차 요금을 부과하는 것은 나 홀로 차량SOV에 다
른 대안을 권장하는 가장 효과적인 전략이다.

　주차 요금의 구조 또한 도로의 혼잡에 영향을 미친다. 통근 통행과 대조적
으로, 주거 및 쇼핑 통행은 비피크 시간대에 발생할 가능성이 높다. 그러므로
쇼핑객, 방문객, 거주자에게 주차 공간 이용에 대한 우선권을 주는 것은(예를
들면 주차 요금을 차등 징수로) 자동차 통행을 하루 중 여러 시간대로 분산하고,
피크 시간대의 교통 혼잡을 줄이는 데 도움이 될 것이다.

⑨ 연석 단절은 대중교통 서비스 및 보행자 접근에 부정적 영향을 최소화하거나 없
　앨 수 있는 곳에 허용하라.

　대중교통의 운행 시간을 유지하기 위해서는 대중교통 우선 가로에서 승용차가
회전할 수 있는 곳을 제한하는 것이 필수적이다. 특히 노외주차장으로 진입하
기 위한 좌회전은 대중교통 서비스에 매우 부정적인 영향을 미친다. 그러므로
대중교통 우선 가로에서는 추가적인 연석의 단절curb cut을 허용하지 말아야 한
다(그림 10-6 참조). 만약 개발 프로젝트를 위해 대중교통 우선 가로변에 노외주
차장이 필요하다면, 옆길side street, 뒷골목back alley, 또는 다른 인접 가로에서 접
근하게 해야 한다.

⑩ 좋은 도시 설계를 위해 주차장을 최대한 활용하라.

　주차 건물parking garage은 도시환경의 어두운 그림자가 될 수 있다. 항상 열려 있
는 주차 건물의 진출입부와 주차장 구조물의 벽은 가로 환경에 시각적으로 매
우 부정적인 영향을 주어 보행 환경을 매력적이지 못하게 만든다. 그리고 이들
은 근린 상업 지구의 특성을 훼손할 수 있다. 지표면 주차장surface lot도 인근 부

그림 10-6

샌프란시스코의 마켓 및 옥
타비아(Market & Octavia) 계
획에서는 주요 가로에 주차
장 진입을 위한 연석 단절을
제한한다.

자료: San Francisco Planning
Department.

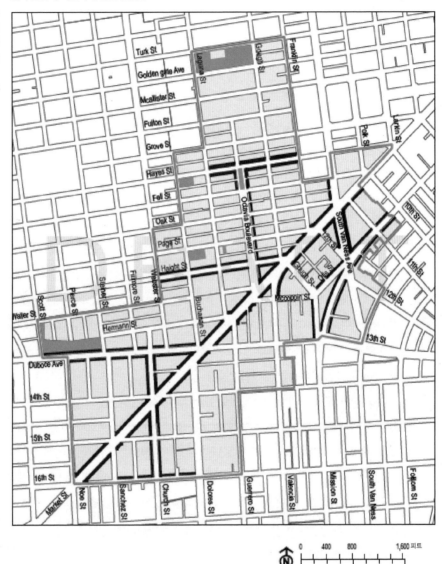

동산에 부정적인 영향을 줄 수 있다.

하지만 주차장이 보행 환경과 지역사회의 쾌적함에 미치는 악영향을 최소
화할 수 있는 많은 전략이 있다.

- 근린 상업 가로와 주요 보행 축에 주차 건물의 출입부와 창이 없는 빈 벽blank
  wall을 두지 않게 하라.

- 품질이 높은 주차장의 모든 층은 적극적인 용도(예: 소매, 주거, 사무실 등)로 둘러싸게 하라.
- 주차 건물은 주요 상업 가로가 아니라 옆길과 골목길을 통해 접근하게 하라.
- 지표면 주차장의 가로변은 식물이나 낮은 벽으로 가려라.
- 보행자, 자전거, 대중교통과의 상충을 최소화하기 위해서 노외주차장 진출입구의 수와 폭을 최소화하고, 주차 건물의 출입구로 말미암아 지상층 주차 공간이 줄어드는 것을 최소화하라.

⑪ 주변 지역으로부터 주차 수요가 넘쳐오는 것을 고려하라.

도시 내 공터를 활용한 개발에 대한 가장 큰 두려움 중 하나는 새로운 거주자와 일자리가 늘어남으로 말미암아 주차 공간이 부족한 현상이 나타나지 않을까 하는 기존 주민들의 우려이다. 대부분의 도시에는 주거 용도에 대한 최소 주차장 설치 기준이 도입되기 전인 1950년대 후반에 건설된 근린 주거지역과 상업 지구들이 있으며, 이들 지역은 주로 현존하는 차로 변의 노상 주차 공간에 의지한다. 만약 충분한 노외주차장을 갖추지 않은 상태에서 이러한 근린 주거지역에 신개발이 일어나면, 기존의 주민들은 인근 노상 주차장에 미칠 영향에 관해 특별히 우려하는 경향이 있다.

'거주자 전용 주차 구역Residential Permit Parking Zone'은 주변 근로자와 통근자들의 주차 수요가 주거지로 넘쳐 흘러오는 것에서 주민을 보호해준다. 하지만 많은 거주자가 희소한 노상 주차 공간을 서로 이용하려고 경쟁하는 것이 주차 공간이 부족한 원인이라면 거주자 전용 주차 구역은 큰 의미가 없다. 이 문제는 노상 주차 공간에 대한 '실제 시장true market'을 만드는 것을 통해서 해결할 수 있다(주거지 주차장에 관해서는 다음 절에서 논의한다).

⑫ 업계를 참여시켜라.

연구에 의하면, 주차장 및 교통 서비스의 운영이든, 또는 주차 관리 전략의 설계와 수립이든 관계없이, 사업체들이 이에 참여하게 하는 것 자체가 중요하다고 한다. 따라서 모든 사람이 지지할 수 있는 계획을 수립하기 위해서는 시 당국과 사업체들이 함께 참여하는 것이 필수적이다.

6. 상위 10가지 주차 관리 전략

지속 가능성에 관심이 있는 모든 도시는 다음과 같은 주차 관리에 대한 성공 사례를 전략으로 시행해야 한다. 이러한 전략은 작은 마을과 도시 중심지 모두에 적용할 수 있다.

전략 1: '한 번 주차하기'

목표: 될 수 있는 한 많은 주차 공간을 일반 대중이 함께 이용할 수 있는 '공동 풀common pool'에 포함함으로써, 공급된 주차장을 효율적으로 활용하게 하라. 여러 개의 작고 비효율적으로 흩어진 민간 소유의 부지 대신, 전략적인 위치에 적은 수의 비용-효율적인 주차 건물을 세우라.

권장 사항: 도심 지역 또는 복합 용도 상업지역에 대해 '한 번 주차' 전략을 채택하라. 즉, ⓐ 일반 대중이 자유롭게 공유할 수 있는 풀pool에 될 수 있으면 많은 주차 공간을 포함해 운영하고, ⓑ 기존의 민간 상업용 주차장을 서로 다른 토지이용 용도들로 공유할 수 있도록, 또한 민간 상업 용도로 사용하지 않을 때에는 일반 대중이 사용할 수 있도록 권장하라. 이 전략은 다음과 같은 정책을 통해서 실행될 수 있다.

① 신개발지에 민간 주차장(단, 주거용 주차 공간은 제외)을 금지 또는 억제하라. 그 대신에 도심지에 쇼핑객과 근로자들을 위한 공공 주차장을 만들어라. 그리고 좀 더 배타적인 전용 주차장 운영이 필요한 때에는 인근의 공공 주차장이나 민간 회사의 주차 공간을 임대해 사용하라. 예를 들어 실제로 특정 요일 및 시간에 주차 공간을 미리 확보할 필요가 있는 경우에는 주차 공간을 미리 예약하는 방식으로 임대해 사용하라.

② 팔려는 의사를 가진 소유주로부터 민간 주차장을 구입하거나 임대해 이를 공공 주차장에 포함해 공유하라.

③ 될 수 있으면 모든 기존의 민간 주차장을 공유 주차장 또는 주차 대행 서비스로 운영하라.

ⓐ 모든 도심 개발지에서 4분의 1마일(약 400미터) 이내(대략 6개의 블록, 대부분의 사람이 편안하게 걸을 수 있는 거리)에 노외주차장을 만들도록 허용하라.

ⓑ 만약 상업 개발지에 건축물 부설 주차장을 만들도록 허용한다면, 이들 주차장을 소유자나 점유자가 이용하지 않을 때에는 일반 대중이 이를 이용할 수 있게 하는 것을 승인 조건으로 삼을 필요가 있다.

토론

주차장 부지로 둘러싸인 독립된 단일 용도의 건물들로 이루어진 전형적인 교외 지역에서는 사람들이 상점, 사무실, 공공 기관 등을 방문하려면 매번 각 방문지로 차량을 이동해야 하며, 각 방문지에 주차해야 한다. 이러한 패턴pattern에서는 세 가지의 일을 수행하기 위해서는 3개의 주차면과 여섯 번의 차량 이동이 필요하다. 사실상 모든 주차장이 민간의 손에 맡겨져 운영된다면, 각 주차 공간을 여러 용도로 공유하는 것은 효율적이지 못할 것이다. 일반적으로 각 민간 건물의 부설 주차장은 주차 수요가 가장 많은 경우를 고려한 규모로 만들어지며, 가장 중요한 것은 도심지에 건물을 신축하거나 개조할 때 이러한 최악의 경우에 해당하는 주차 비율을 확보하도록 요구한다는 것이다. 그 결과 이들 건물은 종종 침체하거나 쇠퇴한다. 또한 요구되는 규모의 주차장을 확충하는 데 필요한 여유 부지가 없으므로 기존 건물들을 개조하기는 쉽지 않다. 따라서 인접 건물을 허물어 새로운 상점들을 만들거나, 자동차 통행이 빈번한 곳에 가두 판매대retail box를 만들거나, 주차장 부지의 여기저기에 보행-적대적인pedestrian-hostile 건물이 만들어진다. 그 결과로 나타나는 저밀도 구조는 보행자들을 너무 적게 만들어 결과적으로 도심지는 활성화될 수 있는 임계 규모에 미치지 못하게 된다.

각 건물에 개별적인 전용 주차장을 건설하게 한 교외 지역의 방법을 전통적인 도심지에 도입하면, 이는 고객들이 환영을 받지 못하는 결과를 초래한다. 즉, 방문객이 해당 건물이 아닌 다른 장소에 주차할 경우에는 자신의 차량이 견인될 것이라는 경고를 받는다. 이렇게 되면 도심 인근의 쇼핑몰은, 전용 주차장을 확보하기 어려워 주차 공간이 여기저기에 나뉜 도심지의 상점들보다 확실히 유리해진다. 쇼핑몰 소유자들은 자신의 쇼핑몰 주차장을 작은 가게들에 나누어주지 않아야 한다는 것을 안다. 그들은 주차장을 모든 상점을 위한 하나의 풀pool로 운영함으로써 고객들이 어느 곳에 주차해도 무방하게 만든다.

- 한 번 주차: 자동차로 도착한 사람들은 쉽게 '한 번 주차' 패턴을 따를 수 있다. 그들은 자신의 차를 한 곳에 주차해놓고, 걸어 다니며 일상적인 여러 가지 일을 끝낸 다음, 자신의 차로 돌아가면 된다.

표 10-1 '한 번 주차' 전략을 도입한, 활성화된 복합 용도 도심지의 실제 주차 수요

| | 인구 | 수단분담 | | | | | | | 1000제곱피트**당 점유 주차면 |
		나 홀로 차량	카풀(2명 이상)	대중교통	자전거	보행	기타	재택근무	
캘리포니아 주 치코	59,900	61%	12%	1%	11%	13%	1%	1%	1.7
캘리포니아 주 팰로앨토	58,600	80%	9%	4%	3%	3%	1%	0%	1.9
캘리포니아 주 샌타모니카	84,100	74%	11%	11%	1%	2%	1%	0%	1.8
워싱턴 주 커클랜드*	45,600	77%	12%	4%	0%	2%	1%	4%	1.6

* 워싱턴 주 커클랜드(Kirkland)의 통근 수단분담은, 센서스 교통계획 패키지 자료의 부족으로 중심 가로에 한정하지 않고, 시 전체에 대한 통근 통행을 대상으로 한다.
** '제곱피트'는 치코(Chico)와 팰로앨토에서는 비주거용 건축면적을, 샌타모니카와 커클랜드에서는 공지와 비주거용 건축면적을 모두 포함한 것을 의미한다.
자료: Census Transportation Planning Package(CTPP) 2000.

- 피크 시간대가 다른 용도 사이의 주차장 공유: 주차 공간은 주차 수요에 대한 피크 시간대(시간, 요일, 계절)가 서로 다른 용도들(예를 들면 사무실, 레스토랑, 소매 및 위락 등의 용도) 간에 효율적으로 공유될 수 있다.
- 피크 시간의 부하를 분산하기 위한 주차장 공유: 주차장의 공급은 평균 '주차 부하parking load'의 규모에 맞게 할 수 있다(교외 지역의 독립적인 건물에서 요구되는, 최악의 경우에 해당하는 주차 비율 대신에). 일반적인 수준으로 주차장을 공급하면, 평균 이상의 수요를 가진 상점 및 사무실로 비롯된 초과 주차 수요는 평균 이하의 수요를 가지거나 일시적으로 빈 상점 및 사무실의 잉여 주차 공간으로 수용해 균형을 이룰 수 있기 때문이다.

여러 가지 연구에 의하면, '한 번 주차' 전략을 따랐을 때, 활성화된 복합 용도 지구의 주차 수요는 비주거용 건축 면적 1000제곱피트(약 90제곱미터)당 1.6~1.9개의 주차면, 또는 전통적인 교외 지역 개발 시에 요구되는 수준의 3분의 1에서 2분의 1에 미친다고 한다. 표 10-1에 의하면, 대중교통 시설이 잘 갖추어지지 않고, 주차 비용이 낮은, 부유층이 거주하는 교외 지역이라 할지라도, 최대 누적 주차 점유율은 여전히 매우 낮다. 이는 주로 쇼핑객들이 한번 주차하고 여러 가지 일을 동시에 처리하기 때문이다. 또한 주차 수요가 가장 높게 관측되며, 캘리포니아 주에서도 가장 높은 수익을 내는 도심의 중심 상업 가로 중 하나를 가진 팰로앨토Palo Alto 시에서는 주차 미터기의 설치를 불법으로 규정한다.[7]

'한 번 주차' 전략을 시행하려면, 시 당국이 소유 또는 관리하는, 그리고 전략적으로 유리한 위치에 있는 주차장과 주차 건물을 공공 주차장으로 활용해야 한다. 그리고 도심의 주차 시설을 마치 가로나 하수구와 같은 공공 기반 시설처럼 관리해야 한다.

신개발지에는 민간 전용 주차장 건설을 금지하거나 또는 강력히 억제해야 한다(주거용 공간은 제외). 즉, 새로운 사무실 용도의 건물을 건설하는 등의 민간 개발 시, 특정 시간대(예컨대 월요일~금요일, 오전 9시~오후 5시)에 일정 수의 주차 공간을 확보해야 한다면, 개발자들에게 그들이 원하는 시간대에 인근 공공 주차장이나 주차 건물의 일부를 임대해 독점적으로 사용할 기회를 주어야 한다. 이런 조치를 통해서 저녁이나 주말 시간대에 다른 사용자들(예를 들면 음식점과 유흥 시설의 단골 고객들)을 위한 여유 주차 공간을 제공하므로, 결과적으로 근로자와 고객 모두가 적은 비용으로 주차 공간을 효율적으로 공유할 수 있게 된다.

추가적으로 도심지에 있는 민간 전용 주차장이 인근의 상업 용도를 위해 적극적으로 제공되지 않을 때에는 이들 주차 공간을 일반 대중이 사용할 수 있게 만들어야 한다. 만약 도심지에 일반 대중의 주차를 금지하는 민간 전용 주차장이 많다면, 현재 공급되는 주차 공간은 상대적으로 비효율적으로 사용된다고 할 수 있다. 현존하는 주차 공간을 일반 대중에게 추가로 공급해주면, 시 당국은 도심지에 주차 용량을 저렴한 가격으로 크게 늘릴 수 있다.

전반적으로 도심지 전역에 '한 번 주차' 전략을 완벽하게 시행했을 때의 장점은 다음과 같다.

- 고객과 방문자들로부터 더 환영받는다(도심지 전역 여기저기에 있는 "여기에 주차하지 마시오"라는 표시가 줄어든다).
- 주차장과 주차 건물의 수를 적게 할수록, 그리고 더 전략적인 곳에 배치할수록 더 나은 도시 디자인을 형성하며, 재개발 기회가 커진다.
- 더 크고, 더 공간-효율적인(따라서 더 비용-효과적인) 주차장과 주차 건물을 건설할 수 있다.

마지막으로, 아마도 가장 중요한 것은, '한 번 주차' 전략이 자동차 운전자들을 도심지의 또 다른 목적지로 이동할 때 자동차를 이용하는 대신 걸어가게 만든다는 것이다. 따라서 이 전략은 가로에서 대중적 활동을 즐기는 사람과 가로-친화적인 소매상들의 고객이 되는 사람들을 도심지에 많이 모이게 한다. 결국 '한 번 주차' 전략은 보행-중심적 삶을 즉각적으로 발생시키는 발전기라 할 수 있다.

전략 2: '상업지 주차 편의 구역'을 만들어라

목표: 고객, 근로자, 거주자, 통근자들을 수용할 수 있도록 주차 수요를 효율적으로 관리하라.

고객과 방문자들이 언제든지 주차할 수 있도록 가장 편리한 출입구 주변에 있는 노변 주차면curb parking space을 비워두거나 빨리 회전하게 만드는 등 고객을 최우선으로 배려하라.

주차 미터기가 설치되어 요금을 징수하는 블록의 주차 요금 수입금은 안전성을 제고하고, 가로 경관의 질을 향상시키는 등의 개선을 위해 사용하라.

권장 사항: '주차 점유율parking occupancy'이 지속해서 85퍼센트를 넘어서는 상업지역의 모든 주차 구획에는 동전과 신용카드로 결제할 수 있는 '주차 미터기parking meter'를 설치하라. 각 주차 구획에는 여유 주차면이 15퍼센트로 유지되도록 요금을 정하고, 주차 시간제한을 없애라. 주차 요금 수입은 ⓐ 요금 징수, 주차 미터기의 운영, 단속 등의 비용을 충당하기 위해, ⓑ 수입이 늘어난 주차 구획에 혜택을 줄 수 있는 공공시설과 서비스를 개선하기 위해 사용하라. 이러한 권장 사항을 실현하기 위해서 '상업지 주차 편의 구역Commercial Parking Benefit Area: CPBA'을 만들어라.

토론

항상 여유가 있고 편리한 고객용 노상 주차장은 지반층ground-level [6]에 있는 소매상의 성공 여부에 영향을 주는 매우 중요한 요소이다. 가장 좋고, 가장 편리한 전면 출입구의 주차면을 비워두어 고객들이 항상 이용할 수 있게 하려면, 좀 덜 편리한 주차 공간(주차 건물의 2층이나, 또는 한두 블록 떨어진 곳)에 주차하는 일부 운전자에게 가격 혜택을 주게 하는 것이 중요하다. 즉, 편리한 장소에는 높은 가격을, 덜 편리하고 최근에 잘 사용되지 않는 주차장에는 저렴한 가격을 매긴다.

운전자들은 기본적으로 두 가지 범주로 나누어 생각할 수 있다. 다시 말해 '바겐 헌터bargain hunter' [7]와 '컨비니언스 시커convenience seeker' [8]들이다. 컨비니언스 시커들은

---

6) 유럽 등 일부 국가에서는 지반층을 1층이라고 하지 않고, 0층 또는 G층이라고 부른다. 따라서 우리나라에서 2층이라고 부르는 층은 1층이라 불린다.
7) 저렴한 물건만 찾아다니는 사람을 가리킨다.

전면 출입구 주차면을 사용하기 위해서 기꺼이 더 많은 가격을 부담할 의사를 가진다. 많은 쇼핑객과 식당 손님은 컨비니언스 시커이다. 일반적으로 이들은 상대적으로 짧은 시간을 주차하므로, 주차 요금에 덜 민감하다. 이는 그들이 근로자나 다른 '종일 방문객all-day visitor'보다 주차 시간이 짧다는 것을 의미한다. 이와는 반대로, 근로자들처럼 긴 시간을 주차하는 운전자들은 8시간에 해당하는 주차 요금을 내기보다는 한 블록을 걸어가는 것을 택한다. 저렴한 주차 가격을 원하는 바겐 헌터들은 더 많은 가격을 부담할 의사를 가진 컨비니언스 시커들을 위해서 최상의 주차 장소를 남겨두고, 현재 비어 있는 조금 불편한 주차 공간을 선택할 것이다. 상인들에게는 최상의 주차 공간을 컨비니언스 시커들이 사용하도록 내어주는 것이 중요하다. 주차를 위해 약간의 수수료를 추가로 낼 의사가 있는 사람들은 상점과 식당에서도 기꺼이 돈을 소비하려는 의사를 가졌기 때문이다.

빈 주차면을 두기 위해서 충분히 높은 주차 요금을 징수하는 것에 대한 대안은?

최상의 주차 공간에 빈 주차면을 확보하기 위해서 시 당국이 사용할 수 있는 기본적인 대안은 주차 시간을 제한하고, 이를 위반하는 사람들에게 위반 딱지를 부여하는 것이다. 그러나 '시간제한time limit과 위반 딱지ticket' 방식은 몇 가지 단점이 있다. 첫째, 주차 제한 시간 위반을 단속하는 것은 노동 집약적이고 어렵다. 둘째, 단속 패턴에 재빠르게 익숙해진 근로자들은 정기적으로 차량을 다른 주차면으로 옮기거나, 동료들과 주차면을 맞바꾸는 이른바 '두 시간 자리바꿈two-hour shuffle'에 익숙해진다. 비록 주차 시간을 엄격하게 제한하더라도 근로자들이 덜 편리한 주차 장소, 또는 저렴한 주차 장소를 찾게 하는 가격 유인책price incentive이 없다면, 근로자들은 아마도 가장 좋은 곳에 계속 주차하려 할 것이다.

주차 제한 시간을 엄격하게 단속하면 고객들에게는 1분이라도 지체할 때(예를 들어 점심 식사 후 디저트를 먹기 위해서) '위반 딱지를 받으면 어떻게 하나' 하는 '딱지 불안감ticket anxiety'을 줄 수 있다. 캘리포니아 주 레드우드시티Redwood City의 도심지 개발 관리자Downtown Development Manager인 댄 잭Dan Zack은 이렇게 말한다. "비록 어떤 방문자는 주차 위반 딱지를 받지 않을 정도로 빠르게 움직일 수 있지만, 그들은 계속 시계를 쳐다보며 그들의 자동차 주변에서 저녁 시간을 보내기를 원하지 않는다. 만약 어떤 고객

---

8) 편리함을 추구하는 사람을 가리킨다.

이 식당에서 식사를 즐기려고 하며, 기꺼이 시장가격에 해당하는 주차비를 지불하려고 하는데도 시간이 충분하지 않아서 저녁 식사를 일찍 끝내게 해야 하는가? 주차 위반 딱지를 받지 않기 위해 후식 또는 카푸치노cappuccino 한 잔마저 포기해야 하는가?"[8]

주차 요금은 얼마가 적합한가?

만일 가장 편리한 주차 공간에 여유 주차면을 확보하고, 또한 주차 회전율을 높이기 위해서 주차 요금을 높게 징수한다면, 주차 요금은 얼마로 해야 하는가? 주차 공간의 이상적인 점유 비율은 가장 붐비는 때에 약 85퍼센트 수준으로, 이는 7개 주차면당 1개가 비었거나, '블록 페이스block face'[9]마다 약 1개의 주차면이 빈 수준이다. 이 비율은 방문자가 처음에 목적지에 도착해서 빈 주차면을 쉽게 찾을 수 있는 수준이다. 그리고 각 블록과 주차장에 대한 주차 요금은 이러한 목표를 달성할 수 있는 정도여야 한다. 이는 주차 요금이 일률적이지 않아야 한다는 것을 의미한다. 즉, 가장 선호되는 블록의 주차 요금은 높게 책정하고, 덜 편리한 주차장과 블록의 주차 요금은 더 저렴하게 해야 한다. 또한 주차 요금은 시간대별·요일별로 달라야 한다. 예를 들어 캘리포니아 주 패서디나Pasadena 시의 옛 시가지에서는 일요일부터 목요일 오후 8시까지는 주차 미터기를 운영한다. 그러나 심야 시간대에 수요가 더 많은 금요일 자정까지, 그리고 토요일에는 주차 미터기를 운영하지 않는다. 마찬가지로 패서디나, 레드우드시티, 샌프란시스코 등과 같은 도시도 수요가 많은 블록에는 높은 요금을 부과하고, 수요가 적은 블록에는 낮은 요금을 부과한다.

'할증 요금제'가 아니라, 시간대별 주차 요금제를 사용하라

주차 공간을 잘 활용하면서도 여유 주차면을 확보하기 위한 주차 요금 정책을 이끌어 온 도시들의 경험을 통해 알 수 있는 것은 '할증 요금제progressive pricing'보다는 시간대별로 주차 요금을 달리하는 것이 더 낫다는 것이다. 할증 요금제란 가로변 노상 주차장의 회전율을 높일 목적으로, 오래 체류하는 운전자에게 더 높은 주차 요율(예를 들어 처음 1시간은 시간당 1달러, 그다음 1시간은 시간당 2달러 등)을 적용하는 것이다. 그러나 회전율은 고객이 고려하는 핵심 사항이 아니다. 고객들은 가용성availability만 고려한다. 고객들은 그들이 목적지에 도착했을 때, 그 부근에서 주차할 수 있는 공간을 찾고 싶

---

9) '블록 페이스'란 두 교차로 사이에 있는 가로의 한 부분에 노상 주차장이 설치된 곳을 말한다.

어 한다. 이용할 수 있는 주차 공간이 있기만 하면, 그들은 다른 사람들이 그 블록에 얼마나 오랫동안 주차하는지에 대해서는 관심이 없다.

요구되는 수준의 가용성을 달성하려면 점심이나 저녁 식사 시간과 같이 붐비는 시간대에 할증 요금제를 적용하는 것보다 시간대별로 위치별로 각기 다른 요금을 부과하는 것이 더 효과적이라고 입증되었다. 예를 들어 뉴욕 시의 파크스마트PARK Smart 프로그램은 그리니치빌리지Greenwich Village에 설치된 주차 미터기의 요율을 정오부터 오후 4시까지는 시간당 3.75달러, 다른 나머지 시간대에는 시간당 2.5달러로 설정한다. 이 요율 구조는 가로변 노상 주차 수요의 변화를 잘 반영한 것으로, 혼잡한 점심 시간대와 쇼핑객이 도착하는 오후 시간대에 여유 주차면을 확보하는 데 도움을 준다.[9] 이와 반대로, 처음 한두 시간에 대해 낮은 주차 요율을 부여하는 할증 요금제는 혼잡한 점심시간에 여유 주차면을 만드는 데에는 거의 아무런 역할을 하지 못하는 경우가 많다.

요율 구조를 아주 복잡하게 할 필요는 없다. 즉, 완벽한 정도가 아니라 '충분할 정도good enough'를 목표로 해야 한다. 예를 들어 샌프란시스코의 해안가를 따라 설치된 주차장의 주중 낮 시간대(오전 7시에서 오후 7시까지)의 요율은 시간당 3달러에서 시간당 1달러로 차이가 있다. 또한 저녁 시간대(오후 7시부터 오후 11시까지)의 요율은 붐비는 블록에서 시간당 1달러, 붐비지 않는 블록에서 시간당 0.5달러이다.[10] 샌프란시스코 항구는 각 요금 징수대stall에 설치된 주차 점유 센서parking occupancy sensor를 이용해 지속적으로 주차 현황을 확인하고, 주차 점유율이 목표 수준을 충족하지 못하면 장래를 위해서 요금을 조정할 것이다.

적합한 주차 요금

이상적으로는 각 블록과 주차장의 주차 점유율을 주의 깊게 관찰해야 하며, 충분한 여유 주차면을 확보하려면 주차 요금을 정기적으로 조정해야 한다. 간단히 말해서, 수요에 따라 정해지는 '시장 요율market rate'에 맞추어 요금을 정해야만 항상 충분한 여유 주차면을 확보할 수 있다. 캘리포니아 대학교 로스앤젤레스UCLA의 교수인 도널드 쇼우프는 '골디락스 원칙Goldilocks Principle'[10]에 따라 주차 요금을 정해야 한다고 주장한다.

---

10) 골디락스 원칙이란 극단(extreme)에 이르는 것이 아니라 일정 범위(margin) 내에 있어야 한다는 것을 말한다. 그리고 이러한 원칙에 따라서 나타나는 효과를 골디락스 효과(Goldilocks

만약 많은 주차면이 비었다면 주차 요금이 너무 높은 것이고, 빈 주차면이 없다면 주차 요금이 너무 낮은 것이다. 아이들은 포리지porridge[11])가 너무 뜨겁거나 너무 차가우면 안 되고, 침대가 너무 푹신하거나 너무 단단해도 안 된다고 배운다. 마찬가지로 가로변 주차 요금이 너무 높거나 너무 낮아도 안 된다. 가로변 주차면의 약 15퍼센트가 비었을 때의 요금이 딱 알맞다. 이보다 더 나은 요금이 있겠는가?

만일 이 원칙을 따른다면, 주차 요금이 고객을 쫓아버릴 것이라는 두려움을 품을 필요가 없다. 만약 정면 입구 가로변의 주차면이 주차 차량으로 완전히 채워진다면, 주차 요금을 낮추는 것은 여유 주차면을 만들어내는 데 도움이 되지 못하므로, 고객들에게 추가적인 주차 공간을 제공할 수 없다. 반대로 어떤 블록에서 주차 미터기의 요금이 너무 높게 설정되었다면, 많은 여유 주차면이 생길 것이다. 이 경우 85퍼센트의 점유율을 달성하려는 전략적 목표를 달성하려면 주차장이 적절히 이용될 때까지(필요하다면 주차장을 무료로 하는 것을 포함해서) 주차 요금을 낮추어야 할 것이다.

주차 요율을 지속해서, 또는 갑자기 변경할 필요는 없다. 주차 제한 시간을 늘리거나 요율을 변경할 때, 지나치게 높은 요금이 고객을 쫓아버리지는 않을까 하는 두려움 없이 적합한 주차 요금에 도달하는 가장 안전한 방법이 있다. 그것은 요율을 조절하기 전과 후의 점유율을 확인해가면서 요율을 천천히 증가시키거나 감소시키는 것이다. 예를 들어 처음에는 한 달에 한 번씩 요율을 조정하고, 그다음에는 석 달에 한 번씩 조정하는 것으로 충분하다. 우리의 목표는 주차 수입의 극대화가 아니라, 고객이 원하는 여유 주차면을 제공하기 위해서 요율을 합리적으로 자주 조정하는 것이 되어야 한다. 다시 말하면, '충분히 좋으면good enough' 된다. 어느 도시든 로스앤젤레스(20년 동안 주차 미터기의 요율을 조정하지 않은 경우)나 인디애나폴리스Indianapolis(35년 동안 주차 미터기의 요율을 조정하지 않은 경우) 등과 같은 도시보다 요율을 더 자주 조정하기만 하면, 그 도시는 시립 주차장 운영 측면에서 이들 도시보다 앞서가게 될 것이다.

---

effect)라 부른다. 이 원칙은 『골디락스와 곰 세 마리(Goldilocks and the Three Bears)』라는 동화에서 유래되었다. 각각의 곰은 자신이 좋아하는 음식과 침대를 갖고 있었고, 주인공 골디락스는 이들의 세 가지 모두를 맛본 뒤 뜨겁지도 차갑지도 않아 먹기 좋은 것, 즉 적절한 것을 선택해서 식사를 한다는 데에서 유래되었다(Wikipedia).

11) 미국에서 오트밀이라 불리며, 귀리(oats)에 우유나 물을 부어 걸쭉하게 죽처럼 끓인 음식으로 특히 아침 식사로 먹는다.

시간제한 없애기

각 블록에서 85퍼센트의 주차 점유율을 달성하기 위한 목적으로 '시장 요율 가격정책market-rate pricing'을 채택하고 나면, 아무리 붐비는 시간이라 할지라도 실제로 주차 시간제한을 없앨 수 있다. 시간제한을 없애면 고객들의 걱정과 '딱지에 대한 불안'은 많은 부분 사라진다(그림 10-7 참조). 캘리포니아 주 레드우드시티는 최근 이런 정책을 채택했고, 도심 개발 관리자인 댄 잭은 시 당국이 이러한 결정을 내린 배경을 다음과 같이 기술한다.

시장 요율 가격정책은 많은 지역에서 지속적으로 여유 주차면을 확보할 수 있는 유일한 방법이다. 만일 우리가 시장 요율에 따라 요금을 정해 적절한 여유 주차면을 확보한다면, 왜 주차 시간에 제한을 두어야 하겠는가? 이는 고객을 불편하게 하는 것밖에 없다. 만일 모든 블록에 1~2개의 여유 주차면만 있다면, 다른 자동차가 그곳에 얼마나 오래 주차하는지에 대해 누가 관심을 두겠는가? 현실적으로 그것은 문제가 되지 않는다.

그림 10-7
모든 주차 미터기에서 신용카드와 직불카드를 사용할 수 있어야 하며, 운전자가 더 오래 주차하기를 원하는지를 확인하기 위해 휴대폰에 전화할 수 있어야 한다.
자료: Nelson\Nygaard.

2007년, 레드우드시티는 도심지 가로에서 주차 시간에 대한 제한을 모두 없앴다. 이전에는 브로드웨이Broadway 번화가에서는 1시간으로 제한했고, 인근 블록에서는 다양하게 시간을 정해 제한했으나, 적정한 여유 주차율의 확보에는 실패했다. ≪월스트리트 저널The Wall Street Journal≫은 도심지에서 주차 시간을 제한하는 정책을 요금 정책으로 전환하는 것이 고객에게 얼마나 영향을 미치는지에 대해 다음과 같이 보도했다.

과거에 셰릴 앤젤레스Cheryl Angeles 양은 머리를 염색하는 도중에, 머리에는 염색용 보호 비닐을 뒤집어쓰고 검은색 망토를 목에 두른 채 주차 미터기에 동전을 더 집어넣으러 뛰어나와야 했었다. 그녀가 시각에 맞추어 동전을 넣지 못했을 때, 두 번이나 주차 관리인에게 25달러의 주차 위반 딱지를 받았다. 지금은 주차 시간에 대한 제한이 없어져서 그녀는

원하는 시간만큼의 요금을 한 번에 낸 뒤 염색을 끝내고 돌아올 수 있게 되었다.[11]

　앤젤레스 양과 같은 고객들은 원하는 시간만큼(그들이 원하는 시간만큼의 요금을 내는 동안) 머물 수 있게 되었다. 그렇더라도 근로자들과 바겐 헌터들은 요금이 저렴한 인근의 노외주차장으로 옮겨가므로, 시 당국의 '성능 가격 정책performance-pricing' 구조는 여유 주차면을 확보하는 데 성공했다고 할 수 있다. 주차 요금제를 시행하는 것, 시간제한을 없애는 것, 그리고 '상업지 주차 편의 구역'을 두는 것 등에 대한 권장 사항을 다음 부분에서 자세히 다룬다.

'상업지 주차 편의 구역'의 주차 미터기 설치 범위

현재 주차 수요가 너무 커서 이들 수요가 주변에 남은 주차장으로 전환되는 블록에 여유 주차면을 확보하려는 기본 목적에 따라, 피크 시간대에 주차 점유율이 일상적으로 85퍼센트 또는 그 이상이 되는 블록과 주차장에는 주차 미터기를 설치해 운영해야 한다. 또한 바로 옆에 있는 블록에도 주차 미터기를 추가적으로 설치해야 한다. 만약 옆 블록에 무료로 주차할 수 있으면, 주차 수요는 옆 블록으로 이전되어 그곳이 붐빌 것이기 때문이다. 주차 미터기 요금은 골디락스 원칙에 따라, 15퍼센트의 '공실률vacancy rate'을 유지하도록 설정해야 한다. 즉, 만약 '점유율occupancy rate'이 85퍼센트 이상으로 지속된다면 주차 요금이 너무 낮은 것이며, 점유율이 85퍼센트 미만으로 지속되는 경우에는 주차 요금이 너무 높은 것이다.

주차장 안내 및 실시간 정보 시스템

시 당국은 새로운 기술의 하나로 주차 건물과 대규모 공공 주차장에 실시간 정보시스템을 설치하는 것을 고려해야 한다. 이들 주차 공간에 대한 명확한 길 안내가 있다는 것은 매우 중요하다. 이것이 근로자, 주민, 그리고 오랜만에 찾아오는 방문자들에게 그들 자신의 자동차를 저렴하게, 또는 무료로 주차할 수 있는 정보를 제공해줄 수 있기 때문이다. 이용할 수 있는 노외주차장에 대한 잘못된 정보는 운전자들이 주차 장소를 찾아 배회하게 만든다. 주차 안내 시스템은 운전자들에게 노외주차장의 가용성을 명확히 알려주어야 한다. 주차 건물이나 주차장에는 시설마다 여유 주차면이 얼마나 되는지를 실시간으로 기록해주는 가감식add-and-subtract '루프 검지기loop detector'가 설치되어 있어야 한다.

도심지 주차 건물 입구에 여유 주차면의 수를 알려주는 가변 정보 표지판이 설치되어 있지만(그림 10-8 참조), 그리 정확하지는 않다. 이 표지판에서 정확한 정보를 알려주게 하고, 또한 주차 건물로부터 좀 떨어진 곳에 추가적으로 표지판을 설치함으로써(될 수 있는 한 고정적으로) 주차 관리 시스템을 개선할 수 있다. 이렇게 되면, 운전자들은 자신의 자동차를 어디에 주차할 것인지를 이 정보에 의존해 현명하게 결정할 수 있다.

법률 용어

온라인에서 법률 용어에 관한 좋은 예를 「다운타운 레드우드시티 주차장 조례Downtown Redwood City Parking Ordinance」(Ordinance 242 in 2005)나 「다운타운 벤투라 주차장 연구Downtown Ventura Parking Study」에서 찾을 수 있다.

그림 10-8
여유 주차면에 관한 모든 실시간 정보는 운전자들에게 가장 가까운 주차 공간을 찾을 수 있게 해줄 뿐 아니라, 설사 일부 운전자는 주차할 곳을 찾을 수 없다고 불평할지라도, 운전자와 상인들에게 언제나 가까운 곳에 여유 주차면이 있다는 것을 상기시킬 수 있다.
자료: Nelson\Nygaard.

전략 3: 주차 요금 수입을 지역의 광범위한 개선과 교통 수요관리에 투자하라

목표: 주차 전략과 교통 수요관리 전략을 모두 포함해, 도심지로 접근하기 위한 가장 비용-효과적인 교통수단의 조합에 투자하라.
권장 사항: 대중교통, 카풀, 밴풀, 자전거, 보행자 등의 프로그램을 포함해, 도심지 내의 근로자와 주민들을 위한 교통 수요관리 전략에 주차 요금 수입의 일정 부분을 투자하라. 그리고 나머지는 수입이 증가한 지역을 개선하는 데 투자하라.

토론

'상업지 주차 편의 구역'에 있는 유료 주차장에서 얻은 순수입은 주차 요금이 징수된 해당 블록에 혜택이 돌아갈 수 있는 공공시설의 개선에 투자해야 한다(순수입은 지역에서 발생하는 총 주차 요금 수입금에서 주차 미터기의 구입 및 운영, 단속, 상업지 주차 편의 구역 경영 등 주차 요금 수집 비용을 뺀 것이다). 만약 주차 요금 수입이 시의 일반 기금으로 전용되어 사라지는 것처럼 보이고, 도심지에 직접적인 혜택을 주지 않는 것으로 드러나면, 주차 미터기를 설치하거나 적절한 수준의 공실률vacancy rate을 유지하고자 주차요금을 올리는 것에 대한 지지를 받을 수 없을 것이다. 그러나 지역의 상인과 부동산소유자들은 징수된 수입금이 그들의 블록 또는 선택한 사업에 혜택이 돌아가도록 쓰인다는 것을 명확히 알 수 있다면, 기꺼이 시장 요율 가격정책을 지지할 것이다.

주차 편의 지구에 대한 지속적인 지원을 보장하기 위해서, 그리고 주차에 대한 정당한 시장 요율을 지속적으로 부과하기 위해서, 고객들에게 징수한 주차 요금 수입금이 현명하게 쓰인다는 것을 지역의 이해관계자들이 확신할 수 있도록, 주차 요금 수입금 사용에 대한 의사 결정 과정과 주차 편의 지구의 운영에 대한 감독 과정에서 이들에게 강한 영향력을 부여하는 것이 중요하다.

이를 달성하고자 자문 위원회의 설치를 고려할 수 있다. 이에 대한 사례로는 패서디나 시의 '올드패서디나 주차 미터기 수입금 자문 위원회Old Pasadena Parking Meter Revenue Advisory Board'가 있다. 물론 모든 지출의 최종 승인은 시 의회와 시 당국자에게 주어지지만, 이 자문 위원회는 시 의회나 시 당국자들에게 주차 요금 수입금을 어떻게 사용할 것인지에 대해 조언해준다. 미래의 수입에 대한 채권(즉, '수입 담보채revenue bond'[12]의 발행)은 더 큰 규모의 자본 투자 프로젝트에 지원하는 것을 가능하게 할 수 있다.

주차 편의 지구의 주차 수입금에 대한 잠재적인 용도는 다음과 같다.

- 추가적인 안전성을 제공하기 위한 경찰 순찰의 확대
- 조경과 가로 경관의 개선
- 가로 청소, 보도용 자동 물청소, 대형 낙서 제거
- 보행자-중심pedestrian-scaled 조명
- 대중교통, 보행, 자전거를 위한 기반 시설 및 편의 시설
- 주차 미터기 구입하고 설치하는 비용(예: 수입 담보채 또는 민간 자본 투자자와 맺은 'BOT Build-Operate-Transfer'[13] 계약을 통해)

---

12) 보통 지방자치단체에서 발행하는 채권은 보증채와 담보채로 구분된다. 일반 보증채(general obligation bond)는 공공시설의 자금을 조달하기 위해 가장 널리 사용하는 채권이며, 기존의 일반적인 세입 또는 새로운 세금을 걷어 채무를 상환하는 것이다. 수입 담보채는 채권 상환을 어느 특정한 세금이나 수입원으로 제한한 채권을 말한다.

13) 민간 자본을 유치해서 사회간접자본(Social Overhead Capital: SOC)에 투자하는 방법 중 하나로, 건설(Build) → 소유권 취득 및 일정 기간 운영(own Operate) → 국가나 지방자치단체

- 상업지 주차 편의 구역의 기반 시설과 편의 시설의 관리 및 감독
- 주차장 추가 건설 및 시설 개량
- 지역 업체들에 대한 마케팅과 홍보
- 자문 위원회를 통해서 지역사회가 제안하고, 시 의회 및 시 당국이 승인한 추가 프로그램 및 프로젝트

주차 수요를 줄이기 위해서 주차 요금 수입금을 사용하라

또한 주차 편의 지구에서 수집되는 주차 요금 수입금(그리고 할 수 있다면 기타 수수료, 보조금 또는 교통 기금 등을 포함한다)의 일정 부분을 도심지의 모든 거주자와 근로자의 이익을 위한 교통 관련 프로그램에 투자해야만 한다. 여기에는 다음과 같은 프로그램을 포함해야 한다.

- **통합 대중교통 승차권**universal transit pass: 이 프로그램을 통해 도심지 내의 모든 근로자와 거주자에게 대중교통 승차권을 무료로 제공할 수 있다. 대중교통 운영자들은 주차 편의 지구를 통해 연간 승차권을 대폭 할인된 요율로 판매할 것이다. 많은 대중교통 운영자에게 통합 대중교통 승차권은 대중교통의 탑승률에 대한 목표를 달성하는 데 도움을 주므로 안정된 수입원이 된다.
- **카풀과 밴풀에 대한 장려책**: 카풀과 밴풀, 맞춤형 승차-연결 서비스customized ride-matching service, '안심 귀가Guaranteed Ride Home'(각 근로자를 집으로 데려다주는 한정된 수의 응급 택시를 제공) 프로그램 등처럼 '자동차 함께 타기 서비스ride-sharing service'를 제공하고, 이 서비스를 근로자와 거주자들에게 알리기 위해 능동적인 마케팅 프로그램을 시행하라.
- **자전거 및 보행 시설**: 시 당국이 자전거와 보행 통행 비율을 늘리기 원한다면, 의류 보관함, 안전한 자전거 주차 시설, 샤워 시설 등과 같은 자전거 편의 시설을 집중해 배치하는 것이 필수적이다.
- **교통자원센터**transportation resource center: 이 센터는 대중교통 노선 및 운행 시간표, 카풀과 밴풀 프로그램, 자전거도로망 및 편의 시설, 기타 교통수단에 관해 개인별 맞춤형 정보를 제공하는 점포 형태의 사무실이다. 이 교통자원센터에는 교

에 기부 체납(Transfer)하는 단계의 투자 방식이다. 그 외에도 BTO(Build-Transfer-Operate), BTL(Build-Transfer-Lease), BOO(Build-Own-Operate) 등의 방식이 있다.

통 개선 지구Transportation Improvement District: TID의 직원이 머물 수 있으며, 이 직원은 모든 수요관리 프로그램을 운영하고, 이를 적극적으로 마케팅하는 책임을 진다. 아울러 주차장의 운영과 관리도 이곳에서 담당할 수 있다.

더 자세한 내용은 제13장 「교통 수요관리」를 참조하라.

전략 4: 거주자 주차 편의 구역을 만들라

목표: 도심지나 다른 상업지역에 인접한 근린 주거지역으로 주차 수요가 넘어오지 않게 하라.

권장 사항: 인접한 주거지역에 '거주자 주차 편의 구역Residential Parking Benefit Area: RPBA'을 정하라. 거주자 주차 편의 구역은 '거주자 전용 주차 구역Residential Permit Parking Area: RPPA'[14]과 비슷하지만, 주거지역의 남아도는 노상 주차면을 인근 근로자들이 요금을 내고 제한적으로 사용할 수 있도록 할애하며, 그 결과로 발생하는 수입은 근린 주거지역의 공공시설 개량에 다시 투자한다는 점에서 차이가 있다.

토론

근린 주거지역으로 넘어오는 주차 수요를 막기 위해서 많은 도시는 주로 주민들에게 무료로 또는 소액의 수수료를 받고 주차 허가증을 발행하는 '거주자 전용 주차 구역' 제도를 시행한다. 그러나 전통적인 거주자 전용 주차 구역은 몇 가지 한계가 있다. 잘 알려진 몇몇 도시에서는 종종 그 지역에서 이용할 수 있는 가로변 주차면의 수와 무관하게 주차 허가증을 무제한으로 발행했다. 이 때문에 노상 주차장은 매우 혼잡해졌고, 이 주차 허가증은 주차할 곳을 보장하는 것이 아니라, 단지 주차장을 찾을 수 있는 권리를 주는 '사냥 면허증hunting license'과 같은 기능만을 가지게 되었다. 이러한 잘못된 예는 보스턴 시에서 찾을 수 있다. 시 교통국은 비컨힐Beacon Hill의 거주자 전용 주차 구역에 있는 983개의 가로변 주차면의 4배에 해당하는 주민 3933명에게 주차 허가증을

---

14) 거주자 전용 주차 구역은 우리나라의 거주자 우선 주차 제도와 유사하다. 단, 우리나라의 거주자 우선 주차 제도는 지역 거주민들에게 월정 요금을 받고 정해진 주차면을 배정해 이용하게 하는 반면, 거주자 전용 주차 구역은 일정 주차 구역을 거주민들만 공동으로 이용할 수 있도록 정해놓은 것이다.

발행했다.[12]

　　이와 반대의 문제는 많은 주민이 지역 밖으로 나갈 때, 특히 낮 동안에 실제로 많은 주차면이 남은 전통적인 거주자 전용 주차 구역에서 발생한다. 주차 수요는 많으며, 또한 많은 운전자가 남아도는 주차면을 사용하기 위해서 기꺼이 비용을 부담할 의사가 있는데도, 통근자는 어느 누구든 관계없이 이곳에 한두 시간 이상 주차하는 것을 법적으로 금하는 경우이다. 앞의 둘[15] 모두 전통적인 거주자 전용 주차 구역제가 가로변 노상 주차 공간을 효율적으로 이용하지 못하게 하는 경우이다.

　　이러한 문제를 방지하기 위해서 시 당국은 도심지에 인접한 주거지역에서는 거주자 주차 편의 구역제를 시행해야 한다. 이렇게 하면, 주차 요금을 내지 않고 주차하려는 통근자들이 이곳으로 과도하게 넘어오는 것을 막을 수 있고, 동시에 이들 근린 주거지역에 도움이 되는 주차 요금 수입을 증대할 수 있다.

지역사회의 참여와 지역 통제

'거주자 주차 편의 구역' 제도는 해당 지역 토지 소유자의 다수가 지지한다면 시행해야 한다. 일단 시행하고 나면 구역 내의 주민, 부동산 소유자, 사업자 등은 새롭게 발생하는 주차 요금 수입금을 그들의 지역사회에서 어떻게 사용할 것인지에 대해 시 의회에 제안하는 등 지속적으로 목소리를 내야 한다. 이러한 목소리는 시 공무원이 기존의 근린 주거지역 주민회에 직접 참석해서, 우편 설문 조사로, 또는 대중 워크숍을 통해 들을 수 있다. 또 다른 방법으로는 주차 편의 구역별로 자문 위원회를 만들고, 이 위원회가 주차 요금 수입금을 해당 지역사회에 어떻게 사용해야 하는지에 대해 시 의회에 제안하게 하는 것이 있다.

세부적인 시행 방안

거주자 주차 편의 구역의 시행을 위해서는 다음의 단계가 권장된다.

- 거주자 주차 편의 구역으로 고려되는 지역에서 이용할 수 있는 가로변 주차면 수를 조사하라. 이 지역에서 이용할 수 있는 가로변 주차면 수를 파악하는 것은 주차 관리자에게 필수적인 단계이다. 이것은 영화관 관리자가 영화관에 얼마나 많은 좌석이 있는지를 아는 것과 같다. 영화관 관리자가 얼마나 많은 좌석이 있

---

15) 낮 동안 주차면이 남는 경우와 법적으로 금하는 경우 두 가지를 가리킨다.

는지 모르면 입장권을 얼마나 팔아야 하는지 알 수 없는 것처럼, 주차 관리자도 주차 공간이 얼마나 있는지를 모른다면 주차 허가증을 얼마나 발행해야 할지 알 수 없다.

- 주차 시설에 대한 조사 결과(주차장 위치와 주차면 수)를 보여주는 지도를 만들라.
- 지역 내의 각 구획parcel에 현존하는 주거 단위residential unit의 수를 조사하라.
- 지역 내에서 이용할 수 있는 가로변 주차면의 수와 현재 존재하는 주거 단위의 수를 비교하라. 전체 지역에 대해 주거 단위당 가로변 주차면의 비율을 정하는 것이 중요하다(예를 들어 1000개의 가로변 주차면과 500개의 주거 단위가 있다면, 주거 단위당 가로변 노상 주차면의 비율은 2.0이 된다).
- 해당 지역의 가로변 주차장의 점유율을 낮 시간대와 저녁 시간대로 나누어 측정한다. 만약 해당 지역이 현재 '거주자 전용 주차 구역'이라면, 주차 허가증을 가진 차량과 주차 허가증이 없는 차량을 구별하라.
- 지역 주민들과 긴밀한 협의를 통해서 얼마나 많은 주차 허가증을 발급할 것인지 결정하라. 여유 주차면이 없을 정도로 무제한으로 발급할 것인가? 가로변 주차면의 여유를 확보하기 위해 발급을 제한할 것인가? 새로운 신청자들은 대기 순서를 기다리게 하고, 기존의 주차 허가증 소지자들에게는 계속 사용할 수 있도록 기득권을 주어야 하는가? 가구당 발급하는 주차 허가증의 수를 제한하지 않는 방침에서 제한하는 방침으로 바꾸는 것에 대해서는 종종 논란이 많으므로, 제안된 해결책들을 신중히 검토해 유연하게 시행하는 것을 제안한다.
- 주민용 주차 허가증의 가격을 정할 때에는 다음과 같은 다양한 사항이 조화롭게 균형을 이루게 해야 한다. 즉, ⓐ 기존 주민들에게 프로그램에 대한 승인을 취득할 필요(이는 종종 기존 주민들에게 무료로, 또는 명목상 소액의 금액으로 주차 허가증을 제공하는 등 기존 주민들에게 '기득권grandfathering in'을 주므로 가장 잘 충족될 수 있다), ⓑ 프로그램을 관리하기 위해 집행되는 비용을 지원할 필요, ⓒ 근린 주거지역을 개량하기 위한 기금을 늘리기를 원하는 지역 주민들의 기대, ⓓ 제한된 가로변 노상 주차 공간에 대한 수요와 공급의 균형을 이루는 주차 요금을 책정할 필요 등이다. 거주자들에 대한 주차 요금을 낮추기 위해서 상업지 주차 편의 구역의 주차 요금 수입금, 통근자에게 징수되는 주차 수수료, 신개발지에 부과되는 개발 수수료처럼 비거주자들에게 취득하는 금액을 기금으로 사용할 수 있다.

- 시 당국은 많은 전형적인 '거주자 전용 주차 지구residential parking permit district'에서 시행하는 것처럼 비거주자들의 주차를 완전히 금지하는 것보다는 여분의 주차 용량에 대해서는 공정한 시장 요율로 비거주 통근자들에게 주차 허가증을 판매 해야 한다. 하지만 이러한 비거주자용 주차 허가증은 일반적으로 거주자의 주 차 점유율이 낮은 낮 시간에만 유효하게 해야 한다.

- 일부 가로변 주차장을 주민들이 언제나 이용할 수 있도록 확보하기 위한 유용 한 지원 방법은 매 블록의 한쪽 면을 거주자들의 전용 주차 공간으로 지정하는 것이다.

- 끝으로, 비거주자들에 대한 주차 허가증의 가격은 시 당국의 정기적인 설문 조 사를 통해 결정된 공정한 시장 요율에 따라(즉, 85퍼센트의 점유율을 유지하는 가격 으로) 정해져야 한다. 프로그램을 관리하는 비용을 초과하는 모든 순수입금은 전적으로 수입금이 발생한 해당 근린 주거지역의 공공시설을 개량하기 위해서 지출하게 해야 한다.

- 비거주자들에게 주차 요금을 징수하기 위해서는 적절한 기술을 적용해야 한다. 즉, 거주자 주차 편의 구역을 위한 가장 효율적이며, 가장 자본 집약적이지 않은 기법으로는 런던의 웨스트민스터 자치구Borough of Westminster가 채택한 전략의 형 태가 유사할 듯하다. 웨스트민스터의 주거지 주차 허가 지구에서는 방문객이 주차 요금을 휴대폰으로 결제하거나(주거지 주차장 표지판에 전화번호가 게시되어 있다), 지역 도서관에서 주차 카드를 구매해 사용할 수 있다.[13] 캘리포니아 주 패 서디나에서는 방문객 주차 허가증을 살 수 있는 판매기가 각 근린 주거지역의 소방서에 설치되어 있다. 또한 방문객을 위한 주차 허가증은 집에서 온라인으 로 구매해 프린트해서 사용할 수도 있다.

거주자 주차 편의 구역의 혜택

거주자 주차 편의 구역은 '과도한 수요로 혼잡을 가져다주는 가로변 무료 주차와 이용 도가 낮은 전형적인 거주자 전용 주차 지구 사이의 절충 방안'이라고 설명할 수 있다. 주차 편의 구역은 거주자와 비거주자 모두에게 좋은 것이다. 즉, 거주자들은 비거주자 들이 낸 요금으로 공공서비스를 얻을 수 있고, 비거주자들은 무엇보다도 공정 시장가 격fair-market price에 주차할 수 있기 때문이다.[14] 거주자 주차 편의 구역의 시행에 따른 편익은 다음과 같다.

- 상업지 인근의 근린 주거지역으로 상업지의 과도한 주차 수요가 넘어오는 것이 방지된다.
- 부족한 가로변 주차 공간이 될 수 있는 한 효율적으로 사용된다.
- 큰 비용이 드는 주차 건물을 추가로 건설할 필요가 줄어든다.
- 거주자들에게 가로변 주차 공간을 이용할 수 있도록 보장해준다.

거주자 주차 편의 구역의 예

거주자 주차 편의 구역은 다음의 지방자치단체에서 다양한 형태로 시행되고 있다.

- 콜로라도 주 애스펀Aspen (비거주자 주차 허가증: 5달러/일)
- 콜로라도 주 볼더(거주자 주차 허가증: 12달러/년, 비거주자 주차 허가증: 312달러/년).
- 캘리포니아 주 샌타크루즈Santa Cruz (거주자 주차 허가증: 20달러/년, 비거주자 주차 허가증: 240달러/년).
- 애리조나Arizona 주 투손Tucson[거주자 주차 허가증: 2.50달러/년, 비거주자 주차 허가증: 200달러/년~400달러/년(애리조나 대학교 캠퍼스University of Arizona campus 에서 멀어짐에 따라 가격 하락)].
- 캘리포니아 주 웨스트할리우드West Hollywood (거주자 주차 허가증: 9달러/년, 비거주자 주차 허가증: 360달러/년).

전략 5: 통합 대중교통 승차권을 제공하라

목표: 모든 도심 지역의 거주자와 근로자에게 통합 대중교통 승차권을 무료로 제공함으로써 도심지의 근로자와 거주자의 주차 수요를 줄이고, 대중교통 탑승률을 높여라.

권장 사항: 크게 할인된 가격의 그룹 할인 승차권을 구입해, 이 대중교통 승차권을 기존 근로자와 거주자들에게 무료로 제공하라. 주차 편의 구역의 주차 요금 수입금과 기타 가용한 재원을 이 프로그램을 위한 기금으로 활용하라. 모든 신개발 사업에 대해서는 사업지의 근로자와 거주자들에게 대중교통 승차권을 의무적으로 제공하게 하라.

이 전략에 관한 자세한 내용은 제13장 「교통 수요관리」를 참조하라.

전략 6: 주차 비용을 분리하라

목표: 신개발지에서 발생하는 주차 수요와 자동차 통행을 감소시키는 반면, 저렴한 가격으로 주택을 구입할 수 있게 하는 동시에 주택 선택 폭을 넓혀라.

권장 사항: 새로운 주거지와 상업지를 개발할 때 근로자 주차 요금과 거주자 주차 요금을 구분해 징수하고, 주택과 상업용 공간의 비용으로부터 주차장과 관련된 전체 비용을 '분리하도록unbundle' 규정하는 법령을 채택하라.

토론

단순하므로, 그리고 부동산 시장의 전통적인 관행이므로 주차장 비용은 주로 사무실이나 주택의 판매 가격 또는 임대 가격에 포함된다. 주차장 비용은 종종 이런 식으로 숨겨졌지만 결코 무료가 아니다. 주차장 건물의 주차면 하나의 비용은 4만 달러 이상이다. 토지 가치를 고려한다면, 아마도 많은 도시의 지상 주차면도 비슷한 비용이 소요될 것이다. 이런 주차장 비용을 기타 재화의 비용과 서비스의 비용에서 분리하는 것은 주차 수요와 자동차 통행 수요를 줄이기 위한 필수적인 단계이다. 어떤 것을 무료로 제공하거나 크게 지원된 낮은 요율로 제공하면 이에 대한 이용을 장려하게 되고, 또한 같은 비율의 여유분을 유지하기 위해서는 더 많은 주차 공간이 제공되어야 함을 의미하기 때문이다.

주택 비용에서 주차장 비용을 분리하기

임대주택이든 판매 주택이든 간에 관계없이, 주차 요금을 구분해 부과하는 방식을 통해서 모든 주차 비용은 주택 비용과 분리해야 한다(이 정책은 일반적으로 공유된 주차 공간shared parking space이 아니라 타운하우스townhouse처럼 개인별 차고를 가진 새로운 주거지의 경우에는 예외로 한다). 이 정책은 소유하는 승용차 중 1대를 없애기를 원하는 가구로서는 재정적 보상을 받는 것이 되고, 가구당 1대만을 소유하거나 자가 승용차가 없어도 불편 없이 지낼 수 있는 대중교통-중심적 근린 주거지역에 살기를 원하는 가구들을 상대로는 이러한 틈새시장에 관심을 두도록 유인할 수 있다. 주차 비용을 분리하면, 주차는 필수 구입 사항에서 선택 사항으로 바뀌고, 그러면 각 가구는 그들이 원하는 주차면을 자유롭게 임대해 사용할 수 있다. 차량 보유율 면에서 평균 이하에 속하는 가구들(예를 들어 저소득층 계층, 미혼 및 편부모 가구, 정액 소득 노인 가구, 대학생 등)에는 이러한 선택을 할 수 있게 해주는 것이 실질적인 재정적 혜택이 될 수 있다. 즉, 주차 비용을 분리해 부과하는 것은 이러한 가구들이 이용할 수 없거나 감당할 수 없는 주차 공간에 대한 비용을 더는 내지 않아도 된다는 것을 의미한다.

주택 비용에서 주차 비용을 분리하지 않으면, 개인 임차인이나 구입자들이 내야 하는 주거 단위당 주택 비용이 현저히 증가할 수 있다는 것을 알리는 것이 중요하다. 샌프란시스코 시의 주택에 관한 두 연구에 따르면, 단지 내에 노외주차장이 있는 주택은 주차장을 포함하지 않은 주택보다 11~12퍼센트 더 높은 가격에 팔린다는 것을 확인했다.[15] 샌프란시스코 시의 주택에 관한 또 다른 한 연구에 의하면, 단지 내에 노외주차장을 두지 않은 주택에 대한 구입 능력의 증가는 (주차 비용을 분리하지 않은 주택보다 상대적으로 저렴해 많은 사람이 구입을 감당할 수 있으므로) 주택 흡수율absorption rate[16]을 높이고, 많은 사람이 주택 소유의 희망을 실현하게 만들어줄 수 있다.[16] 이 연구에 따르면, 노외주차장을 두지 않은 주택은 다음과 같은 특성이 있다.

- 단지 내에 노외주차장을 갖춘 주택보다 평균 41일 더 빨리 팔린다.
- (단지 내에 노외주차장을 갖춘 주택보다) 콘도미니엄condominium[17]을 구입할 수 있는 가구가 20퍼센트 더 늘어나게 한다.
- (단지 내에 노외주차장을 갖춘 주택보다) 단독주택을 구입할 수 있는 가구가 24퍼센트 더 늘어나게 한다.

또한 주차 비용을 분리해서 부과하는 것은 가구들의 자동차 소유를 줄이며, 동시에 보행, 자전거, 대중교통 이용을 권장하는 가장 효과적인 단일 전략이다. 한 연구에 따르면, 이러한 정책은 가구의 승용차 소유 및 주차 수요를 현저히 줄일 수 있다고 한다.[17] 이 효과는 그림 10-9에 나타나 있다.

주차 비용이 별도로 부과되면, 임대료, 판매가, 대여료가 감소한다는 것을 주민들과 임차인들이 인식하게 하는 것이 매우 중요하다. 주차 비용을 '추가'로 내는 것이 아니라, 주민과 사업주들이 구매하고 싶은 만큼의 양을 선택하도록 분리해 판매한다. 아울러 주차면 임대 시 임차인, 거주자, 고용주, 근로자 등 누구에게도 임대 주차면의 최소 한계량을 정해놓아서는 안 된다.

---

16) 주택 흡수율이란 주택 재고량 대비 판매량 비율을 의미한다.
17) 미국에서 아파트먼트(apartment)와 콘도미니엄은 외형은 비슷하나, 아파트먼트는 임대용 주거 단위, 콘도미니엄은 개인 소유용 주거 단위를 말한다.

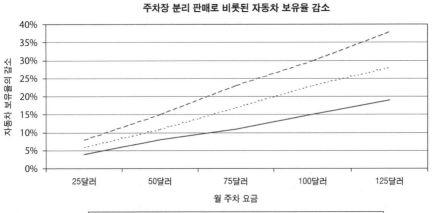

주차장 분리 판매로 비롯된 자동차 보유율 감소

(세로축) 자동차 보유율의 감소
40%
35%
30%
25%
20%
15%
10%
5%
0%

(가로축) 월 주차 요금
25달러   50달러   75달러   100달러   125달러

—— 탄력성 -0.4   ······ 탄력성 -0.7   ---- 탄력성 -1.0

그림 10-9
주차 비용을 분리해서 부과하는 것은 자동차 소유를 줄이는 가장 효과적인 전략이다.
자료: Todd Litman, Parking Requirement Impacts on Housing Affordability, Victoria Transport Policy Institute, 2004.

샌프란시스코의 신규 주택에 대한 주차 비용 분리 조례

샌프란시스코 시 전역의 주거지 개발에 대한 주차장 분리 조례(112-08 Ordinance 112-08)는 좋은 표준이 된다. 이 조례의 내용은 캘리포니아 주요 관할구역 담당 변호사가 검토하고, 수많은 개발 프로젝트에서 검증되어왔다.[18]

상업용 임대비에서 주차 비용 분리

새로운 상업지 개발에서는 임대 시 별도의 항목으로 명확히 구분해 징수하는 방식으로 주차 비용을 분리해야 한다. 또한 고용주들에게는 그들이 원하는 만큼의 주차면을 임차할 수 있도록 허용해야 한다. 예를 들어 워싱턴 주 벨뷰Bellevue 시는 도심에 있는 연상 면적 5만 제곱피트(약 4500제곱미터) 이상의 도심 사무용 건물에 대해 이를 임대할 때 주차 비용을 별도의 항목으로 분리하도록 요구하며, 하나의 주차면에 대한 월 최소 임대 요율을 '2개 구역 버스 승차권two-zone bus pass'[18] 가격보다 적지 않도록 정한다.[19] 이렇게 주차 비용을 분리하게 한 규정은 건물의 사무실 공간을 이용하기 위해서 이용자가 내야 하는 전체적인 비용을 증가시키지 않는다. 사무실 공간 자체에 대해 내는 비용이 결과적으로 낮아지기 때문이다. 다시 말해 이 경우 사무실 공간과 주차장에 대한 각각의 임대료를 구분해 징수하지만 이들의 합은 증가하지 않는다. 이 혁신적인 정책은 여러 가지 장점을 가진다. 승용차로 통근하는 직원의 수가 적으면, 고용주는

---

18) 버스 운행 구역을 나누어 몇 개 구역을 이동하느냐에 따라 요금을 차등 적용한다. 여기서 '2개 구역 버스 승차권'이란 2개 구역 사이를 이동할 수 있는 승차권을 말한다.

주차면을 적게 임차해도 되므로 경비를 절약할 수 있기 때문이다. 그리고 고용주는 직원들에게 '주차비 현금 지급'을 손쉽게 할 수 있다. 또한 건물 소유주들은 여분의 주차 공간을 다른 이용자들에게 더욱 쉽게 임대할 수 있으므로, 공유 주차장shared-parking 체제를 구축하기가 더 쉽다.

전략 7: 카셰어링 차량을 위한 주차면을 제공하도록 규정하라

목표: 도심지 거주자들과 근로자들이 필요할 때, 공유 차량shared car을 쉽게 이용할 수 있도록 카셰어링을 지원하고 강화하라.

권장 사항: 대규모 주거지를 개발할 때, 개발 업자가 일정량의 한정된 주차면에 대한 '우선 구입권right of first refusal'을 카셰어링 서비스에 제공하게 하는 조례를 채택하라. 또한 이들 주차면을 카셰어링 서비스를 위해 무료로 제공하도록 규정하라.

좀 더 자세한 내용은 제11장 「카셰어링」을 참조하라.

전략 8: '주차비 현금 지급 제도'를 규정하라

목표: 직원의 모든 통근 수단에 대해 공평하게 보조금을 주고, 카풀과 대중교통, 그리고 자전거나 도보로 출근하는 통근자들을 위한 장려책을 만들라.

권장 사항: 도심지에 있는 모든 신규 및 기존 고용주들에게 그들의 직원들이 주차 보조를 현금으로 받을 수 있는 옵션을 제공하는 '직원 주차 보조subsidized employee parking' 프로그램을 제공하도록 규정하라.

좀 더 자세한 내용은 제13장 「교통 수요관리」를 참조하라.

전략 9: 주차장 최소 확보 규정을 없애라

목표: 신개발과 기존 건물의 개보수 및 재사용에 대한 장벽을 없애라. 주차 공간을 일반 상품처럼 자유롭게 사고, 팔고, 임대하고, 리스lease[19]할 수 있는 건강한 주차

---

19) 임대(rent)와 리스의 차이는 다음과 같다. 임대란 고객이 필요로 하는 기기를 필요한 기간만큼 사용할 수 있는 임대차 거래이며, 리스란 시설 임대를 전문으로 하는 사업 주체가 일정한

서비스 시장을 만들어라. 신개발지로부터 주차 수요와 자동차 통행 수요를 감소시킴으로써 주택의 구매 능력과 선택 폭을 제고하라.

권장 사항: 최소한 도심지와 복합 용도지역에 대해 모든 '주차장 최소 확보 규정minimum parking requirement'을 없애라.

토론

주차장 최소 확보 규정은 대중교통 중심 지구Transit-Oriented Districts: TOD로 제안된 지역에 새로운 주거지 및 상업지 개발을 장려하려는 시 당국의 많은 노력을 막는 가장 큰 장애물의 하나로 대두되어왔다. 더욱이 이 규정은 많은 시 당국이 도심지에서 추구하는 그들의 목적과 상반되게 작용한다. UCLA의 돈 쇼우프 교수는 이를 다음과 같이 설명한다. "주차장 최소 확보 규정은 커다란 폐해를 가져다준다. 이 규정은 궁극적으로 승용차에 대해 보조금을 주는 것이 되므로, 교통수단 선택에 대한 왜곡을 일으키고, 도시 형태를 변형시키며, 주택 비용을 증가시키고, 저소득 가구들에 부담을 주며, 도시 디자인을 저해하고, 경제적으로 손해를 끼치며, 환경을 훼손한다. …… 비록 주차장 건설비는 주차 그 자체뿐 아니라 기타 모든 요소의 비용을 포함한 주차 가격으로 말미암아 잘 드러나지 않지만, 노외주차장 최소 확보 규정을 만족하려면 많은 재원이 소요된다."[20]

주차장 최소 확보 규정이 주택 구매 능력의 감소와 토지 가치의 하락에 미치는 영향은 특히 주목해볼 만하다. 예를 들어 아파트 1채당 1개 면에 해당하는 주차 공간을 확보하게 한 1961년 오클랜드Oakland 시의 결정(이전에는 이런 규정이 없는 지역이었다)에 대한 연구에 의하면, 건설비는 1채당 18퍼센트 증가했고, 1에이커당 주택 수는 30퍼센트 감소했으며, 토지 가치는 33퍼센트가 하락했다.[21] 이는 부분적으로 주거지 주차 공간을 확보하는 데 필요한 공간적 요구가 지역지구제와 건축 가능 공간building envelope 이내에서 지을 수 있는 주거 단위의 수를 제약했기 때문이다. 또한 개발 업자들이 이

설비를 구입해, 그 이용자에게 일정 기간 대여하고, 그 사용료(리스료)를 받는 것을 목적으로 하는 물적 금융 행위로, 「시설대여업법」 제2조 1호는 "리스란 리스 이용자가 선정한 특정 물건을 리스 회사가 새로이 취득하거나 대여받아, 리스 이용자에게 대통령령이 정하는 일정 기간 동안 사용하게 하고 그 기간에 걸쳐 일정 대가를 정기적으로 분할하여 지급받으며, 그 기간 종료 후의 물건의 처분에 관해서는 당사자 간의 약정으로 정하는 물적 금융을 말한다"라고 정의한다.

주차장 확보 규정을 없앤 지역사회들

주차장 최소 확보 규정을 부분적으로(특정 근린 주거지역 및 지구에서), 또는 완전히 없앤 지역사회는 다음과 같다.

- 플로리다 주 코럴 그레이블스(Coral Grables)
- 오리건 주 유진
- 플로리다 주 포트마이어스(Fort Myers)
- 플로리다 주 포트피어스(Fort Pierce)
- 영국(전역)
- 캘리포니아 주 로스앤젤레스
- 위스콘신(Wisconsin) 주 밀워키
- 워싱턴 주 올림피아(Olympia)
- 오리건 주 포틀랜드
- 캘리포니아 주 샌프란시스코
- 플로리다 주 스튜어트(Stuart)
- 워싱턴 주 시애틀
- 워싱턴 주 스포캔(Spokane)

러한 주차장 확보 규정에 의해 각 주거 단위에 요구되는 새롭고 값비싼 편의 시설의 건설(즉, 주차면 설치 등)에 소요되는 비용 지출을 줄이고자 더 적은 수, 더 큰 규모, 더 비싼 주택을 건설하는 방법으로 대응했기 때문이기도 하다.

주차장 최소 확보 규정을 통해 달성할 수 있는 유용한 목적 중 하나는 통근자들이 목적지 근처의 가로변 주차면을 모두 채우고 인접한 지역으로 넘어가서 주차하는 현상인 '주차 넘침spillover parking'을 막고자 하는 것이다. 그러나 이 장에서 제시하는 권장 사항들을 이용한다면, 상업지역의 노상 주차에 대해 시장 요율에 근거한 요금을 징수함으로써 가로변에 충분한 여유 주차면들을 확보할 수 있을 것이다. 인접한 근린 주거 지역에서는 번호판 인식 시스템을 활용한 단속을 병행하는 거주자 주차 편의 구역 제도를 시행함으로써, 이 지역으로 주차 넘침 현상이 발생하는 것을 방지할 수 있게 해준다. 만일 이 두 가지 핵심적인 정책[20]이 시행된다면, 주차장 최소 확보 규정을 강제화하는 것은 불필요하다.

일단 노상 주차가 적절히 관리되고, 주차 수요가 주변 지역으로 넘어가는 넘침 문제가 해결된다면, 그 도시는 이미 주차장 최소 확보 규정을 없앤 많은 지역사회와 장소('주차장 확보 규정을 없앤 지역사회들' 목록 참조)에 포함되게 될 것이다. 이렇게 하면, 좀 더 걷기 쉬운 대중교통 중심 지구, 더 건강한 경제와 환경, 낮은 주택 비용, 그리고 좀 더 나은 도시 디자인을 추구하는 도시의 목적을 성취할 수 있으므로, 그 도시는 결

---

20) 시장 요율에 근거한 요금 징수와 거주자 주차 편의 구역을 가리킨다.

과적으로 많은 보상을 제공받게 됨은 물론이고, 많은 혜택을 누릴 수 있을 것이다.

전략 10: 이용자 요금과 수입 담보 채권[21] 자금으로 주차 시설에 투자하라

목표: 경제적 효율성, 환경적 지속 가능성, 사회적 형평성의 증진이라는 도시의 목표를 달성하는 하나의 방법으로 새로운 주차 용량을 개발하는 데 자금을 투입하라.

권장 사항: 주차 건물과 주차장의 건설을 위한 '수입 담보 채권revenue bond'을 발행해 얻은 자금을 공공 노외 주차 시설에 투자하고, 이들 주차 시설을 이용하는 사람들에게 징수한 주차 요금으로 채권을 상환하라.

토론

수입 담보 채권을 발행하고, 그 채권을 주차 요금으로 상환하는 전략은 혁신적이거나 획기적이지 않을 것이다. 하지만 이러한 접근은 지방자치단체의 주차 시설에 대한 투자 재원을 마련할 수 있는, 확실히 믿을만한 방법이다. 이 전략은 다음과 같은 장점이 있다.

- **경제적 효율성:** 직접적인 주차 요금으로 주차 비용을 내는 방식은 주차 시설의 수급 균형을 맞추는 데 도움이 된다. 실제적인 주차 비용이 직접적인 요금을 통해서 가시화될 때, 고용주와 주민들은 비용을 절약하기 위해서 스스로 주차장 이용을 줄일 것이다. 예를 들어 고용주들은 직원들이 자동차를 집에 두고 통근하게 하는 교통 수요관리 프로그램을 도입할 수 있고, 또한 근로자들을 위한 주차 공간을 적게 임차하므로 비용 절감 효과를 거둘 수 있다. 마찬가지로 앞서 논의한 바와 같이 주민들은 자동차를 적게 소유하고, 주차 공간을 적게 임차 또는 매입함으로써 상당한 금액을 절약할 수 있다. 그 결과 주차장 건설은 줄어들고, 도심지에서 자동차 통행도 줄어든다. 결과적으로 도심지(또는 도시 전체)의 부동산 소유자, 기업, 주민들에 대한 세금 및 기타 수수료를 징수해 이를 투자하는 간접적인 방법보다 주차장을 건설하는 비용은 훨씬 적어진다.
- **환경적 지속 가능성:** 이용자들에게 주차 요금을 직접 징수해 주차 비용을 충당

---

21) 특정 재원 공채는 미국 지방채 중에서 공해 방지 등 특정 사업 목적의 자금을 조달하기 위해 발행하는 채권이며, 일반 재원 공채(general obligation bonds)에 대비되는 용어이다.

하는 방식은 다른 재화와 서비스의 비용 안에 주차 비용을 포함하는 재원 조달 방식과 비교해보면, 자동차 통행과 주차장 건설 모두를 더 많이 줄일 수 있으므로 공기 및 수질오염과 온실가스 배출을 상당히 줄일 수 있다. 이러한 원칙은 전기 사용료를 직접적으로 징수하는 방식과 비슷하다. 즉, 이용자들이 비용을 알면, 자연스럽게 절약한다는 것이다.

- **사회적 형평성**: 주차 요금으로 주차 시설에 투입되는 투자금을 충당하는 것은 널리 공평하게 받아들여지는 원칙이다. 즉, 프로젝트의 수혜자는 해당 프로젝트를 위해 소요되는 비용을 내야만 한다는 것이다. 더구나 고소득 가구는 저소득 가구보다 평균적으로 더 많은 차량을 소유하고, 더 자주 운행하며, 더 많이 주차하므로, '이용자 지불user pay'이라는 접근 방식은 주차 비용이 다른 재화나 서비스의 비용 안에 포함되어 감추어진 방식과 비교하면, 고소득 가구들에 주차 시설에 대한 비용을 상대적으로 더 많이 부담하게 하는 것을 의미한다.

주차장 임대와 주차 콘도미니엄

공공 주차 건물에 있는 주차 서비스를 구매하는 가장 일반적인 방법은 시간당 이용 요금을 내거나, 장기 임대하는 방법이다. 그러나 '주차 콘도미니엄parking condominium'을 판매하는 것은 주요 도시에서 널리 사용되는 또 다른 유효한 방법이다.

이용자들에게 주차 요금을 직접 징수해 주차 비용을 충당하는 방식은 인근 건물에 거주하는 사람들을 위한 전용 주차 공간을 포함하는 공공 주차 시설을 개발할 수 있게 만든다. 많은 도시 지역에서 주차 시설들이 콘도미니엄의 형태로 개발되고 있다. 이 방식은 주차 시설 자체 또는 시설 일부에 대해 콘도미니엄 형태의 소유권을 부여하는 것이며, 인근 주민과 회사 직원들은 이곳의 주차면을 구입할 수 있다. 콘도미니엄의 형태로 완전히 전환된 프로젝트들이 있는 경우에는 콘도미니엄 협회를 구성하고, 주차 건물을 유지하고 관리하기 위해 주차장 운영자를 두는 것이 일반적이다.

공용 주차 건물의 경우에는 시 당국이 잔여분의 소유권을 보유하다가 이들 주차 공간의 일부를 판매할 수 있다. 예를 들면 시 당국은 이러한 방식으로 도심지에 주거 건물을 건설하려는 개발 업자에게 (실제 건설에 앞서) 주차 콘도미니엄을 팔 수 있다. 이로써 시 당국은 주차장을 개발하기 위해 필요한 충분한 자금을 선불로 얻을 수 있고, 개발 업자는 실질적으로 새로 건설할 건물을 위한 외부 주차장off-site parking의 취득을 보장받을 수 있다. 일단 새로운 건물이 건설되고 새로운 사람들이 주택을 구입하면,

개발 업자는 시 당국으로부터 구입했던 주차면을 새로운 주민들에게 콘도미니엄 형태로 다시 판매하게 된다.

제11장

카셰어링

Carsharing

1. 서론

우리는 어려서부터 무엇이든 나누어 쓰는 법을 배워왔다. 유치원에서 내가 원하는 색깔의 크레용을 다른 친구가 쓰고 있으면, 그 친구가 다 쓸 때까지 참을성 있게 기다리는 법을 배웠을 것이다. '카셰어링 회사Carsharing Organization: CSO'는 서비스 접속 및 사용료 자동 결제 기술 등을 이용해, 보유한 자동차를 회원들이 원하는 시간에 원하는 장소에서 이용할 수 있게 해준다. 카셰어링 회사는 보유한 차량을 유지 관리하고, 연료비와 보험료를 낸다. 그 외에 차량 소유권에 대해서는 자신들의 구미에 맞는 최소한의 책임을 진다.

기술의 발전과 새로운 비즈니스 모델business-model이 개발되면서 카셰어링은 점점 더 많은 곳으로 확장하고 있으며, 이에 대한 인기는 급속히 커지고 있다(그림 11-1 참조). 카셰어링이 성공하기 위해서는 회원들이 각기 자신의 승용차를 소유하지 않고도 원하는 통행의 대부분을 수행할 수 있게 해주어야 한다. 또한 카셰어링은 회원들의 필요에 맞는 적합한 차량을 제공해주어야 한다. 예를 들면 가구를 옮겨야 할 때에는 트럭을, 중요한 사업상 모임에 참석해야 할 경우에는 BMW Bayerische Motoren Werke AG와 같은 고급 승용차를, 시내를 돌아다녀야 할 때에는 소형 전기 자동차를 사용할 수 있게 해주어야 한다.

오늘날의 카셰어링은 편리한 예약 기술을 적용하고 있다. 이 기술을 사용해 일단 누군가가 차량을 예약하면 예약이 중복되지 않게 해주며, 예약을 이행하지 못해 다른 회원들의 이용에 불편을 주는 불량 행태에 대해서는 벌칙을 줄 수도 있다. 일반적으로 예약은 인터넷, 스마트폰, 문서, 자동 응답 서비스 등을 통해서 이루어진다. 카셰어링 회사는 차량 예약, 차량 인수, 요금 징수 등 모든 과정을 자동화해 사업비를 최소화할 수 있으며, 아울러 회원들이 내는 요금도 합리적 수준으로 유지할 수 있다.

카셰어링이 지속 가능한 교통 시스템에 기여할 수 있다고 하는 것에는 두 가지 이유가 있다. 첫째, 차량 운행 비용은 모두 일 또는 시간 단위의 이용료 형태로 통합적으로 징수되기 때문이다. 이 때문에[1] 회원들은 공유 차량의 사용을 자제하고, 그 대신

---

1) 이용료가 상대적으로 높게 느껴지기 때문이다. 자가용 차량 소유자는 차량 운영 시 차량 구매비, 보험료 등 고정비용은 고려하지 않고, 연료비, 주차료, 통행료 등 변동 비용만을 고려한다. 따라서 카셰어링 요금은 이들에게 상대적으로 높게 느껴진다.

그림 11-1

북아메리카 지역에서 카셰어링은 급속한 성장세를 보이고 있다.

자료: Shaheen, S., A. Cohen and M. Chung. North American Car-sharing: 10-Year Retrospective. in Transportation research Record: Journal of the Transportation Research Board, No. 2110, Figure 1, p. 38 Copyright, Washington D. C., 2009. Reproduced with permission of the Transportation Research Board.

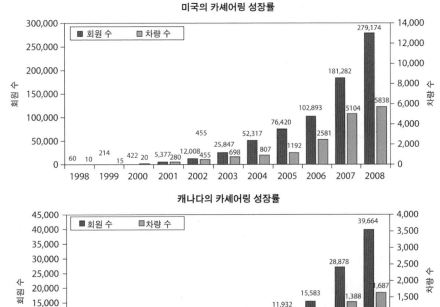

도보, 대중교통, 자전거 등에 의존해 통행한다. 평균적으로 카셰어링 회원들은 일반 자가용 차량 소유자들보다 44퍼센트나 적게 운전하는 것으로 나타났다.[1]

둘째, 카셰어링 회원의 3분의 1 이상은 카셰어링 서비스를 이용할 수 없게 된다면, 자가용 차량을 소유할 것이기 때문이다. 일반적으로 공유 차량 1대로 20~50명의 회원에게 카셰어링 서비스를 제공할 수 있으므로, 결과적으로 도로상에 움직이는 차량을 5~20퍼센트까지 줄여주는 효과가 있다고 할 수 있다.[2]

그림 11-2

선택 가능한 통행 수단 중 카셰어링이 차지하는 틈새.

자료: Eric Britton.

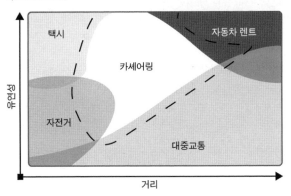

카셰어링 서비스에 의존하는 사람들이 늘어남으로 말미암아 나타나는 주차 수요와 총 차량 운행 거리VMT의 감소는 도시에서, 특히 지속 가능한 교통계획에서 아주 중요한 의미를 지닌다(그림 11-2 참조). 이 장에서는 카셰어링의 유형, 주차, 수단분담, 교통량 등에 미치는 카셰어링의 효과, 그리고 성공적인 카셰어링 프로그램을 조성할 수 있는 정책 등에 관해서 기술한다.

2. 카셰어링의 유형

1990년대 초기에 유럽에서 현대적인 카셰어링이 시작된 이래로, 성공적으로 운영되어
온 대부분의 카셰어링 서비스는 다음과 같은 전통적인 모형을 따른 것이다.

- 차량은 카셰어링 회사에서 소유하거나 임대한 것이다.
- 차량을 한 곳에 있는 중심 시설에 두지 않고, 지리적으로 여러 지역에 분산해 배
  치한다.
- 예약은 인터넷이나 전화로 이루어진다.
- 일단 예약되면, 해당 차량은 예약 번호로만 인수할 수 있다.
- 공유 차량은 빌린 장소로 반환되어야 한다.

기술과 비즈니스 모델의 변화는 'P2P peer-to-peer 카셰어링'[2]처럼 새로운 프로그램
을 다양하게 도입할 수 있게 해준다. 개인 소유 차량 대부분이 75퍼센트의 시간을 운
행하지 않고 그냥 세워놓는 것을 감안 할 때, P2P 카셰어링은 자원의 활용도를 높여줄
뿐 아니라, 차량 소유자가 차량을 소유한다는 것만으로 내야 하는 높은 고정비용 일부
를 회수할 기회를 준다.

일반적인 P2P 카셰어링의 비즈니스 모델은 전통적인 카셰어링과는 크게 다르다.
P2P의 최대 수혜자는 차량 소유자들이다. 그들은 자신의 차량으로 상당한 임대 수익
을 얻을 수 있다. 물론 차량 소유자들은 차량을 잘 수리된 상태로 유지해야 할 책임이
있다. P2P 카셰어링 회사는 더 완벽한 기술을 제공하는 업체들로 이들은 전통적인 카
셰어링 회사들이 당면하는 차량 임대, 주차, 유지 관리 등에 드는 비용 문제를 크게 감
소시킬 수 있다.

또한 P2P 카셰어링은 공유 차량을 배치하는 비용을 낮추므로,[3] 현재 서비스를 제
공하는 주요 지점들을 벗어나 현실성이 없었던 지역에까지 서비스를 확장할 수 있게

---

2) P2P 카셰어링은 차량 소유자가 자신의 차량을 다른 사람에게 짧은 기간 임대해 사용할 수 있
   게 하는 서비스이다. 이는 공유 경제의 일종으로서 차량 소유자가 차량을 사용하지 않을 때
   필요한 사람에게 임대해 수익을 창출한다(Wikipedia). 여기서 P2P는 정보통신 분야에서 유
   래된 용어로 컴퓨터 시스템이 네트워크상에 대등한 기능을 갖는 복수의 컴퓨터를 연계시키
   는 것, 예를 들면 사용자 간 직접 접속 방식을 말한다.
3) 전통적인 카셰어링 서비스를 제공하는 카셰어링 회사는 주요 지점에 공유 차량을 모아두고
   관리하는 방식인 것에 반해, P2P 카셰어링은 차량을 배치하고 관리하는 비용이 필요 없다.

그림 11-3
베이 지역 집카와 P2P 카셰어링
입지.
자료: Getaround.

해준다. 개념적으로 보면 이는 전통적인 카셰어링을 도입하기에는 상대적으로 규모가
작은 저밀도 지역사회에서 유일한 자동차 소유자가 자신의 차량을 이웃과 함께 사용하
는 것과 같다. 그림 11-3은 샌프란시스코 베이 지역에서 P2P 서비스를 제공하는 업체
인 겟어라운드Getaround [4]가 집카Zipcar를 지원하고 확대한 것을 보여주는 개념도이다.

3. 카셰어링의 효과

미국 자동차 보험회사인 AAAAmerican Automobile Association는 2010년에 구입한 소형 승용
차를 소유하고 운영하는 데 드는 총비용을 연간 5635달러로 추정했다.[3] 이 금액의 4분

---

4) 겟어라운드는 2009년에 샌프란시스코에서 설립된 회사 이름인 동시에 개인 자동차를 이웃에
게 빌려줄 수 있게 해주는 서비스를 제공하는 인터넷 플랫폼(platform)의 명칭이다. 협력적
소비(collaborative consumption)라는 경제 원리를 이용한 이 서비스는 차 주인이 시간당 대
여료를 정하고 차를 관리해 원하는 사람에게 빌려주는 형식이다. 차를 빌리고자 하는 사람은
스마트폰 애플리케이션을 통해 쉽게 원하는 차량을 찾을 수 있고, 복잡한 서류 절차 없이 대
여할 수 있으며, 100퍼센트 자동차보험이 제공된다.

의 3을 넘는 4381달러는 차량의 운행 여부와 관계없이 차량 소유자가 내야 하는 고정비이다. 이러한 이유로 대부분의 차량 소유자는 이 고정비를 충분히 인지하지 못하고, 차량 운행 비용이 연료비보다 약간 더 드는 것으로 인식한다. 이와 대조적으로 카셰어링은 차량을 소유함으로써 내야 하는 모든 비용(AAA의 추계에는 누락된 주차 비용까지 포함해서)을 시간 또는 하루 단위의 요율로 환산한 뒤, 이를 카셰어링 회원들에게 이용 요금으로 징수한다. 이러한 '운행 비례 지불pay-as-you-drive' 방식은 지역사회에 상당한 긍정적인 효과를 가져다준다.

1) 차량 운행의 감소

일반적인 카셰어링 서비스의 요율은 차종이 무엇인지, 그리고 운행 마일당 추가 요금을 적용하느냐 마느냐에 따라 시간당 4달러부터 12달러까지 다양하다. 이렇게 운행에 비례해 요금을 내게 하는 방식은 결과적으로 회원 각자가 차량을 소유할 때보다 차량 운행을 44퍼센트가량 줄여준다.[4] 또한 회원들이 자가용 차량을 이용해 여러 행선지를 돌아다닐 것(이를 '통행 사슬trip chaining'이라 부른다)을 좀 더 고려한다면, 카셰어링은 그들이 낸 교통 경비에 대한 효율성을 더 개선한다고 할 수 있을 것이다.[5]

회원들이 차량 운행을 적게 하면 할수록, 일상생활의 필요를 자신이 거주하는 지역의 내부 자원에 더 많이 의존하게 된다. 처음에는 거주 지역에 있는 소매상점의 상품이 차량으로만 접근할 수 있는 지역에 있는 가격경쟁적인 소매상점의 상품보다 높아 보일 수 있다. 하지만 카셰어링을 이용하는 경우에는 카셰어링 서비스 요금이 통행 비용에 직접 포함되므로, 지역 소매상점에서 구입하는 것이 더 저렴하게 보일 것이다.

2) 주차 수요의 감소

카셰어링 프로그램은 마치 넓은 지역에 걸쳐 차량을 빨아들이는 진공청소기라고 볼 수 있다. 활용도가 낮은 개인 승용차들은 팔리고, 공유 차량이 더 효율적으로 이를 대체할 것이다. 1999년 이래 진행되었던 조사 결과 11개를 보면 평균적으로 카셰어링 회원들의 23퍼센트가 회원 가입 시 자가용 차량을 팔았고, 49퍼센트가 차량 구입을 회피했다.[6] 이 조사 결과를 기준으로 하면, 회원 수 대비 카셰어링 차량 비율을 보수적으로

40:1이라고 가정할 때, 공유 차량 1대가 도로 위의 어디선가 9~20대의 자가용 차량을 없애는 결과를 가져다준다고 할 수 있다.

4. 가장 성공적으로 카셰어링을 할 수 있는 곳

카셰어링은 건강한 교통 생태계를 이루는 한 요소이다. 이 책의 전반에 걸쳐 언급해왔듯이, 건강한 교통 시스템은 토지이용 및 다양한 교통수단을 지원하는 도시 설계 요소들과 통합할 때 가능하다. 또한 이들 요소는 카셰어링의 성패에도 큰 영향을 준다. 카셰어링을 실행할 것인지 말 것인지, 혹은 어디에서 실행할 것인지를 고려할 때, 서로 연관되어 작용하는 몇 가지 생태적 요소를 고려해야 한다.

1) 주거 밀도와 복합 토지이용

카셰어링과 관련해 주거 밀도와 복합 토지이용이 얼마나 중요한 것인지는 아무리 강조해도 지나치지 않다. 카셰어링에 필요한 주거 밀도는 대중교통에 필요한 밀도와 거의 유사하다. 매 시간 한 번씩 운행하는 대중교통 서비스에 적합한 최소 요구 밀도는 에이커당 5가구이다. 많은 사람이 1시간마다 운행되는 대중교통 서비스를 수준 이하라고 인식하는 것과 마찬가지로, 에이커당 6가구라는 주거 밀도는 카셰어링의 입지를 위한 가장 기본적인 최소한의 수준이다. 더 나은 상황은 에이커당 10가구 이상의 밀도이다. 이는 다른 보조적인 기준치(상세한 내용은 뒤에서 기술한다)가 없는 한, 카셰어링을 도입하기에 적절한 수준이다. 건강한 카셰어링 프로그램을 가진 몇몇 지역사회와 이들 각각의 주거 밀도는 표 11-1과 같다.

비록 주거 밀도가 카셰어링(및 대중교통)의 성공을 보장하는 데 도움이 되지만, 복합 토지이용 또한 카셰어링 프로그램의 생존에 결정적인 역할을 한다. 카셰어링 시스템이 재정적으로 건강하게 운영되기 위해서는 월요일부터 금요일까지는 업무용, 그외 비업무 시간에는 주민용으로 이용되어야 할 것이다. 업무용과 주민용으로 운영되므로 얻는 시너지synergy(동반 상승)효과는 표 11-2에서 찾을 수 있다.

용도별로 예약할 수 있는 시간의 합계를 보면, 주민용은 주당 53시간으로 주당 45시간인 업무용보다 약간 크다. 기업과 주민들 사이의 차량 공유는 공유 주차장과 동일

표 11-1 카셰어링이 잘 운영되는 지역의 주거 밀도

도시	밀도(에이커 당 가구 수)
매사추세츠 주 케임브리지	10
신시내티(Cincinnati) 주의 예일 대학교/뉴헤이븐(New Haven)	12
보스턴/백베이(Back Bay) 근린 주거지역	14
뉴저지 주 호보컨	18
필라델피아 주 센터시티(Center City)	39
뉴욕 시 맨해튼	43

자료: Mark Chase.

표 11-2 카셰어링 서비스에 대한 용도별(업무용 및 거주자용) 예약 가능 시간

시간/요일	월	화	수	목	금	토	일
오전 8시~오후 5시	9	9	9	9	9	9	9
오후 5시~오후 10시	5	5	5	5	5	5	5
오후 10시~오전 8시	10	10	10	10	10	10	10

범례	업무용	주민용	이용도 낮음

자료: Mark Chase.

한 수요 조정 프로필profile로 모형화할 수 있으며, 동일한 긍정적 시너지를 창출할 수 있다.

2) 주차 비용과 주차장 가용성

주차 비용과 주차장 가용성은 카셰어링 프로그램의 성패에 미치는 가장 중요한 단일 결정 요인이다. 주차 비용을 단순히 금전적인 측면에서만 고려해서는 안 되며, 주차면을 찾아 헤매는 시간과 번거로움도 주차 비용에 포함해야 한다. 특히 주차 요율이 의도적으로 낮게 책정된 곳에서는 더욱 그러하다. 많은 지방자치단체에서 노상 주차의 요금을 낮게 책정하는 것을 감안하면, 사설 노외주차장의 주차 요율은 카셰어링 프로그램의 성패 가능성을 검토하기 위한 탁월한 기준이 될 수 있다(표 11-3 참조).

높은 주차 비용은 더 많은 사람을 카셰어링 회원으로 유도하는 요인이 될지도 모른다. 그러나 이것이 카셰어링 회사에는 도전이 될 수 있다. 높은 주차 비용은 카셰어링 회사의 운영 비용을 증가시키고, 이 비용은 회원들에게 전가될 것이므로, 회원들은 더 높은 카셰어링 이용료를 내야 할 것이 분명하기 때문이다. 이러한 상황을 개선하기 위해서 자치단체들과 토지 개발자들은 카셰어링 회사들에 주차 보조금과 가시적인 주

표 11-3 주차 비용을 기반으로 구분한 카셰어링의 입지 등급

등급	사설 주차장의 시장 요율(달러/월)
A	150 이상
B	100
C	75
D	50
F	50 미만

자료: Mark Chase.

차장 공급안을 장려책으로 제안하기도 한다. 이런 형태의 지원책은 이 장의 뒷부분에 좀 더 상세히 기술한다.

3) 카셰어링을 지원해주는 교통수단

카셰어링이 비용-효율적이 되기 위해서는 회원들이 자가용 승용차 없이 출근할 수 있어야 한다. '공유 차량'이 대부분의 시간에 멈추어 있다면, 공유 차량의 비용이 통근용 서비스 요금을 높게 만드는 원인이 될 것이다. 그러므로 특정 지역에서 카셰어링의 성공 여부를 결정하는 기준은 출퇴근 시 나 홀로 운전자의 비율이다. 계획가들은 '미국 지역사회 조사American Community Survey' 자료에서 얻은 출근 목적 통행 자료를 이용해 최적의 공유 차량을 배치할 수 있었다. 일반적으로 이상적인 카셰어링의 입지는 출근 목적 통행의 40퍼센트 이상이 자가용 승용차가 아닌 다른 교통수단을 이용하는 지역이다. 그림 11-4와 그림 11-5는 밴쿠버의 협력적 자동차 네트워크Co-operative Auto Network가

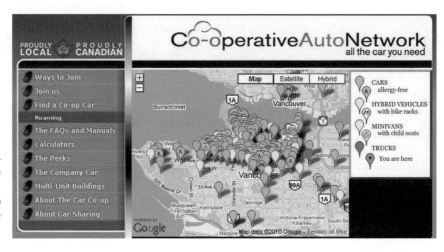

그림 11-4
밴쿠버의 협력적인 자동차 네트워크의 입지(밴쿠버 인구센서스 자료).
자료: Map of carshare vehicles in Metro Vancouver, Modo The Car Co-op.

그림 11-5
밴쿠버의 협력적 자동차 네트
워크의 입지(밴쿠버 인구센서
스 자료).
자료: Map of carshare vehicles in
Metro Vancouver, Modo The
Car Co-op.

캐나다 인구센서스에서 조사된 출근 목적 통행 자료에서 나타난 통행 패턴을 반영한
공유 차량의 배치를 보여준다.

4) 공유 차량의 잠재적 입지 결정

이 절에서 논의한 모든 측정 요소를 통합해 적용하면, 카셰어링 프로그램의 성공 기회
를 극대화하는 데 도움이 될 수 있다. 표 11-4는 카셰어링 입지의 성패를 결정하기 위

표 11-4 **카셰어링 입지에 대한 성패 가능성 등급**

등급	가구 밀도(에이커당)	시장 주차 요율(달러 / 월)	출근 통행(나 홀로 차량 비율, %)
A	14 이상	150 이상	0.6 이하
B	11	100	0.65
C	8	75	0.7
D	6	50	0.75
F	6 미만	50 미만	0.75 초과

자료: Mark Chase.

해서 분석해야 할 주요 기준들을 요약한 것이다.

항목별로 나누어진 등급 중 A와 B에 해당하는 것이 더 많으면 많을수록, 해당 지역사회에서 카셰어링이 성공할 가능성은 더 커진다.

5. 카셰어링을 지원하는 공공 정책

카셰어링이 가져다주는 모든 경제적·환경적·사회적 편익으로 말미암아, 많은 자치단체는 카셰어링 회사를 지원하는 정책과 프로그램을 개발하고 있다. 지원 범위는 비용이 크게 소요되지 않는 홍보 활동에서부터 카셰어링 프로그램의 시작을 위한 주요 금융 지원에 이르기까지 다양하다. 더욱이 지역지구제 관련법들은 카셰어링에 종종 큰 영향을 미친다. 따라서 카셰어링을 지원하기 위한 도구·정책·프로그램으로는 카셰어링 차량에 주차장을 제공하는 것, 카셰어링을 지원하는 지역지구제 규정을 시행하는 것, 카셰어링 프로그램의 시동을 도와줄 수 있는 지역의 기회들을 이용하는 것 등이 포함된다.

1) 노상 및 노외 주차

공유 차량의 주차에 대해서 더욱 적극적으로 접근하는 방법 중 하나는 뉴저지 주 호보컨Hoboken 시의 '코너카Corner Car 프로그램'이다.[7] 시 당국은 카셰어링 모바일 애플리케이션을 제공하는 커넥트Connect[5]와 도시 전역의 21개 모퉁이corner 에 42대의 공유 차량을 배치하는 협약을 체결했다. 이들 장소는 시인성이 매우 좋으며, 주민과 회사원 모두가 쉽게 접근할 수 있는 곳이다. 현재 호보컨 시의 주민 90퍼센트 이상은 도보로 5분 이내이면 공유 차량에 접근할 수 있다. 시 당국은 만약 주민 모두가 카셰어링에 가입하면 공유 차량 1대당 15대의 개인 승용차가 도로에서 사라질 것으로 기대하고 있다.

---

5) 커넥트는 유명 렌트카 회사인 헤르츠(Hertz)가 만든 카셰어링 브랜드이다. 집카는 좀 더 젊은 소비자를 대상으로 하면서 카셰어링 서비스 분야에서 선도자 역할을 해온 반면, 커넥트는 헤르츠의 기존 고객인 고위층 출장 고객에 집중하는 고품질 단기 렌탈 서비스를 제공한다(http://vividbranding.co.kr/50140661138).

역을 출발해 멀리 떨어진 목적지로 이동하려는 대중교통 이용자들은 역 앞의 정류장까지 이동해야 한다. 대중교통 운영 기관들은 이러한 마지막 장애를 극복하는 데 도움을 주기 위해 카셰어링 회사에 주차 공간을 제공할 수 있다. 샌프란시스코의 베이 지역 고속 통근 열차Bay Area Rapid Transit: BART는 모든 역에 카셰어링 회사당 3대까지 주차할 수 있는 공간을 할애하고[6] 있다.[8] 이때 카셰어링 회사는 주차면 사용에 대한 요금을 모두 내야 한다(주차 요율은 각 역마다 월 63달러에서 월 115달러까지 다양하다). 이러한 방법은 카셰어링 회사나 대중교통 시스템 양쪽 모두가 상생win-win하는 방법이다. 그 외에도 여러 도시에서는 카셰어링을 위한 주차 정책을 다음처럼 시행하고 있다.[9]

- 워싱턴 주 시애틀, 오리건 주 포틀랜드, 버지니아Virginia주 알링턴Arlington 등에서는 택시 정류장과 유사한 형태로 카셰어링을 위한 별도의 주차 구획parking stall을 지정해놓고 있다.
- 텍사스 주 오스틴 시 의회는 카셰어링 차량을 위한 무료 주차면을 설치하고, 주차 미터기 요금을 면제하는 결의안(Resolution 20060928-069)을 통과시켰다. 이는 '편도 카셰어링oneway carsharing'을 가능케 하는 혁신적인 'Car2Go 프로그램'[7]의 도입을 촉진했다.
- 케임브리지 시 당국은 2000년에 초보 운영 단계에 있는 집카 서비스에 대해 3년간 주차 요금을 할인해주었으며, 그 뒤부터는 카셰어링 회사가 모든 주차 요금을 냈다.
- 필라델피아, 워싱턴 D.C., 샌프란시스코를 포함한 많은 지방 도시에서는 시영 노외주차장에 공유 차량용 주차면을 배정했다.

2) 지역지구제

대부분의 지역사회에서 카셰어링의 허가 여부가 지역지구제에 의해 결정되는 것은 아니다. 그러나 가끔 지역지구제가 렌터카Rent-a-car 운영을 규제하는 경우도 있으므로, 지역사회는 먼저 카셰어링 서비스를 전통적인 렌터카 서비스와는 다르게 정의해놓아

---

6) 역 앞 정류장까지 공유 차량을 이용하도록 유도하기 위해서이다.
7) 벤츠-다임러(Benz-Daimier)에서 제공하는 카셰어링 서비스로 가장 일반적인 B2C(Business to Consumer) 업체이지만 편도 서비스가 가능하다는 점에서 엄청난 경쟁력을 가진다.

야 한다.

시애틀 시 당국은 카셰어링을 다음과 같이 정의한다. "승용차(또는 다른 자동차)들의 차량군fleet[8]을 구성하고, 이를 공동으로 사용하고자 하는 회원들이 다양한 방법으로 차량을 나누어 사용할 수 있게 만든 시스템이다. 카셰어링은 개인이 차량을 소유하지 않고도 차량을 이용할 수 있는 하나의 대안이 될 수 있다. 회원이 된 개인이나 단체들은 시간 단위로 공유 차량을 사용할 수 있으며, 회원들은 여러 곳에 분산된 장소 또는 시설에 있는 주차장에서 공유 차량을 이용할 수 있다. 또한 서비스를 예약하거나 이용할 때마다 별도로 서면 계약을 할 필요가 없다."[10]

3) 카셰어링에 대한 법적 허용

카셰어링을 지원하기 위해서 시 당국이 준비해야 하는 또 하나의 중요하고 가장 기본적인 것은 지역지구제에서 카셰어링 서비스를 법적으로 허용하는 것이다. 최근의 좋은 예로 워싱턴 D.C.의 '국가수도도시계획위원회National Capital Planning Commission'에서 제정된 개정안을 들 수 있다. 간단한 문서로 작성된 이 개정안은 '카셰어링 차량car-sharing vehicle'과 '카셰어링 공간car-sharing space'에 대해 정의하고, 이를 주거 지구, 복합 용도 지구, 특수 목적 지구에서도 허용할 수 있게 한 것이다.

이 개정안의 용어 정의 부분에 다음과 같은 내용이 추가되었다.

카셰어링 차량: 차량을 예약하고 이용하기 위해 의무적으로 가입한 여러 명의 회원이 실제 운행 거리 및 시간에 따라 결정된 요금을 내고 사용할 수 있는 자동차를 말한다.

카셰어링 공간: 카셰어링 차량을 위해 지정된 전용 주차 공간을 말한다.

또한 '당연한 권리로서의 사용Uses as a Matter of Right'이라는 제목의 항에 다음과 같은 새로운 문단을 추가하는 것으로 개정되었다.

"(v) 카셰어링 공간: 하나의 주차장에 최대 2개의 주차면을 제공하며, 이 카셰어링 주차 공간은 원래의 용도에 대한 주차장 확보 요건에 해당하지 않을 수도 있다."[11]

---

8) 화물(또는 대중교통) 운송 사업 등에서 차량을 관리하거나 운영할 때 운전자를 포함한 모든 차량의 집합체를 뜻한다.

4) 개발 규정

'지역지구제 규정'은 새로운 도시 개발 사업 내용에 카셰어링 프로그램이 통합되도록 장려하거나 강제화하기 위한 조치measure들을 담을 수 있는 탁월한 곳 중 하나이다. 많은 도시 개발 업자는 카셰어링 서비스를 운동 시설, 현지 소매점, 안내 및 관리 서비스 등과 동일한 위상으로 중요하게 다루어야 하는 입주자 편의 시설의 하나로 이해한다. 그럼에도 카셰어링이 개발 사업을 검토하는 과정에서부터 공급되어야 하는 공공 편익 요소의 하나로 다루어지게 하려면 이를 지역지구제 규정에 필수 요구 사항으로 명시해야 한다.

'지역지구제 조례zoning ordinance'는 대규모 개발 시에 공유 차량을 위한 주차장 공급부터 현지 카셰어링을 위한 주차 애로 사항의 해결에 이르기까지 매우 다양한 내용을 다룬다. 일부 국가의 카셰어링에 대한 표준은 다음 부분에서 상세히 기술한다.

5) 공유 차량을 위한 주차면 설치 기준

샌프란시스코 시 당국은 50가구 이상 200가구 이하의 새로운 주거 단지 개발 시, 하나의 공유 차량 주차면을 설치하도록 요구한다.[12] 또한 200가구를 초과하면 200가구당 하나의 주차 공간을 추가로 공급하도록 규정한다. 더욱이 공유 차량은 입주자 전용이 아니라 일반 대중이 이용할 수 있게 해야 한다.

비주거 단지 개발 시에는 일반 주차면 25개당 공유 차량을 위한 주차면 1개를 설치해야 한다. 또한 일반 주차면이 50개 이상이면, 50개당 1개의 공유 차량 주차면을 만들어야 한다.

6) 법적 규제 완화

시애틀, 오스틴, 캐나다의 브리티시컬럼비아 주 밴쿠버 등 많은 도시에서는 도시 개발지 현장에 카셰어링 프로그램이 포함될 경우에 주차장 공급 기준을 최소 기준으로 완화해준다. 그리고 개발 업자가 해당 개발 사업에 대한 카셰어링 수요를 현실에 맞게 평가하도록 개발 업자와 카셰어링 회사 간의 계약을 의무화하고 있다.

7) 일반 대중의 접근

어떤 경우 개발 업자들은 공유 차량을 입주자 전용으로 제한하고 싶어 한다. 그러나 카셰어링 시스템은 하나의 근린 주거지역을 대상으로 할 때 가장 광범위하게 영향을 미친다. 즉, 한 주거 단지의 입주자 20명에게 서비스할 수 있는 2대의 공유 차량이 근린 주거지역 단위에서는 100명에게 서비스를 제공할 수 있다. 더욱이 입주자 전용으로 할 경우에는 입주자가 카셰어링 회사에 수입을 보장해주어야 하나, 서비스를 근린 주거지역 전체를 대상으로 할 경우에는 이러한 수입 보장은 사실상 불필요할지도 모른다. 이러한 이유로 정책결정자들은 공유 차량을 일반 대중이 누구나 이용할 수 있도록 카셰어링 회사의 회원 자격에 제한을 두지 못하게 해야 한다.

8) 주 정부 차원의 법 제정

주 정부들 또한 카셰어링 활성화에서 중요한 역할을 한다. 2006년 캘리포니아 주 의회는 캘리포니아 자동차 법규 제22507.1항을 개정하는 법안(Bill 2154)을 통과시켰다. 그 내용은 "시와 카운티는 법령 또는 결의안을 제정해, 일부 가로 또는 가로의 일정 부분에 카셰어링 또는 '함께 타기ridesharing' 프로그램 차량이 전용으로 주차할 수 있도록 특혜를 부여하라"라는 것이다.[13] 이에 따라 시와 지방정부는 조례로 공공 및 민간 기업이 이 프로그램에 참여하게 하기 위한 기준criterion들을 정했다.

2010년 캘리포니아 주 의회는 P2P를 촉진하기 위해서 새로운 법안(Bill AB1871)을 통과시켰다.[14] 이 법안은 주 정부가 정한 법률 가운데 잠재적으로 P2P 카셰어링을 막을지도 모를 모호한 부분들을 정리한 것이다. 이들 중 가장 중요한 것은 자동차 소유주들이 자신의 자동차 보험을 무효화하지 않고도 그들의 차량을 공유할 수 있게 한 것이다. 그 조례provision의 내용은 다음과 같다.

- 보험의 차량 분류 규정에 '개인 공유 차량personal vehicle sharing'이라는 새로운 분류를 만들어라.
- 만약 공유 차량의 운영 수입이 감가상각비, 이윤, 차량 리스 대금, 자동 대출금, 보험금, 유지 관리비, 주차비, 연료비 등에 투입되는 모든 운영 비용을 넘지 않는다면, 택시와 '전세 마차livery vehicle'에 관련된 법에서 개인 공유 차량을 제외하라.
- 자동차를 회원들이 이용할 때에는 자동차에 대한 보험을 '개인 공유 차량' 프로

그램이 의무적으로 제공하게 하라.

- 자동차 소유자가 해당 차량의 소유자가 아닌, 한 개인의 자격으로 개인 공유 차량 프로그램에 참여할 경우, 보험 약관에 허용된 자동차 소유자에 대한 보장 내용의 일부 또는 전체를 제외할 수 있는 권한을 차량 보험사에 부여하라.

6. 시 운영 차량군

많은 도시와 마을은 공무원들이 업무를 수행하기 위해서 사용하는 공무용 차량을 보유한다. 만약 이들 공무용 차량을 카셰어링을 위한 공유 차량으로 전환하면, 공무원들이 이용하지 않는 비업무 시간대에 지역 주민들이 이용할 수 있으며, 많은 도시와 마을에서는 차량 관리를 위한 지출을 줄일 수 있다. 그림 11-6처럼 시 공무원과 주민들이 이들 차량을 이용할 수 있다면, 이는 카셰어링 운영의 활성화와 성공 가능성을 크게 향상할 수 있을 것이다.

카셰어링을 운영하는 회사가 효율성을 증가시킬 수 있게 되면서 이들 지방자치 정부는 다음과 같은 비용 절감 효과를 얻을 수 있다.

- 지방자치단체가 소유하고 관리하는 차량의 수가 줄어들 것이다. 따라서 각각의 카셰어링 회원들처럼 지방자치단체가 내야 하는 대규모의 고정비용은 상대적으로 소규모의 '운행 거리 비례 지불pay-as-you-go'로 대체될 것이다.
- 차량 이용 요금이 해당 이용 부서에 자동적으로 청구되는 방식을 사용하므로, 이용에 따른 비용 부담은 모두 해당 부서 차원에서 해결할 것이다. 이 결과로 차량을 좀 더 효율적으로 이용하게 된다.
- 관리자와 회원이 직접 만나 차량 열쇠를 전달하는 방식이 사라지므로, 더 많은 예약을 받을 수 있다.

필라델피아 시는 필리카셰어Philly-Carshare와 협력해 310대의 공무용 차량을 줄일 수 있었다. 이 프로그램으로 절감된 비용은 지난 5년 동안 900만 달러 이상으로 추정된다.[15] 절감한 비용의 약 절반은 유지 보수비와 연료비의 감소이며, 나머지는 차량을 추가로 구입하지 않아서 절감한 것이다. 이 프로그램이 시작된 후, 부서별 차량 운행도 감소했는데, 이는 공유 차량을 이용하는 부서에 대해 더 많은 예산을 배분했기 때문이다.

7. 프로그램 시동 걸기

카셰어링 프로그램을 실행하는 지역사회는 분명한 편익을 얻는다. 대부분의 지역사회는 이러한 방향으로 향해가나, 일부 지역사회는 아직 자동차를 소유하지 않는 삶을 지원할 수 있는 교통 기반 시설이 갖추어지지 않았다. 그러나 비록 이상적인 조건들을 갖추지 못해도, 지역사회는 여러 가지 방법으로 카셰어링 프로그램의 시작을 도울 수 있다.

1) 수입 보장

'카셰어링 회사'들도 모든 사업가와 마찬가지로 계속하여 살아남으려면 비용보다 더 많은 수입을 끌어내야 한다. 회원권 수입과 이용 요금 수입이 지출금을 충당할 수 있는지를 알기 위해서 공유 차량의 '가동률utilization'을 지속적으로 관찰해야 한다. 많은 카셰어링 회사는 수익성이 없는 장소에 공유 차량을 배치하는 대가로 지방자치단체,

---

9) 시티 카셰어는 샌프란시스코 베이 지역에서 최초로 시작된 것으로 대도시권에서는 유일한 비영리 카셰어링 프로그램이다(Wikipedia).

개발 업자, 대학, 또는 다른 단체들로부터 수입을 보장받는 프로그램이 있다.

한 카셰어링 회사는 만약 서비스를 활성화하지 못하면 그에 해당하는 수입을 보장받는 조건으로 도시 내에 공유 차량 4대를 배치하는 협약을 캘리포니아 주 데이비스Davis 시 당국과 체결했다. 이 카셰어링 회사는 캘리포니아 대학교 데이비스University of California, Davis: UC Davis 캠퍼스에서 이미 이 서비스를 성공적으로 운영한 경험이 있으며, 시 당국은 근린 주거지역에도 이 서비스의 제공을 원했다. 만약 이들 공유 차량이 하나도 이용되지 않는다면, 최악의 경우 시 당국은 매년 7만 6800달러를 지급해야 한다. 하지만 시 당국은 이 정도 금액의 보조금 지급은 감당할 만하다고 확신하고 있다.[16]

2) 연방 정부, 주 정부, 민간의 투자

또한 지방자치단체들은 연방 정부 지원 기금을 활용해 카셰어링 프로그램을 시작할 수 있다. 2005년에 피츠버그 시 당국은 2005년에 카셰어링 프로그램을 시작하기 위해서 연방 정부로부터 혼잡 완화와 대기 질 관리 목적으로 20만 달러의 보조금을 받았다. 또한 5만 달러는 피츠버그다운타운파트너쉽Pittsburgh Downtown Partnership으로부터 제공받았다. 현재 이 프로젝트는 초기의 목적을 달성하고, 스스로 완전하게 지속 가능한 카셰어링 서비스를 제공하고 있다.[17]

개발 업자들에게도 카셰어링 프로그램은 투자할 가치가 있는 사업이다. 그들은 개발 사업을 허가받는 과정에서 카셰어링 프로그램을 입주자 편의와 주차장 부족 시 주차 관리의 도구로 제시해 지역지구제에 대한 완화 규정을 적용받으므로 비용을 절감할 수 있다. 예를 들면 144채의 주택을 공급하는 오리건 주 포틀랜드 시의 벅먼하이츠Buckman Heights 프로젝트의 개발 업자는 입주자를 위한 2대의 공유 차량에 대한 모든 비용을 내기로 했다.[18] 그 대가로 개발 업자는 14개의 주차면을 확보해야 하는 요건을 면제받을 수 있었다.

제12장

역과 역권

**Stations
and Station Areas**

그림 12-1

건축, 조명, 소매상점들은 워싱턴
D.C.의 유니언스테이션 역을 활
기찬 장소로 바꾸어놓았다.

자료: Nelson\Nygaard.

1. 개요

도시와 관련된 용어 중에서 교통transportation이라는 단어는 걷다, 타다, 접근하다, 통행
하다 등과 같은 동사적 의미를 지닌다. 그러나 대중교통 '역권驛圈; station area'[1]은 교통
시스템의 한 부분이지만 그 성격이 다르다. 이 단어는 장소와 사물, 교통 서비스가 자
리 잡은 곳 등을 나타내는 명사이다. 그러므로 역권을 계획할 때에는 교통 시스템을
계획하는 것과 달리 그곳으로의 접근access과 그곳에서의 활동activity이라는 두 가지 모
두를 고려하는 사고방식이 필요하다. 가장 성공적으로 계획된 역이란, 여행 경험에 대
한 귀중한 추억을 일깨워주는 곳이다. 예를 들자면 뉴욕의 그랜드 센트럴 터미널Grand
Central Terminal, 워싱턴 D.C.의 유니언스테이션Union Station(그림 12-1 참조), 로스앤젤레스
와 시카고의 유니언스테이션, 필라델피아의 30번가 역30th Street Station 등이 있다. 이들

---

1) '역권'이란 대중교통 역을 이용하는 통행자들에게 각종 서비스를 제공하는 제반 시설을 포함
한 구역을 의미한다. 이는 역을 중심으로 다양한 상업 및 업무 활동이 일어나는 지역을 가리
키며, 역을 이용하는 사람들의 거주지, 상업지, 교육 시설의 범위를 가리키는 '역세권(驛勢權,
station sphere 또는 station influence area)'과는 다른 용어이다.

그림 12-2
오리건 주 포틀랜드 시에 있는
디렉터파크 공원은 사람들이
만나서 먹고 놀 수 있으며, 경
전철까지 탈 수 있는 장소이다.
자료: Nelson\Nygaard.

역은 단순히 철길과 열차를 기다리는 공간인 승강장platform이 있는 곳이 아니라, 물리적으로나 정신적으로 일종의 아이콘icon[2]과 같은 곳이다. 이들은 지역 개발을 위한 기회와 방문자를 위한 랜드마크를 제공하며, 계획의 가장 어려운 요소인 장소성을 만들어낼 수 있는 기반을 제공하는 건물들과 그 주변 지역이다. 심지어 댈러스Dallas의 모킹버드플라자Mockingbird Plaza 광장이나 포틀랜드 디렉터파크Portland Director Park 공원에는 육중한 느낌의 철길이나 기억에 남을만한 건물이 없는데도(그림 12-2 참조), 이들 장소는 사람들을 즐겁게 해주고, 단순히 그곳에 가기 위한 것이 아니라 경험하기 위해 가게 만든다.

반대로 잘못 계획된 역은 빨리 통과만 하는 장소라 하더라도 눈엣가시가 된다. 그 안에 걸어 들어가기도 어렵고, 그 안에서 기다리는 것도 불편하다. 이러한 역들은 접근하기는 쉬우나 다른 용도로 이용되기는 어렵고, 또한 사람들이 기다리며 머무는 시간을 최소화한다. 때때로 교통적 기능은 제공하지만 주변 지역사회의 호응을 받지 못하는 역들도 있다. 이 역들은 단순히 통행을 만들 뿐, 이들이 가지는 경제개발의 잠재력[3]을 실현하지 못한다. 이들은 그저 역일 뿐, 역권을 효과적으로 만들지는 못한다(그림 12-3 참조).

건축 환경의 모든 요소처럼, 역권은 사람들을 그 안으로 끌어들여 역을 지원하는 근본적인 목적을 뛰어넘거나 확장하도록 계획될 수 있다. 그렇지 않으면, 단순히 건축되고 자신의 가치를 결정하는 기회를 줄 수도 있다. 이 장에서는 대중교통 역이 지역사회의 자산으로 자리매김하기 위해서 고려해야 할 주요 사항들을 기술하고, 어떤 역을 만들 것인지를 결정하는 데 도움을 주는 과정을 제안하며, 이러한 기회들이 어떻게 적용되었는지를 보여주는 사례들을 제공한다.

---

2) 그리스 정교에서 모시는 예수, 성모, 성도(聖徒), 순교자 등의 초상을 말한다.
3) 역의 기능으로 말미암아 파생될 수 있는 것들을 가리킨다.

그림 12-3
필라델피아에 있는 서버반스테이
션(Suburban Station) 역의 낮은
천장과 인공 조명은 사람들이 오
래 머무르지 못하게 만든다.
자료: Nelson\Nygaard.

2. 다양한 접근 수단

철로는 열차가 달리는 곳이고, 도로는 자동차를 위한 것이다. 보도는 사람을 위한 것이고, 자전거 차로는 자전거를 위한 것이다. 역에는 이 모든 수단이 있으며, 어떤 수단이 어디로 가고, 그들을 어떻게 연결하는지, 어떤 수단을 우선해야 하는지를 결정하는 것이 역 설계의 첫 번째 단계이다.

1) 보행

어떤 교통수단을 이용하든, 모든 통행은 보행으로 시작하고 보행으로 끝난다. 또한 통행 수단 간의 연결도 보행을 통해서 이루어진다. 대중교통 역의 중요한 역할 중 하나는 사람들이 자동차를 운전하지 않아도 되게 해주는 것이므로, 보행자 접근과 안전은 대부분의 다른 도시 지역에서보다 역권에서 더 중요하게 고려되어야 하는 요소이다. 먼저 대중교통을 이용하는 사람들이 안전하고 편안하게 길을 건널 수 있도록 계획하려면, 먼저 다음의 여섯 가지 기본적 보행 조건을 우선시해야 한다.[1]
- 안전성: 보행자는 자동차와 같은 도로상의 위험에서 보호되어야 한다.
- 보안성: 보행 환경은 강도 또는 기타 범죄의 위험에 노출되지 않아야 한다.
- 직결성: 보행 경로는 보행 이동 거리를 최소화하도록 직선화해야 한다.

- **진입의 용이성**: 역으로 보행, 또는 역 내부의 보행은 가파른 경사를 걷는 것처럼 힘들게 해서는 안 된다.
- **편안함**: 보행자들이 바람, 강수, 폭염 등과 같은 궂은 날씨로부터 보호받을 수 있도록 조치해야 하며, 보행로의 용량과 질도 높여야 한다.
- **심미성**: 보행 환경은 보기에도 좋아야 하고, 사람들이 대중교통을 이용하도록 고무할 수 있어야 한다.

그러나 항상 이들 특성 모두를 동시에 만족할 필요는 없다. 예를 들어 대부분의 직선형 보행 경로는 자동차와 상충을 피할 수 없을 것이다. 그리고 가장 안전한 경로는 아마도 계단을 어렵게 오르내리는 것일지도 모른다. 따라서 각 특성을 모두 고려한 최적의 균형을 찾는 것이 과제이다.

안전성

사람들이 자동차를 운전하지 않도록 유도하려면 도로 위를 달리는 자동차와 같은 위험으로부터 보호받을 수 있는 안전한 보행 공간을 제공할 필요가 있다. 이 방법 중 하나는 적절한 직선의 넓은 보행로 형태로 충분한 공간을 제공하는 것이다. 그러나 이들 공간에는 상대적으로 취약한 보행자들에게 치명적인 피해를 줄 수 있는 자동차들로부터 보행자들을 보호할 수 있는 조치들을 병행해야 한다. '교통 정온화'는 자동차의 속도와 교통량을 줄이거나, 인접한 보행로의 안전성을 현저히 높이는 데 도움이 되는 도구들을 조합한 것이다. 만약 역권 안으로 자동차가 진입하는 것을 허용한다면, 자동차 운행 속도를 낮게 만들어(이렇게 되면, 운전자들이 주위를 잘 살펴 운전하게 된다) 보행자들의 안전을 제고해야 한다. 또한 자동차 속도를 낮게 규제하는 것은 모든 사람에게 '역권은 걸어서 오게 되어 있다'는 메시지를 전달하는 것이다.

보안성

범죄로부터 안전한 환경을 조성하려면, 실제 조건과 인지적인 조건 모두를 다루어야 한다. 만약 어떤 사람이 대중교통 역으로 걸어가는 것에 대한 두려움을 품는다면, 이 두려움이 시스템 전체의 이용을 단념하게 만들기에 충분할 것이다. 지역 경찰과 지역 사회 관련 기관들 간의 협력을 통해서 실제적인 보안성을 정확히 판단하는 것이 유일한 해결책이 될 수 있다. 만약 사건 관련 통계에 의해서 어떤 지역이나 경로가 실제로 안전하지 않다고 입증되면, 이를 해결하기 위한 대안들을 마련해야 한다. 다른 한편으로 가로등 설치로부터 보안 요원의 배치에 이르기까지 다양한 '보안 요소security element'를 도입하는 것이 '범죄 인식perception of crime'을 극복하는 유일한 방법일 수 있다.

보안 기술들을 도입하는 것은 그 자체가 제약이 될 수 있다. 그러나 '가로 위에 시선eyes on the street'과 '다수의 안전safety in numbers'[4]이 중요하다는 것에는 그럴만한 충분한 이유가 있다. 어떤 지역에 사람들이 많을수록 범죄에 대한 잠재적인 목격자가 많아지므로 더 안전하다. 다른 보행자들, 가로의 모퉁이에 있는 경찰관, 창문이나 출입문을 통해 단순히 바깥을 바라보는 가게 주인이나 집주인은 모두 목격자가 될 수 있다. 보행 경로의 물리적인 조건과 안전성 조건들을 개선하면 더 많은 사람이 걸을 것이고, 그러면 사람들은 더 안전해질 것이다.

직결성

두 점 사이의 최단거리는 직선이기는 하지만, 역으로 접근하는 데 가장 중요한 요소는 시간이다. 특히 타려고 하는 기차나 버스가 온다면, 보행자들은 빨리 이동하려 할 것이다. 만약 이동 시간이 많이 걸리면, 그 대신 그들은 다른 (아마도 안전하지 않은) 경로를 찾거나, 또는 그 시설을 전혀 이용하지 않을 것이다.

이동 시간이 30초 이상 지체되면, 보행자가 법규를 준수하는 수준은 현저히 낮아질 것이다. 예를 들어 육교를 이용하는 것이 가로를 무단으로 횡단하는 것보다 30초 이상의 시간이 더 걸린다면, 일반적으로 보행자들은 육교를 이용하지 않고 무단으로 횡단하는 경우가 많아질 것이다.

진입의 용이성

접근성이란 역에서 최종 목적지까지 이동하기 위해서 외부의 출발지로부터 해당 역에 '도착할 수 있는 능력the ability to reach'을 말한다. 주요 접근성 고려 요소는 물리적 장애물(특히 장애를 지닌 통행자들의 경우)을 극복하는 것, 정시에 접근하는 것을 지연하는 과도한 수요를 피하는 것, 안전한 경로를 제공하는 것, 상충과 우회를 최소화하는 것 모두를 포함한다(그림 12-4 참조).

---

4) '다수의 안전'이란 하나의 개체가 큰 규모의 물리적 그룹이나 질량의 한 부분이 될 경우에 이 개체는 사고나 외부의 공격 또는 기타 사건의 희생물이 될 가능성이 낮아진다는 가설을 말한다(Wikipedia).

'포장 접근로Paved Accessible Route: PAR'는 「미국장애인법ADA」의 기준에 적합한 보행자 접근로를 말한다. 포장 접근로는 단순한 보도나 보행로를 의미하는 것이 아니라, 모든 목적지로 가는 접근성을 제공하는 전체 시스템을 말한다.

만족할 만한 포장 접근로를 공급한다는 것은 모든 사람이 역권을 이용할 수 있게 한다는 것을 의미한다. 포장 접근로의 최소 폭은 5피트(약 1.5미터)가 되어야 한다(비록 휠체어 2대가 서로 교차하기에 충분한 여유 폭을 주려면 더 넓은 폭이 권장되지만). 포장 접근로의 표면은 안정적이고 견고해야 하며, 미끄럼 방지 재료로 포장해야 한다.

편안함

보행자들에 대한 안전한 환경은 또 하나의 중요한 요소이다. 그러나 접근할 수 없다면, 이 시설은 결코 이용되지 않을 것이다. 접근성은 보행로의 특성과 보안성뿐 아니라, 근본적으로 유용한 공간의 양(용량)에 대비한 수요(교통량)의 크기에 의해 결정되는 지체가 어느 정도인지에 따라 달라진다.

제6장 '보행'에서는 보행의 질적 수준을 측정하는 일련의 방법을 제시했지만, 혼잡에 초점을 맞추지는 않았다. 하지만 역권에서는 혼잡이 문제가 될 수 있다. '보행로 서비스 수준Walkway Level of Service: WLOS'은 주어진 보도 폭에 비해 보행자 통행량이 얼마

표 12-1 보행로 서비스 수준, 평균과 플래툰

	평균(제곱미터/인)	플래툰(제곱미터/인)
A	>5.6	>49.2
B	3.7~5.6	8.4~49.2
C	2.2~3.7	3.7~8.4
D	1.4~2.2	2.1~3.7
E	0.7~1.4	1.0~2.1
F	≤0.7	≤1.0

자료: Transportation Research Board, "Highway Capacity Manual"(Washington, D.C., 2000).

나 되는지를 나타내는 '측정치measurement'이다. 이 측정치는 보행자 통행이 잦은 보도, 통로, 육교에 적용하기에 가장 적합하며, 이런 곳들의 주된 관심사는 충분한 공간의 공급이다. 보행로 서비스 수준을 계산하려면 두 가지 입력 변수, 즉 유효 폭과 시간당 보행자 수가 필요하다. 만약 보행자가 적다면, 보행 시설의 보행로 서비스 수준은 높은 수준이 된다.

표 12-1은 보행로 서비스 수준별로, 1인당 평균 면적과 '플래툰platoon'[5]이 형성될 때의 면적을 나타낸다. 여기서 플래툰은 일단의 보행자 그룹이 한꺼번에 나올 때(버스나 지하철의 문을 열 때처럼) 형성된다. 플래툰이 형성될 때에는 같은 수의 보행자들이 균등하게 분포된 경우보다 더 많은 공간이 필요하다. 보행자들이 두 열차 사이를 상호 환승할 때처럼 두 플래툰이 서로 만날 때에는 훨씬 더 많은 공간이 요구된다.

심미성

모든 역권은 시각적으로 만족스럽게 디자인된 역 건물 자체를 기반으로 하는 주요한 자산의 하나이다. 역들은 각기 다양한 형태, 크기, 기능을 갖지만, 이들 모두가 가진 공통점은 통행자들이 '시각적 기준visual reference'으로 사용할 수 있는 물리적 공간이라는 것이다. 따라서 건축양식과 건물에 적용된 디자인의 특징과 관계없이, 다음과 같은 고려 사항들을 설계에 반영해야 한다.

---

5) '플래툰'이란 군에서 소대를 부르는 용어로 일단의 그룹을 의미한다. 교통에서는 차량이나 보행자들이 몰려서 한꺼번에 이동하는 교통류(traffic flow) 상태를 나타낸다. 예를 들어 저속 차량이 도로에 진입할 경우 뒤에 오는 차량은 이 저속 차량이 사라질 때까지 그 뒤에서 대열을 이루며 뒤따르는데, 이러한 교통류를 플래툰이라 부른다.

- 분절articulation 이란, 가로 경관을 흥미롭게 만들고, '건물 덩어리building mass'를 여러 개로 나누기 위해서[6] 가로에 면한 전면부에 디자인 요소를 도입하는 개념을 말한다. 잘 분절된 역 건물은 투과성transparency, 명확한 출입구, 다양한 재료와 패턴을 구현해야 한다. 건축에서 투과성이란 건물의 내부 형태가 외부 사람들에게 잘 보이고, 또한 내부에 있는 사람들이 외부를 잘 볼 수 있다는 것을 의미한다. 출입구의 명확성이란 차양이나 캐노피와 같은 '시각적 단서visual cue'를 이용해 보행자들이 출입구를 잘 알 수 있게 하는 것이다. 또한 출입구는 안내판을 통해 알려져야 하며, 지표층에 두어야 한다.
- 건물의 넓은 '막힌 벽solid wall'은 줄여야 한다. 이는 보행자들에게 '폐쇄감closed-off feeling'을 주기 때문이다. 또한 창문이 없는 벽은 건물 내부의 채광과 환기를 저해한다. 역의 내부와 외부를 음식점과 같은 적극적인 용도로 연결하면, 역 전체를 개선하는 공간을 만들어낼 수 있다.
- 역 건물의 외부에 크게 보이는 주차장을 여러 구획으로 나누기 위해서 중간중간에 조경 공간과 보행로를 설치하라. 건물 주위에 큰 주차장이 있으면 밀도가 낮다는 느낌을 주며, 경유지 간의 거리가 길게 느껴진다. 또한 여름철에는 주차장을 통해 걷는 것이 덥고 불쾌하다. 조경은 이러한 문제를 최소화하는 데 도움을 준다.
- 긴 보행 통로를 따라가며 그 중앙에 최소 30피트(약 9미터) 높이의 가로수를 심으라. 나무는 대기 질 개선, 그늘 형성, 심미성 제고 등 많은 편익을 가져다준다. 또한 가로수는 운전자의 시선을 집중시키므로, 교통 정온화 효과도 준다.

2) 대중교통

다른 대중교통수단으로 환승

주요 지점에 대중교통 역과 노선을 배치하므로, 여러 출발지와 도착지를 대중교통으로 연결할 수 있다. 이렇게 함으로써 주요 통행자들에게 지역 간 연결성을 제공하려는 기본 목적을 달성할 수 있으며, 그 이상의 것도 얻을 수 있다. 따라서 대중교통수단의 효과를 극대화하기 위해서는 반드시 '시스템 연결성system connectivity'을 제고해야 한다.

---

6) 커다란 건물이 하나로 되어 있을 경우 느끼는 위압감을 없애기 위해서이다.

대중교통 역은 주로 많은 교통수단이 만나는 장소이므로, 이들 수단 간에 환승이 편리해야 한다. 피크 시간의 통행량을 평가하는 것이 환승 지점에서 보행자의 편의성을 극대화할 수 있는 열쇠일 것이다. 노선을 동쪽에서 서쪽이든, 남쪽에서 북쪽이든, 또는 이들의 조합이든 정렬해보면, 많은 지점에서 지배적인 흐름이 나타날 것이다. 이러한 전체적인 흐름의 패턴을 고려해 계획하면, 가장 유용한 형태의 연결 서비스를 만들 수 있을 것이다.

환승 지점의 위치가 결정된 뒤라고 해도, 여전히 앞에서 논의했던 안전성과 접근성에 관련된 요소들을 고려해야 한다. 핵심적인 안전성 요소(예를 들어 보행자의 횡단 시간과 거리를 줄이는 것)와 접근성 기준(예를 들어 유용한 보도 공간을 갖춘 경로를 제공하는 것)은 수단 간의 효과적인 연결성을 제공하는 데 중요하다(기종점 간의 연결성을 제공할 때만큼).

대중교통수단 간 환승시설은 승객들이 다른 수단과 가장 쉽게 연계할 수 있게 해주어야 한다. 대중교통 간의 환승 지점은 다른 어떠한 자동차 교통수단보다 역의 입구에서 가까운 곳에 배치해야 한다. 비록 교통량이 많지 않은 지역에서는 환승객들이 역의 입구로 접근하기 위해 버스 정류장 앞의 횡단보도를 건너게 할 수도 있지만, 이상적으로는 환승객들이 어떠한 차로도 건너는 경우가 없게 해야 한다. 많은 승객이 환승하는 지점에 육교나 지하보도를 설치할 때에는 시간 지체 time-delay 에 영향을 주는 인자들을 적절히 감안해 보행자들을 위한 계단 또는 에스컬레이터 escalator 를 설치하는 것을 고려해야 한다.

버스 정차 구역

버스 정차 구역 bus bay 이나 정차대 berth 는 1대 이상의 대중교통 차량이 동시에 정차할 수 있도록 설계되어야 한다. 정차 구역은 가로의 교통류에 방해되지 않는 곳에 '서비스 및 대기 구역 service and staging area'을 제공한다. 일반적으로 버스 정차 구역은 대중교통 환승역에서 가장 많이 볼 수 있으며, 그곳에는 승객들이 버스를 기다리는 구역이 필요하다.

정차면 수는 수요(피크 시에 정차시켜야 할 차량 수)와 운영의 신뢰도(어느 1대의 차량이 지체될 때 전체 시스템에 대한 보호 장치를 제공하는 것)를 기반으로 결정된다.

「TCRP 보고서 100: 대중교통 용량과 서비스 품질 매뉴얼(제2판) TCRP Report 100: Transit Capacity and Quality of Service Manual, 2nd Edition」에 따르면, 버스 정차면 수를 결정하기

표 12-2 **정차 시간의 크기에 따른 시간당 최대 버스 대수**

정차 시간(초)	정차대 용량(버스 대수/시간)
15	116
30	69
45	49
60	38
75	31
90	26
105	23
120	20
180	14

주: 통과 시간은 10초, 실패율은 25퍼센트, 변동성은 60퍼센트, 그리고 교통신호의 간섭이 없다고 가정한다.

자료: TCRP Report 100: Transit Capacity and Quality of Service Manual, 2nd Edition, 2003.

위해서는 다음과 같은 네 가지 요소를 고려해야 한다.

- 정차 시간dwell time: 버스가 문을 여닫는데 필요한 시간을 포함해, 승객을 내리고 태우기 위해 가로변에 정차하는 평균 시간
- 통과 시간clearance time: 1대의 버스가 승하차 구역에서 떠나고, 다음 버스가 그 구역까지 들어오는 데 소요되는 최소 시간(정차 시간과 통과 시간의 합이 버스가 승하차 구역을 점유하는 평균 시간이 된다)
- 정차 시간의 변동성variability: 승하차 구역에서 버스 정차 시간의 일관성
- 실패율failure rate: 1대의 버스가 승차 지점에 도착했을 때, 다른 버스가 그 공간에 아직 머물러 있을 확률(정차 시간 변동성과 실패율을 합해 추가 한계 시간을 부여한다).

이런 요소들의 합은 버스들 간의 최소 운행 간격headway이 된다. 승하차 구역의 용량은 버스 정차 구역을 사용할 수 있는 시간당 버스 대수로 나타내며, 1시간을 운행 간격으로 나누어 구할 수 있다.[7]

표 12-2는 버스가 승하차 구역을 출발해 빠져나가고, 다음 버스가 들어오는 데 요구되는 최소 시간에 따른 최대 승하차 구역(즉, 정차 구역의 용량)을 나타낸다.[8] 일반적으로 노선마다 개별 정차대가 배정되는 조금 큰 역의 경우에는 이 표에서 제시하는 기준을 적용할 수 없다.

---

7) 운행 간격이 600초이면, 3600초÷600초=6, 즉 용량은 6대가 된다.

8) 통과 시간, 실패율, 변동성은 고정 값으로 가정하고 정차 시간에 따른 용량을 나타낸다.

일반적으로 5분 미만의 배차 간격으로 운행되는 버스 노선은 2개의 정차면이 필요하며, 반면에 5분 이상의 배차 간격으로 운행되는 노선은 1개의 정차면이면 충분하다. 워싱턴대도시권대중교통국Washington Metropolitan Area Transit Authority: WMATA은 "하나의 버스 정차대에 2~3개보다 더 많은 노선이 연결되지 않는다면, 하나의 정차대는 시간당 6대의 버스를 처리할 수 있다"라는 '개략 법칙'을 사용한다.

직선형 정차 구역과 톱니형 정차 구역

버스 정류소는 '직선형 정차 구역straight bay'과 '톱니형 정차 구역sawtooth bay'의 두 가지 형태가 있다. 첫 번째 유형은 직선형의 연석 쪽에 평행하게 붙여서 버스를 세우게 하는 형태이다. '직선형 정차 구역'은 효율성이 낮으며, 버스들이 짧은 시간만 정차할 때 가장 많이 사용한다. 표 12-3은 직선형 정차 구역으로 만들어진 버스 정류소에 대해 여러 가지 운영 요건에 따라 필요한 공간의 크기를 나타낸다.

두 번째 유형은 '톱니형 정차 구역'으로, 정차면이 연석에 비스듬하게 놓이는 것이다. 이 형태는 버스의 정면이 짧은 쪽으로 향하게 하므로, 연석에서 버스 문으로 쉽게 접근할 수 있다. 톱니형 정차 구역에서는 버스들이 독립적으로 출발하고 도착할 수 있으므로 시스템 용량이 늘어나게 된다. 정차면의 각도가 클수록 정면의 길이는 짧아도 되나 전체 면적은 더 커진다.

표 12-4는 톱니형 버스 정차 구역에 대한 권장 규격을 나타낸다. 그림 12-5는 유형이 다른 2개의 정차 구역에 대한 정차면의 규격을 비교한 것이다.

표 12-3 직선형 정차 구역 설계 기준치

운행 조건	연석의 길이	정차 차량 간의 추가 길이
앞지르기 금지	버스 길이	1미터
독립적 출발(비독립적 도착)	버스 길이	6~8미터
독립적 출발 및 도착	버스 길이	일반 버스는 8~11미터, 굴절버스는 10~13미터

자료: Vuchic, Vukan R. 2007. *Urban Transit: Systems and Technology*. Hoboken, NJ: John Wiley & Sons, Inc.

표 12-4 톱니형 정차 구역 설계 기준치

각도	버스 정류장의 길이	버스 정류장의 폭	버스 정차대의 앞 뒤 여유 공간
45도	버스 길이+1미터	3.25미터	8~10미터
60도	버스 길이+1미터	3.50미터	10~12미터
90도	버스 길이+1미터	3.75미터	12~14미터

자료: Vuchic, Vukan R. 2007. *Urban Transit: Systems and Technology*. Hoboken, NJ: John Wiley & Sons, Inc.

▶ 그림 12-5

버스 정차면의 규격 비교

자료: Vuchic, Vukan R. 2007.
Urban Transit: Systems and
Technology. Hoboken, NJ:
John Wiley & Sons, Inc.

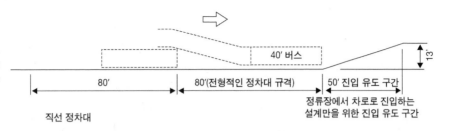

40' 버스

13'

80'

80'(전형적인 정차대 규격)

50' 진입 유도 구간

정류장에서 차로로 진입하는
설계만을 위한 진입 유도 구간

직선 정차대

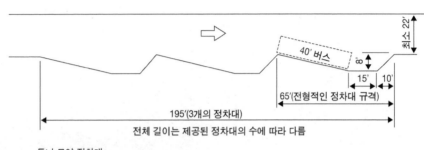

최소 22'

40' 버스

8'

15'   10'

65'(전형적인 정차대 규격)

195'(3개의 정차대)

전체 길이는 제공된 정차대의 수에 따라 다름

▼ 그림 12-6

실시간 배정되는 버스 정차 구역
[(뉴욕 주 미니올라(Mineola)].

자료: Nelson\Nygaard.

톱니 모양 정차대

버스 정차대 실시간 배정

여러 버스 노선이 하나의 정류장을 이용한다면, 동시에 도착하는 여러 차량을 수용하기 위해서 여러 개의 정차대가 필요하게 된다. 그러나 노선별로 서로 다른 배차 간격으로 운행되므로, 노선마다 별도의 고정적인 정차대를 배정하는 것은 비효율적이다. 각 정차대는 시간대별로 각기 다른 수의 버스를 수용할 것이기 때문이다. 이러한 비효율성을 줄이기 위해서는 차량이 사용할 정차면을 그때그때 수시로 바꾸는 융통성이 필요하다. 하지만 버스가 정차대로 들어올 당시에 해당 버스의 정차면을 알려주는 것은 버스를 기다리는 승객들에게 혼란을 준다. 승객들은 자신이 탈 버스가 어느 정차대에 멈출지 모르므로, 버스가 완전히 도착할 때까지 버스를 탈 준비를 할 시간적 여유가 없기 때문이다.

차량 위치 추적 기술의 발전은 이에 대한 효율적인 해결책을 제공해준다. 운영자 및 정류장 관리

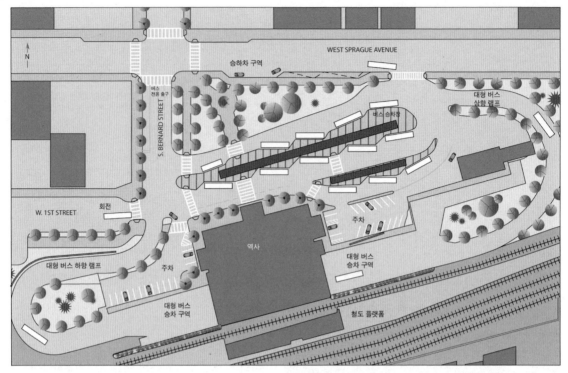

그림 12-7

정류장 건물, 버스 정차 구역, 주차장, 노상 승하차 구역을 둔 대중교통 복합역의 설계(워싱턴 주 스포캔).

자료: Nelson\Nygaard.

자는 버스의 실시간 위치 정보를 활용해서 실시간으로 각 차량에 정차대를 배정할 수 있다. 워싱턴 주 스포캔에는 모든 버스에 중계기transponder가 부착되어 있다. 버스가 플라자트랜싯센터Plaza Transit Center[9]에 접근하면, 버스 신호와 노선 번호를 수신하고 송신기transmitter는 자동으로 각 버스에 배정된 정차대를 알려준다. 또한 이 정보는 오디오/비디오 시스템으로 전송되고, 이 시스템은 승객들에게 정확한 버스 정차면의 위치를 화면을 통해 직접 알려준다(그림 12-6 참조).

실시간 버스 정차 구역 배정 시스템의 가치는 운영의 효율성에만 국한되는 것은 아니다. 각 버스 정차면을 좀 더 효율적으로 사용함으로써 대중교통 역은 적은 수의 버스 정차면으로 운영 계획을 수용할 수 있다. 정차면의 수가 적다는 것은 토지가 덜 필요함을 의미하고, 토지가 적게 필요하다는 것은 자본, 관리, 운영 등에 소요되는 비용이 적게 든다는 것을 의미한다(그림 12-7 참조). 호주의 퍼스Perth 시는 버스 및 철도 시설의 운영과 관리를 개선하기 위해서 중앙 환승역을 재개발하고 있다. 이러한 재개발 내용의 핵심 사항 중 하나는 진입하는 버스를 목적지별로 그룹을 지어 정차면을 할

---

9) 워싱턴 도심지의 플라자 지역에 있는 버스 정류장이다.

당하는 버스 정차 구역 배정 시스템이다. 실시간 배정(이는 '동적 배정dynamic allocation'으로도 알려졌다)은 정류장에서 버스에 필요한 토지 면적의 50퍼센트를 감소시켰다.[2] 따라서 완공 연도인 2031년까지 버스 정차면 17개로 버스 200대 이상을 수용할 수 있을 것으로 예상된다.

역에 접한 교통수단

하나의 역에 항상 모든 연계 교통수단을 수용할 수는 없다. '통행 선로travel way'에서만 운행하고 정차하는 교통수단(경전철LRT)과 급행 버스 시스템(간선 급행 버스 등)이 환승역으로 진입하기 위해서는 경로를 재편성해야 하고, 추가 통행 시간이 필요할 것이다. 이런 경우에는 이들 교통수단은 통행로 내에 그대로 남겨두되, 역권의 입구에서부터 직선으로 접근할 수 있는 경로에 배치해야 한다. 앞에서 설명한 보행자 접근에 관한 모든 기준을 우선적으로 고려하고, 역과 인접 정류소 모두에 명확한 길 찾기 정보를 제공해야 한다(그림 12-8 참조). 될 수 있으면 연결 통로는 환승이 용이하도록 외부 기후로부터 보호받게 해야 한다.

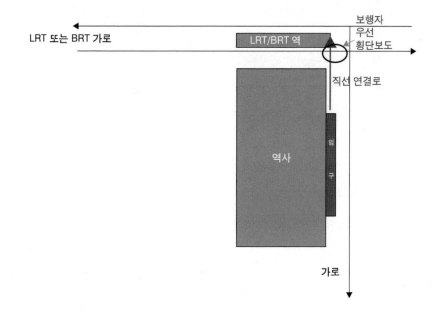

그림 12-8
역과 연계 교통수단 사이의 직접 연결.
자료: Nelson\Nygaard.

3) 개인 승용차

키스-앤-라이드

키스-앤-라이드kiss-and-ride 시설은 장기 주차를 위한 시설로 이용되기보다는 승객을 내리고 태우기 위한 일시적인 주차만 허용되는 역의 승하차 지역이다. 키스-앤-라이드 시설은 일반적으로 개인 승용차, 택시, 준대중교통, 민간 셔틀버스 등이 접근할 수 있다. 이 시설의 규모는 수요와 대상지의 물리적인 제약에 따라 달라진다. 일반적으로 아침에 승객을 내려주는 데에는 최소 공간이 필요하지만, 저녁 피크 시간대에는 도착하는 승객을 기다려야 하므로 더 많은 공간이 필요하다. 만약 이 공간이 승객들을 태우고 내리는 것만을 허용하는 장소가 아니라면, 승객을 기다리며 머무르는 차량이 교통의 흐름을 방해할 수 있다.

키스-앤-라이드는 차량의 회전율을 극대화하는 것을 우선하므로, 교통의 흐름을 촉진하며, 다른 교통과의 상충을 피하기 위해 다른 접근 경로들과 분리되었을 때 가장 효과적이다. 승객을 내리거나 태우는 것을 끝낸 차량이 역을 떠나는 것을 촉진하기 위해서 장기 주차를 위한 출입구를 별도로 두어야 한다. 보행자들이 키스-앤-라이드 시설을 가로질러 걷는 것을 피하기 위해서 보행자들을 위한 대안 경로를 제공해야 한다. 키스-앤-라이드 시설에서 역의 입구까지 이르는 최대 보행 거리는 일반적으로 600피트(약 180미터)를 넘어서는 안 된다.[3] 성공적인 키스-앤-라이드 시설은 휴게소, 조명등, 역 입구까지 이르는 막힘없는 보행로 등 승객 편의 시설을 갖추어야 한다.

역에서의 주차

역에서 주차의 역할

대중교통 역의 주된 역할은 대중교통 서비스에 대한 접근을 용이하게 하는 것이다. 역으로 가장 편리하게 접근하게 하는 방법의 하나는 자동차들을 위한 주차 공간을 제공하는 것이다. 주차 공간이 제공되면, 주차면당 적어도 한 사람은 열차를 탈 수 있다. 여기에 카풀 이용자들이 더해지면, 역에 접근하는 승객은 더욱 늘어난다. 이는 이용하기 쉽고, 이해하기 쉬운 아주 간단한 공식이다. 하지만 역에 자동차 주차 공간을 두는 것에는 트레이드오프가 존재한다.[10) 그래서 어느 정도의 주차 공간을 제공할 것인지는 지역사회가 해당 역의 역할을 어떻게 결정하는지에 달렸다.

첫 번째로 지배적인 유형의 역은 '광역 대중교통 역regional transit station'이다. 이 역은 전체 지역에 대중교통으로 접근할 수 있는 서비스를 제공하기 위한 것이다. 따라서 이들 광역 역은 도로로 접근하기 용이하고, 활성화된 토지이용 용도가 거의 없는 중·저밀도로 넓게 확산된 지역에 위치하는 경향이 있다. 이런 지역에서는 자동차가 지배적인 교통수단이며, 교통망의 전형적인 특징은 주요 도로들이 공간을 차지한다는 것이다. 이러한 광역 역은 승객들이 주변 지역에서 역까지 자동차로 바로 접근해 이용할 수 있도록 자동차 주차 공간을 극대화함으로 가장 큰 효과를 얻을 수 있다.

주차가 용이한 광역 대중교통 역은 통근자들이 도시 중심지까지 장거리 운전을 하던 것을 역까지 단거리 운전을 하는 것으로 전환할 수 있게 해준다. 새로운 대중교통 역을 외곽 지역으로 이전하려고 계획할 때에는 기존 역의 지상 주차장은 기회가 될 수 있다. 특히 제한된 일부 대중교통수단만을 이용하는 기존 개발 지역의 인근에 있는 역의 경우는 더욱 그러하다(그림 12-9 참조). 많은 주차 공간을 건설할 때에는 빗물을 수용할 수 있는 고비용의 침투성 포장을 해야 할 필요도 있다. 그렇지만 광역 대중교통 역에서의 주차는 거주지와 가까운 곳에서 지역 간 접근성을 제공하며, 도시 중심지까지 이동하는 승용차 통행을 줄이는 기회를 만들어주는 이점이 있다. 하지만 역의 주변이 주차장으로 둘러싸임으로 말미암아 나타날 역의 개발 형태, 통행 패턴, 비용 등에 미칠 영향에 대해서도 고려해야 한다.

- 개발 형태: 주차장이 지배적인 요소가 되면, 다른 토지이용이 활성화될 수 없다. 따라서 역이 주차장으로 둘러싸이면, 그 토지는 대부분 다른 활동으로 사용할 수 없게 된다.
- 통행 패턴: 주차면당 소요 면적은 200제곱피트(약 18제곱미터)가 되며, 여기에 통로로 필요한 여유 공간을 추가적으로 고려하면, 주차장은 많은 양의 토지를 차지하게 된다. 앞에서 설명했듯이, 주차 열 사이로 먼 거리를 걷게 하는 것은 보행 의욕을 떨어뜨린다. 따라서 역에 더 많은 노외 지상 주차장이 공급되며, 결국은 점점 승용차-지향적 역권이 될 것이다. 활동적인 토지이용 용도로 사용할 수 없다고 생각되는 토지(예를 들면 고속도로 인터체인지 또는 공항 인근 지역)에 주차

---

10) 주차 공간을 많이 제공하면 주차는 용이하나 역권의 토지이용 활성화를 해치고, 승용차-지향적 통행 행태를 야기하며, 주차장을 건설하는 비용이 늘어나는 부작용이 발생한다.

그림 12-9

댈러스에 있는 모킹버드 역의 역
할이 도시화됨에 따라 주차장이
개발지로 대체되었다.

자료: Nelson\Nygaard.

시설을 설치하는 것은 이상적인 해법이 될 것이다. 즉, 어려운 토지이용을 어려
운 토지에 설치한다.

• 비용: 노외 지상 주차장은 주차면당 1만 달러, 주차 건물은 주차면당 2만 달러,
지하 주차장은 주차면당 4만 달러의 비용을 소요하므로, 자동차로 역에 접근하
기 원하는 모든 사람에게 주차 공간을 제공하는 비용은 급격하게 높아진다.

대중교통 중심 개발지에서의 주차

두 번째로 지배적인 유형은 대중교통 중심 개발TOD 지역의 역이다. 대중교통 중심 개
발 지역은 새로운 용어이나 오래된 현상을 표현한 것이다. 이는 복합 토지이용 용도로
둘러싸인 대중교통 역을 말하며, 통행자들은 역에서 가까운 보행 거리 이내에서 일상
의 삶, 쇼핑, 일을 할 수 있다(그림 12-10 참조). 주차 공간을 많이 제공할수록, 보행-지
향적인 개발은 더욱더 멀어진다. 그래서 대중교통 중심 개발 지역은 역 외의 토지이용
을 지원하는 데 필요한 최소한의 주차 공간만을 제공하는 경향이 있다.

만약 주차가 역의 주요한 특징이 아니라면, 접근할 다른 기회를 제공해주어야 한
다. 앞에서 기술한 것처럼, 모든 역은 보행으로 접근하기에 명확하고, 안전하며, 쉬워
야 한다. 대중교통 중심 개발은 보행 접근성이 제공되지 않고는 실행할 수 없다. 또한

그림 12-10
활동적인 토지이용은 좀 더 흥미로운 역권을 만든다(캘리포니아주 오클랜드).
자료: Nelson\Nygaard.

대중교통 중심 개발 지역은 명확한 자전거 접근 및 보관 시설뿐 아니라 버스, 경전철 등과 같은 다른 대중교통 서비스와 연계하는 시설도 갖추어야 한다.

역의 유형과 관계없이, 주차를 적절히 관리하라

역의 주차장을 계획할 때, 기본적인 질문은 얼마나 많은 주차면을 제공해야 하느냐는 것이다. 그러나 일단 주차 시설이 공급되고 나면, 이것으로 무엇을 할 것인지는 고려하지 않는다. 다른 자원과 마찬가지로 주차 공간은 건설비, 일상적인 운영 관리비, 그리고 종종 이자 지불 등의 비용이 필요하다. 주차 공간이 이용자에게 무료로 제공된다 하더라도, 실제로 그 비용은 요금을 면제하기로 동의한 누군가가 내야 한다. 주차장 공급자가 대중교통기관이든 지방정부이든 그 비용은 다른 기금(대부분은 대중교통 운임 수입 또는 세금)으로 보조된다. 따라서 자동차를 무료로 주차할 수 있게 하는 것은 결과적으로 대중교통기관이나 지방정부가 제공할 수 있는 다른 서비스를 축소하는 원인이 된다. 또한 이는 가장 가난한 대중교통 이용자(즉, 자동차를 소유할 경제적 여유가 없는 사람이나, 평균보다 적게 운전하는 사람)들로부터 가장 부유한 대중교통 이용자(역까지 승용차로 접근할 가능성이 가장 높은 사람)들에게로 자원을 이동하는 결과를 가져다준다.

결정할 사항은 역의 주차장에 대해 요금을 받을 것이냐, 받지 않을 것이냐가 아니라, 단지 시장 상황에 따라 요금의 차이를 두는 가격 구조를 취할 것이냐 아니냐 하는 것이다. 대중교통 역의 주요 시장은 단기 주차 운전자, 예약 및 보증 주차를 원하는 통근자, 피크 시간대에 간헐적으로 출근하는 일일 통근자, 주차-구매-대중교통 탑승park-shop-ride 통행자, 공항이나 광역 철도역으로 가기 위해 대중교통을 이용하는 장기 주차 운전자로 구분된다. 대중교통기관은 이들 시장에 대해 각기 다른 접근 방식을 적용해 왔다. 다음 프로그램들은 시장 상황에 따른 대중교통 역의 주차 요금 징수 방법 중 가장 모범적인 사례이다.

- **맞춤형 일 단위 주차 요금:** 샌프란시스코 베이 지역 고속 통근 열차BART의 거의 모든 역에서는 하루 단위로 주차 요금을 부과하며, 관측된 주차 점유율을 기준으로 요금을 올리거나 내린다. 베이 지역 고속 통근 열차는 이용자들이 항상 이용할 수 있는 약간의 여유 주차면만 남겨둘 정도로 가격을 책정하는 것이 대중교통 승차율과 요금수입을 모두 극대화할 수 있다는 것을 안다. 또한 베이 지역 고속 통근 열차는 이러한 주차 가격 책정이 매일 아침 피크 시간의 주차 혼잡 문제를 피하는 데 도움이 된다는 것을 인지하고 있다. 2010년 4월을 기준으로 베이 지역 고속 통근 열차의 총 수입 중 일 주차 요금 수입은 연간 800만 달러 이상에 달한다. 그런데도 베이 지역 고속 통근 열차의 주차 요금 수입은 주차 서비스 공급에 소요되는 비용의 극히 일부를 충당할 정도에 지나지 않는다.[4]

- **특별 월 단위 계약 주차:** 워싱턴대도시권대중교통국은 모든 역에서 정기 예약 주차 허가증 수수료로 매월 55달러를 내는 통근자에게 주중 오전 10시까지 주차면을 예약해 이용할 수 있게 한다. 그러나 이 허가증을 소지한 사람들도 지하철 주차 시설에 주차할 때마다 여전히 일 단위 주차 요금을 내야 한다. 또한 샌프란시스코의 베이 지역 고속 통근 열차도 역마다 차이는 있으나 적게는 월 30달러, 많게는 월 115달러의 수수료로 월 정기 예약 주차 프로그램을 제공한다. 하지만 베이 지역 고속 통근 열차의 월 주차 허가증 소지자들이 그날그날 주차 요금을 추가로 내야 하는 것은 아니다. 대신 이들이 지하철역에 접근할 때 그날그날 이용하는 기타 교통수단에 대해서는 어떠한 혜택도 받을 수 없다.

- **단기 시간제 주차:** 오리건 주 포틀랜드 시의 트라이메트TriMet: Tri-County Metropolitan Transportation District of Oregon[11]는 가장 혼잡한 환승 주차장 역 두 곳의 출입구 근처

---

11) 트라이메트는 미국 오리건 주 포틀랜드 대도시권 대부분을 포함하는 지역에 대량 대중교통을

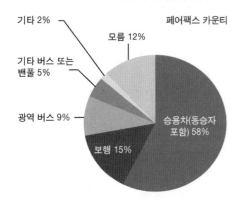

페어팩스 카운티

기타 2%
모름 12%
기타 버스 또는 밴풀 5%
광역 버스 9%
보행 15%
승용차(동승자 포함) 58%

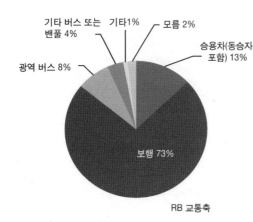

기타 버스 또는 밴풀 4%
기타1%
모름 2%
승용차(동승자 포함) 13%
광역 버스 8%
보행 73%

RB 교통축

그림 12-11
워싱턴대도시권대중교통국의 오렌지 라인 역에 대한 접근 수단별 통행량, 2002.
자료: Nelson\Nygaard/WMATA May 2002
Weekday Metrorail Ridership and Access
Report.

워싱턴대도시권대중교통국 오렌지 라인(Orange Line)[12]의 사례로 역의 유형, 주차 시설, 접근 수단별 통행량을 비교할 수 있다. 버지니아 주에 있는 처음 5개의 역은 알링턴 카운티의 로슬린-볼스턴(Rosslyn-Ballston: RB) 교통축을 지원한다. 이 역들은 모두 주요 중심 가로의 하부에 있으며, 개별 '대중교통 마을(Transit Villages)'[13]을 지원하도록 설계되었다. 각각의 마을은 혼합 토지이용, (알링턴 카운티의 전체 평균보다) 상대적으로 높은 밀도, 빈번히 운행하는 지상 대중교통, 탁월한 자전거 연결 등의 특징을 가진다. 각 역권의 특징은 역 전용 주차장이 없는 반면, 공유 주차장은 허용된다는 것이다.

이 오렌지 라인은 알링턴 카운티의 서쪽으로 페어팩스 카운티(Fairfax County) 지역을 지원한다. 페어팩스 카운티 역은 승용차의 접근을 허용하고, 부지 내에 주차장이 있는 것이 특징이다. 대부분 역에서 보행 거리 10분 이내에는 다른 토지이용이나 활동이 거의 이루어지지 않는다. 최근에는 노외 지상 주차장이 주차 건물로 대체되어 주차장의 규모가 커졌다.

그림 12-11은 로슬린-볼스턴 교통축에 있는 역들과 페어팩스 카운티에 있는 역들에 대한 접근 수단별 통행량을 비교한 것이다. 이는 역의 개발 유형을 직접적으로 반영한다. 페어팩스 카운티의 승용차-지향적인 역은 접근 수단이 승용차로 단순화되어, 결과적으로 이들 역을 이용하는 승객들의 절반 이상이 차량을 직접 이용하거나 누군가의 차량을 타고 접근한다. 로슬린-볼스턴 교통축의 역들은 통근자를 위한 주차장을 최소화하고, 비승용차 접근을 우선시해, 그 결과 역까지 도보로 접근하는 승객이 73퍼센트에 이르고 있다. 더 중요한 사실은 알링턴 지역에는 1970년 이래로 역 주변의 2700만 제곱피트가 개발(이는 로스엔젤레스나 보스턴 중심가보다 더 많은 오피스 공간이다)되었고, 주택 3만 채가 건설되었는데도 실제 교통량은 20년 동안 큰 변화가 없었다는 것이다.[5] 결국 주차

정책이 이들 역으로 접근하는 통행의 패턴에 직접적인 영향을 미쳤다고 할 수 있다. 알링턴은 대표적인 대중교통 중심 개발(transit-oriented development)의 사례인 동시에, 개발 중심 대중교통(development-oriented transit)에 대한 전형적인 사례가 된다.

운영하는 공공 기관이다. 1969년 오리건 주 의회가 만든 이 기관은 멀트노머(Multnomah), 워싱턴, 클락카머스(Clackamas) 등 3개의 카운티에서 운행 중인 5개의 개인 버스 회사들을 대체했다. 트라이메트는 1986년 맥스(MAX: Metropolitan Area Express)라는 이름의 경전철 시스템을 운행하기 시작했으며, 1998년 웨스트사이드(Westside), 2001년 공항(Airport), 2004년 인터스테이트 애비뉴(Interstate Ave.), 2009년 클락카머스에 새로운 노선을 개설했을 뿐 아니라 2009년에는 통근 열차를 개설했다. 이 기관은 또한 포틀랜드 시 소유의 포틀랜드 노면전차 시스템을 운영한다(wikipedia).

에 단기 시간제 주차에 우선권을 부여하는 주차 공간을 확보하고 있다. 시간당 0.5달러의 요율로 최대 5시간을 주차할 수 있게 해서 주차 회전율을 높였으며, 결과적으로 이 때문에 하루에 한 번 이용하는 전체 대중교통 이용자가 늘어났다. 또한 시간제 주차 공간이 없었다면 굳이 혼잡한 역에 승용차를 타고 오지 않았을 통행자들(주로 낮 시간대)에게도 승용차로 접근할 기회를 제공한다.

• **공유 주차** shared parking: 환승 주차장 공급량의 20퍼센트를 차지하는 포틀랜드 대도시 지역의 환승 주차장 시설 중 절반은 민간이 소유하고 운영하며, 트라이메트는 이들의 주차 시설을 공유한다. 그 결과 트라이메트는 자본 예산의 많은 부분을 대중교통 차량 및 시설에 할애할 수 있었다. 트라이메트는 가장 많이 이용되는 공유 주차 시설의 소유자 또는 운영자들에게 승객들의 이용과 관련된 유지 관리 비용을 충당할 수 있도록 보조금을 지급한다.

주차 요금 징수와 대중교통 중심 개발 전략을 시행하는 기관들 사이의 공통적인 주제는 역에서의 주차는 그 자체가 목적이나 목표가 아니라는 것이다. 오히려 주차는 지역의 대중교통 시설과 서비스에 접근할 수 있게 하기 위한 몇 가지 대안 중 하나라는 것이다. 실행 중인 정책과 관행들이 승객 수의 증가라는 기본 목적을 확실히 달성하게 하려면 다음과 같은 주차 및 대중교통 중심 개발 관련 요소들을 계획하고 실행해야 한다. 즉, ① 각 대중교통 역과 교통축에 대해 고유한 지역적 맥락을 적절히 고려해야 하며, ② 토지이용 및 역으로 접근하는 수단의 대안들에 대한 중요한 평가 항목으로 '대중교통 승객당 비용 the cost of transit rider served'을 사용해야 한다. 2003년에 발행된 베이 지역 고속 통근 열차의 「BART 역 접근성 가이드라인 BART Station Access Guidelines」에는 다음과 같이 명시되어 있다.

가장 낮은 비용으로 승객 수를 가장 많이 늘리는 개선안을 가장 우선시해야 한다. 할 수 있는 범위 내에서, 비용은 모든 교통수단에 대해 일관된 기준에 따라 비교되어야 한다. 이때 운영 및 자본 비용 모두 토지 가치와 장래 공동 개발에 대한 기회비용을 고려해야 한다.

---

12) 워싱턴 지하철 노선 중 하나인 오렌지 라인은 1978년 11월 20일 개통되었으며, 비엔나(Vienna) 에서 뉴캐럴턴(New Carrollton)까지 26개의 고속 대중교통 역으로 구성되어 있다(Wikipedia).

13) 대중교통 마을은 기차역과 같은 대중교통 허브 주변에 주거 개발이 주가 되고 일부 소매상점이 있는 형태의 개발이다(Wikipedia).

4) 택시

택시 정류장taxi rank은 택시가 승객을 하차시킨 곳에서부터 다음 승객이 승차하는 곳까지 빈 택시가 이동하는 장소라고 정의한다. 택시 승차 지역pick-up area은 효율성, 회전율, 승객의 이동 통제를 극대화할 수 있도록 설계되어야 한다. 포함해야 할 설계 요소들은 다음과 같다.[6]

- 역과 택시 정류장 간에 명확한 경로
- 별도의 승객 대기 지역
- 가까운 쪽의 택시 탑승 지역으로 접근
- 승차 지역으로 진입하는 택시와 승차 지역에서 출발하는 택시 간의 상충 최소화
- 역 내부의 고정 지점, 역의 출입구, 택시 관련 시설 등에 표지판과 안내 정보
- 택시 도착에 관한 실시간 정보(즉, 승객들의 예상 대기 시간)
- 수화물과 수화물 수레trolley를 수용할 수 있는 정도의 규모(일부 역에서는 더욱 중요하다)

전형적인 '택시 정차 구역taxi bay'은 시간당 평균 50명의 승객을 수용할 수 있다. 택시 정차 구역의 크기는 서비스, 토지의 유용성, 역의 유형에 따라 다르다. 런던 교통국은 택시 1대당 평균 승객을 다음과 같이 권장하지만, 이것 또한 역의 유형에 따라 다르다.

- 교외 지역: 택시 1대당 1.3명의 승객
- 도시 간 연계: 택시 1대당 1.5명의 승객
- 국가 간 연계: 택시 1대당 1.55명의 승객

5) 자전거

지역 간 연계

자전거는 대중교통 역으로 접근할 수 있는 영역(10분 보행 거리)을 1~5마일(약 1.6~8킬로미터)까지 더욱 고르게 확장한다(고등학교 기하학을 기억해보라. 통학할 수 있는 반경이 0.5마일(약 0.8미터)에서 3마일(약 4.8킬로미터)로 증가한다면, 통학할 수 있는 영역의 면적은 6배가 아니라 36배로 증가하므로 잠재적 승객 수는 크게 증가한다). 따라서 이러한 접근성을 향상하기 위해서는 역권을 자전거도로망으로 연결해야 한다.

지역의 자전거도로망을 대중교통 역과 연결하는 데 집중했던 도시들에서는 대중교통 승객 수가 현저히 증가했다.[7] 워싱턴 D.C.에서는 2002년과 2007년 사이에 자전거를 이용해 지하철로 접근하는 승객의 수가 60퍼센트 증가했으며, 이들 역의 일부에서는 자전거 이용자가 전체 승객의 4퍼센트에 이른다. 2007년 봄에서 2008년 가을 사이에 미니애폴리스에서는 지하철로 운반한 자전거 수가 25만 대 이상이었고, 버스로 운반한 자전거의 수는 2배로 늘어난 것으로 보고되었다. 포틀랜드의 경전철 맥스를 이용하는 승객의 약 4퍼센트는 자신의 자전거를 가지고 탄다. 샌프란시스코 베이 지역에서는 베이 지역 고속 통근 열차를 이용하는 승객 중 자전거로 역에 접근하는 비율이 1998년 2.5퍼센트에서 2008년 3.5퍼센트로 증가했고, 자전거-대중교통 환승 통행이 하루 평균 1만 920명으로 증가했다. 물론 이러한 미국의 수치는 북부 유럽과 비교하면 미약한 수준이다.

자전거 주차

자전거 보관은 '다수단 대중교통multimodal transit' 역을 개발하는 데 필수적인 구성 요소이다. 자전거 보관 시설은 일반적으로 자전거 거치대와 자전거 보관소의 두 가지 형태가 있다. 먼저 '자전거 거치대bicycle rack'는 적은 공간에 더 많은 자전거를 보관할 수 있지만, 안전과 보호 측면의 취약함 때문에 잠재적 자전거 이용자들을 끌어들이기에 부족함이 있다. 반면에 '자전거 보관소bicycle station'는 더 큰 공간이 필요하지만, 모든 요소로부터 안전과 보호를 확실히 제공할 수 있으므로, 자전거로 대중교통을 이용하려는 통행자들을 더 많이 유인한다. 더 자세한 내용은 제7장 「자전거」를 참조하라.

자전거 거치대

자전거 거치대는 역 출입구에서 50피트 이내에 있어야 하고,[8] 다음과 같은 지침에 따라 설치해야 한다.
- 거치대는 보행자와 충돌하는 일을 피하도록 배치해야 한다.
- 자전거 거치대는 주 보행로에서 쉽게 볼 수 있는 거리 이내에 설치해야 한다.
- 역 건물이나 벽에 면해서 설치할 때에는 자전거 거치대와 평행한 벽 사이에 최소 2피트(약 60센티미터) 이상의 여유 공간이 필요하며, 자전거 거치대와 수직으로 있는 벽 사이에 2.5피트(약 75센티미터) 이상의 여유 공간을 두어야 한다.

자전거 보관소

자전거 보관소와 자전거 공유 프로그램은 상대적으로 교통수단 간 통합에 대한 접근
성을 증대하는 새로운 방식이다. 지금까지 가장 성공적이었던 프로그램은 '교통 중심
지transportation hub'와 역, 주요 고용 지역, 관광 경유지 등과 이들의 인근 지역에 입지했
었다.

　　자전거 보관소는 자전거를 안전하게 보관하는 시설이다. 이런 시설들은 지상(지
붕이 있거나 없거나) 또는 지하, 진입 개방 또는 통제, 무료 또는 유료, 수동 또는 자동의
형태로 운영된다. 자전거 보관소는 전통적으로 직원이 감시하고 있으므로, 장기 주차
시 표준적인 자전거 거치대보다 더 높은 수준의 안전성을 제공한다. 이용 요금 지불은
개인 식별 번호Personal Identification Number: PIN 또는 신용카드나 스마트카드를 이용해서
자동화할 수 있다.

　　자전거 보관소의 형태는 완전 자동화된 발렛valet 시스템에서, 자전거 경정비 서비
스를 제공하는 상주 직원이 있는 기본적인 시설, 그리고 매점, 보관함locker room, 창고
등의 편의 시설을 갖춘 것까지 다양하다. 그림 12-12는 후자의 예를 보여준다.

3. 역의 구성 요소

1) 시간 요소: 대기 시간이 장소를 만든다

공항 계획가들은 "항공기를 기다리는 여행자는 단기short term 시민이 된다"라는 말을 오래전부터 잘 알고 있다. 탑승구에 인접한 곳에 유용한 활동 요소가 많을수록 더 쉽게 대기할 수 있으며, 기꺼이 다시 방문하고자 할 것이다. 샬럿Charlotte에 있는 더글러스 국제공항Douglas International Airport의 그림같이 아름다운 창문 앞에 놓인 흔들의자는 매우 긍정적인 여행 경험의 하나로 자주 인용된다.[9] 또한 즐거운 마음으로 기다리는 사람들은 소비하는 데 더 긍정적이 되므로, 결과적으로 미시적 측면의 경제적 지속 가능성에 대한 좋은 예가 될 것이다. 다시 말해서, 활동적이고 걷기 편한 장소 그 자체는 이 장소를 지속해서 활력 있게 유지해줄 수 있는 경제적 기회를 창출한다는 것이다.

대중교통 역은 공항과는 다르지만, 공항의 이러한 예로부터 배울 수 있다. 공항 이용객은 개인의 음료수를 가져갈 수 없고, 정시 운행에 관계없이 항공기를 기다리는 것 외에는 별다른 선택이 없는 '사로잡힌 청중captive audience'이다. 이와는 달리 대중교통 이용자들은 대개 집이나 일터 가까이 있으며, 종종 그들이 원하면 자신의 승용차로 역으로 가서 언제든지 떠날 수 있다.

비록 대중교통 이용자는 더 많은 통행 수단을 선택할 수 있지만, 적절한 이용 시설의 조합을 제공함으로써 이들이 계속 대중교통 이용자로 남게 할 수 있다. 또한 대중교통 이용자들은 이동할 때 보안 검문도 받지 않으며, 열차나 버스를 기다리는 곳에 머무르지 않고, 주변 이용 시설을 살펴보기 위해서 여기저기 돌아다닐 수 있다. 이용 시설들은 역으로 들어오거나 역을 떠나는 경로에 있고, 정해진 시간에 일정하게 개방되며, 열차 선로나 버스 정차대를 바라볼 수 있는 시선 이내에 있는 한, 이 이용 시설은 역권의 일부로 간주될 것이다. 이용 시설은 대중교통수단과 역을 둘러싼 토지이용의 지원을 받는 통행의 형태에 적합하게 맞추어져야 한다. 예를 들어 출근 통행 시간에 가장 많은 승객이 몰리는 통근 열차 역의 경우에는 매일의 일상적 서비스를 제공하는 것이 가장 도움이 될 것이다. 이런 경우 커피숍, 제과점, 신문 가판대, 세탁소, 은행, 우체국 및 우편 서비스 등은 통행자들이 또 다른 추가적인 통행을 하지 않고도 그들의 당일 '일과 목록to-do list' 중 하나를 지울 수 있게 해준다. 대학이나 대학교 근처의 정류소는 학생들이 대상이 되는 이용 시설인 영화관, 박물관, 음식점, 술집, 식료품점 등을

그림 12-13
활발한 토지이용은 역의 매력을
크게 높이고, 나아가 대중교통 이
용자가 다른 교통수단이 아니라
계속해서 대중교통을 선택할 가
능성을 증가시킨다.
자료: Nelson\Nygaard.

포함할 수 있다. 어떤 역이든 관계없이 시 당국의 부서나 사회 서비스 기관들이 있는 곳은 대중교통 승객이 될 가능성이 가장 큰 통행자(승용차를 이용하지 않고, 경제적으로 어려움이 있는)들에게 그들의 통행을 완성하기 위해서 필요로 하는 통행 옵션을 제공한다(그림 12-13 참조).

대중교통 통행자가 이용할 수 있는 거리는 역을 중심으로 5~10분의 보행 거리로 한정되므로, 이곳에 수용할 수 있는 활동량은 제약받는다. 따라서 토지이용과 자동차 주차는 제한된 공간을 두고 서로 경쟁한다. 바로 이 시점에서 계획가들은 계획 목적에 맞고, 그들이 희망하는 역의 유형을 결정해야 한다. 이어지는 사례 연구는 토지이용과 주차 사이의 올바른 균형점을 결정하는 베이 지역 고속 통근 열차의 방식을 기술한다.

2) 역권이 필요로 하는 것은 또 무엇인가?

버스나 열차를 기다리는 것은 대중교통 탑승객 모두의 경험 중 중요한 부분이다. 만약 역과 정류장이 안락하게 기다릴 수 있는 환경이라면, 그 역권을 오가는 사람들이 대중교통을 이용할 가능성이 더 커질 것이다. 반대로 안락한 환경을 갖추지 않은 정류장은 대중교통 이용을 단념하게 만들 것이다.

다른 많은 대중교통기관과 마찬가지로 베이 지역 고속 통근 열차는 철도역의 주차장에 대해서 '1 대 1 대체(1:1 replacement)'를 요구하는 오래된 관행이 있었다. 다른 말로 하면, 역의 부지를 다른 용도로 개발하려는 사업자는 사업으로 말미암아 줄어드는 만큼의 주차면을 대신할 수 있는 규모의 주차 건물을 건설하는 데 필요한 모든 비용을 내야 했다. 이것이 개발 업자에게는 주된 재정적 장애가 되었고, 베이 지역 고속 통근 열차의 수입을 감소시켰으며, 베이 지역 고속 통근 열차가 나 홀로 차량(SOV)으로 접근하는 비율을 줄이는 정책을 받아들이게 했다. 이러한 쟁점들을 인식해, 2005년에 베이 지역 고속 통근 열차 이사회는 최적의 대체 수준을 결정하는 데 더 큰 유연성을 제공하는 새로운 '대중교통 중심 개발' 정책을 채택했다. 이에 따라 역권에 대한 계획 활동(planning effort)의 하나로 베이 지역 고속 통근 열차와 리처드 윌슨(Richard Willson) 교수가 공동 개발한 새로운 방법론을 이용해 개발지별로 각기 다른 주차장 비율을 결정했다. 적절한 대체 주차장 비율은 역의 입지, 기존 접근 수단의 분담률, 제안된 개발 밀도에 따라 다르다는 것에 주목해야 한다. 따라서 종합적으로 대체 주차장 비율을 얼마로 해야 한다는 유일한 답은 없다. 이에 대한 결정은 역과 탑승률에 대한 목표, 대중교통기관이 목표로 하는 수입에 기반을 둔다.

사우스헤이워드 역

지난 몇 년 동안, 베이 지역 고속 통근 열차와 헤이워드(Hayward) 시 당국은 사우스헤이워드(South Hayward) 역의 주차장을 대중교통 중심 개발 지역으로 대체하기 위한 계획을 수립했다. 이 역은 사실상 교외 지역에 있으며, 주로 주변 근린 주거지역의 독신 가정들이 서비스 대상이다. 2006년에 베이 지역 고속 통근 열차는 시 당국이 진행 중인 계획 활동을 보완하기 위해서 기존의 1207개 주차면에 대한 대체 방안들을 분석했다. 이 분석 자료는 인접한 역권에 대한 접근성 향상과 대중교통 중심 개발의 기회에 초점을 맞추었다. 핵심적인 분석 결과는 "공급된 주차면을 줄이면 약간의 탑승객을 잃지만, 새로운 개발로 발생하는 탑승객 수가 훨씬 더 많다"라는 것이었다. 더욱이 이러한 개발로 말미암아 대체 주차장의 건설, 새로운 버스 환승시설의 건설, 교통광장의 '장소 만들기(placemaking)' 등의 비용을 내기에 충분할 정도의 수입을 창출할 수 있다는 것이다.

최근 한 개발 업자는 주차장과 그 인접 부지를 개발하기 위해 베이 지역 고속 통근 열차와 독점적 협상에 합의했다. 이 제안은 주거 단위(residential unit) 772개와 소매상 공간 6만 4680제곱피트(약 5800제곱미터)를 포함하며, 줄어드는 베이 지역 고속 통근 열차 전용 주차면 1207개 중 910개만을 사업이 완성될 때 주차 건물로 대체하는 것이었다. 이 경우 대체 주차장 비율은 75퍼센트가 된다.

역 건물 내부에는 운영적 요소와 고객 편의적 요소 모두를 위해서 충분한 공간을 제공해야 한다. 운영 기관은 역의 기능을 수행하기 위한 승객 대기 및 탑승 시설, 정보 제공 시설, 승차권 판매 시설 등의 요소를 요구할 것이다. 만약 승객이 역권을 단순한 대기실이 아닌 하나의 장소로 여긴다면, 이곳에 승객을 위한 서비스 시설(화장실이 가장 중요하다)과 상업 시설도 제공되어야 한다.

클리블랜드 광역대중교통국이 개발한 정류장의 분류 체계는 제8장 「대중교통」에서 찾아볼 수 있다. 이 분류 체계는 클리블랜드 광역대중교통국의 모든 정류장을 탑승객 수에 따라 다섯 가지 유형으로 분류하고, 각 유형별로 제공되어야 하는 시설들을 정한다(표 8-1 참조).

3) 역의 입지 선정

대중교통 역은 전체 인구를 가장 잘 지원하고, 잠재적 탑승객 수를 극대화할 수 있는 곳에 입지해야 한다. 비록 이 입지에 관련해 보행을 주제로 한 쟁점들은 거의 제기되지 않지만, 일부 세부 쟁점 사항은 보행의 접근과 안전에 직접적으로 관련이 있다. 자료의 수집과 지도화mapping는 사람들이 어디에 있는지(출발지origin)와 어디로 가기를 원하는지(목적지destination), 그리고 그들을 지원하기 위해 역을 어디에 두어야 하는지(잠재적 부지)를 결정하는 데 도움이 되도록 작성해야 한다.

잘 설계된 보행 접근 계획은 주변 지역에서 걸어오는 승객들에게 자연스러운 흐름을 제공할 것이다. 역 계획가들은 보행 접근의 품질에 대한 몇 가지 기본적인 질문을 해야 한다. 즉, "역으로 유도하는 보행로는 잘 관리되는가?", "예상되는 보행 수요를 편안하게 처리할 수 있을 정도로 충분히 넓은가?", "보행로는 안전하고, 조명은 밝은가?", "사람들을 역까지 쉽게 안내할 수 있는 적절한 표지판이 있는가?", "주요 출발지와 상점, 학교, 직장 등과 같은 도착지 사이의 보행 연결 체계는 타당한가?" 등이다.

계획하는 역권에서 보행자 이동에 관한 지도를 만드는 것은 보행 기반 시설에 대한 최적 설계에 도움이 되는 기준 자료이다. 측정 교통량이 교통 모형화 과정의 중요한 입력 요소인 것처럼, 보행량과 보행자의 이동은 역의 접근 체계와 관련한 쟁점들을 이해하는 데 필수적인 입력 요소이다.

서비스 존

대중교통 역이 지원하는 지역은 몇 개의 존zone으로 나누어진다. 전통적으로 역을 중심으로 반경 4분의 1에서 2분의 1마일(약 400~800미터)의 지역을 '역세권catchment area'으로 정하는 것을 권장한다(일반적으로 버스나 열차를 타기 위해 가장 멀리서 걸어오는 사람들을 고려한 것, 즉 이용자들이 걸어 다닐 수 있는 최대 거리를 고려한 것이다). 만약 해당 역세권에 대해서 충분히 작은 존을 단위로 수행되었던 기존의 '기종점 조사origin-destination survey'가 있다면, 이 조사와 동일한 존과 동일한 존 분류 코드를 사용해야 한다.

역으로부터 통행하는 거리를 보행 시간을 기준으로 기록하는 것은 중요하다. 1분, 5분, 10분, 20분, 30분 등의 간격으로 이에 포함되는 지역을 표시한 지도는 잠재적 역세권을 나타낼 뿐 아니라, 보행 접근에 대한 잠재적인 장벽을 보여줄 수 있다. 예를 들어 역 주변의 혼잡한 도로는 보행 접근의 어려움이라는 쟁점을 일으킬 수 있다. 차단되

센터시티: 파크웨이 주차 연구

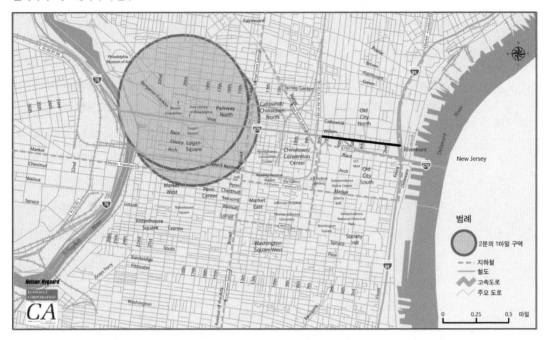

센터시티: 파크웨이 주차 연구

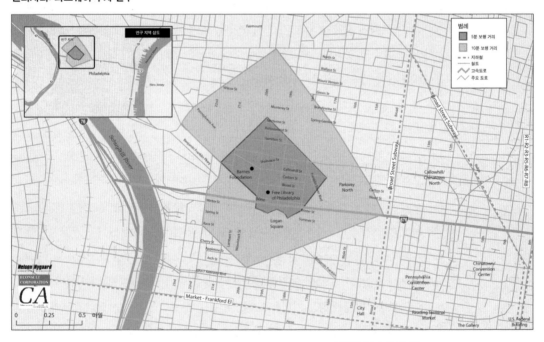

그림 12-14, 그림 12-15

보행 거리 측정치(반경을 기준으로)와 보행 시간 페디그램의 비교.

자료: Nelson\Nygaard.

거나 실제로는 존재하지 않는 보도와 같은 기타 장애물들은 '시간-기반 지도화time-based mapping'를 통해 분명히 나타난다. 또한 횡단보도의 긴 신호주기는 보행 시간을 증가시킬 것이다. 이러한 유형의 분석은 종종 실제 거리는 짧지만, 통행 시간은 상대적으로 긴 지역을 보여줄 수 있다.

그림 12-14의 지도는 필라델피아의 프리 라이브러리Free Library 도서관 반경 4분의 1에서 2분의 1마일의 지역을 보여준다. 그림 12-15는 모든 교통법규를 지키는 보행자가 실제로 5분과 10분 안에 걸어갈 수 있는 거리를 보여준다. 폭이 넓고 혼잡한 교차로 때문에 첫 번째 가로를 횡단하는 데에만 최초로 몇 분의 시간이 필요하다. 하지만 교차로의 반대 방향으로 걸었을 때 보행자는 같은 시간 내에 더 긴 거리를 이동할 수 있었다. 결과는 물리적 환경조건을 기반으로 각기 다른 거리를 나타내는 독특한 패턴으로 나타난다. 이를 '패디그램pedigram'이라 부른다. 서비스 존 내에 있는 실제 보행 거리는 미리 설정된 보행 반경과 매우 다르다.

제13장

교통 수요관리

Transportation
Demand
Management

교통 수요관리TDM란 나 홀로 차량SOV를 이용하는 통행자들을 여러 사람이 함께 타는 차량non-SOV을 이용하도록 유도하거나 피크 시간 통행을 비피크 시간으로 전환해서 교통 체계 전반의 효율을 증대하는 전략을 일컫는 용어이다.

교통 수요관리 전략은 도로의 용량을 늘리기 위한 자본 투자보다 훨씬 더 비용-효과적cost-effective일 때가 있다. 사실 교통 수요관리 전략을 활용하면 거의 비용을 들이지 않고도 교통 혼잡을 현저히 완화할 수 있다. 그러나 불행하게도 이 전략에 대한 이해의 부족으로 말미암아 집행되지 못하는 경우도 있다.

빅토리아교통정책연구소의 토드 리트먼은 이 주제에 대해 관심을 둔 모든 사람에게 온라인(http://www.vtpi.org)에서 제공하는 'TDM 사전TDM Encyclopedia'을 반드시 읽어 볼 것을 권한다. 이 장에서는 교통 수요관리에 대해 개략적으로 소개하고, 좀 더 나아가 실현할 수 있는 전략들을 다룬다.

먼저 교통 혼잡의 특성에 대한 논의부터 시작하자.

1. 교통 혼잡이란 무엇이며, 왜 발생하는가?

경제학적으로 보면, 교통 혼잡traffic congestion이란 "빵을 배급받기 위해 기다리는 사람 모두가 빵을 얻을 수 있는가What bread lines are to bread?'라는 질문, 즉 자동차 통행에 대한 수요가 공급을 초과하는 한 가지 예이다. 교통 혼잡은 어디론가 운전해 가려는 통행자의 수가 그들을 수용할 수 있는 도로의 용량을 초과하는 단순한 경우이다. 비록 운전자들에게는 혼잡이 짜증나는 것이지만, 아직도 많은 운전자는 통행을 포기하거나, 다른 교통수단을 이용하거나, 다른 경로를 택하거나, 통행 패턴을 전체적으로 바꾸기보다는 혼잡에 동참하는 것을 택한다. 마치 빵이 없으면 살기 어려운 것처럼, 많은 가구는 적절한 가격의 주택, 그럴듯한 직업, 손쉬운 통근을 택하기 위해 노력한다.

유체역학은 교통류 패턴과 혼잡을 설명하는 데 도움이 된다. 또한 이는 교통류와 매우 유사한 혈류가 흐르는 혈관 또는 건물의 배관 체계를 설명하는 데 사용하기도 한다. 교통 혼잡은 마치 액체 체계에서 큰 난류를 일으키는 곳, 즉 큰 관과 작은 관이 연결되는 곳, 또는 관들이 다른 각도로 만나는 곳에서 형성되는 경향이 있다.

교통 그 자체는 주로 강하고 역동적인 경제활동, 즉 상인과 노동자들은 흥얼거리며 일하며, 개발자들은 건물을 짓고, 사람들은 자신이 즐기는 일에 재량소득discretionary income[1]을 지출하는 활동의 결과로 나타난다. 일부 계획가에게 교통 혼잡은 단순히 경제적 '성공success'을 나타내는 현상으로 인식된다. 사실 미국 역사상 혼잡 문제를 해결한 유일한 대도시는 미시간Michigan 주 디트로이트Detroit 시이다. 이 도시는 도심을 복합 용도 중심지의 형태로 응집함으로써 혼잡을 제거했다.

교통 혼잡은 주로 다음 네 가지 이유로 관심거리가 된다.

- 혼잡은 이를 겪는 모든 사람의 값비싼 시간을 빼앗아가며, 삶의 질을 떨어뜨린다.
- 교통 혼잡은 미래의 경제성장에 제약 요소가 된다. 신개발 및 경제적 성장의 결과로 혼잡이 나타나며, 그 혼잡을 해결하는 후속 조치로 주요 교통 시설 투자 프로젝트들이 생겨나는 경향이 있다.
- 자동차가 그 지역에 배출하는 단위 거리당 오염 물질과 이산화탄소의 양은 교통의 흐름이 자유류free-flow 상태보다는 혼잡으로 정체될 때 현저하게 많아진다.
- 혼잡이 어느 수준에 이르면, 교통망 전반에 대한 '통행자 용량person capacity'이 급속히 감소하며, 이는 교통 시스템이 다시 조정되기 전까지 경제를 위축시킨다. 혼잡이 너무 심하면, 사람과 회사들은 다른 지역으로 이전하기 때문이다.

마지막 요점은 특히 중요하다. 교통 수요가 증가함에 따라서 주어진 가로의 교통량[2]은 점점 늘어나 가로의 용량 수준에 이르기 시작한다. 용량에 이르는 순간, 가로의 교통량은 급속히 감소하기 시작해 '너무 많아 움직이지 못하는 상태traffic jam'에 이른다. 피크 시간에 고속도로가 심하게 혼잡할 때의 교통량은 아마도 한밤중보다 적을 것이다. 사람, 승용차, 버스들을 계속 움직이게 하려면, 심각한 혼잡 상황을 피하도록 가로 체계를 관리하는 것이 중요하다.

1) 혼잡은 어디에서 일어나는가?

대부분의 도시에서 교통 혼잡은 다음과 같은 곳에서 지속적으로 늘어나는 추세이다.

- 고속도로 진출입로(램프): 고속도로 진출입로 주변은 다음과 같은 두 가지 이유로 혼잡이 심하다.

---

1) 가처분소득에서 기본 생활비를 뺀 잔액을 가리킨다.
2) 통과하는 차량의 수를 가리키며, 이는 교통 서비스의 수요가 아니고 가로가 실제로 제공하는 교통 서비스의 공급량이다.

- 하나의 커다란 관로인 고속도로의 진출로는 작은 관로인 여러 개의 도시 가로와 만나기 때문이다. 즉, 운전자들이 격자 가로망street grid 속으로 흩어지기 위해서는 여러 번 회전해야 하며, 이것이 자동차의 이동을 느리게 한다.
- 고속도로가 혼잡할 때에는 고속도로를 이용하려던 차량이 도시 가로로 우회하므로, 도시 가로가 담당해야 할 도시 내 통행에 대한 처리 능력은 감소한다.

• **충돌하는 격자 가로**: 이상한 형태로 서로 어긋난 다중 격자 가로망을 형성하는 도시에서 격자 가로들 사이의 이음매에서는 불가피하게 혼잡이 심화된다. 이는 부분적으로는 일부 격자 가로가 만나는 곳의 기하학적 구조가 어색하기 때문이며, 일부 가로들이 단절되었거나 또는 심하게 어긋났기 때문이다.

• **단절된 격자 가로**: 19세기와 20세기에 형성된 격자 가로망을 갖추었던 많은 도시에서 이들 격자 가로망은 지형, 물, 철길, 고속도로, 그리고 20세기 중반에 좋은 뜻으로 진행된 가로망 조정 등으로 단절되었다. 이러한 경우에는 많은 가로로 고루 분산될 수 있었던 교통량이 일부 가로로 모이기 때문이다.

• **실종된 격자 가로**: 20세기 후반에 많은 도시에서는 상호 연결된 격자 가로망의 문제점들을 염려한 설계자들이 의도적으로 지역을 관통하는 가로를 제거하고, 통과 교통이 근린 주거지역의 안정이 해치는 것을 막고자 미로와 '퀼드삭'을 만들었다. 그러나 이렇게 일부 가로를 보호하는 것은 교통량 모두를 나머지 간선 가로로 모이게 만든다.

• **주요 활동 중심지**: 학교, 병원, 주요 고용 중심지, 중심 업무 지구CBD, 쇼핑몰, 특별 행사장 등에는 많은 차량이 어느 일정 시간대에 한 장소로 집중되기 때문이다.

2) 혼잡 문제를 어떻게 '해결'할 수 있을까?

주요 교통 수요관리 기법(특히 주차료 및 통행료 부과)을 사용하지 않는 한, 혼잡 문제를 해결했던 도시는 없다. 모든 성공적인 도시에도 교통 혼잡은 존재한다. 가장 성공적인 도시들도 지역의 경제개발, 삶의 질, 기타 목표에 영향을 가장 적게 주는 곳에는 교통 혼잡을 그대로 남겨둔다.

예를 들면 샌프란시스코에서는 도심을 관통하는 고속도로인 'US101'이 베이 브릿지Bay Bridge와 만나는 도심 한가운데 구간의 혼잡을 의도적으로 내버려둔다. 이는 도심에 운전해서 들어오는 것은 상대적으로 쉽게 만드는 효과가 있으나, 도심을 관통하는 것은 오히려 어렵게 만든다. 결국 샌프란시스코 시 당국은 혼잡을 이용해서 의도적으로 통과하는 통행을 어렵게 만들고자 했으며, 이는 역설적으로 도심으로 들어오는 통행을 수용하기 위한 도로 용량을 늘리는 결과를 가져다주었다. 결과적으로 샌프란시스코 시는 이렇게 함으로써 고속도로로부터 가장 큰 경제적 이득을 얻는다고 할 수 있다.

브리티시컬럼비아 주 밴쿠버 시는 다르게 접근하는 방법을 택한다. 밴쿠버 시는 '환상 도로ring road'에 병목 지점들을 두고 있다. 예를 들면 라이언스 게이트 브릿지Lion's Gate Bridge에서 도심으로 향하는 차량은 스탠리 파크Stanley Park를 관통해서 연속적으로 이어지는 구간에서 1마일 이상을 지체해야 한다. 시 당국이 이곳의 혼잡을 이용해서 도심의 격자 가로망으로 들어오는 교통량을 조절하기 때문이다. 결과적으로 조지아 스트리트Georgia Street와 덴먼 스트리트Denman Street의 병목현상이 가져다주는 '조절 효과metering effect' 때문에, 상대적으로 도시 중심에서는 거의 혼잡이 없다고 할 수 있다.

로스앤젤레스 웨스트사이드Westside의 악명 높은 혼잡을 줄일 수 있는 방법이 전혀 없다고 알았던 캘리포니아 주 샌타모니카에서는 혼잡의 영향이 가장 적은 근린 주거지역과 소매 가로의 혼잡을 의도적으로 내버려두는 정책을 시행한다. 샌타모니카 시 당국은 고속도로 진출입로 전후의 첫 번째 교통신호에 높은 수준의 혼잡을 유지하기로 했다. 시 당국이 이들 고속도로 진출로에서 혼잡을 줄이는 것은 단순히 가로를 따라 이어지는 다음 교차로로 병목 혼잡을 옮기는 것에 지나지 않는다는 것을 알기 때문이다. 혼잡 지점을 정해두고 의도적으로 이곳의 교통량을 조절하는 것은 도시 내부의 교통 흐름을 순조롭게 하는 데 도움이 된다.

3) 이미 교통 혼잡 문제가 있다면, 그 도시는 어떻게 성장할 수 있을까?

만약 도로에 너무 많은 차량이 다닌다면, 우리는 어떻게 도시를 성장시킬 수 있을까? 단순히 더 많은 교통량을 처리하기 위해서 스스로를 옥죄는 것은 아닐까?

만약 현재 도로 교통이 혼잡한데 더 많은 사람이 이 도시를 방문하고, 이 도시에서 살며, 일하고, 쇼핑하게 하려면, 사람들이 좀 더 효율적인 교통수단을 이용하게 하는 것 이외에는 다른 대안이 없다. 이는 이념적인 문제가 아니라 기하학적 문제이다. 간단히 말해서 승용차에 탄 사람들은 다른 교통수단을 이용하는 사람들보다 최소한

10배의 도로 공간을 더 차지한다.

많은 사람이 더 효율적인 교통수단을 택하게 하려면, 특별히 주목할 만한 다음의 세 가지 요소에 대한 가치를 고려해야 한다.

① 시간: 대부분의 사람, 특히 어린 자녀를 둔 직장인들은 그들의 소득에 관계없이 시간에 높은 가치를 둔다. 만약 어느 하나의 통행 방법이 다른 방법보다 빠르다면, 사람들은 그 방법을 이용하려고 그들의 통행 계획을 조정할 것이다. 이는 모든 대중교통수단에 대해 잘 적용된다. 만약 버스, 철도, 페리, 시가전차 등이 승용차보다 빠르면, 대부분의 사람은 승용차를 운전하기보다 대중교통을 택할 것이다. 이것이 왜 '교통류-혼용 대중교통-mixed-traffic transit'[3]보다 지하철, 버스 전용 도로busway, 전용선 철도 등이 매우 높은 탑승을 유도하는지에 대한 답이다.

또한 사람들의 시간가치는 소비하는 형태에 따라 다르다. 어떤 사람들은 만약 대중교통 차량을 타는 동안 자신의 시간을 생산적으로 사용할 수 있다면, 비록 대중교통수단이 더 오래 걸린다 하더라도 승용차보다 대중교통을 택할 것이다. 그러나 환승이 불편하고 운행 서비스의 신뢰도가 떨어져 기다리는 시간이 길어지면, 이것이 대부분의 통행자를 짜증나게 만들 것이다. '대기 시간'은 '차 내 시간'보다 10배 이상의 높은 비용으로 인식될 수 있기 때문이다.

② 질: 사람들은 적절한 수준의 품위를 갖추지 않은 통행 수단을 선택하지 않을 것이다. 따라서 교통량이 많은 도로에서 자동차들과 뒤섞여 자전거를 타는 것, 또는 다른 수단을 선택할 여지가 없어 단지 대중교통만을 이용해야 하는 사람들만을 위해 설계된 버스를 타는 것을 종종 장애로 여기게 된다. 마찬가지로 걷기를 즐기거나 실내 체육관에서 할 운동을 대신하는 경우에는 걷는 데 보내는 시간이 일상의 삶 중 긍정적인 부분으로 인식될 것이나, 걷기가 위험하거나 불쾌한 경우에는 걷는 시간에 대한 비용은 높게 인식될 것이다.

③ 비용: 통행 비용이 수단선택에 미치는 영향은 소득수준에 따라 다르며, 일반적으로 곡선으로 나타낼 수 있다. 즉, 통행 수단의 선택은 가격이 어느 정도 높아질 때까지 크게 영향을 받지 않지만, 비용이 증가할수록 가격에 대한 영향이

---

3) 전용 공간을 이용하는 것이 아니라 여러 교통수단과 공간을 함께 사용하는 대중교통수단을 의미한다.

급격하게 높아진다. 따라서 만약 승용차가 다른 교통수단보다 빠르면, 10달러의 1일 주차료는 통행 수단선택에 거의 영향을 주지 못한다. 사람들은 절약된 통행 시간의 가치가 10달러의 주차료보다 더 큰 가치가 있다고 여기기 때문이다(특히 통근에 소요되는 대중교통 비용이 주차료와 같거나 심지어는 더 크다면). 그러나 주차료가 30달러로 올라가면, 그 즉시 많은 승용차 운전자는 도심으로 이동하기 위한 다른 방법을 찾을 것이다. 그리고 주차료가 60달러가 되면, 이 정도의 금액을 내면서라도 도심까지 이동해 주차할 사람은 거의 없을 것이다.

사람들이 더 효율적인 교통수단으로 옮겨 통행하게 하는 한 가지 대안은 그들이 전혀 통행할 필요가 없게 해주는 것이다. 이는 '이동성'보다 '접근성'에 초점을 맞추는 것을 의미한다. 이동성이란 그들이 가고자 하는 어느 곳이든 자유롭게 갈 수 있도록 차로, 자전거도로, 버스 노선 등을 추가하려고 하는 것과 관련이 있다. 접근성이란 사람들이 통행할 필요가 없게, 그들이 필요로 하는 재화와 서비스를 가깝게 가져다놓는 것과 관련이 있다.

각 근린 주거지역의 중심에 다양한 서비스와 소매 기능을 만들어준다면, 사람들은 정기적인 업무를 수행하거나 기본적인 필요를 해결하기 위해서 도심으로 운전해 가려는 욕구를 줄일 수 있을 것이다. 결국 시 당국은 이로 말미암아 교통량을 현저히 줄일 수 있다.

2. 교통량 감축 계획

경기 침체기에 대부분 지역사회의 첫째 불만이 일자리에 관한 것이다. 반대로 호황기의 주된 불만은 교통 상황이다. 교통 상황은 날씨와 매우 비슷하다. 모든 사람은 언제나 교통 상황에 대해 불평을 한다. 그러나 어느 누구도 교통 상황에 대해 할 수 있는 것은 아무것도 없다. 그래도 그나마 다행스러운 것은 교통 혼잡을 일으킬 정도의 충분한 경제활동은 존재한다는 것이다. 이 장에서는 이 혼잡 문제에 대한 해결책을 나열하려고 한다. 그러나 해결책을 다루기 전에 적어도 그 자체가 교통 혼잡을 줄이지 못하는 프로젝트에 대해 살펴본다.

- 도로 확장: 톰 밴더빌트Tom Vanderbilt는 자신의 저서인 『교통: 우리는 왜 그 길로 운전하는가, 그리고 우리에게 무엇을 말하는가Traffic: Why We Drive the Way We Do (and

What It Says About Us』[1]에서 "도로를 넓히는 것은 교통 혼잡을 줄이기보다 필연적으로 더 많은 교통 혼잡을 유도한다"라고 웅변적으로 말한다. 혼잡은 경제학적인 문제이지 공학적인 문제가 아니다. 그것은 단순히 이용 용량이 정해진 도로 공간에 대한 시장 수요의 결과이다. 경제학 개론 수업에서 배운 것처럼, 만약 우리가 낮은 가격(덜한 혼잡)에 더 많은 상품을 생산(더 넓은 도로)한다면, 그 상품에 대한 시장 수요는 당연히 증가할 것이다. 결국 혼잡을 해결하기 위해 도로를 확장하면, 곧바로 최초의 혼잡 상태로 되돌아갈 것이다. 제9장 「자동차」에서 상세하게 기술한 것처럼 이러한 교통량 환류 현상feedback loop을 '유발 수요induced demand'라 부른다.

- 새로운 대중교통 노선: 불행하게도 '대중교통 프로젝트가 도로의 혼잡을 줄일 것'으로 기대하는 미국의 통근자들은 철도를 확장하기 위한 조세 징수 조치를 폭넓게 받아들여 왔다. 그러나 대중교통 프로젝트의 시행이 즉각적으로 모든 시간대에 자동차를 운전하기 쉽게 해주지 못할 때, 유권자들은 속았다고 느낀다. 여기에는 "거의 모든 대중교통 프로젝트는 결코 교통 혼잡을 줄여주지 못한다"라는 숨기고 싶은 비밀이 있다. 차라리 "기술자들이 사용하는 단순한 모형을 이용한 예측 결과에 따른다면, 그대로 내버려두는 것보다 대규모 대중교통 프로젝트들을 통해 혼잡을 줄일 수 있다"라고 말하는 것이 낫다. 비록 이러한 결론이 사실이고 이론적으로 유효하다고 해도, 대중교통 프로젝트가 강한 토지이용 정책과 (승용차 통행을 줄이기 위한) 다른 수요관리 기법들과 함께 집행되는 경우를 제외하고는 그 결론이 참인지 또는 실제로 유효한지는 입증되지 못했다.

- 자전거도로: 많은 북유럽 도시와 일부 미국의 대학 도시는 놀랄 만큼 높은 자전거 통행률을 보이는 바, 이는 주로 수십 년 동안 자전거 기반 시설과 운영 프로그램에 대해 투자한 결과이다. 샌프란시스코를 비롯한 다른 도시들의 경험을 보면, 자전거도로에 대한 투자가 자전거 통행을 현저히 증가시키지만, 이러한 자전거 통행의 증가는 승용차 통행이 아닌 카풀, 보행, 대중교통을 이용한 통행의 희생으로 얻어진 것이었다. 비록 자전거도로에 대한 투자가 승용차 통행을 자전거 통행으로 어느 정도 전환한다고 하더라도, 이 때문에 생긴 도로의 여유 용량은 곧바로 유발 수요가 채우고 만다.

우리는 교통 프로젝트가 혼잡을 해소하기 위한 것이 아니라, 이동성을 제고하고, 이로 말미암아 궁극적으로 다음과 같은 두 가지 큰 경제적 편익을 가져다준다는 것을 기억하는 것이 중요하다.

- 이동에 대한 기회가 커질수록 소비자와 시장, 거주자와 일자리를 원활히 연결하며, 또한 전반적으로 지역의 효율성과 경쟁력을 향상하므로, 이로 말미암은 경제활동에 대한 기회가 커진다.
- 교통 용량의 증대는 신개발의 기회를 높이고, 토지의 가치를 증가시킨다. 새로운 지하철 노선은 도시의 새로운 고층 빌딩에 대한 시장을 창출하므로 역 주변의 토지 가치를 4배로 높일 수 있다. 그리고 새로운 고속도로는 도시 외곽의 소방목지를 새로운 교외 근린 주거지역으로 바꾸게 할 수 있다.

교통 혼잡은 모두에게 매우 큰 관심사이므로, 많은 지역사회, 정치가, 교통기술자는 일상적으로 "대규모 교통 시설 프로젝트를 통해 혼잡을 완화하겠다"라고 약속한다. 엄격히 말해서, 이는 거짓말이다. 그들이 사용하는 모형과 도구들은 너무 단순해서 일반적으로 다음과 같은 두 가지 요인을 무시하기 때문이다.

① 유발 수요: 교통 혼잡 상황에 직면하면, 많은 승용차 운전자는 피크 시간대를 피해서 이동할 것인지, 승용차 대신 대중교통을 이용할 것인지, 또는 아예 통행을 회피할 것인지를 결정해야 한다. 새롭게 확장된 도로가 개통되면, 피크 시간대에는 전혀 승용차로 통행하지 않았던 운전자들이 어느 순간 승용차로 통행하기로 결정한다. 고속 대중교통 노선의 경우에도 동일하다. 즉, 새롭고 더 빠른 대중교통 경로의 존재 그 자체가 많은 사람에게 자신의 통행 패턴을 바꾸게 만든다. 그러므로 이러한 현상은 모형에서 고려하지 못했던 새로운 통행 수요를 유발하는 것이 된다. 결과적으로 볼 때, 도로 확장 프로젝트 때문에 유발된 수요로 비롯된 추가적인 지체가 차로 증설로 말미암아 절감한 시간보다 오히려 더 큰 경우도 있었다.[2]

② 부동산 시장의 변화: 일반적으로 교통 시설 프로젝트, 특히 고속도로와 고속 대중교통은 부동산 가치에 큰 영향을 가져다준다. 가끔 대중교통 탑승객 추정 모형에서는 해당 프로젝트를 정당화할 목적으로 이들 영향을 고려하기도 한다. 그러나 고속도로에 대한 수요 모형에서는 이를 거의 고려하지 않는다.

만약 우리가 혼잡에서 벗어날 방법을 개발할 수 없다면, 우리는 무엇을 할 수 있는가? 대답은 매우 단순하다. 첫째, 우리는 수요와 공급 모두를 고려해야 한다. 그리고 교통이 토지이용과 어떠한 연관이 있는지를 볼 필요가 있다.

유명한 브루킹스 연구소Brookings Institution 의 학자이며, 『아직도 교통 혼잡에 갇혀

있는가: 피크 시간 교통 정체와의 싸움Still Stuck in Traffic: Coping with Peak-Hour Traffic Congestion』이라는 우울한 제목의 책을 저술한 앤서니 다운스Anthony Downs는 교통 혼잡은 "피할 수 없다inevitable"라고 단언했다.[3] 경제개발 관련 공무원과 개발자들 사이에서는 자동차 교통량의 증가가 단순히 개발 사업의 성공에 대한 대가를 내는 것이라고 인식되며 이렇게 설명되곤 한다. 그러나 여기서 우리는 "교통 혼잡은 피할 수 없는 것이 아니다"라는 다른 결론을 제시한다. 만약 시민들이 원한다면 교통량을 줄일 수 있다. 교통 혼잡은 운명적으로 주어진 것이 아니라 선택하는 것이다. 더욱이 교통 혼잡의 증가는 단순히 경제적 성공의 부산물 또는 피할 수 없는 증상이 아니라, 오히려 일반적으로 유의미한 경제적 손실의 신호로 보아야 한다. 교통 혼잡은 교통 체계가 경제적으로 효율적이지 않다는 것을 나타낸다. 결론적으로 말해서, 승용차 통행량을 감소시키는 것은 상당한 수준의 경제적 이득을 가져다주기도 한다는 것이다.

그러나 부수적으로 나타날 모든 논란을 감수하고라도 교통량을 크게 감소시키기 위해서 반드시 해야 하는 중요한 변화를 만들기를 원하는가? 이 장에서는 단지 당신의 지역사회가 그것을 할 수 있는지에 대한 답을 줄 수는 없다. 이에 대한 대답은 단지 지역사회 자신만이 할 수 있다. 그러나 교통량 감소를 이끌어낼 수 있는 확실한, 그리고 종합적인 전략적 도구toolkit들과 이를 통해 괄목할 만한 변화를 이루어내는 지역사회를 들여다볼 기회를 제공할 것이다.

많은 도시에서 교통량과 나 홀로 차량 비율을 상당히 줄일 수 있다는 것을 보여주었다. 더욱이 지역사회가 그렇게 하려고 할 때, 교통량은 현저히 빠른 속도로 줄어들 수 있다. 예를 들면 스톡홀름Stockholm에서는 6개월간 시험적으로 혼잡 통행료를 징수했으며, 그 결과 승용차 통행이 22퍼센트나 감소하는 것을 확인할 수 있었다(그림 13-1 참조). 이는 기술자들이 예상했던 것보다 더 높은 것이었다.[4]

스톡홀름과 같은 사례는 드물다고 할 수 없다. 다음 부분에서는 ⓐ 자동차 교통량 또는 ⓑ 나 홀로 차량의 통행률을 크게 감소시키는 데 성공한 미국을 비롯한 세계 각국의 도시, 도심 및 지구의 사례를 기술한다. 런던과 스톡홀름 등 일부 사례를 보면, 교통량이 단기간에 몇 년 전 수준에서 현재의 수준으로 급격히 감소하는 현상을 나타내었다. 또 다른 많은 도시의 사례를 보면, 급속한 차량 증가분이 나 홀로 차량 통행의 커다란 감소로 상쇄되어, 결과적으로는 전체 도로 교통량이 증가하지 않거나 증가한다고 해도 극히 적게 증가하는 결과를 보였다.

이 장의 목적은 오후 피크 시간 도시 가로의 자동차 통행량을 25퍼센트까지 줄이

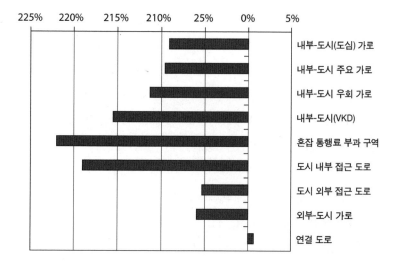

그림 13-1
스톡홀름의 혼잡 통행료 시험 시행 기간의 교통량 감소.
자료: "Facts and Results from the Stockholm Trials: Final Report," Stockholmsforsoket.

기 위한 방법을 찾고자 하는 것이다. 그러므로 도시가 급속하게 성장했는데도 단순히 교통량을 일정 수준으로 유지한 것(예: 샌프란시스코는 도심 지역에 25만 명의 노동자가 추가될 정도로 성장했는데도 교통량의 증가는 없었다)은 완벽한 사례로 볼 수 없다. 그러나 그러한 사례들은 지역사회에서 어떻게 자동차 운행을 줄일 수 있는지에 대한 중요한 가르침을 제공한다.

1) 이들 전략이 이미 적용되는 곳은?

이 장에서 제안하는 모든 전략은 이미 실행되어왔던 것들이다. 여기에는 새롭거나 검증되지 않은 것은 없다. 이들 제안 중 많은 것은 자동차 통행을 줄이는 데 성공한 도시들에서 여러 번 되풀이해 나타나는 중요한 전략이므로 핵심적인 조치들로 포함되어야 한다(이들 전략의 대부분은 교통 상황이 점점 나빠지는 지역사회에서는 거의 찾아볼 수 없는 것들이다).

- 버지니아 주 알링턴 카운티의 로슬린-볼스턴 축: 1960년대와 1970년대에 이 도시의 외곽 축corridor은 대부분이 언제 어디에서나 무료로 주차할 수 있는 오래된 상가 거리strip mall들과 주변을 둘러싼 단독주택으로 형성되어 있었으며, 인구와 소매상 매출이 급속히 감소해왔다. 오늘날 이 축에 대한 개발이 활기를 띄고 있으나 교통량은 거의 증가하지 않았다. 예를 들어서 1997년부터 2004년까지 시행된 교통량 조사에 따르면, 이 로슬린-볼스턴 축의 사무 용도와 주거 용도 개발

이 각각 17.5퍼센트와 21.5퍼센트로 증가했는데도 이 교통축의 교통량은 단지 2.3퍼센트의 증가로 그쳤다. 인구센서스의 출근 통행 설문에 따르면, 현재 이 축에 거주하는 주민의 47퍼센트 이상이 통근할 때 대중교통수단을 이용한다.

- 워싱턴 주 벨뷰 시: 워싱턴 주 벨뷰 시의 도심에서는 나 홀로 차량을 이용한 통근율이 1990년 81퍼센트에서 2000년 57퍼센트로 30퍼센트나 감소했다.

- 콜로라도 주 볼더 시: 1995년과 2008년 사이에 볼더 도심에서 근무하는 노동자들의 나 홀로 차량 통근율이 56퍼센트에서 34퍼센트로 39퍼센트 감소했고, 반대로 대중교통 분담률은 15퍼센트에서 29퍼센트로 거의 2배 증가했다.

- 매사추세츠 주 케임브리지 시: 케임브리지 시의 통행 수요관리 조례는 개발자들에게 나 홀로 차량 통행률을 그들의 개발지가 속한 '인구센서스 표준 지역census tract'의 전체 평균보다 10퍼센트 이하로 줄이도록 규정한다. 비록 이 조례는 신개발과 건물 증축에 한해 적용하는데도 이 조례가 도입된 지 2년 만에 도시 전체에서 나 홀로 차량 통행은 감소하기 시작했다(매사추세츠 주 전체에서는 나 홀로 차량 통행이 늘었지만).

- 영국의 런던 시: 비록 2010년에 정책 변화와 가로 재정비로 교통 혼잡의 수준이 높아졌지만, 혼잡 통행료 징수congestion pricing 제도를 시행하기 시작한 2003년부터 초기 연도에는 런던 중심부의 자동차 통행량이 17퍼센트 줄었으며, 마일당 통행자 지체도 26퍼센트 줄었다.[5]

- 오리건 주 포틀랜드 시의 로이드Lloyd 지구: 1997년과 2006년 사이에 로이드 지구에서 근무하는 노동자들의 나 홀로 차량 통근율이 60퍼센트에서 43퍼센트로, 거의 29퍼센트나 감소했다.

- 오리건 주 포틀랜드 시: 1975년 포틀랜드 시 당국은 도심의 주차 공간을 약 4만 대로 제한했다(나중에 이는 엄격한 '주차 상한제maximum parking requirement'로 대체되었다). 시 공무원들은 이러한 제한이 1970년대 초 약 20퍼센트에 지나지 않았던 도심의 대중교통 분담률을 1990년대 중반에는 48퍼센트까지 늘어나게 하는 데 공헌했음을 인정한다.

- 샌프란시스코 시: 샌프란시스코 도심의 고용자수는 1968년부터 1984년까지 2배가 되었으나 도심으로 들어오는 차량 수는 동일하게 유지되고 있다.

- 브리티시컬럼비아 주 밴쿠버 시: 밴쿠버 시 당국은 교통정책의 하나로 도심 지역에 주거 용량을 의도적으로 크게 늘려서 통근 소요 시간과 혼잡을 줄이고자 했

그림 13-2
적용 범위에 따른 교통량의 감축
효과.
자료: Nelson\Nygaard.

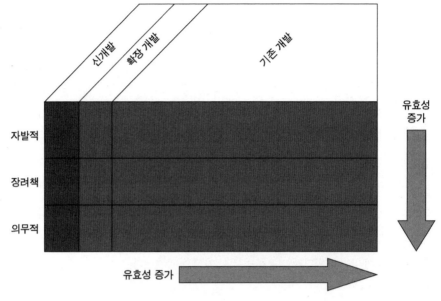

다(이는 후일 '삶 우선 정책 living-first strategy'으로 알려졌다). 그 결과 1991년부터 2002년까지 도심에 거주하는 주민의 수는 62퍼센트 증가해 7만 6000명이 되었으나, 기본적으로 도심을 향한 자동차 통행량은 일정하게 유지되었다. 1994년에는 도심을 향한 모든 일상 통행의 20퍼센트를 보행과 자전거 통행이 차지해, 이 둘을 합친 것이 승용차와 대중교통 다음으로, 즉 세 번째로 높은 통행을 분담하는 교통수단이 되었다. 그 뒤 1999년에는 보행 및 자전거 통행은 모든 일상 통행의 35퍼센트를 차지해 가장 자주 이용되는 교통수단이 되었다.

이들 전략은 나 홀로 차량 운전자들에게 더 나은 대안적 교통수단을 제공하므로, 승용차 통행발생량에 큰 영향을 줄 수 있다. 대부분 전략은 도시 스스로 시행할 수 있는 것들이다. 그러나 혼잡 통행료 징수 제도는 주 정부와 연방 정부 모두, 또는 어느 하나의 법을 바꾸지 않는 한 시행할 수 없다. 또한 이들 전략은 '혼잡 통행료 징수'를 제도화하기 전에 먼저 시행할 수 있는 첫 번째 단계로 유용할 것이다. 여러 연구에서 제안했듯이, 혼잡 통행료 징수 제도는 나 홀로 차량 통행에 대해 더 나은 대안들을 먼저 제공했을 때, 대중에게 더 잘 받아들여질 것이다. 이 장에서 제안하는 또 다른 전략들은 혼잡 통행료 징수 제도를 시행하기 위해 설계된 것이다.

다음에 이어지는 제안들은 시간에 따라 단계적으로 다양한 형태로 시행할 수 있다. 그림 13-2에서 보는 바와 같이, 얻어지는 결과는 전략을 얼마나 광범위하게 적용하느냐에 달렸다. 일반적으로 자발적 참여만을 요구하는 전략은 일부 사람에게만 주목을 받으나, 교통량을 줄이는 사람들에게 보상을 제공하는 전략은 더 많은 사람이 관심을 보이게 하므로 더 효과적이다. 그리고 의무화 전략은 의무 조건에 해당하는 모든 사람에게 영향을 미칠 것이다. 또한 이들 전략을 일반적으로 단지 신개발지에만 적용하거나, 신개발지와 확장 허가를 받으려는 토지이용 모두에 적용하거나, 또는 기존 개발지와 신개발지 모두에 적용할 수 있다. 일반적으로 신개발지의 총량은 현존하는 건물들과 비교하면 상대적으로 매우 작으므로, 이들 전략을 단지 신개발지에만 적용할 경우에는 극히 작은 부분에만 영향을 주기 때문이다. 먼저 확장하고자 하는 어느 한 지역(새롭게 확장하는 지역과 그 지역에 현존하는 건물 모두를 포함해) 전체에 적용되는 전략을 만들면, 이는 점차 더 넓은 범위까지 확장되어 적용될 수 있을 것이다. 물론 이 전략을 모든 개발지에 확장해 적용하는 것이 가장 효과적이다.

3. 교통량 감축, 어떻게?

교통 수요관리 프로그램의 목적은 통행 옵션을 늘리거나, 통행 행태를 바꾸도록 장려책을 쓰거나, 또는 (교통-효율적인 토지이용 체계를 도입해) 물리적 통행의 필요를 줄임으로써 승용차 통행, 나아가 총 차량 운행 거리VMT를 감소시키려는 것이다. 교통 수요관리 프로그램은 항상 정부 기관들이, 또는 '민관 협력Public-Private Partnership: PPP'을 통해 수행된다. 이들 전략을 종합적으로 일괄 적용함으로써 얻는 누적 효과는 통행 행태, 교통 시스템의 효율성, 나 홀로 차량 비율 등에서 현저한 변화로 나타난다. 이 장에서 논의하는 전략들을 시행함으로써 주차 수요와 교통량을 15퍼센트 이상 줄일 수 있으며, 이는 가장 심각한 교통 혼잡을 없애기에 충분한 수준이다.

교통 수요관리 전략들은 교통 및 주차에 대한 수요를 증가시키지 않거나, 도로 및 주차 용량을 확장하는 등의 값비싼 공급 위주의 방법을 사용하지 않고 신개발지를 적당한 밀도로 개발하는 가장 비용-효과적인 방법 중 일부이다. 교통 수요관리 프로그램들은 재정적인 절약과 함께 교통 혼잡과 대기오염의 감소, 교통안전도의 제고, 공공 건강의 증진, 그리고 더 나은 도시의 설계 등을 포함한 여러 가지 긍정적인 편익을 가져다줄 수 있다. 이 장에서 다음에 논의할 내용은 첫째로 교통 수요관리 프로그램이 가장 큰 효과를 발휘할 수 있는 규제적 환경이고, 둘째로 매우 다양한 행정 관할구역에서 공히 성공적이라고 입증된 다섯 가지 교통 수요관리 전략이다.

교통 수요관리 프로그램의 실행에 대한 정치적 이유와 실제적 이유 모두 때문에, 교통 수요관리 프로그램의 성공이 민간의 협조에 달렸다는 것을 강조하는 것은 중요하다. 가장 성공적인 교통 수요관리 전략 대부분은 개발 업자와 지역 사업체 고용주들의 협조가 없이는 실행하기 어려우므로, 실제로 업계와 좋은 관계를 유지하는 것이 중요하다. 다행하게도 개발 업자들이나 고용주들은 이들 규제가 형평에 맞고 공정하고 발생되는 수익이 사업 환경을 개선한다고 인식하며, 이 규칙들이 무엇을 할 것인지에 관해 어느 정도의 확신이 있는 한, 자신들이 자리 잡으려는 행정 관할구역의 경쟁력과 삶의 질을 개선하고자 하는 규칙들을 잘 따른다. 사실 대부분의 고용주는 혼잡 문제를 미리 앞서서 해결하기 위해서 대안적 통근 수단에 투자하는 구역에 자리 잡기를 좋아한다. 이것이 피고용자들을 유인하고, 그들을 지속적으로 근속시킬 수 있는 능력을 제고해주기 때문이다. 더욱이 그들이 교통 수요관리 전략에 동참하는 주요 이유 세 가지는 다음과 같다(동참하게 만드는 규제적 요건들은 다음 부분에서 논의한다).

- 비용 절감: 많은 회사는 그들의 직원들에게 무료로, 또는 적은 요금을 받고 주차 공간을 제공하는 것보다 오히려 승용차를 운전해 출근하지 않는 사람들에게 보조금을 지급하는 것이 오히려 비용을 절감할 수 있다는 것을 알아가고 있다. 통근 시 나 홀로 차량을 사용하지 않는 직원들에게 그 대가로 현금(주차 비용에 해당하는 만큼)을 보상해주는 방법을 통해서 회사는 주차장 확보 및 유지 관리에 소요되는 비용을 현저히 줄일 수 있다.
- 피고용자 유인 및 근속: 무료 주차와 마찬가지로, 많은 교통 수요관리 전략은 현재 근무하는 직원과 잠재적 직원들에게 해당 기업에 대해 추가적인 매력을 가지게 하는 필수적인 편익 요소가 된다. 또한 이들 편익은 탄력적인 출퇴근 및 근무 옵션을 요구하는 맞벌이 부모, 학생, 또는 차량을 소유하지 않은 사람을 포함한 다양한 계층의 취업 희망자들을 끌어들이는 데에도 도움을 줄 수 있을 것이다.
- 세금 혜택: 직원들에게 지급하는 대중교통 보조금은 사업비로 공제받을 수 있다. '세전 프로그램pretax program'[4]은 피고용자뿐 아니라 고용주에게도 세금을 절

---

4) 세금을 부과하기 전에 사업비 등 경비를 먼저 공제하고 남은 금액에 대해서만 세금을 부과하는 제도를 의미한다.

약할 수 있게 해준다. 대중교통 보조금을 위한 기금들이 세금이 적용되기 전의 급료에서 제외될 때, 고용주들은 '지불 급여세payroll tax'[5]를 절약할 수 있다.

1) 교통 수요관리를 법제화하라: 법령을 실행하고, 교통관리협회를 형성하라

비록 업계가 회원제buy-in로 참여하는 것이 중요하지만, 개별 회사가 자발적으로 이를 준수할 것인지는 상황에 따라 다를 수 있다. 따라서 강제적인 집행 구조를 포함하는 교통 수요관리 법령을 만드는 것이 중요하다. 교통 수요관리 프로그램의 시행을 법적으로 요구하는 것은 이해 당사자 모두에게 지속적인 활력과 경쟁력을 가져다주므로, 궁극적으로는 모두에게 편익이 될 것이다.

아마도 효과적인 교통 수요관리 법령이 가지는 가장 중요한 특성으로 교통관리협회Transportation Management Association: TMA[6]에 의무적으로 가입하게 하는 것을 꼽을 수 있을 것이다. 교통관리협회는 교통 수요관리 프로그램에 영향을 받는 지역의 대표자들로 구성된 조직이다. 교통관리협회 회원제는 지역에 새롭게 들어온 사업체들의 고용주와 기존의 고용주들, 그리고 모든 규모의 새로운 상업 개발지에 의무적으로 적용해야 하며, 주요 의사 결정자들로 구성된 위원회로부터 감독을 받게 해야 한다. 회원으로 가입한 모든 고용주는 매년 일정 액수의 수수료를 내야 하며, 직원들을 대상으로 매년 교통 설문 조사를 수행해야 한다. 그리고 교통 수요관리 전략을 효과적으로 실행하려면 현장에 잘 훈련된 '교통 조정관transportation coordinator'을 두어야 한다.

---

5) 지불 급여세란 고용주 또는 피고용자들에게 징수하는 세금으로 일반적으로 고용주가 그들의 피고용자들에게 지급하는 급여에 비례해 산출한다. 이 세금은 피고용자의 임금에서 공제되는 경우와 피고용자 임금을 근거로 고용주들이 납부하는 경우가 있다(Wikipedia).

6) "교통관리협회는 지역 사업주들이 그들이 인접한 지역의 교통 문제를 해결하기 위해 만든 비영리단체이다. 이들 단체는 1980년대 초부터 그 수가 증가해왔고, 교통정책에 대한 그들의 영향력을 확대해왔으며, 특히 상업 활동 촉진 지구(BID)와 관계되었을 때 그 영향력은 더 컸다. 교통관리협회와 상업 활동 촉진 지구 모두 공공 정책에서 사기업의 역할 증가를 반영한 것이다. 이들은 1980년대 초 공공선택에 관련한 이론가들이 제기해온 민영화 추세의 일부이다. 이들의 증가와 정책에 미치는 영향력의 증대는 공공 관리에 대한 우리의 관심을 요구하며, 이들 조직체를 대도시 지역 정부에서 그럴듯한 역할을 담당하는 어엿한 기구(agent)로 바라보게 한다"(G. M. Ulf Zimmermann, Transportation Management Associations: Prospects and Problems for Public Administration, *International Journal of public Administrations*, Vol. 28, No. 13~14, 2005).

교통관리협회 회원에 대한 부과금due 의 수준은 양여금grants 등과 같은 외부 수입과 합해 교통관리협회가 자급자족할 수 있을 정도의 수입이 되도록 책정해야 한다. 회원권 수수료fee 는 직원 1인당 또는 승용차 통행량을 기준으로 결정해야 한다. 단기적으로는 즉각적인 시행을 능률적으로 하기 위해 행정 관할청이 직원 수를 기준으로 수수료를 매길 수 있다. 그러나 장기적으로는 승용차 통행량을 기준으로 수수료를 부과하는 것이 (통행을 감축하는 고용주들에게 재정적 장려책을 제공하기 위한 기금을 제도적으로 형성하려는 단순한 수단이 아닌) 교통 수요관리의 궁극적인 목적을 달성하는 데 도움이 될 것이다. 그리고 이러한 수수료 부과 제도는 이미 낮은 승용차 통행량을 유지하는 고용주들에게는 일정 부분 보상이 될 것이다. 고용주들은 매년 피고용자들을 대상으로 한 교통 설문 조사 자료를 의무적으로 제출해야 한다. 이 자료는 성취도를 측정하고, 통행 추세를 감시하며, 프로그램 준수를 강제화하기 위한 기초 자료로 활용된다.

교통관리협회의 효과는 프로그램에 대한 측정할 수 있는 목표들과 목표에 따라 정해진 기대 수준을 정하는 것을 통해 측정할 수 있으며, 또한 이를 통해 측정해야 한다. 이러한 과정에서 독립적인 교통관리협회가 그 목표를 달성하지 못한다면, 더 큰 역할을 담당할 능력을 가진 지방정부가 기대 수준에 맞는지를 평가하고 감시하며, 이에 맞추도록 단속하는 기능을 하게 된다. 그러나 지방정부는 단순히 교통 수요관리 프로그램의 단속 기구로 행동하는 것보다 더 광범위한 역할을 담당해야 한다. 즉, 지역의 정책결정자는 교통관리협회 이사회의 '직무상 대표권ex officio representation'을 가져야 하며, 논의와 설득, 조직 관리에 대한 '수탁 책임fiduciary responsibility'에 관한 모든 권한을 지역 정부에 부여해야 한다. 이러한 구조는 지역 정부가 ① 자체적으로 주요 고용주의 하나이며, ② 교통관리협회 설립 회원 중 하나이고, ③ 사례로 적용할 수 있는 성공적인 교통 수요관리 프로그램을 가졌다는 것을 인정하는 것이다. 그러나 지역 정부는 교통관리협회에 가입된 고용주들에 대한 단속 기구로 활동해야 하므로, 회원들 간의 책임에 대한 균형을 맞추기 위해서 모든 결정 사항에 대해 '완전 투표권full voting'을 가진 회원이 되어서는 안 된다.

교통 수요관리 정책 및 프로그램을 감시하기 위해서 지방정부는 집행, 감독, 전반적인 프로그램 단속을 관리하는 전임 교통 조정관을 고용하는 것을 고려해야 한다. 교통 조정관은 그 지역의 교통에 관련한 가시적인 목표를 달성할 책임을 져야 한다. 특히 교통 조정관은 이전의 교통 수요관리 권고 사항들을 집행하고, 시의 관련 부서들 간의 활동을 조정하며, 교통관리협회 이사회와 직원 사이, 상인과 주민 그룹 사이에서 연락 담당자로서 역할을 수행해야 한다. 또한 교통 조정관은 시 당국의 교통관리협회 연락 담당자로서 교통관리협회 회원사들의 피고용자들을 대상으로 시행하는 교통 설문 조사 자료를 수집하고 분석하는 역할을 담당할 것이다. 교통 조정관은 주거 개발지에 대해서도 유사한 조사를 관리해야 하며, 연간 보고 결과를 편집하고 분석해야 한다. 그 밖에 조정관은 교통관리협회 회원권, 부과금 지불, 매년 시행하는 설문 조사, 교통 수요관리 프로그램 등을 포함하는 교통 수요관리 법령의 요구 사항들이 잘 준수되는지를 감시하고 단속하는 역할을 담당해야 한다.

주거 개발지에 대한 교통 수요관리 프로그램 요건들은 개발자, 재산 관리자, 교통관리협회와 계약된 입주자 또는 교통 조정관 등이 관리할 수 있다. 교통 수요관리 요건을 강제화하기 위해 '승정 절차permitting precess'(점유 허가 증명서를 발급하기 전 단계의 승인 조건으로서 요건 준수에 관한 증명)를 '계약 준수 및 제한Covenant compliance and restriction: CC&R' 항목에 포함할 수도 있다.

고려해야 할 교통 수요관리의 규제적 요구 사항

일단 교통관리협회와 교통 수요관리 법령이 정한 규제적이고 조직적인 구조가 형성되고 나면, 지자체들은 실행을 고려할 수 있는 상당한 범위의 교통 수요관리 전략들을 갖게 된다. 예를 들면 캘리포니아 주 샌타모니카 시 당국은 고용주들로 하여금 승용차로 통근하지 않는 직원들에게 주차비를 현금으로 지급하도록 요구하며, 멘로파크Menlo Park 시는 일부 신개발지에서 발생하는 차량 통행량의 상한을 정한다. 또한 팰로앨토 시는 자전거 시설을 요구한다.

교통 수요관리 전략을 채택할 때 모든 행정 관할청은 자신의 필요를 신중하게 고려해야 한다. 교통 수요관리 프로그램들이 늘어나고 성숙함에 따라, 행정 관할청들은 이들 프로그램의 효과를 감독하고, 성공적인 프로그램은 확장하며, 필요에 따라 새로운 방법을 시행해야 한다. 그러나 광범위하게 살펴보면 누구에게나 충분히 성공적일 수 있는 다음의 다섯 가지 기본적인 교통 수요관리 프로그램 모두를 적용해야 한다.

- 통합 대중교통 승차권universal transit pass
- 주차비 현금 지급
- 자전거 시설 요건bicycle facility requirement
- 카셰어링
- 교통자원센터transportation resource center[6]

통합 대중교통 승차권을 개발하고, 신개발지에 의무적으로 적용하라

최근에는 대학, 사업체의 고용주, 개발자, 게다가 주민들까지 협력해 '통합 대중교통 승차권'을 공급하고자 하는 대중교통 운영 기구들의 수가 늘고 있다. 일반적으로 이러한 승차권은 이용자들이 낮은 월정 요금을 내고, 지역 내 또는 지역 간 대중교통수단을 무제한 이용할 수 있게 한 것이다. 이들 승차권은 주로 고용주, 학교 당국, 개발 업자들이 소진한다. 이러한 전략은 대중교통수단분담을 늘리고, 총 차량 운행 거리, 배출 가스, 교통 혼잡 등을 감소시키는 역할을 한다. 이 전략은 가장 기본적인 재정적 장려책이다. 즉, 직원들이 무료로 대중교통을 이용할 수 있게 하므로, 대중교통 이용 가능성을 높일 수 있다는 것이다. 특히 자동차(특히 나 홀로 차량) 통행의 교통비를 계속 증가시킨다면, 이 가능성은 더욱 커질 것이다.

통합 대중교통 승차권이라는 용어는 여러 대중교통 프로그램을 광범위하게 언급하는 데 사용되어왔다. 이는 가끔 대중교통 이용자가 한 장의 승차권으로 여러 다양한 대중교통수단을 쉽게 이용하게 만든 로스앤젤레스 지역의 '지하철 이지패스Metro's EZ Pass' 프로그램처럼 지역 간 승차권 프로그램을 언급하는 데 사용하기도 하며, 때때로는 로스앤젤레스카운티대도시권교통국Los Angeles County Metropolitan Transportation Authority: LACMTA이 시험 중인 '대중교통 접근 패스Transit Access Pass' 프로그램 또는 샌프란시스코 베이 지역의 클리퍼Clipper와 같은 '통합 전자 요금 카드electronic universal fare card'를 언급하는 데 사용된다. 이 두 가지 모두는 이용자가 각 수단을 이용할 때마다 이곳에서 요금을 자동으로 공제하는 '전자 지갑electronic purse' 역할을 한다. 그러나 여기서 기술하는 통합 대중교통 승차권 프로그램(통합 등록universal enrollment을 하는 대신에 고용주들이나 주거 개발지에 대중교통 승차권을 크게 할인해주는 것)을 이것들과 혼동하지 말아야 한다.

통합 대중교통 승차권 프로그램은 고용주들(또는 주거 개발지)이 피고용자들(또는 거주자들, 예를 들어 아파트 단지 및 근린 주거지역처럼 정해진 경계 내에 있는 주민들)에 대한 통합 등록을 조건으로 대중교통 승차권을 크게 할인된 가격으로 살 기회를 주는 것이다. 이 통합 대중교통 승차권의 원리는 단체 의료보험의 원리와 유사하다. 즉, 대중교통 운영 기구들은 통합 등록 방식으로 대규모 그룹에 승차권을 팔 때, 승차권을 가진 사람 모두가 실제로 이를 정기적으로 이용하지는 않을 것이라는 가정을 바탕으로 큰 폭의 '대량 구매 할인bulk discount'을 제안할 수 있다. 고용주, 학교, 그리고 그다음 개발자의 순서로 이들 비용을 기꺼이 감수하려고 할 것이다. 주차장 건설과 같은 다른 비용을 더 적게 내도 되기 때문이다. 현재 이용률이 낮은 원거리 주차장 지역에 편리한

'환승 주차장'을 두고 이를 연결하는 편리한 셔틀 서비스를 효과적으로 만들어주면, 현재의 대중교통수단을 무료로 이용할 수 있게 만들어주는 이러한 프로그램은 그동안 승용차를 운전해 통근했던 근로자들에게는 이미 주차 공간이 부족한 지역에서 주차장을 찾는 대신 '다수단 통행multimodal travel'을 택할 기회가 된다.

대중교통 운영자들은 항상 통합 대중교통 승차권 프로그램을 지지한다. 이러한 프로그램은 안정적인 수입원을 제공하고, 대중교통 승차율을 높이며, 비용 회수 구조의 개선하고, 운영 기구에 대한 보조금을 감축하며, 서비스 개선 기금을 지원하는 데 도움이 되기 때문이다.

아울러 만약 통합 대중교통 승차권 프로그램을 시행하는 동시에 주차장 설치 기준을 완화해준다면, 이는 결과적으로 건설 비용을 낮추는 것이 되므로 개발자에게 편익을 가져다준다. 대규모 개발 지역에 대한 무료 대중교통 승차권의 제공을 '도심 생활 방식downtown lifestyle'을 추구하는 사람들에게 매력을 주는 생활 방식-중심적lifestyle-oriented 마케팅 전략의 일부로 사용함으로써, 주택 구매자 또는 임차인들을 이 지역에 끌어들이는 어메니티amenity로 만들 수 있다. 마찬가지로 고용주들은 일반적으로 이 프로그램을 높이 평가한다. 이것이 '부지 내 주차on-site parking'에 대한 수요를 줄여주며, 직원들에게 세금-혜택적tax-advantaged 교통 편익을 제공하므로, 고용주들이 직원을 모집하고 근속시키는 데 도움을 주기 때문이다.

대중교통 승차권을 무료로 하는 것은 승용차 통행량을 줄이는 데 사용할 수 있는 매우 효과적인 수단이다. 표 13-1에서 보는 바와 같이, 이는 승용차 통행 분담률을 최소 4퍼센트, 최대 22퍼센트 감소시켜, 평균적으로 11퍼센트를 감소시킨다고 입증되었다. 대중교통수단을 이용할 때 잔돈 준비 등을 포함한 모든 비용적 장벽을 제거하므로, 사람들은 통근 통행이든 비통근 통행이든 무관하게 대중교통을 더욱더 많이 택하게 된다. 통합 대중교통 승차권 프로그램은 단순히 해당 도시보다 지역 전체의 대중교통 체계에 사용할 때 더욱 성공적이다.

많은 도시와 기관은 주차 공간을 추가 공급하는 것은 단순히 모든 사람에게 대중교통 승차권을 무료로 제공해 주차 수요를 줄이는 것보다 훨씬 더 큰 비용이 든다는 것을 찾아내었다. 예를 들면 캘리포니아 대학교 로스앤젤레스UCLA 당국은 대학 대중교통 승차권 프로그램에 관한 연구를 통해서 새로운 주차 공간을 만드는 비용이 무료로 대중교통 승차권을 제공하는 비용보다 3배 이상이 든다는 결과를 얻었다(월 223달러 대비 월 71달러).

표 13-1 **무료 대중교통 승차권에 의한 수단 전환 효과**

지역	승용차 통근		대중교통 통근	
	전	후	전	후
행정 관할청				
샌타클래라밸리교통국(Valley Transportation Authority: VTA)[7]	76%	66%	11%	27%
워싱턴 주 벨뷰[8]	81%	57%	13%	18%
대학				
캘리포니아 대학교 로스앤젤레스(교직원)[9]	46%	42%	8%	13%
워싱턴 대학교(University of Washington, 시애틀)[10]	33%	24%	21%	36%
브리티시컬럼비아 대학교(University of British Columbia)[11]	68%	57%	26%	38%
위스콘신 대학교(University of Wisconsin) 밀워키[12]	54%	41%	12%	26%
콜로라도 대학교(University of Colorado) 볼더(학생)[13]	43%	33%	4%	7%

자료: White et al., "Impacts of an Employer-Based Transit Pass Program: The Go Pass in Ann Arbor, Michigan."

통합 대중교통 승차권 프로그램의 시행

통합 대중교통 승차권 프로그램의 성공을 위한 중요한 첫 번째 단계는 최소한 수입-중립적인revenue-neutral 가격 구조를 만들기 위해서 승차권에 대한 '대량 판매 요율bulk rate'에 관해 협상하는 것이다. 수단분담이 적은 시스템의 경우에는 승차권의 가격을 매우 낮게 할 수 있으며, 그래도 최소한 수지는 맞출 수 있다(만약 이 프로그램을 시행한 결과 대중교통 승차율이 크게 늘어나면, 승차권 가격은 다시 논의할 수 있다. 사실 이렇게 된다면, 아마도 가격을 낮춘 것보다 더 큰 편익을 창출할 것이다). 이러한 협상은 교통관리협회 또는 시 당국의 교통 조정관이 진행할 수 있다. 이 협상은 최우선적으로 진행해야 한다. 다른 요구 사항들은 대량 판매 요율에 대한 협상 결과에 따라 달라질 수 있기 때문이다.

이 프로그램이 성공하기 위해서는 대량 판매 요율에 대한 협상 후에 교통 수요관리 법령에 의해 정해진 지역에 사는 모든 주민 또는 교통관리협회에 가입된 모든 회사의 직원들에게 승차권을 의무적으로 공급하도록 요구하는 것이 중요하다. 소유자 거주 주택의 경우에는 콘도미니엄 또는 주택소유자협회의 부과금 또는 근린 주거지역별 부과금(예를 들면 콜로라도 주 볼더 시, 캘리포니아 주 샌타클래라Santa Clara 시 등)을 징수해 이것으로 승차권을 구매하기 위한 지속적인 기금으로 충당할 수 있다. 임차인 거주 주택에 대해서는 주택 소유자 또는 주택 관리자에게 승차권 비용을 합산한 임대료를 징수할 책임을 부여할 수 있다.

직원들에 대한 비용은 고용주들이 내거나, 교통관리협회와의 협력 관계를 통해

관리되거나, 환경, 공공 건강, 대중교통 등과 관련한 정부의 양여금으로 충당할 수 있다(그렇지만 양여금은 항상 시범 사업에만 지원된다는 점을 유의해야 한다).

주차비 현금 지급을 의무화하라

'주차비 현금 지급'은 직원들에게 무료 또는 저렴한 가격으로 주차장을 제공[7]하는 고용주들로 하여금, 통근 시에 승용차를 이용하지 않고 다른 교통수단을 이용하는 직원들에게도 교통 관련 부가 혜택 fringe benefit을 동일하게 제공하도록 요구하는 프로그램이다. 직원들은 이 금액을 대중교통 승차권을 구매하거나, 카풀 경비로 사용하거나, 또는 추가적인 급여로 가져갈 수도 있다(예를 들면 걸어서 통근하거나 재택근무를 함으로써). 본질적으로 주차비 현금 지급 프로그램은 모든 통근 수단을 이용하는 직원들에게 같은 금액의 교통 보조금을 지급하는 것으로, 이는 통근자들이 카풀 차량을 이용하거나, 대중교통을 이용하거나, 자전거로 또는 걸어서 통근하도록 유도하는 장려책이 된다.

주차비 현금 지급 프로그램은 다음과 같은 많은 편익을 가져다준다.

- 통근 시 대중교통을 타거나, 카풀을 이용하거나, 밴풀을 이용하거나, 걷거나, 자전거를 이용하는 직원들에게 동일한 수준의 교통 보조금을 제공한다. 특히 이 편익은 통근 시 나 홀로 차량을 거의 이용하지 않는 저소득자에게 더 큰 가치가 있다.

- 개인 사업자들이 직원을 신규 모집하거나 기존 직원의 근속을 유도하는 데 도움이 되는 저렴한 '부가 혜택'이 된다.

- 관리 및 집행이 쉬운 소요 결정 시스템을 만들 수 있다. 일반적으로 이를 관리하는 데 드는 시간은 매달 직원 1인당 1~2분 정도 소요된다.

이들 편익에 덧붙여 아마도 가장 중요한 것은 주차비 현금 지급 프로그램이 교통 혼잡과 주차 수요를 줄이는 것으로 입증되었다는 것이다. 많은 연구에서 심지어는 대중교통이 전혀 없거나 거의 없는 도시 외곽 지역에서조차 이러한 재정적 지원이 주차 수요를 현저하게 줄일 수 있다는 것을 보여준다. 표 13-2에서 보는 바와 같이, 70달러의 재정적 지원이 주차 수요를 평균적으로 25퍼센트 이상 줄이는 것으로 나타났다.

많은 미국 사업체의 고용주들은 직원들에게 부가 혜택의 하나로, 주차 공간을 무료 또는 저렴한 비용으로 제공한다(직원들에게 현금으로 지급하는 주차비는 주차장 임대

---

7) 이를 '주차 보조'라고 부른다.

표 13-2 **재정적 지원이 주차 수요에 미치는 영향**

지역	연구 범위	월 재정적 지원(1995년, 달러)	주차 수요 감소
그룹 A: 대중교통 서비스가 거의 없는 지역			
캘리포니아 주 센추리시티(Century City)[14]	100개 이상 회사의 직원 3500명	81	15%
뉴욕 주 코넬 대학교(Cornell University)[15]	9000명의 교직원	34	26%
캘리포니아 주 샌퍼넌도밸리(San Fernando Valley)[16]	850명의 직원을 둔 하나의 대형 고용주	37	30%
워싱턴 주 벨뷰[17]	430명의 직원을 둔 중간규모의 회사	54	39%
캘리포니아 주 코스타메사(Costa Mesa)[18]	스테이트팜(State Farm)보험회사 직원들	37	22%
평균		49	26%
그룹 B: 적당한 정도의 대중교통 서비스가 있는 지역			
로스앤젤레스 시빅 센터(Civic Center)[19]	몇 개 회사의 1만 명 이상의 직원	125	36%
로스앤젤레스 미드윌셔 대로(Mid-Wilshire Blvd.)[20]	하나의 중규모 회사	89	38%
워싱턴, D. C. 교외(suburbs)[21]	3곳의 사업장의 직원 5500명	68	26%
로스앤젤레스 다운타운[22]	118개 회사의 직원 5000명	126	25%
평균		102	31%
그룹 C: 대중교통 서비스가 좋은 지역			
워싱턴 대학교(시애틀)[23]	교수, 직원, 학생 등 5만 명	18	24%
오타와(Ottawa) 다운타운[24]	3500명의 공무원	72	18%
평균		102	31%
전체 평균		67	27%

비용보다 낮으며, 주차장을 건설하고, 운영하고, 관리하는 데 소요되는 비용보다는 훨씬 낮다). 고용주는 주차비 현금 지급 프로그램을 시행하면서 다음 두 가지 중 하나를 선택할 수 있다.

① '주차 보조'를 계속한다. 이러한 경우 승용차로 통근하지 않는 모든 직원에게 주차 보조에 해당하는 동일한 교통 보조금을 지급한다. 이는 대중교통 및 밴풀에 대한 세금-공제형tax-deductible 보조금, 또는 카풀, 도보, 자전거에 대한 세금형taxable 보조금을 지급하는 것으로, 그 금액은 주차 지원에 해당하는 가치와 동일한 수준으로 하는 것이 이상적이다.

② 주차 보조를 중지하고 주차 요금을 징수한다. 이 경우 직원들에게 시장에서 통용되는 요율에 해당하는 주차 요금을 내게 하므로 주차에 대한 모든 보조를 중지하는 것이다.

주차비를 지급받은 직원들은 회사로부터 더는 주차 보조(회사에서 제공하는 주차장을 무료로 이용)를 받을 수 없다. 그러나 이들은 필요 시 때때로 시장 요율에 해당하는 주차 요금을 내면서 승용차를 이용해 통근할 수 있다.

주차비 현금 지급 프로그램을 운영하기 위해서 고용주가 내야 할 관리 비용 및 현금 지출은 일반적으로 매우 적다. 만약 어떤 고용주가 승용차로 통근하는 직원들에 대한 주차 보조를 없애고 주차비 현금 지급 프로그램을 택한다면, 현재 주차장을 월정할인 요율이 아닌 단지 일 단위의 '시장가치 요율market-value rate'(현재 면당 주차료 기준) 또는 '비용 회수 요율cost-recovery rate'(주차장 건설, 운영, 및 관리에 소요되는 비용 기준)로 주차 요금을 받고 운영하면 된다. 이렇게 함으로써 고용주에게는 추가적인 재정적 부담을 주지 않으며, 실제로 고용주는 직원 주차에 소비하는 비용을 절약할 수 있다. 주차 보조를 계속하기를 원하는 고용주들은 승용차를 이용하지 않는 직원들에게도 이에 상응하는 교통 보조금을 주어야 한다.

회사에서 제공하는 주차장에 주차하지 않는 모든 직원에게 교통 보조금을 지급하는 것이 고용주들에게는 현금 지출이라는 점에서 더 부담이 된다. 그러나 미리 정해진, 한정된 초기 착수 기간에는 교통관리협회 회원 의무 부담금(고용주가 피고용자 1인 기준으로 교통관리협회에 내는 부담금)으로부터의 수입, 시 당국의 주차 요금 수입, 또는 기타 기금(도시 또는 교통관리협회 기금)을 이용하므로 착수 비용을 줄일 수 있다.

주차비 현금 지급 제도의 집행: 규제

일부 지역에서는 주차비 현금 지급 제도가 이미 법으로 정해져 있다. 예를 들어 캘리포니아 주의 「주차비현금지급법」에 따르면, 50명 이상의 직원을 둔 고용주들이 주차장 공간을 직원들에게 제공하면서도 그에 해당하는 총비용을 주차 요금으로 징수하지 않을 경우, 그들은 주차장을 이용하지 않는 직원들에게도 동일한 교통 보조금을 주어야 한다. 그러나 이 법은 주 정부 단위에서는 집행되지 않고, 이 프로그램의 실행은 지방 행정 관할청에 위임되어 있다.

주차비 현금 지급 제도의 시행을 해당 지방정부의 재량에 맡겨놓은 지역과 주 정부의 법을 따라야 하는 지역에서는, 주 정부의 주차 보조금 요구 사항을 모든 고용주에게 적용하게 하는 법령을 각 지방정부가 받아들여야 한다. 이 법령은 단순히 일부 피고용자에게 주차 보조를 하는 고용주들로 하여금 반드시 그들의 모든 피고용자에게 주차에 해당하는 총 가치 또는 일부 가치에 해당하는 현금을 교통 보조금으로 지급하도록 요구한다. 이 법령에서는 주차에 대한 시장 가치를 정할 때, 해당 도시에서 추가적인 주차 공간을 만들기 위해서 소요되는 비용(토지에 대한 기회비용과 주차장 자체를 건설하고, 운영하며, 관리하는 모든 직접 비용을 포함한다)에 대한 가장 최신의 추정치를 사용하게 한다.

잠재적인 주차 '넘침 문제spillover problem'(교통 보조금을 지급받은 직원들이 승용차로 출근해 인근 주거지 가로에 주차하므로 나타나는 현상)로부터 주요 회사 인근에 있는 근린 주거지역을 보호하기 위해서, 지방정부는 제10장 「주차」에서 논의한 주거지역에 대한 주차 관련 제안들을 실행에 옮겨야 한다.

교육 및 단속

주차비 현금 지급 프로그램의 계약과 이에 대한 준수를 극대화하기 위해서, 지방정부들은 고용주들에게 주 정부와 지방정부의 법령 내용과 이들 법령이 그들에게 어떠한 영향을 주는지를 알려주는 '사전 교육 캠페인proactive education campaign'을 지원해야 한다. 이와 같은 지원 프로그램은 교통관리협회를 통해 수행될 수 있으며, 교통 수요관리 요구 사항을 제약 조건으로 하는 것과 이들의 집행에 대한 책임을 지는 것들이 서로 적대적인 관계가 아닌 협조적인 관계가 되도록 유도한다.

몇몇 지방 행정 관할청은 주차비 지급 요건을 강제화하는 단속 장치들을 개발해 왔다. 예를 들면 캘리포니아 주 샌타모니카 시는 새로운 상업 개발지의 입주 허가를 내주기 전에 주 정부의 「주차비현금지급법」을 준수했다는 증명을 제출하게 한다. 로스앤젤레스 시 당국은 현재 주차비 현금 지급 프로그램을 개발하고 있다. 여기에는 주차비 지급을 강제화해도 좋다는 시 의회의 법령안과 2007년 세금 보고서 양식에 대한 개정안(주차 보조에 관한 정보를 추가로 수집하기 위한 항목을 포함한다)이 포함되어 있다.

또 다른 단속 장치로는 고용주들이 사업등록증을 받거나 갱신할 때, 또는 연간 영업세를 납부할 때 회사 직원 중 1명이 서명한 진술서를 통해서 이 프로그램을 준수한다는 증명을 요구하는 것이다. 이 방법은 모든 고용주가 새로운 또는 개조된 상업용 건물에 입주하기 위해서만 한 번에 한해 증명하는 것이 아니라, 지속적으로 이 프로그램을 준수하게 만든다.

우수한 자전거 편의 시설의 설치를 의무화하라

자전거는 잘 활용되지 않는 교통수단이다. 그러나 특별히 온화한 날씨와 평평한 지형을 가진 지역에서는 거주자나 피고용자 모두가 자전거를 주 교통수단으로 이용할 큰 잠재력을 가진다. 다음과 같은 목적들을 만족하려면 개발 사업 약정의 일부로 자전거 보관소, 샤워장, 거치대 등의 보급을 요구하도록 '개발 기준development standard'의 개정에 대한 유용성을 검토하는 것은 가치 있는 일이다.

- 교통센터transportation center, 환승 주차장, 공공 기관 및 주요 지역 주민시설, 다가구주택, 고용 중심지 등과 같은 주요 경유지에 적절하고 안전한 자전거 주차 시설을 공급하라.
- 실제적이고 경제적으로 실현 가능한 목적지에 샤워장, 탈의실, 기타 보관 시설을 공급하도록 유도하라.
- 교육, 단속, 장려 프로그램들을 통해서 여가, 통근, 쇼핑, 및 기타 목적에 자전거의 이용을 촉진하라.

자전거 시설 설치 요건의 실행

지방정부는 새로운 주거 및 비주거 개발지 모두에 안전하고 밝으며 잘 보이는 자전거 주차장을, 그리고 될 수 있으면 지상층에는 입주자와 방문객들을 위한 자전거 주차장을 두게 하는 내용을 포함하는 개발 기준의 개정을 고려해야 한다. 여기에 덧붙여 비주거 개발지에는 샤워실과 개인 물품 보관함을 포함하는 탈의 시설을 갖추어야 하며, 자전거를 건물 내부로 가지고 들어가는 것을 금지하지 못하게 해야 한다.

자전거 주차 시설의 기준에 대한 일반적인 지침에는 미국계획협회American Planning Association: APA의 「자전거 시설 계획 보고서Bicycle Facility Planning Report」[25]에서 제시한 다음과 같은 권고 사항들이 포함되어 있다.

- 사무실 및 정부 청사에서는 승용차 주차면의 10퍼센트를 자전거 편의 시설 공간으로 할애한다.
- 영화관, 음식점, 그리고 많은 기타 용도의 건물에서는 자동차 주차면의 5~10퍼센트를 자전거 편의 시설 공간으로 제공한다.

개발 기준에 다음과 같은 내용의 일부 또는 전부를 자전거 관련 시설 및 프로그램에 대한 요건에 포함하도록 교통 수요관리 법령의 일부분을 개정해야 한다.

- 교통수단분담률 10퍼센트를 수용할 수 있는 자전거 주차장
- 자전거에 대한 보조
- 샤워실 및 개인 물품 보관함

- 자전거 안전 운행 수업 및 기타 자전거 관련 프로그램

더 구체적인 내용은 제7장 「자전거」를 참고하라.

카셰어링을 촉진하라

카셰어링은 자동차 운전에 필요한 고정비를 제거하므로, 운전자가 부담 없이 1시간 단위로 차량을 임대해 사용할 수 있는 방법이다. 카셰어링은 회원들의 자동차 통행을 현저히 줄이면서도 이들이 원하는 이동성 모두를 유지할 수 있다.

각 도시가 어떻게 카셰어링을 전반적인 통행을 줄이는 전략의 하나로 만들 수 있는지에 관한 구체적인 내용은 제11장 「카셰어링」에서 찾아볼 수 있다.

교통 지원 센터를 만들라

만약 교통 수요관리 법령에 의해 규제를 받는 사람들이 이 장에서 기술한 교통 수요관리 기법들을 완전하게 사용할 수 있는 방법을 알지 못한다면, 그 어느 것도 효과적이지 못하다. 그러므로 교육과 능동적 지원outreach은 모든 종합적인 교통 수요관리 프로그램의 중요한 요소이다. 교통 수요관리 프로그램에 관한 정보를 널리 알리는 것을 용이하게 하는 한 가지 방법은 '교통자원센터 Transportation Resource Center'를 설립하는 것이다. 이 센터는 카풀 연결, 대중교통 노선도 및 운행 시간표, 세금을 포함한 대중교통 승차권, 자전거 경로, 기타 교통 옵션 등에 관해 개인별 맞춤형 종합 교통정보를 제공하는 상점 형태의 사무실이다. 교통자원센터는 기존 및 새로운 노동자와 거주자들이 이용할 수 있는 교통 옵션 및 서비스에 관한 정보를 얻도록 '원스톱 쇼핑 서비스one-stop shopping service'를 제공한다는 점에서 무엇보다도 더 중요하다.

근로자, 주민, 방문객들에게 다수의 개인별 맞춤형 교통 자원을 제공하는 교통자원센터를 설립하는 것은 도심의 교통 혼잡을 줄이는 데 도움을 주는 주요 요소가 될 수 있다. 이와 같은 개인별 맞춤형 통행 계획이 나 홀로 차량 통행을 다른 수단을 이용한 통행으로 전환했음을 분명히 보여왔다.

능동적 지원 서비스를 교통자원센터의 테두리에 한정할 필요는 없다는 것은 말할 필요도 없다. 예를 들어 '소셜 마케팅social marketing'[8])과 '장려 프로그램incentive program'은

---

8) 사회적 상품에 대한 마케팅 기법으로, 개인과 지역사회에 편익을 주는 행태에 영향을 미치는 다른 접근 방법들을 개발하고, 이를 마케팅의 개념에 통합하고자 하는 것이다(Wikipedia).

나 홀로 차량의 통행을 줄이는 데 더욱더 인기 있고 효과적이라는 인정을 받는다. 소셜 마케팅은 폭넓은 '사회적 상품social goods'(교통 수요관리의 경우 나 홀로 차량 통행을 줄이는 것)을 얻기 위해서 개인의 행태에 영향을 주게 하는 것을 말하며, 이는 상품광고와 유사한 홍보 캠페인의 형태를 이용한 의식 및 교육 프로그램, 워크숍workshop, 지역사회에 대한 능동적 지원 활동 등을 포함한다. 장려 프로그램은 나 홀로 차량을 이용하지 않는 주민들에게 상을 주거나 현금을 보상해주는 방법으로, 비자동차 통행 및 다인승 차량 통행을 사회적 규범으로 만들려는 마케팅 노력을 기반으로 한다.

교통자원센터의 설치

지방정부는 교통자원센터를 중심 상점가에 설치하는 것을 적극적으로 고려해야 한다. 이 센터는 공공 도서관 또는 정부가 운영하는 기타 공공건물의 공간을 공유하는 등의 방법으로 현존하는 도시 건물 내부에 둘 수도 있다. 가장 중요한 것은 이 센터는 잘 보이고, 이용하기 편리한 곳에 두어야 한다는 것이다. 시 당국의 '교통 조정관Transportation Coordinator'은 교통자원센터 외부에서 '공공 인터페이스public interface[9]'를 관리할 수 있을 것이다.

또한 이 센터에는 '교통 및 주차 편의 구역Transportation and Parking Benefit District'(제10장 「주차」를 참조하기 바란다) 담당 공무원을 상주시킬 수 있으며, 이 공무원은 모든 교통 수요관리 프로그램에 대한 운영과 마케팅에 책임을 진다. 교통관리협회는 새로운 교통 수요관리 법령을 실행해야 할 경우에 해당 지역 정부와 기존의 교통관리협회 간의 합의를 전제로 대부분의 교통 수요관리 프로그램에 대한 운영자로 남을 수 있다.

2) 혼잡을 없애기 위해 도로이용 요금을 징수하라: 가장 강력한 교통 수요관리

지금까지 논의한 전략 모두는 자동차 통행을 줄이는 데 매우 효과적일 것이다. 그러나 '유발 수요induced demand' 때문에 이들 전략이 반드시 혼잡을 줄이지는 못할 것이다. 즉,

---

9) 공공 인터페이스란 독립적인 소프트웨어 요소들이 서로 접속되는 것을 나타내는 논리적인 개념을 말한다. 이들 요소는 하나의 컴퓨터 내에서, 하나의 네트워크상에서, 또는 다양한 여러 컴퓨터 네트워크의 위상에서 상호작용한다. 이 공공 인터페이스는 지속적인 상호작용을 위해 안정적이고, 미래의 변화와 확장, 그리고 반대에 적응할 수 있도록 설계되는 것이 중요하다(위키백과).

교통 체계의 어느 한 부분에서 차량 통행을 줄이면, 또 다른 부분에서는 차량 통행을 부추기게 된다. 만약 자동차 통행량을 줄이는 동시에 혼잡을 없애기를 원한다면, 혼잡에 대한 가격을 정해 이용자들에게 징수할 필요가 있다. 이러한 혼잡에 대한 가격을 징수하는 방법은 다음과 같은 것들이 있다. 그러나 이들 모두는 논쟁의 대상이다.

- 카셰어링, '운행 거리 비례 보험pay-as-you-drive insurance', 주차비 현금 지급 등을 촉진해 자동차 운행에 따른 여러 가지 고정비(차량 구매비, 보험료, 주차료 등) 요소를 변동비 요소로 바뀌게 만들라.
- 혼잡이 줄어들 때까지 유류세를 올리거나 주차비를 징수하는 등의 방법을 사용해 자동차 운행에 대한 변동비를 증가시켜라.
- 특정 경계선cordon line을 통과하는 것을 기준으로, 또는 운행 거리당 요율을 기준으로 다양한 형태의 통행료를 직접 징수하라.

도심이나 다른 자연적 가장자리를 둘러싼 '환상형 유료도로toll ring' 또는 경계선에서 통행료를 징수하는 것은 혼잡한 도시 내부의 교통량을 줄이는 가장 성공적인 단일 전략일 것이다. 싱가포르, 오슬로Oslo, 런던, 스톡홀름의 사례는 도로 통행에 대한 통행료 징수가 혼잡을 완화하며, 동시에 도시 교통망의 전체 용량을 늘리는 데 필요한 시설(보행, 자전거, 대중교통 등)을 개선하기 위한 재원을 확보하는 데 얼마나 효과적인지를 보여준다. 미국의 경우 뉴욕과 샌프란시스코에서는 아직 시행하지는 않지만, 주요 경계선에서 통행료를 징수하는 것을 고려해왔다. 그리고 몇몇 도시에서는 고속도로에 '다인승 전용 차로 통행료 징수High-Occupancy Toll: HOT 또는 HOT 차로lane'[10] 라는 제한된 형태의 혼잡 통행료 징수 구조를 갖고 있다.

그러나 '경계선 통행료 징수cordon pricing'는 다음과 같은 다양한 이유로 논쟁거리가 되는 것으로 판명되었다.

- **경제적 영향**: 더 넓은 지역적 전략에서 벗어나 당신의 도시만 통행료를 징수한

---

10) 다인승 전용 차로 통행료 징수는 다인승 차량 전용 차로에 진입하는 나 홀로 차량 운전자들에게서 통행료를 징수하는 구조를 가리킨다. 때때로 도로 전체가 다인승 차량(High Occupancy Vehicle: HOV)들만 이용하도록 설계되기도 한다. 통행료는 도로 요금소에서 징수원이 직접, 자동 번호판 인식, 또는 전자식 통행료 징수 시스템(Electronic Toll Collection systems: ETC systems) 등의 방법으로 징수한다. 일반적으로 혼잡 통행료로 알려진 이들 통행료는 통행료 징수 차로 내의 밀도와 혼잡을 증가시킨다. 이러한 HOT 차로의 목적은 차로 내의 교통 혼잡을 최소화하는 것이다.

다면, 이는 상대적으로 이웃 도시들보다 경제적 불이익을 감수하는 위험을 예상할 수 있으며, 이는 잠재적으로는 실질적인 위험 요소가 된다. 다시 말해 만약 한 쇼핑객이 물건을 구매하기 위해 당신의 도시로 차를 몰고 들어오기 위해서 다른 이웃 도시에 들어갈 때에는 내지 않아도 되는 5달러의 통행료를 내야 한다면, 지역 교통의 혼잡에 관련해 효과적인 조치를 취하지 않는 한 도시의 지역 경제는 상처를 입을지도 모른다.

- **법적 쟁점**: 많은 미국의 도시에서는 혼잡 통행료를 징수하려면 주 정부의 법률이 먼저 제정되어야 한다.

- **대중교통의 부족**: 대부분의 경계선 통행료 징수 전략의 주된 목적은 (지상 대중교통을 방해하는 혼잡을 줄이는 것뿐 아니라, 대중교통을 개선하기 위한 재원을 마련하는 것을 통해서) 혼잡 통행료 징수 존zone의 내부 및 이 존을 연결하는 대중교통 서비스를 개선하려는 것이다. 그러나 경계선 혼잡 통행료 징수 제도가 성공적으로 수행되어온 국제적 도시들에서나 볼 수 있는 높은 수준의 대중교통 서비스를 제공하지 못하는 대부분의 미국 도시에서는 "닭이 먼저인가 달걀이 먼저인가chicken and egg" 하는 현상이 상존한다.

- **도로의 자유 이용**: 미국 문화는 '열린 도로open road'을 갈망하는 데 몰두한다. 사실 미국 대법원은 헌법에서 정한 권한과 면책특권 조항을 '국민이 50개 주를 자유롭게 여행할 권리를 보장하는 것'으로 해석해왔다.[26] 그러나 많은 미국인은 자유롭게 돌아다닐 수 있는 권리와 어떠한 직접적인 비용을 내지 않고 무료로 이동할 수 있는 권한을 동일시하는 것 같다(즉, 도로를 이용할 때 이용자 요금을 직접 내기보다, 세금을 통해 간접적으로 내야 한다고 생각한다).

- **공짜주의**something-for-nothingism: ≪뉴욕 타임스≫[27]의 데이비드 브룩스를 비롯한 여러 칼럼니스트는 "국민은 정부의 서비스에 대해 그 대가를 내지 않으면서 정부 서비스를 요구하며, 미국의 정치가들은 이런 종류의 소망을 만족시켜줄 것을 약속하는 오래된 정치적 성향을 가지고 있다"라고 지적해왔다.

- **사생활 보호**: 경계선 통행료 징수 방법에 대한 현대적인 접근은 도시 진입부에 요금소를 설치하지 않는 것이다. 오히려 차량 번호판 인식 카메라와 소프트웨어를 이용해 통과 차량을 인식하고, 이들 차량별로 미리 만들어진 계좌에서 요금을 인출하는 방법을 사용한다. 계좌를 갖지 않은 차량에는 청구서를 보내거나 벌금을 부과한다. 비록 이러한 접근은 요금 지불을 쉽게 해주며 요금소로 비

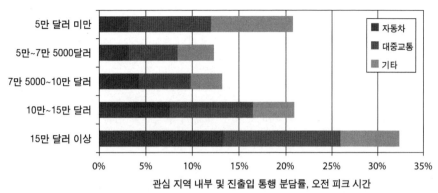

그림 13-3
샌프란시스코 도심 지역의
소득수준과 통행 수단.
자료: San Francisco Mobility,
Access and Pricing Study,
2010, SFCTA.

롯된 어수선함과 장애를 없애주지만, 이는 또 다른 면에서 '시민 자유 옹호자civil libertarian' 사이에서 주된 관심 사항인 사생활 침해에 대한 우려를 높인다. 정부가 국민들의 통행을 추적해야 하는가? 예를 들면 이러한 정보가 민사재판 시 불륜 행위의 증거로 이용되지는 않을까?

• 형평성: 도로 요금 징수에 대한 반대자들은 단지 부자들만 통행료를 낼 형편이 된다는 것을 주장하며, HOT 차로를 조소적으로 '렉서스 차로Lexus lane'라 불러왔 다. 그러나 자동차 운행을 지원하는 것으로부터 대중교통과 덜 비싼 기타 교통 수단을 지원하는 것으로 교통 시설의 자원을 전환하는 전략들은 형평성이라는 측면에서 보면 지극히 당연한 것이다. 그림 13-3은 소득수준별 통행의 수단분담 률을 보여준다.

3) 혼잡 기반 주차 요금 징수: 더 나은 방법은 없을까?

당신의 지역사회에서 도로 이용자 요금 징수에 대한 정치적인 장애를 극복할 수 없을 지 모른다. 그러나 정치적으로 받아들여질 수 있으면서도 효과적인 대안이 있을 수 있 다. 샌프란시스코 시 당국은 도로 이용자 요금 징수를 준비하는 동시에 혼잡을 관리하 기 위한 또 다른 도구로 주차에 혼잡 요금을 부과하는 계획을 실행했다. 즉, 통행 그 자체에 요금을 부과하는 대신에 통행의 종점에 요금을 부과하는 것이다. 이는 운전자 들이 도로 이용에 대한 요금을 내는 것을 불편해하는 반면에, 주차 요금은 직감적으로 당연하게 받아들인다는 데에서 출발했다. 무엇보다도 주차는 확실히 보이는 것이다. 즉, 야외 주차장과 주차 건물은 개발 가능한 토지를 차지하며, 누군가는 이들을 건설 하고 관리해야 한다. 도로는 공원 및 학교처럼 좀 더 공유재산public domain처럼 보이며,

누구나 자유롭게 사용할 수 있는 '공통적 자원common resource'이다.

샌프란시스코 시에 대한 연방 정부의 재정 지원 프로그램은 'SF파크SFpark'라 부르며, 이는 다음 몇 가지 프로그램 요소를 포함한다.

- 신용카드, 직불카드, 휴대폰으로 결제할 수 있는 새로운 주차 미터기
- 서로서로 무선망으로 연결되었으며, 바닥에 설치되어 여유 주차 공간에 대한 실시간 자료를 제공하는 주차 감지기. 여기서 얻어진 자료는 소프트웨어 개발자들에게 무료로 제공된다.
- 항상 적절한 여유 주차 공간을 가질 수 있도록, 시장 상황에 맞추어 조정할 수 있는 주차 요금 체계
- 도시 내 모든 주차 공간에 대한 전수조사 자료를 포함해, 시간대별로 주차장 이용 패턴을 추적하기 위한 대용량 데이터베이스data base

이 시범 프로젝트의 주요 목적은 빈 주차면을 찾아 돌아다니는 운전자들로 찬 도시 가로의 통행량을 약 30퍼센트 줄이는 것이다.[28] 즉, 이 프로젝트의 모토moto는 "덜 헤매고, 더 잘 살자Circle Less, Live More"라는 것이다. 또한 이 프로젝트는 승용차 혼잡을 줄임으로써 부분적으로는 보행, 자전거, 대중교통을 이용한 통행을 더 쉽게 만들고자 하는 것이다. 더욱 중요한 것은 이 프로젝트가 쇼핑객들에게 원하는 곳에서 여유 주차 공간을 찾을 수 있을 것이라는 인식을 높여주므로, 이를 통해 도시의 경제개발을 증진하고자 한다는 것이다.

적합한 수준의 여유 주차 공간을 확보하고자 SF파크는 주기적으로 수요에 따라 주차 요금을 조정해 올리거나 내릴 것이다. 이와 같은 '수요-반응형demand-responsive 요금 체계'는 과도하게 이용되는 지역에 대한 주차 수요를 줄여주고, 적게 이용되는 지역 또는 주차장으로 운전자들을 유도할 것이다. SF파크는 실시간 자료와 수요-반응형 요금 체계가 함께 작용해 도시의 주차 패턴을 다시 조정하므로, 운전자들이 주차 공간을 더 쉽게 찾을 수 있게 해준다.

SF파크는 샌프란시스코에 있는 2만 5000개의 주차 미터기 설치 주차면 중 6000개와 20개의 시 소유 주차 건물 중 15개에 있는 1만 2250개의 주차면에 대해 새로운 주차 관리 체계를 실험하고 있다. 이러한 SF파크의 시범 프로젝트는 2012년까지 계속될 것이다.

다음 단계로 SF파크는 혼잡한 피크 시간대에 도착하거나 떠나는 운전자들의 주차 비용을 높이기 위한 가변 요금 체계를 사용할 수 있을 것이다. 만약 주중 오전 8시부터

9시 사이에 주차장에 도착하는 통근자들에게 2배의 요금을 징수한다면, 이들 중 일부는 혼잡 시간대를 피해 더 일찍 도착하거나, 승용차 대신 대중교통을 택하지 않을까? 만약 오후 피크 시간대에 주차장을 떠나는 쇼핑객들에게 다른 시간대에 비해 4달러의 추가 요금을 징수한다면, 이들 쇼핑객의 일부는 무엇인가를 사 먹으며 혼잡 시간대가 지나기를 기다리지 않을까? 세계 각국의 도시들은 샌프란시스코의 시범 프로젝트 결과로 얻어질 운전자의 가격 탄력성과 정책 순응도에 대한 분석 자료를 간절히 기다리고 있다.

제14장

성취도 측정

Measuring
Success

교통은 그 자체가 목적이 아니며, 오히려 지역사회가 추구하는 좀 더 큰 목표와 염원을 달성하기 위한 수단이다. 교통전문가들은 교통 투자가 이들 목표를 어느 정도 달성했는지를 판단하기 위해, '성능 지표performance indicator' 또는 '성취도measures of success'라고 불리는 '성능 측정치performance measure'를 사용한다. 만약 지속 가능성을 추구한다면, 지역사회의 교통 성능 지표들은 교통 시스템이 지속 가능성을 지원하는 정도를 전반적으로 반영해야 한다. 이 장에서는 지역사회의 성능 지표들이 반드시 지속 가능성 정책의 평가를 반영하는 방법을 설명한다.

1. 용어의 정의

성능 지표에 대해서 논의하기 전에, 우리는 먼저 몇 가지 용어에 대한 정의를 내려야 한다.

- **목표**goal 란, 자명한 공공재, 즉 모든 사람이 동의할 수 있는 보편적인 염원을 말한다. 이들 목표는 이루고자 하는 의도에 대한 서술, 즉 더 큰 비전을 지원하고 달성하기 위해서 장기적으로 기대하는 교통 시스템에 의한 결과물들을 기술한 것을 말한다. 이들 목표는 반드시 달성하지 못할 수도 있다. 그러나 이들 목표를 기반으로 성공적인 캠페인campaign을 할 수 있다. 예를 들면 "세계 평화를 달성하자"와 같다.

- **목적**objective 이란, 더 크고 장기적인 목표를 지지해, 이를 달성하기 위해서 세부적으로 성취하기를 원하는 구체적인 내용을 말한다. 목적은 측정할 수 있다. 예를 들면 "미국과 소련 사이의 핵 확산 금지 조약을 맺게 하자"와 같다.

- **실행 사항**action 은 목적을 성취하기 위해서 정해진 기한에 맞추어 수행하는 과제 또는 전략을 말한다. 예를 들면 "국무장관은 5월에 캠프데이비드Camp David를 예약한다"와 같다.

- **성능 측정치**는 추구하는 목표나 목적이 어느 정도 이루어졌는지를 밝히는 데 도움을 준다. 성능 측정치들은 계량화할 수 있을 때에는 그 역할을 가장 잘 담당할 수 있지만, 많은 목적에 대한 성공 여부는 정성적으로 판단해야 한다. 몇몇 측정치는 예측된 자료를 이용한 평가 과정의 한 부분으로서 미래를 '예상predict'하고자 사용될 수 있으며, 반면에 다른 측정치들은 '실증 자료empirical data' 또는

'조사 자료observed data'를 기반으로 변화를 추적하고 관찰하기 위해서 사용될 수 있다. 이 두 가지 모두의 경우에서 성능 측정치는 시스템 차원, 축 차원, 또는 프로젝트 차원에서 진행되는 대안의 평가, 미래의 교통 투자에 대한 의사 결정, 진행 과정에 대한 지속적인 관찰 등을 위한 기초 자료로 계획가들에게 제공된다. 예를 들면 '대륙 간 탄도미사일 수의 감축률'과 같다.

- **목표**target 또는 기준점benchmark은 '성능 기준치performance threshold'를 말한다. 즉, 성능 측정치가 이들 목표를 달성했는지에 따라 추구하는 목표나 목적이 이루어졌는지를 판단할 수 있다. 가끔 이들 목표는 날짜별로 다르다. 예를 들면 "대륙 간 탄도미사일의 수를 1980년까지 10퍼센트, 1990년까지 25퍼센트 감축하라" 와 같다.

- **평가 기준**evaluation criteria은 계획가들이 여러 대안 중 어느 것을 택할 것인지를 결정하는 데 도움을 주기 위해서 맞추어진 성능 측정치이다. 교통 분석에서 이들 기준은 투자 우선순위를 결정하거나 특정 프로젝트 또는 정해진 교통축에 어느 기술을 선택할 것인지에 적용된다. 가끔 다양한 여러 평가 기준이 함께 사용되기도 하며, 몇몇 기준은 다른 기준들보다 더 중요하게 고려된다.

- **선별 기준**screening criteria은 좀 더 상세한 평가 과정으로 진행될 잠재적 프로젝트의 수를 줄이기 위해서(프로젝트의 수가 많으면 평가하는 데 어려움이 있으므로) 사용되는 간략한 평가 기준이다.

2. 성능 측정치는 어떻게 사용되는가?

성능 측정치들은 교통 의사 결정의 DNA에 깊게 내재하며, 이들은 다음과 같이 다양한 용도로 사용된다.

- 특정 가로에서 자동차 지체와 보행자 지체 사이에 적절한 균형을 이룰 수 있는 최적의 차로 수 결정
- 차량 신호주기, 대중교통 우선 신호, 보행자 신호 현시 등 교차로 운영 관리
- 특정 가로에서 자전거도로, 버스 전용 차로와 같은 특정 교통수단에 어느 정도의 전용 기반 시설을 공급해야 하는지에 대한 지침 제공
- 모든 교통수단의 필요를 균형 있게 충족할 수 있는 최적의 가로망 형성

- 프로젝트에 대한 자금 투입과 시행 단계에 대한 우선순위 부여
- 개선 필요성의 검토 대상이 되는 대중교통 경로를 결정하는 근거
- 목표와 목적들을 성취하기 위한 과정의 진척 상황을 시 당국에 보고

3. 성능 측정치가 어떻게 오용되는가?

1) 실낙원: 자동차 서비스 수준에 대한 과도한 의존이 어떻게 도시를 해치는가?

미국의 교통 관련 의사 결정에서 가장 뿌리 깊게 자리 잡은 문제점은 서비스 수준LOS 이라는 하나의 성능 측정치(특히 교차로의 경우)에 과도하게 의존한다는 것이다. 서비스 수준을 계산하는 여러 가지 방법이 있으며, 방법은 맥락에 따라 다르다. 가장 전통적인 측정 방법은 미국 교통연구위원회Transportation Research Board: TRB의 2000년 판 「도로 용량 편람」을 따르는 것으로, 표 14-1에서 보는 바와 같이, 신호 교차로에서 자동차 운전자들이 경험하는 지체 시간에 초점이 맞추어져 있다. 이 방법은 교차로 회전 교통량, 교차로상의 차로 배분, 교통 신호주기 등 다양한 기초 자료를 이용해 서비스 수준을 측정하는 것이다. 또한 도로 및 교차로 설계자들은 차로 폭, 대형 트럭 점유율, 경사도, 주변 토지이용, 보행자 여부 등 많은 요소를 반영해 이 측정치를 조정한다. 이들 자료를 복잡한 수학식에 대입해 계산하면, 해당 교차로의 '용량 대비 교통량 비율'을 얻는다. 이 '용량 대비 교통량 비율'은 다양한 조정 인자를 이용해 초 단위의 지체 시간으로 환산된다. 결국 이들 평균 지체 시간을 표 14-1의 기준에 적용해 서비스 수준 점수를 부여하게 된다.[1]

또한 앞에서 언급한 「도로 용량 편람」은 교차로뿐 아니라 모든 가로에 대한 자동차 통행의 서비스 수준을 측정하는 수학식을 제공한다. 여기서 '도시 가로의 서비스 수준'은 이상적인 최적 상태인 자유류free-flow 상태의 차량 속도와 실제 평균 차량 속도(적신호, 일단정지 표지, 혼잡 등으로 비롯된 총 지체를 포함한다) 사이의 차이에 초점을 맞춘

---

[1] 한국의 경우는 신호 교차로 서비스 수준을 구분할 때 A~FFF까지 여덟 단계로 나누어 평가하며, HCM보다 지체 시간 구분의 폭이 넓다. 예를 들어 지체 시간이 81초이면, HCM의 경우 서비스 수준 F에 해당하지만 한국의 KHCM 기준으로는 서비스 수준 E에 해당한다[국토해양부, 「도로용량편람」(2013), 218쪽].

표 14-1 **승용차 서비스 수준**

서비스 수준	평균 차량 지체(초)	설명
A	<10.0	자유류(Free Flow)/무시할 수 있을 정도의 지체: 차량이 접근할 때 기존 교통에 전혀 방해받지 않으며, 적신호를 한 번 이상 기다리지 않는다.
B	10.1~20.0	안정적 운행(Stable Operation)/최소한의 지체: 접근 시 가끔 기존 교통에 방해를 받는다. 많은 운전자가 차량의 플래툰(platoon) 내에서 약간의 제약을 느끼기 시작한다.
C	20.1~35.0	안정적 운행/용인할 만한 지체: 대부분이 접근 단계에서 기존 교통에 방해를 받는다. 운전자 대부분이 어느 정도 제약을 받는다.
D	35.1~55.0	접근 불안정(Approaching Unstable)/참을만한 지체: 운전자들이 한 번 이상의 적신호를 기다려야 한다. 대기행렬이 생기지만 과도한 지체 없이 신속하게 사라진다.
E	55.1~80.0	불안정적 운행(Unstable Operation)/유의한 지체: 용량 또는 용량에 근접한 교통량. 차량이 여러 번의 신호주기를 기다려야 할 것이다. 긴 대기행렬이 교차로의 상류부에 형성된다.
F	>80	강제류(Forced Flow)/과도한 지체: 교통 체증 상태를 나타낸다. 교차로가 즉 낮은 용량으로 운영되어 적은 교통량이 처리된다. 대기행렬이 상류 측 교차로들을 막을 수 있다.

자료: Transportation Research Board, "Highway Capacity Manual"(Washington, D.C., 2000).

다. 예를 들면 자동차가 최적의 상태에서 시속 30마일(약 48킬로미터)로 달릴 수 있는 가로라고 해도 실제로는 정지신호와 혼잡으로 말미암아 단지 시속 18마일(약 29킬로미터)로 달릴 수밖에 없으므로 이 가로의 서비스 수준은 C 수준이 된다. 만약 가로 설계자가 교통 신호체계를 잘 통합해 운영한다면, 평균 속도는 시속 26마일(약 42킬로미터)로 향상될 것이고, 이때 서비스 수준은 A 수준으로 개선될 것이다. 이 도시 가로의 서비스 수준은 전체 가로를 대상으로 서비스 수준이 A에서 B가 되면 얼마나 더 지체되는가 하는 실질적인 관심에 초점을 맞추므로, 교차로 서비스 수준보다 더 유용하다. 그렇지만 이 도시 가로의 서비스 수준은 계산하기가 어려워 잘 사용하지 않는다.

2) 개발 사업에 대한 교통 영향 평가

주 전역에 대한 환경을 분석하는 데 필요한 조건에 해당하는 주 정부의 교통 '동시 표준concurrency standard'과 지방정부의 교통 '영향 지침impact guideline'은 통상적으로 개발 프로젝트가 주변 가로의 교통량에 미치는 영향을 추정해 그에 따른 대책을 수립하도록 교통공학자들에게 요구한다. 이렇게 요구하는 것은 표면적으로 그럴듯해 보인다. 그러나 대부분의 교통 분석은 본질적으로 법적인 공시 도구이므로, 법원에서는 교통 분석 결과를 보수적으로 해석해 그 결과를 그럴듯한 영향으로 보기보다는, 일반적으로 최악의 시나리오에 의한 영향으로 보는 경향이 있다. 더욱 중요한 것은 다른 결론을 설득하는 데 기초가 되는 신뢰할 만한 지역 자료의 뒷받침이 없는 한, 법원은 '대중교통 중심 개발TOD' 및 '복합 용도 개발지Mixed-Use Development: MUD'가 가지는 독특한 통행 특성과 '교통 수요관리TDM'에 의한 통행 감소 효과를 무시하려는 경향이 있다. 앞서가는 기관들조차도 다른 결론을 이끌어내는 것에 필요한 지역 자료를 수집하는 데 소요되는 비용 때문에, 또는 더 일반적으로는 이러한 관례를 따르지 않으므로, 어쩔 수 없이 발생할 수 있는 소송으로 비롯된 소요 시간과 경비 때문에 주로 이러한 관례에서 벗어나기를 꺼린다. 관례적 접근으로 말미암아 나타나는 명확한 결과는 다음과 같다.

- 차량 통행이 과도하게 추정된다. 일반적으로 계획가들은 교통량을 분석하는 과정에서 대중교통 중심 개발 지역의 차량 통행발생률과 자동차-의존적 개발 지역의 차량 통행발생률이 동일하다고 가정하도록 요구받는다. 주요 기관들은 전통적으로 모든 개발지에 대한 통행 추정 시 미국의 '교통기술자협회ITE'의 「통행발생 매뉴얼Trip Generation」을 사용한다. 그러나 이것의 이용자 매뉴얼에 따르면, 사용된 기초 자료들은 대중교통 또는 보행자 시설이 많지 않은 고립된 단일 용도지역에서 주로 수집되었다고 한다. 비록 이 매뉴얼에서 대중교통 중심 개발 지역이나 복합 용도 개발 지역의 경우에는 통행발생률을 조정해 사용하라고 조언하나, 어떻게 조정하라는 지침은 없다. 많은 연구 결과에 따르면,[1] 대중교통 중심 개발 지역의 자동차 통행발생률은 교통기술자협회 매뉴얼에 따라서 추정한 통행발생률의 절반 정도가 된다고 한다.
- 인접 지역의 혼잡만을 검토한다. 전통적으로 교통량 분석에서는 개발 프로젝트에 따른 후속 효과나 광역 교통망에 미치는 영향을 고려하지 않고 개발지 인접 지역의 교통 혼잡만을 고려한다.
- 사람, 대중교통, 자전거 통행자, 다른 교통수단에 대한 영향은 무시되는 반면에, 자동차에 의한 교통 영향이 강조된다. 예를 들면 자동차 처리 용량을 감소시키는 간선 급행 버스BRT 또는 자전거 전용 도로 설치 프로젝트는 전통적으로 도로의 자동차 통행 용량을 감소시키므로 교통에 부정적인 영향을 준다고 인식된다. 그러나 여기에는 사람의 이동에 대한 순 편익net benefit이 무시되어 있다.
- '마지막 개발 프로젝트last project in'는 불균형적인 부담에 직면한다. 어느 한 지역에 오랜 기간 진행되어온 각 개발 프로젝트는 해당 지역의 교통 혼잡 문제에 점진적으로 영향을 미쳐왔는데도 가장 마지막으로 개발하는 프로젝트로 비롯된

서비스 수준이 임의적인 임계치를 넘길 경우, 단지 이 마지막 프로젝트가 교통에 '현저한significant' 영향을 줄 것이라고 간주한다. 따라서 이러한 임계치를 넘기지 않는 이전의 개발 프로젝트에 대해서는 교통 문제 완화를 위한 아무런 조치도 요구하지 않는다. 즉, 서비스 수준을 A에서 C로 만드는 교통량을 발생시키는 1만 가구의 개발 프로젝트에 대해서는 교통에 '영향이 없다'고 간주한다. 또한 또 다른 1만 가구의 개발 프로젝트는 서비스 수준을 C에서 E로 만들 수 있으나 이 프로젝트 또한 '영향이 없다'고 간주한다. 그러나 여유 토지에 20가구를 추가로 개발해서 서비스 수준을 E 수준에서 F 수준으로 만드는 프로젝트는 '현저한 영향을 준다'고 간주해, 이 영향을 완화할 수 있는 무엇인가를 조치하도록 요구받게 된다.

- 완화 조치는 오히려 문제를 악화시킨다. 가장 중요한 것은 개발 프로젝트를 통해 현저한 교통 악영향을 완화하는 데에는 한계가 있다는 것이다. 특히 그들은 일반적으로 다음과 같은 옵션 중 하나 또는 그 이상을 선택하도록 권장 받는다. 그러나 이들 대부분은 주어진 상황을 개선할 수는 없다.

  - 도로 확장: 도로를 확장하면 차량 속도는 증가하며 횡단보도 연장도 늘어난다. 이는 보행자, 자전거 통행자, 대중교통 이용자들을 더 어렵게 하는 전형적인 원인이 된다. 또한 자동차 통행발생량이 과도하게 추정되면, 적절한 수준 이상의 넓은 도로를 만들게 된다. 이 넓은 도로는 자동차 통행 수요를 초과하는 용량을 공급하며, 이 초과 용량은 더 많은 자동차 통행 수요를 유도하는 결과를 낳는다. 그러므로 이 방법은 해결하고자 하는 교통 문제를 오히려 더 악화시킨다.

  - 밀도 축소: 개발 밀도를 낮추는 것이 지역의 총 차량 통행량을 줄일지 모른다. 그러나 이는 동시에 일반적으로 총 차량 통행률을 증가시킨다. 시간이 지남에 따라 개발 밀도를 축소하는 것은 다음과 같이 두 가지 효과를 나타낸다. ① 개발 지역이 지리적으로 확산하므로 총 차량 운행 거리VMT가 늘어나며, 따라서 혼잡 지역은 더 넓게 확산된다. ② 1인당 차량 통행 거리 또한 증가하므로, 전체적으로 교통량이 늘어나며, 따라서 대기 질도 저하된다.

  - 상대적으로 외떨어진 지역의 개발: 대부분의 교통 분석은 광역적 영향보다는 지역적 영향에 초점을 두므로, 이미 교통 문제를 가진 지역의 여유 토지를 추가로 개발하기보다는 상대적으로 외딴 지역의 미개발지를 개발하는 것이

부정적 교통 영향을 적게 할 수 있다. 그러나 이 또한 광역교통을 악화시키며, 대기 질에 영향을 주게 된다.

- 교통 수요관리 기법의 실행: 교통 수요관리 프로그램은 교통 악영향을 줄이는 하나의 대안이다. 그러나 역사적으로 볼 때, 법원과 주요 행정기관들은 이 프로그램의 효과에 대해 의문을 품는다. 즉, "이들 프로그램이 효과가 있을 것인지를 어떻게 확실히 알 수 있는가?", "만약 과도하게 시행하면 무슨 일이 일어날 것인가?" 하는 것이다. 결국 교통 수요관리 시행이 통행을 감소시키는 효과가 있다는 충분한 자료가 있는데도, 심지어는 가장 효과적인데도 이들 프로그램은 자주 무시되거나 단지 승용차 통행률이 약간 감소할 것이라는 것을 인정하는 수준에서 그쳐왔다.

종합적으로 말해서, 앞에서 언급한 한계점들은 도시 외곽에 저밀도, 자동차-의존적 단지개발을 용이하게 하며, 반대로 대중교통수단에 근접한 도시 내부 지역에서 여유 토지를 활용한 보행-중심적 단지개발을 어렵게 하는 원인이 된다. 결국 교통 분석 시 앞과 같은 관례[2]를 따르는 것은 더 높은 1인당 총 차량 운행 거리, 더 심한 광역교통 혼잡, 대기 질 악화, 일산화탄소 배출량 증가 등의 결과를 초래한다.

문제 해결[3]

승용차 서비스 수준은 유용한 척도[4] 중 하나이다. 그러나 이에 대한 더 큰 의미를 고려하지 않고, 이를 과도하게 또는 부적절하게 사용하는 것은 위험하다. 시 당국이 이를 올바른 맥락에서 적용할 수 있는 여러 가지 방법이 있다.

특정 가로는 대상에서 제외하라

캘리포니아 주 새너제이San Jose와 리버모어Livermore 시 당국은 그들이 어떠한 정책을 시행하더라도 도심에서 교통 혼잡을 사라지게 할 수는 없다는 사실을 깨달았다. 리버모어의 경우, 교통 혼잡의 원인은 주로 도시 내부를 출발지나 목적지로 하지 않고 도

---

2) 통상적으로 교통공학자들에게 개발 프로젝트가 주변 가로의 교통량에 미치는 영향을 추정해 그에 따른 대책을 수립하게 하는 것을 가리킨다.
3) 교통 영향 평가 시 서비스 수준 척도 사용에 따른 문제 해결을 가리킨다.
4) 개발 프로젝트에 대한 교통 영향 평가 시 성취도 측정을 위한 척도를 가리킨다.

시를 관통하는 통행에 있었다. 따라서 시 당국이 도심의 모든 개발 행위를 중지해왔는데도 도심의 가로는 여전히 교통 혼잡으로 막힐 수밖에 없었다. 결국 시 당국은 도시를 관통하는 '통과 교통cut-through traffic'이 도심 경제개발 비전을 방해하도록 내버려두기보다는, 오히려 도심 가로의 서비스 수준이 F등급이 되는 것을 감수하기로 했다. 그 결과 시 당국은 도시를 관통하는 차량 운전자들에 대한 교통 영향을 마음에 두지 않고, 더 넓은 인도를 가진 '중심 가로'를 재건해서 이곳에 눈부신 공연 예술관의 건설을 허용하는 것을 택했다. 새너제이 시도 유사한 접근 방식을 채택했다. 샌타모니카와 같은 다른 도시에서는 혼잡을 남겨둘 곳을 선택할 필요가 있다고 인식하고,[5] 근린 주거지역에서 누리는 삶의 질과 소매상들에게 미치는 부정적인 영향을 최소화할 수 있는 곳에서는 혼잡을 감수하기로 했다. 시 당국은 혼잡 요충지의 서비스 수준을 F등급으로 하는 것을 수용할 수 있을 뿐 아니라, 이러한 지역에서 나타나는 혼잡에 대한 최소 임계치를 정할 수도 있다.

특정 형태의 프로젝트는 제외하라

대부분의 도시와 교통 당국이 자전거도로 및 간선 급행 버스 등과 같은 교통 프로젝트, 또는 저렴한 주택 및 지역 중심의 소매점 개발 프로젝트 등과 같은 특정 형태의 사업으로 비롯된 교통 영향을 무시할 수도 있다. 캘리포니아 주는 「환경분석법environmental analysis laws」에 의해 일정 기준을 만족하게 하는 대중교통 중심 개발 프로젝트에 대해 교통 분석 요건을 면제해준다.

다른 장소에 개발하는 것과 비교하라

만약 시 당국이 어느 한 곳에 새로운 '도시 시설 관리 기지city maintenance yard'를 건설하겠다고 발표하면, 교통 분석가들은 아침에 이곳에서 나오는 화물 차량이 교통 혼잡을 일으킬 것이라고 말할 것이다. 그러나 이러한 경우에는 교통 혼잡 때문에 이 프로젝트를 포기하기보다는 먼저 다른 곳에 건설하는 것이 더 효과적인지 아닌지를 물어야 하지 않을까? 어쨌든 시 당국은 도시 시설 관리 기지가 필요하다. 주택지 개발이나 상업지 개발에 대해서도 동일한 접근 방법을 이용할 수 있다. 만약 주택에 대한 신규 시장 수요가 있다면, 이 수요는 어느 곳에든 찾아갈 것이다. 대중교통 주변의 빈 공간을 찾

---

5) 혼잡을 피할 수 없다면 일부 지역만이 혼잡을 감수하기 위해서이다.

아 주택을 건설한다면, 어느 정도의 교통 혼잡을 초래할 것이다. 그러나 이것이 주택 수요를 도시 내 더 고립된 장소, 또는 여러 도시를 벗어난 가장자리 지역으로 밀어내는 것보다 교통 혼잡에 미치는 영향은 조금 적을 것이다.

다른 수단들에 대한 서비스 수준을 제공하라

교통 분석의 결과에서 해당 프로젝트가 승용차에 대한 교차로 서비스 수준을 E로 만든다면, 시 당국은 이를 완화하라고 할 것이다. 그러나 완화 조치가 보행자, 자전거 통행자, 대중교통 이용자들을 모든 면에서 더 나쁘게 만든다면 어떻게 하겠는가? 교차로 서비스 수준을 개선하려는 노력이 걷거나, 자전거를 타거나, 버스를 탈 수 없게 해서 오히려 더 많은 자동차 교통량을 발생시킬 수 있으므로, 각 수단에 대한 서비스 수준 지표와 임계치를 동시에 종합적으로 고려하는 것이 유용할 것이다(다음 부분을 보라).

자동차보다 사람의 지체에 관심을 두라

교차로 서비스 수준은 단지 자동차의 지체만을 고려한다. 그러므로 분석 과정에서 나홀로 차량SOV에 탄 운전자의 통행 가치는 바로 옆 차로의 40명을 태운 버스에 탄 승객 1명의 통행 가치보다 40배 이상이 된다. 승용차의 서비스 수준을 산출하는 공식에는 횡단보도에서 신호를 기다리는 보행자들의 가치는 전혀 반영되지 않는다. 아마도 자동차 지체도보다 통행자 지체도를 측정하는 것이 타당할 것이다. 특히 통행자, 즉 사람의 지체는 신호주기를 정할 때 또는 대중교통 우선 처리 시설을 설치할 때 특히 유용하다.

승용차 통행발생량으로 대체하라

이 책이 출간된 시기에 샌프란시스코에서는 좀 더 포괄적인 접근이 시도되었다. 이는 승용차에 대한 서비스 수준을 평가 척도로 사용하는 대신 승용차 통행발생량Auto Trips Generated: ATG을 기준으로 평가하는 방법으로, 이는 '2005년 도시 자전거 시설 계획the City's 2005 Bike Plan'에 관한 법원의 강제 명령이 있은 후에 시작되었다. 이 명령은 시민들의 법정 소송에 따른 결과로 시행된 것으로, 이 법정 소송에서 시민들은 자전거 시설 계획에 대한 사전 환경 분석이 「캘리포니아환경법California Environmental Quality Act」에서 요구하는 수준에 맞도록 철저히 이행되지 못했다고 주장했다(이 법은 시행하고자 하는 프로젝트에 대한 교통 영향을 분석하고, 이에 따라 예상되는 문제를 완화할 수 있는 방법을 찾도록 요구한다). 이에 따라 일부 지역에 자전거 차로를 만들기 위해 도시 가로의 일반 차로를 줄일 것을 제안했다. 샌프란시스코 법정은 원고의 주장을 받아들여 차량 통행이 거의 없는 가로에 자전거 거치대를 설치하고, 자전거도로를 다시 도색하는 것까지 포함한 모든 자전거 시설 프로젝트를 환경적 검토가 완료되어 승인될 때까지 4년 동안 금지했다. 약 2200쪽에 달하는「환경 영향 보고서Environmental Impact Report」에서는 당연히 자전거도로가 환경에 부정적인 영향을 주지 않는다는 결론을 내렸다.[6] 분석에 소요된 비용은 거의 100만 달러에 이르며, 실무 작업 시간은 2년이 소요되었다. 이 기간은 해당 자전거 시설 계획에서 다루는 대부분의 프로젝트를 시행하는 데 소요되는 시간보다 더 길었다.[2]

자전거 시설 계획에 대한 낭비적인「환경 영향 보고서」를 작성하는 과정을 반복하지 않기 위해서 시 당국은 교통 분석 기준과 임계치를 변경할 것을 제안했다. 제안 내용은 다음과 같다.

- 첫째, 자전거 시설 계획은 프로젝트 및 교차로 하나씩을 대상으로 하기보다 도시 전체를 대상으로 해서 교통 영향을 측정하고, 이를 완화하고자 하는 접근 방식이 되어야 한다.

- 둘째, 현재 샌프란시스코 시의 전체 가로망에 교통 혼잡이 존재하므로, 그 어떠한 프로젝트라도 단 1대의 차량이 추가 발생하면 가로망에 심각한 교통 영향을 미친다고 분석될 것이다. 그러나 철도 노선 건설, 자전거도로 설치, 보도 확장 등과 같이 차량 통행을 추가로 발생시키지 않는 프로젝트들은 비록 이들이 가로망의 자동차 교통 용량을 감소시킨다고 할지라도, 이들이 교통에 영향을 준다고 인식되지 않을 것이다.

- 끝으로, 프로젝트로 비롯된 교통 영향을 완화하기 위해서 프로젝트에 대해 부담금fee을 징수한다. 부담금을 어느 정도로 할 것인지를 정하기 위해서 시 당국은 장래 20년 후 도시의 성장 가치를 고려하고, 이 성장을 수용할 수 있는 종합적인 교통계획을 수립했다. 이러한 종합 교통계획은 새로운 철로 확장, '등하교 안전 통로Safe Routes to School' 프로그램, 교통 수요관리, 버스 운행 빈도 개선 등을 포함한다. 종합교통계획을 수립하고 난 뒤, 시 당국은 개선에 필요한 비용과

---

6) 이는 승용차에 대한 서비스 수준을 평가 척도로 하기보다 차로 감소에 따른 승용차 통행발생량의 감소 정도를 평가 척도로 사용했다는 의미로 이해된다.

가용할 수 있는 재정적 자원을 찾기 시작했다. 시 당국은 모든 신개발 프로젝트에 영향 부담금impact fee을 할당해 징수하는 방법으로 비용을 충당했다. 영향 부담금을 징수함으로써 모든 프로젝트는 자동적으로 그들이 미친 교통 영향을 점차 완화할 것이다.

이 과정은 매우 단순하며, 동시에 환경 분석 요건과 현 법규를 모두 만족한다. 교통 옹호자들은 자신들이 좋아하는 프로젝트를 수행하는 데 필요한 자금을 얻을 수 있으므로, 이러한 접근 방법을 강력히 지지해오고 있다. 또한 개발 업자들은 예상할 수 없는, 그리고 시간 낭비적인 교통 영향 분석 과정을 피할 수 있으므로, 이 접근 방법을 지지한다. 왜냐하면 개발 업자들에게 불확실성은 위험 요소이며, 이 위험 요소는 곧 비용이다. 따라서 그들은 결과가 불확실한 교통 영향 평가를 위해 20만 달러의 비용을 지출하고, 2~3년간 고통스러운 자문과 행정 절차를 따르는 것보다는 차라리 영향 부담금으로 50만 달러를 지출하려고 할 것이다. 더욱 중요한 것은 시 당국도 이를 좋아한다는 것이다. 개별 프로젝트를 시행할 때 발생하는 교통 영향을 그때마다 부분적으로 완화하려 하기보다, 교통 문제에 대한 일련의 체계적 해결책을 추구할 수 있기 때문이다.

1인당 총 차량 운행 거리로 대체하라

승용차에 대한 서비스 수준을 평가 척도로 사용하지 않는 또 다른 접근은 1인당 총 차량 운행 거리를 사용하는 것이다. 승용차 통행발생량과 마찬가지로 이 접근은 개개의 교차로가 아니라, 지역 전체의 교통량을 종합적으로 고려하는 것이다. 이 측정치는 발생하는 교통량을 수용하기보다는 승용차 운행률rate of driving을 될 수 있는 한 낮추기 위해서 개발 프로젝트를 어디에, 어떠한 형태로 개발하고, 어떻게 관리할 것인지를 추구하는 것이다.

예를 들면 교통 분석의 기준과 임계치는 다음과 같은 질문으로 대체할 수 있다.

- 프로젝트 시행으로 나타날 1가구당(또는 1인당) 총 차량 운행 거리의 증가분이
  - 1가구당 연간 총 차량 운행 거리가 1만 4000차량·마일보다 적은가?
  - 또는 지역 관할청의 평균 1인당(또는 1가구당) 총 차량 운행 거리의 70퍼센트보다 낮은가?
- 총 차량 운행 거리를 줄이거나 온실가스를 줄이기 위해서 프로젝트가 관할 주와 지역 당국, 군, 시, 환경청에서 채택된 계획, 또는 시장이나 주지사의 행정 명

령executive order에 따라 일관성이 있게 시행되는가?

이러한 질문은 다음과 같은 이점이 있다.

- 총 차량 통행보다 1인당 차량 통행에 초점을 두므로, 단순히 프로젝트의 규모라는 측면에서 보지 않고, 지역의 교통 체계와 대기 질에 불평등적인 부담을 주는 프로젝트를 구별해낼 수 있다.

- 주변 지역사회의 평균 통행발생량에 기반을 두므로, 교외 지역과 농촌 지역에 비해 상대적으로 도시 지역이 받는 불공평한 편향을 배제할 수 있다. 오히려 이들 질문은 해당 프로젝트가 주변 여건을 기대 수준보다 더 낫게 할 것인지, 아니면 더 못하게 할 것인지를 묻는 것이다.

- 더 중요한 것은 교통 영향을 완화하기 위해서 도로를 확장하지 못하게 해야 하며, 프로젝트의 규모도 줄이게 해야 한다는 것이다. 대신 개발자는 프로젝트를 대중교통을 이용하기 편리한 입지로 옮기거나, 토지이용을 혼합하거나, 교통수요관리 프로그램을 도입하거나, 보행자, 자전거 또는 대중교통 시설의 개선에 투자함으로써 통행발생률을 줄여야 한다.

4. 여러 수단에 대한 성취도 측정

모든 교통수단이 교통 체계의 성공에 기여하므로, 지속 가능한 도시를 이루기 위해서는 모든 교통수단 각각에 대한 성취도를 측정하는 도구가 필요하다. 특히 모든 것을 동시에 수용할 충분한 공간이 없을 경우에는 경쟁 수단들 간의 성취도 균형 정도를 평가하는 도구가 필요하다.

각 수단에 대한 서비스 수준 측정치는 각 수단이 교통망의 효율성에 어느 정도 기여하는지를 나타낸다. 또한 이것 대신 서비스의 질Quality of Service: QOS은 이용자 측면에서 각 수단의 효과를 나타내는 도구로 이용될 수 있을 것이다. 설계적 쟁점에 따라 수단별 설계의 효과를 판단하기 위해서는 표 14-2에 나열한 목록에서 다양한 측정치를 선택해 사용할 수 있다. 각 수단의 성취도를 측정하기 위한 척도에 대한 좀 더 상세한 내용은 각 수단에 관해 기술한 장들에서 찾을 수 있을 것이다.

표 14-2 **통상적 성능 측정치**

교통수단	성과 척도
보행	보도 혼잡(철도역이나 다른 중요한 목적지에서) 평균 횡단 지체 시간, 횡단보도의 평균 길이를 포함 보호 횡단보도의 설치 빈도 보도를 따라 이어지는 건축물 경계의 적극적 활용 비율 그늘진 보도의 비율 블록의 평균 둘레
대중교통	교차로 지체 교통축 통행 시간(제한속도의 백분율) 정시성(운행 시각표 또는 운행 시격 준수) 혼잡(탑승률) 신뢰도 운행 빈도 서비스 시간 승객 만족도(설문 조사를 이용한 측정)
자전거	자전거도로나 자전거 전용 도로(track)의 유무 제7장에서 정의한 자전거 서비스 수준
승용차	「도로 용량 편람」(2000)에서 제시하는, 도시 조건에 맞는 도시 교통축 분석 기술을 사용해 산출된 도로 구간 및 교차로의 성능 교통축 통행 시간 평균 속도의 표준 편차

5. 수단 간의 균형을 찾기 위한 성능 측정치 사용

가로 설계자들에게 가장 어려운 과제는 다른 수단의 편리를 위해서 어느 한 수단을 어느 정도 불편하게 해야 하는지를 결정하는 것이다. 특히 가로 폭이 좁은 경우에 더욱 그러하다. 자전거도로를 설치하기 위해서 노상 주차장을 없애도 되는 경우는 어느 때인가? 일반 차로를 버스 전용 차로로 바꾸어야 하는가? 보도를 넓히기 위해서 교차로의 좌회전 차로를 없앨 수 있는가? 일반적으로 이러한 질문들에 대한 답은 정치적인 과정을 통해 어느 수단에 대한 지지가 가장 큰 것인지에 따라 결정된다.

　비승용차 수단을 지지하는 사람들은 시 당국의 교통기술자들이 오로지 승용차들만 고려한다고 불평한다. 그러나 사실은 거의 모든 도시의 교통 성능 측정치들은 오로지 승용차만을 고려하며, 기술자들은 각 교통수단의 요구들 간의 균형을 어떻게 찾아야 하는지에 대한 기술적 지침을 갖고 있지 않다. 따라서 보행, 자전거, 대중교통을 위해 더 많은 공간을 만들려면 선출직 공무원들이 채택한 공식적인 규칙들을 깨뜨릴 필요가 있다. 모든 도로 공간의 배분 문제를 정치적인 싸움으로 가져가지 않으려면, 시 당국은 더 나은 규칙들을 채택해야 한다.

단계 1: 우선순위를 정하라

제5장 「가로」에서는 도시 가로를 간선 가로, 집산로, 국지 가로 등으로 나누는 단순한 가로 유형 분류 체계의 단점들을 기술했다. 그 대신에 해당 가로의 주변 토지이용 맥락에 따라, 그리고 그 가로에서 각 교통수단이 얼마나 중요한지에 대한 우선순위에 따라 가로를 분류해야 한다. 특히 성능 측정치를 만드는 바로 그 시점에, 실제 우선순위를 정하는 것이 중요하다.

우선순위를 정하기 위해서 지도를 보고 각 교통수단을 하나씩 집중해서 바라보라. 이러한 활동은 지역사회 회합에서, 또는 선출된 공무원들과 함께 쉽게 실행할 수 있다. 이들 우선순위에 대한 의견이 일치하면 할수록 나중에 성능 측정치를 구현하기가 더 쉬워질 것이다. 실질적으로 구현하기 위해서는 일반적으로 가로 구간들을 각 수단에 대해 2~4개의 계층tier으로 나누어 순서를 매기는 것이 가장 좋다.

- 보행자에 대한 우선순위는 주로 토지이용에 따라 달라지는데, 일반적으로 '소매 가로retail street'에서 가장 높은 우선순위를, '산업가로industrial street'에서 가장 낮은 우선순위를 부여한다. 학교 주변 지역과 고속도로 진출로, 경관 도로 등 보행자에게 위험 요소가 되는 주요 경로에 대해서는 특별한 관심을 두라.

- 자전거에 대한 우선순위는 일반적으로 도시의 자전거 시설 계획에 따라 결정된다. 만약에 당신의 도시에 자전거 시설 계획이 없다면, 지역의 자전거 통행자들과 논의해 어느 가로축이 가장 중요한지를 결정하라. 좀 더 상세한 내용은 제7장 「자전거」를 참고하라.

- 대중교통에 대한 우선순위는 주로 해당 가로 구간에 전체 대중교통의 누적 운행 빈도에 따라 결정된다. 대중교통 서비스의 빈도가 높은 가로에 최우선순위를 두며, 버스가 가끔 다니는 가로에는 가장 낮은 우선순위를 둔다.

- 자동차에 대한 우선순위는 가로 유형 분류 계층과 동일하게 간선도로, 집산로, 국지로의 순서로 부여한다.

- 화물차에 대한 우선순위는 도시의 화물차 경로 지도에 따른다. 대형 화물차들이 정기적으로 통행하는 가로들을 아는 것이 중요하다. 이들 가로의 차로와 회전 반경은 다른 가로보다 더 크게 해야 하며, 이들 가로축의 혼잡도는 다른 가로의 혼잡도보다 더 큰 경제적 영향을 줄 수도 있기 때문이다.

- 주차의 우선순위는 언제나 근린 주거지역의 소매 가로에 있는 노상 주차에 더

높은 중요도를 부여하고, 산업 지구나 업무 지구에는 상대적으로 낮은 중요도를 부여한다.

도시의 '중심 가로'와 같은 일부 가로는 몇몇 교통수단에는 매우 중요하다는 것을 인식해야 한다. 그 외의 가로들에서는 모든 교통수단을 고려할 필요는 없다. 이것이 일반적이다. 또한 특별한 교통수단을 지지하는 사람들은 특정 가로에서 자신들이 지지하는 교통수단에 대해 2차 또는 3차 순위를 부여하는 것을 꺼릴지도 모른다. 만약 그들이 이것에 대해 낮은 순위를 받아들인다면, 자전거도로 또는 버스 우선 신호체계 프로젝트가 완전히 사라지리라는 것을 염려하기 때문이다. 그러나 이러한 활동은 단지 설계자들이 각 수단에 대해 상대적으로 얼마를 투자할 것인지를 결정하는 데 도움을 준다(특히 모든 수단을 완벽하게 또는 최적으로 수용할 만한 충분한 공간이 없을 때).

이러한 활동이 끝나면 도시의 지리 정보 체계GIS 데이터베이스를 지도로 만들어야 하며, 이들을 나타내는 지도들을 온라인으로 제공해야 한다. 만약 지리 정보 체계로 지도를 제작한다면, 하나의 복합지도composite map를 만들 수 있다. 더 중요한 것은 시 의회에서 이를 도시 정책의 하나로 채택하게 만들어야 한다는 것이다.

단계 2: 성능 척도를 설정하라

이 장의 다른 곳에서, 또는 각 수단에 관해 기술한 장들에서 제시한 지침을 이용해, 각 수단에 대해 어떠한 성능 측정치들을 적용할 것인지를 정하라. 이 과정에서 유용한 자료들을 이용하고, 당신의 지역사회에서 가장 큰 관심이 있는 쟁점들에 대해 그 측정치들을 적절히 적용하라.

단계 3: 임계치와 목표를 설정하라

지금부터는 좀 까다로운 부분이다. 수단별·우선순위별로 최소 서비스 수준과 선호하는 서비스 수준 기준치를 정할 필요가 있다. 또한 어떠한 상황에서도 넘어서는 안 될 최소 서비스 수준 임계치를 정할 필요가 있다. 이들 기준치를 정하는 몇 가지 방법이 있다. 이 절에서는 세 가지의 가능한 접근 방법을 기술한다. 각 접근 방법은 각 수단의 서비스 수준에 대해 A~F로 순서를 매기는 체계를 사용한다. 그러나 물론 다른 측정치 체계를 사용할 수도 있다.

표 14-3 **수단별 성능 목표치(예)**

수단	임계치	1차 우선권	2차 우선권	3차 우선권
보행	목표	A	A	B
	최소	B	D	D
자전거	목표	A	A	B
	최소	B	C	D
대중교통	목표	A	A	B
	최소	B	C	D
승용차	목표	A	B	C
	최소	C	E	F
화물	목표	A	B	C
	최소	C	E	F
주차	목표	A	B	C
	최소	C	E	F

표 14-4 **토지이용 맥락별 성능 목표치(예)**

특성	유형	목표 서비스 수준	최소 서비스 수준	대중교통 우선 교통축	자전거 우선 교통축
보행 중심 도시	주 가로	보행자:A 대중교통: B 자전거: B 승용차: C	보행자: C 대중교통: D 자전거: D 승용차: E	대중교통 목표: A 대중교통 최소: C	자전거 목표: A 자전거 최소: C
	보조 가로	보행자: A 대중교통: 없음 자전거: B 승용차: 없음	보행자: B 대중교통: 없음 자전거: C 승용차: 없음	해당 없음	자전거 목표: A 자전거 최소: B
승용차 중심 지구	주 가로	보행자: B 대중교통: B 자전거: B 승용차: C	보행자: C 대중교통: D 자전거: D 승용차: E	대중교통 목표: A 대중교통 최소: C	자전거 목표: A 자전거 최소: C
	보조 가로	보행자: B 대중교통: 없음 자전거: B 승용차: 없음	보행자: C 대중교통: 없음 자전거: D 승용차: 없음	해당 없음	자전거 목표: A 자전거 최소: B

옵션 1: 수단별 기준치

수단별 기준치를 사용하는 접근은 앞의 '단계 1'에서 지도로 만들어진 수단별 우선순위를 참조해, 각 우선순위에 서비스 수준 기준치를 부여하는 방법이다(표 14-3 참조).

옵션 2: 혼합 체계

표 14-4는 2계층 또는 3계층 교통축이 아닌, 자전거와 대중교통에 높은 우선순위를 두는 교통축을 가진 도시를 위해서 단순화한 혼합 체계 hybrid system 를 나타낸다.

표 14-5 가로 유형별 성능 목표치(예)

가로 유형	서비스 수준	보행	자전거	대중교통	화물	승용차	주차
근린 주거 소매 가로	우선권	높음	중간	중간	중간	중간	높음
	목표치	A	B	B	B	C	A
	최소치	B	D	D	D	F	C
도심 소매 가로	우선권	높음	중간	높음	중간	중간	높음
	목표치	A	B	A	B	C	A
	최소치	B	D	C	D	F	D
도심 상업 가로	우선권	높음	중간	높음	중간	중간	중간
	목표치	A	B	A	B	C	B
	최소치	B	D	C	D	F	F
대중교통 대로	우선권	높음	중간	높음	낮음	낮음	낮음
	목표치	A	B	A	C	C	C
	최소치	B	D	C	F	F	F
자전거 대로	우선권	중간	높음	낮음	낮음	낮음	낮음
	목표치	A	A	B	C	C	C
	최소치	C	B	D	F	F	F
저밀도 주거 가로	우선권	높음	중간	낮음	낮음	낮음	높음
	목표치	A	A	C	C	C	A
	최소치	B	C	F	F	F	B
주거지 간선 가로	우선권	높음	중간	중간	낮음	중간	중간
	목표치	A	A	B	C	C	B
	최소치	B	C	C	D	D	F

옵션 3: 통합 가로 유형별 척도

표 14-5에서 보여주는 '통합 가로 유형 체계integrated street typology system'는 교통수단 우선 순위 지도를 가지며, 유사한 가로들을 토지이용 맥락과 교통수단을 통합한 조합으로 묶은 도시를 위한 것이다. 이 가로 유형은 교통수단의 우선순위를 요약해서 표기한 것이다.

단계 4: 척도를 적용하라

척도를 적용하기 전에 이들 척도가 얼마나 잘 맞는지를 확인하기 위해, 이를 다양한 실제 가로에 시험해보라. 특히 하나 이상의 교통수단에 대한 우선순위를 두어서 좀 더 까다로운 가로의 상황에 대해 시험해보라. 필요하다면 척도를 정밀하게 조정하라. 최적이라고 보일 때, 가로 설계자들로 하여금 이를 실제 가로에 구현하는 데 사용하게 하라. 그리고 도시계획가들이 개발에 따른 교통 영향을 산정하는 데 사용하도록 이들을 공식적인 정책으로 채택하라. 이 절에서는 이들 척도를 어떻게 적용할 것인지에 관한 두 가지 예를 기술한다.

표 14-6 엘름스트리트에 대한 성능 측정치: 예전

	도보	자전거	대중교통	승용차	화물	주차
목표치	A	A	C	A	B	A
최소치	C	C	E	D	F	C
현실치	C	F	C	B	B	A

표 14-7 엘름스트리트에 대한 성능 측정치: 옵션별

	도보	자전거	대중교통	승용차	화물	주차
옵션 1: 주차장 제거	D 실패	B 통과	D 통과	B 통과	B 통과	D 실패
옵션 2: 4대 3 전환	B 통과	B 통과	D 통과	C 통과	C 통과	A 통과

사례 1: 엘름스트리트에 자전거 차로를 추가

자전거도로 종합 계획에는 엘름스트리트Elm Street를 자전거에 높은 우선순위를 가진 교통축으로 하려는 계획이 포함되어 있고, 자전거 시설 프로젝트에 대한 안전한 재원도 마련되어 있다고 하자. 엘름스트리트는 근린 주거지역을 관통하는 가로로서 승용차에 대해 중간 정도의 우선순위를 가진 4차로 도로이다. 이 가로에는 빈번한 대중교통 서비스가 제공되며, 가로변 양측에 노상 주차장이 설치되어 있다. 시 당국의 기술자들은 이 엘름스트리트에서 각 교통수단의 성능을 측정하고, 이 측정치를 정해진 목표치와 비교했다(표 14-6 참조).

척도에 따르면 엘름스트리트는 승용차, 화물, 주차 측면에 대해서는 매우 양호한 수준이고, 도보와 대중교통 측면에서는 적절한 수준이며, 자전거 측면에서는 열악한 수준이다. 이는 수단 간의 균형이 잡혀 있지 못함을 분명히 보여준다. 따라서 자전거 통행자들을 위한 환경조건들을 개선하기 위해서는 승용차, 주차, 화물차에 대한 서비스 수준을 낮추는 것이 적절하다.

시 당국의 기술자는 보도 폭을 줄이는 것이 적절하지 못하다는 것(이는 결과적으로 보행자 서비스 수준을 최소 임계치 아래로 낮출 것이다)을 알기에, 승용차 통행 공간과 노상 주차 공간을 변경하는 두 가지 옵션을 평가하고자 한다. 옵션 1은 가로 한쪽의 노상 주차장을 없애고 이 공간에 자전거 차로를 설치하는 것이다. 옵션 2는 4차로의 일반 차로 중 2개 차로를 없애고 2개의 자전거 차로로 대체한 다음, 교차로마다 좌회전 차로를 설치하는 것이다. 기술자는 각 옵션에 대해 서비스 수준을 평가했다(표 14-7 참조).

분석 결과에 따르면, 유일하게 실행할 수 있는 것은 옵션 2로, 이는 보행자 서비스 수준에 약간의 개선을 가져다주며, 승용차와 화물에 대해서는 약간의 서비스 수준 감소를 가져다줄 것으로 예상한다. 그러나 옵션 1은 노상 주차 공간을 제거하므로 자동차 교통과 보행자 사이의 중요한 완충 지역을 없애는 동시에 인근 주민들의 주차 공간을 절반으로 줄이는 안으로 이 두 가지 모두 수용할 수 없다.

사례 2: 메인스트리트

메인스트리트main street는 도시의 상업 중심지이며, 모든 교통수단에 대해 최고의 우선순위를 두는 곳이다. 자전거 옹호자들은 그곳에 자전거 차로를 설치해달라고 요구한다. 대중교통 운영자는 교통 혼잡에 대해 불평하며, 버스 전용 차로를 설치해달라고 요구한다. 살아남으려는 상인들은 더 많은 노상 주차장을 요구하며, 지역 시민들은 보도가 너무 좁다고 불평한다. 시 당국의 기술자는 성능을 측정하고, 모든 교통수단에 대한 조건이 충족되지 않는지, 또는 겨우 충족하는지를 판단한다(표 14-8 참조). 이러한 상황에서는 도로 공간을 단순히 다시 할당하는 것만으로 모든 교통수단에 대한 균형을 가지게 할 수는 없다. 시 당국의 기술자는 무엇을 해야 하는가? 이 경우 기술자는 한 교통수단에 대한 편익이 다른 수단의 편익을 해치지 않는 모든 방법을 찾아보아야 한다. 예를 들면 다음과 같다.

- **보행**: 보행자 서비스 수준을 개선하고자 교차로 모서리를 '백열전구 모양으로 튀어나오게' 하고, 가로 조경을 개선한다. 아마도 주차 공간의 낭비를 최소화하는 수준에서 가로수나 가로등을 주차 차로로 이동시켜야 할 것이다.
- **자전거**: 만약 별도의 자전거 차로를 둘만한 충분한 여유가 없다면, 아마도 중앙부 차로에 새로이 둔 교통 정온화 기법을 이용해 차량 속도를 감소시켜야 할 것이다. 이것이 자전거 통행자들을 위한 완벽한 해결책은 아니지만, 아마도 최소 서비스 임계치를 만족할 수는 있을 것이다.
- **대중교통**: 대중교통 전용 차로를 위한 충분한 여유가 없는 것은 분명하지만, 아마도 버스의 원활한 통행을 위해 버스가 도착하는 시각을 예측해, 신호등의 신호체계를 연동할 수는 있을 것이다. 버스 정류장들을 통합할 수 있고, 정류장은 '뒤로 물리는 것pull-out'에서 '백열전구 모양으로 튀어나오는 것'으로 바꿀 수 있다. 또한 주요 병목 지점에서는 노상 주차 공간의 일부를 제거하고, 이를 버스들이 '대기했다가 끼어들 수 있는 차로queue jump lane'로 만들 수 있다. 이러한 대중교통을 위한 개선 방안들이 교통 소통에 미치는 부정적인 영향은 미미하다. 따

표 14-8 **주 가로에 대한 성능 측정치: 예전**

	도보	자전거	대중교통	승용차	화물	주차
목표치	A	A	A	A	A	A
최소치	C	C	C	C	C	C
현실치	D	F	F	D	D	C
	실패	실패	실패	실패	실패	통과

라서 다른 수단에 편익을 주기 위해서 어느 한 수단은 어느 정도 불편을 감수해야 하는 의사 결정이 필요할 것이다.

- **승용차**: 비록 도로 용량을 거의 개선할 수 없다 하더라도, 교통 신호등을 연동하거나 스마트 교통신호체계를 도입하는 것이 승용차 통행에 도움을 줄 수 있다. 또한 일부 노상 주차면을 제거하고, 이곳에 좌회전 또는 우회전 차로를 설치하는 것도 도움이 될 것이다.

- **화물**: 일반적으로 화물은 승용차 서비스 수준을 개선하기 위한 투자로 말미암아 편익을 얻을 것이다. 또한 대형 화물차가 도심을 피해 갈 수 있도록 화물 교통 축을 추가로 지정할 수 있을 것이다.

- **주차**: 앞에서 제안한 몇 가지 변경은 주차 공간의 손실을 가져다줄 것이다. 이러한 손실을 줄이려면 쇼핑객과 통근자들이 쉽게 주차 공간을 찾을 수 있게 해주는 주차 관리 전략이 도움이 될 수 있다(자세한 내용은 제10장 「주차」를 참고하기 바란다).

이 예에서 모든 교통수단에 대한 서비스 수준이 기준을 통과한다는 것은 불가능할지 모른다. 그러나 교통기술자는 확실히 현재의 조건을 개선할 수 있고, 비록 모든 교통수단에 대한 서비스 수준을 목표치에 미치게 하지는 못해도, 동일한 수준으로 만들 수는 있다. 또한 이러한 상황은 최소 서비스에 대한 '절대적인absolute' 기준을 정하므로 개선할 수 있다.

6. 도시 전역의 교통 체계에 대한 성능 측정치

마지막으로, 도시교통 체계가 대규모 경제개발, 삶의 질, 생태적 지속 가능성, 사회적 형평성 등의 목표에 얼마나 잘 맞는지를 측정할 수 있는 도구를 갖는 것이 중요하다.

이 절에서는 하나의 접근 방법을 간략히 기술한다. 그러나 이를 도입할 경우에는 각각의 도시가 추구하는 특정 가치와 우선권에 맞도록 조심스럽게 조정해야 할 것이다.

1) 샌타모니카 시의 접근

캘리포니아 주 샌타모니카 시는 2010년에 도시 기본 계획General Plan을 보완해 더 큰 목적을 달성하려는 노력의 하나로, 교통 영향 평가를 위한 도구들과 교통 체계 전반에 대한 성능을 측정할 수 있는 척도들을 만들기로 했다. 이를 위해 샌타모니카 교통관리국Transportation Management Division은 교통 보고 카드Transportation Report Card를 만들었다(표 14-9 참조). 이 카드는 다음과 같은 목적으로 사용된다.
- 기본 계획의 목표와 명확히 연관되는 측정치를 사용하기 위해

표 14-9 **샌타모니카 교통 보고 카드**

척도	프로젝트 검토	교통축 검토	보고 카드
관리			
오후 피크 시간 샌타모니카 통행발생의 순증가 없음	✓	✓	✓
승용차 통행 시간과 대중교통 통행 시간의 비교	✓	✓	✓
대중교통 서비스의 질	✓	✓	✓
평가 대상 교통축에서의 대중교통 용량 vs. 자동차 용량		✓	
평가 대상 교차로에서의 대중교통 용량 vs. 자동차 용량		✓	
교통축에서의 통행자 용량		✓	
혼잡	✓	✓	✓
가로			
보도의 완전성	✓	✓	✓
자전거 시설의 완전성	✓	✓	✓
자전거 주차	✓		✓
신호주기			✓
환경			
총 차량 운행 거리	✓	✓	✓
인당 탄소 발자국(온실가스 방출 샌타모니카 통행발생을 대상)	✓	✓	✓
대체 연료를 사용한 도시 차량(city fleet)			✓
질			
평가 대상 여가 교통 시설의 품질			✓
교통수단별 용도			✓
용도에 적합한 장소에서 지원	✓		✓

척도	프로젝트 검토	교통축 검토	보고 카드
공공 부문			
공공의 흥미 거리(enjoyment)			✓
건강			
인당 도보/자전거 통행			✓
도보/자전거 수단분담률			✓
어린이의 도보/자전거 통행			✓
지불 능력/형평성			
가계지출 교통비			✓
주차장 분리 분양			✓
대중교통의 유용성			✓
주차비 현금 지불			✓
경제			
상업 지구의 주차장 유용성			✓
안전			
충돌 사고			✓
부상자			✓
사망자			✓
도보/자전거 시설 이용자 충돌 사고/부상/사망			✓
안전성에 대한 인식			✓

- 이미 수집되고 있거나, 최소한의 노력으로 정기적으로 수집할 수 있거나, 다양한 목적과 관련된 자료에 중점을 두므로 자료 수집 비용을 최소화하기 위해
- 보고 카드를 단순하고 이해하기 쉽게 만들고, 도시의 염원 모두를 담을 수 있는 최소한의 측정치를 사용하기 위해

다음 방법의 대부분은 샌타모니카의 교통 보고 카드에 적용되었던 것들이다. 이들 중 일부는 다른 목적을 위해서도 사용될 수 있을 것이다.

- **프로젝트 검토**: 이 방법은 개발 프로젝트가 잠재적으로 교통과 근린 주거지역의 전반적인 환경에 미치는 부정적 영향을 어느 정도 완화해야 하는지를 정하는 데 도움을 준다.
- **교통축 검토**: 이 방법은 시 당국의 기술자들이 주요 교통축과 대중교통 축에 대해 전반적인 이동성을 최적화하는 데 도움을 준다.

다음 부분에서는 샌타모니카 시 당국이 환경적 검토(프로젝트 검토) 과정에서 도시개발과 관련된 교통 영향을 계량하기 위해서 사용하는 측정 기준metric들에 대해 상세

히 기술한다. 또한 각 측정 기준에 따라 성능을 어떻게 계산하고 평가할 것인지를 기술한다.

오후 피크 시간 자동차 통행의 순증가 없음

정의: 시 당국은 샌타모니카를 기점(출발지) 또는 종점(도착지)으로 하는 새로운 자동차 통행이 순증가하지 않도록 오후 피크 시간의 차량 통행량을 감시할 것이다.

목표: 오후 피크 시간 자동차 통행량의 순증가는 없게 한다. 오후 피크 시간에 새롭게 발생하는 자동차 통행은 현존하는 오후 피크 시간 통행의 감소로 상쇄한다.

자료: 시 당국은 샌타모니카 시에서 발생하는 교통량을 정밀하게 측정하기 위해 도시 전역에 있는 많은 수의 특정 지점에서 연간 교통량을 측정할 것이다. 좀 더 합리적인 비용으로 충분한 자료를 제공하기 위해서 시 당국은 자료 수집 내용을 늘려, 다음과 같은 자료를 추가로 수집하는 것을 고려하고 있다.[3]

- **취업자 통행**: 시 당국의 배기가스 감축 계획Emissions Reduction Plan에서 요구하는 사업체 조사employer survey를 통해서 수집된 기존 자료를 사용해 추정할 것이다.[4]
- **방문자와 거주자 통행**: 근린 주거지역 내 상업 지구의 쇼핑객들을 대상으로 하는 주기적인 설문 조사로 얻은 자료를 이용해 추정할 수 있을 것이다. 이러한 조사는 오후 피크 시간에 시행하며, 쇼핑객들에게 통행 선택에 관한 질문들을 하게 된다.[5]
- **통행 수요 모형**: 오후 피크 시간대별 통행 행태의 변화를 예상하는 것에도 사용할 수 있다. 이 모형은 대중교통 서비스, 복합 토지이용, 토지이용 밀도, 수단선택에 영향을 주는 기타 요소 등의 변화에 민감하다.

대중교통 통행 시간 대비 승용차 통행 시간

정의: 샌타모니카 시 당국은 도시 내 주요 교통축을 따라 이동하는 승용차 통행 시간과 대중교통 통행 시간을 측정한다.

목표: 교통축에서 승용차 통행 시간이 증가하지 않게 한다. 대중교통수단의 평균 속도는 제한속도의 30퍼센트보다 낮지 않게 한다.

자료: 선택된 교통축을 따라 이동하는 승용차와 대중교통수단의 통행 시간을 추적하기 위해 GPSGlobal Positioning System 자료가 이용될 수 있을 것이다. 이때 대상 교통축은 거주자들과 시 의회에서 허가받은 정기적인 대중교통 서비스를 제공하는 주

요 가로 중에서 선택한다. 교통축 전 구간을 대상으로 시행하는 주기적인 '시험 차량 조사pilot-car survey'를 통해서 얻은 자료로부터 승용차 통행 시간을 결정하고, 대중교통 통행 시간과 승용차 통행 시간의 비율을 계산한다. 자료는 특정 시간대에 조사하며, ① 오후 피크 시간 평균, ② 토요일 피크 시간 평균, ③ 일평균 또는 정해진 대표 시간대의 평균을 포함한다.

대중교통 서비스의 질

정의: 대중교통 서비스의 질은 대중교통수단에 탑승해 조사한 자료를 이용하거나, 지리 정보 체계 데이터베이스를 활용해 측정할 수 있다. 수집해야 할 주요 요소들은 운행 빈도, 서비스 시간service span, 신뢰도, 통행 속도, 탑승률 등이다. 목표와 허용 임계치는 장소에 따라 각기 다르다. 예를 들면 윌셔Wilshire 지역에서는 대중교통 운행의 지연이 도심 지역보다 더 심해서는 안 된다. 따라서 도심 지역 서비스의 질은 윌셔 지역 서비스의 질보다 낮은 것이 허용된다.

목표: 이 지표에 대한 목표는 대상 교통축에 대한 서비스의 질을 개선하려 하는 것이다.

자료: '탑승 조사 자료on-board data'는 대중교통 서비스의 질을 추적하는 데 사용될 것이다. 다음 다섯 가지는 승객의 관점에서 서비스의 질을 계량할 수 있는 주요 특성들을 나타내는 독립적인 측정치이다.

- **빈도:** 경로를 따라 운행하는 버스들 사이의 최대 운행 시간 간격으로 정해진다. 모든 서비스가 운행 시간표schedule에 맞추어 제공된다면 운행 시간 간격을 '운행 시격headway'이라고 부르며, 이는 이용자가 실제로 겪어야 할 최대 대기 시간이 된다.
- **서비스 시간:** 대중교통 서비스가 잦은 빈도(매 15분 또는 그 이하의 간격으로 운행)로 운행되는 날의 총 운행 시간을 말한다.
- **신뢰도:** 운행 시간표가 어느 정도 지켜지는지를 말한다.
- **통행 속도:** 최고 속도가 아니라 평균 속도이다. 이는 모든 운행 지연 요인을 포함해서 평균적으로 대중교통수단이 1마일을 이동할 때 얼마나 오래 걸리는지를 말한다.
- **탑승률:** 대중교통에 영향을 주는 다음과 같은 여러 쟁점에 대한 이해를 도와주는 중요한 척도이다.
  - 차량 내부에 앉을 자리를 찾을 수 있는가와 혼잡한가, 이 두 가지 측면에서

승객의 안락성

- 승객의 안락성을 개선하기 위해서 서비스 빈도 또는 차량 크기를 개선하려는 대중교통 운영자의 관점에서 느끼는 필요
- 만차로 말미암아 정류장에 정차하지 않고, 기다리는 승객들을 지나치는 무정차 통과pass-up의 위험

혼잡

정의: 주요 가로 구간과 교차로에 대해 '용량 대비 교통량 비율Volume-to-Capacity ratio: V/C ratio'을 계산할 수 있다. 이들 비율은 해당 가로 구간 또는 교차로의 이론적 용량에 비해 측정 또는 추정된 교통량이 얼마나 되는지를 계산한 것이다. 이 비율은 피크 시간의 15분 교통량을 차로 용량으로 나누어 계산한다. 이 비율이 1.0보다 작으면 차량은 안정적으로, 그리고 효율적으로 가로 구간을 따라 이동하거나 교차로를 통과할 수 있다. 그러나 1.0을 넘으면, 차량 운전자들이 안정적이고 효율적으로 이동하기에 충분한 용량을 확보하지 못하므로, 지체도가 증가할 것임을 가리킨다.

목표: 가로마다 허용되는 혼잡 정도는 다르다.

- 고속도로 진출입부로부터 연결되는 처음 2개의 교차로에 대해서는 목표를 정하지 않는다. 이들 장소에 대한 혼잡은 감수하고, 다만 이 혼잡이 인근 근린 주거 지역과 상업 지구로 확산하지 않도록 이들 병목 구간을 관리한다(만약 이들 교차로의 용량을 늘리면, 이로 말미암아 추가적인 지역 간 교통을 이곳으로 끌어들이게 된다. 따라서 전반적으로 교통량이 늘어날 것이며, 혼잡은 도시 내 다른 곳으로 이전될 뿐이다).
- 대로, 주요 중로major avenue,[7] 일반 중로secondary avenue, 상업지 가로commercial street에 대해서는 주중 평균 오후 피크 시간의 V/C 비율을 1.0 또는 그보다 작게 유지하라.

---

7) 미국의 도로 크기를 순서대로 나열하면, 'Boulevard>Avenue=Street>Road>Drive'이다. 이를 번역하면 'Boulevard'는 '대로'(거의 6차선 이상)이고, 'Avenue'와 'Street'는 4차선(또는 2차선) 도로, 'Road'는 좁은 2차선 도로, 'Drive'는 골목길이라고 할 수 있다. 일반적으로 'Avenue'는 남북으로 뻗은 도로, 'Street'는 동서로 뻗은 도로를 말한다.

- 일반 중로에 대해서는 주중 평균 오후 피크 시간의 V/C 비율을 0.8 또는 그보다 작게 유지하라.
- 근린 주거지역의 가로에 대해서는 주중 평균 오후 피크 시간의 V/C 비율을 0.7 또는 그보다 작게 유지하라.

자료: 도시 내 가로 구간과 교차로에 대한 용량 대비 교통량 비율을 측정하기 위해서 수정된 통행 수요 모형이 사용될 것이다. 이들 값은 주요 가로 구간별·교차로별로 지도에 표현될 것이다.

보도의 완전성

정의: 보도의 완전성이란 샌타모니카 시의 도시 가로 중 충분한 보행 시설을 가진 가로의 비율(백분율)로 측정된다. 보행 기반 시설이 부족한 가로들을 찾아 보행 및 자전거 통행 수요를 지리 정보 체계 모형에 표시할 것이다. 이는 잠재적으로 개선이 필요한 장소를 찾아 우선순위를 정하는 기준으로 사용될 것이다.

목표: 충분한 보행 시설을 갖춘 가로의 비율을 높이고자 한다.

자료: 보행 및 자전거 통행 수요 지리 정보 체계 모형

자전거 시설의 완전성

정의: 자전거 시설의 완전성이란 전체 가로 중 자전거도로망이 갖추어진 가로의 백분율로 측정될 것이다. 보행 및 자전거 통행 수요 지리 정보 체계 모형은 자전거 기반 시설이 부족한 가로에 대한 색인index를 제공할 것이다. 이들은 잠재적인 개선 장소를 찾아 우선순위를 정하는 데 필요한 기초 자료가 될 것이다.

목표: 자전거도로망의 완성 비율을 높이는 것이다.

자료: 보행 및 자전거 통행 수요 지리 정보 체계 모형

자전거 주차장

정의: 샌타모니카 시 당국은 지속적으로 공공용지 또는 사유지에 공공 자전거 주차 시설을 설치할 것이다.

목표: 공공용지와 사유지에 공공 자전거 주차 시설을 늘리는 것이다.

자료: 교통관리국은 프로젝트를 검토하는 과정의 일환으로 자전거 주차 시설에 대한 요구 현황을 지속해서 관리할 것이다.

1인당 총 차량 운행 거리

정의: 1인당 총 차량 운행 거리를 추적 관리함으로써 샌타모니카 시 당국은 이를 주변 지역의 수준 이하로 낮출 것인지, 또는 환경 관련법인 SB375(California Senate Bill 375)[8]와 (샌타모니카 통행발생량에 대한) 지역 목표에 맞출 것인지를 결정할 수 있을 것이다. 또한 이는 시 당국이 정해진 1인당 총 차량 운행 거리의 목표치를 달성하려면 시 전역 및 프로젝트별로 이 측정치를 어느 정도 완화해야 하는지를 결정할 수 있게 해준다.

목표: 1인당 총 차량 운행 거리를 최소한으로 유지하고, 우선적으로 감소시키는 것이다.

자료: 이 자료는 통행 수요 모형에서 도출될 것이다. 이 총 차량 운행 거리는 매 교통 분석 존TAZ별 또는 그보다 큰 지구별로 제작된 지도에 보여줄 것이다. 이 경우에 하나의 지도는 각 존 또는 지구를 통행 기점으로 한 총 차량 운행 거리, 또 다른 하나는 이들을 종점으로 한 총 차량 운행 거리를 나타낸다.

1인당 탄소 발자국(온실가스 배출): 샌타모니카 시의 통행발생량에 대해

정의: 1인당 온실가스Green House Gas: GHG 방출량을 추적 관리함으로써 샌타모니카 시 당국은 1인당 '탄소 발자국carbon footprint'[9]을 주변 지역의 수준 이하로 낮출 것인지, 또는 환경 관련법인 SB375와 통행량에 대한 지역 목표(샌타모니카 시의 통행발생량에 대한)에 맞출 것인지를 결정할 수 있을 것이다. 또한 이는 시 당국이 정해진 1인당 탄소 발자국의 목표치를 달성하기 위해서는 시 전역 및 프로젝트별로 이 측정치가 어느 정도 완화되어야 하는지를 결정할 수 있게 해준다.

목표: 1인당 온실가스 방출량을 최소한으로 유지하고, 우선적으로 감소시키는 것이다.

자료: 이들 자료는 통행 수요 모형에서 도출될 것이다. 1인당 온실가스 방출량은 더욱 큰 지구별 지도로 나타낼 것이다.

---

8) 미국 주 정부 단위에서는 처음으로 캘리포니아 주가 환경 관련법 SB375를 2008년 9월부터 강력하게 추진하고 있다. 미국 내 다른 주에서도 이와 유사한 법안을 만들고 있거나 이미 시행하고 있다.

9) 탄소 발자국은 개인 또는 단체가 직간접적으로 발생시키는 온실 기체의 총량을 의미한다. 여기에는 이들이 일상생활에서 사용하는 연료, 전기, 용품 등이 모두 포함된다. 비슷한 개념으로 개인 및 단체의 생활을 위해 소비되는 토지의 총면적을 계산하는 '생태발자국'이 있다(위키백과).

표 14-10 런던 교통수단에 대한 평가 기준

평가 기준	부 평가 기준	지표
환경 영향	자연환경	소음, 지역의 대기 오염, 총 오염 발생량, 에너지 및 연료
안전 및 보안	사고와 생명 안전	공공 및 개인 사고, 생명 안전
경제성	비용, 시간 절약, 및 수입	자본 및 운영비, 공공 및 사적 이용, 공공 및 개인 통행 시간, 손질, 비용-편익 분석
접근성	공공 교통 접근성	공공 교통에 대한 보행 접근성, 지역 센터에 대한 접근
	다른 교통수단에 대한 접근성	지역 단절, 보행 공간, 주차 및 서비스 시설로의 접근
통합	다른 교통수단과 통합	다른 교통수단과 연계(interface)
	접근성이 재생 및 사회 통합에 미치는 영향	개발 지역에 대한 접근, 제외 지역에 대한 접근, 고용에 대한 접근
	다른 지역 정책 및 계획	지역 정책, 관광
	지역 경제적 영향	국가 및 유럽연합(EU) 목표

7. 프로젝트 대안들의 평가

도시 가로에서 수단별 성능을 측정하는 것에 덧붙여, 이들 성능 측정치는 가끔 대형 자본 투자 프로젝트들 간의 우선순위를 결정하는 데 사용된다. 런던 시는 여러 가지 다양한 판단 기준에 따라 프로젝트의 수행 여부를 결정하는 특별히 좋은 도구를 갖고 있다. 버스, 트램, 경전철 중 어느 것을 택할 것인지를 포함해, 대중교통 프로젝트를 평가하고 선택하는 런던 시의 접근 사례는 표 14-10에서 볼 수 있다.

이들 기준은 계획가들이 각각의 프로젝트에 대한 장단점을 동등한 조건으로 비교할 수 있도록 도와준다. 첫째, 개별 프로젝트는 그림 14-1의 평가 '보고 카드'에서 보는 바와 같이, 선별된 기준에 따라 점수가 매겨진다.

그다음, 개별 프로젝트의 점수표를 컨슈머 리포트Consumer Reports[10] 형태로 요약할 수 있다. 이렇게 함으로써 다른 잠재적인 프로젝트들을 동등한 조건으로 상호 비교할 수 있다(예로 그림 14-2를 보라).

---

10) 미국 뉴욕에 본부를 둔 비영리단체인 소비자협회(Consumer Union)에서 발간하는 월간지로, 매월 자동차·TV·가전제품 등 특정 품목을 선정, 업체별 성능·가격 등을 비교 평가한다. 이 평가 자료는 소비자가 제품을 구매할 때 필요한 제품 정보를 제공해서 소비자들 사이에서 상당한 권위를 인정받는다.

사업 개요: 리버풀 시티 센터(Liverpool City Center)에서 커비(Kirkby)까지 커버(Kirkby)가지 연결하는 경전철 건설(경유지: West Derby Road, Utting Ave East).

문제점: 심한 시설 부족(Duke St/Cornwallis, Queens, A580, Kirkby & Parks Pathway 지역), 버스의 낮은 운행 신뢰성과 서비스 질, 그리고 지 연결하는 경전철 건설(경유지는 해당 대중교통 접근성.

1) 총 비용 3억 2500만 파운드(QRA를 포함하고 OB를 제외한 생산가격).

목표	하위 목표	정성적 영향	정량적 측정치	평가
환경성	소음	열차 운행으로 알마인은 소음을 발생. 도로 교통량 감소로 바뀟듯 소음이 정차적 절감.		약간 불리
	지역 대기질	경전철 차량으로 알마인은 영향은 국지 않음 승용차 이용으로부터 전환으로 메가량 수준이 조금 낮아짐.		약간 유리
	온실가스	승용차로부터의 전환으로 알마인은 온실가스/의 순 절감분이 발전소의 발생량 증가로 다 다를 그러나 온실가스/에 미치는 전반적인 영향은 우세를 정도됨.		중립
	조경	큰 영향 없음.		중립
	도시경관	9개 넘준 지구에 1개 계획 보존 지구에 인접하거나 통과, 도시 녹색공간 및 공공 오픈 스페이스에 영향. 동시에 사업 계획이 도시 재생의 기초제가 될 수 있음. 일부 지역에 서 심각한 수목을 제거하는 일이 있음을 아는 도시경관에 영향을 줄 수 있음.		약간 불리
	역사적 자원의 유산	고고학의 잠재적 영향을 주며, 문화재로 지정된 건물이나 보존에 영향을 줄 수 있음.		약간 불리
	생물 다양성	사업 노선이 밀에 영시지 않은 지역보호구역 지정 지역에 인접하거나 이를 관통함.		중립
	물 환경	큰 영향 없음.		중립
	신체 단련	보행자와 자전거 이용자를 위한 더 나은 시설을 제공.		약간 유리
	여행 분위기	차내 환경, 정류장 시설, 그리고 교통정보 등에 높은 질.		약간 유리
안전성	사고	통행을 수단을 메트로시트램(Mersey tram) 수단으로 전환은 승객들, 계속 도로를 이용하는 승용차 운전자를 모두의 사고를 감소시킴.	메트로시트램 전환으로 알마인은 편익: 3300만 파운드(현재 가치)	매우 유리
	보안	질 높은 조명 시설로 알마인은 정류장과 접근로의 높은 가시성, 모든 정류장에 CCTV 운영. 유인으로 운영하며 CCTV 감시 시설을 갖춘 파크-앤-라이드 주차장.		유리
경제성	교통 효율성	1.15의 높은 편익율. 사업의 전반적인 가치를 나타내는 비용-편익비는 1.60으로 높은 결과성.	일반 이용자 편익: 4억 8300만 파운드 일반 이용자 편익: 3억 100만 파운드 중앙정부 비용: 2억 3000만 파운드(현재 가치) 지방정부 비용: 6600만 파운드(현재 가치) (QRA의 OB 6% 포함)	매우 유리
	신뢰성	차량 외부의 관리한 승차권 판매와 기도 구간에서 통행로 분리 및 우선통행을 통해에 르고 신뢰성 높은 서비스를 제공.		매우 유리
	포괄적 경제 영향	1번 노선이 가장 높은 우선순위를 갖는 LTP 전략은 메트로시트램의 쪽업는 재생을 지원하기 위해 개발.		매우 유리
	옵션 가치	경로의 800미터 이내 10만 3687명과 더 많은 수의 버스 이용객을 지원.		유리
접근성	단절	가로에서 분리되어 운영하는 구간의 일부를 단정하고 이것에 새로운 횡단보도를 설치. 대부분의 정류장에 보행자 시설 활용.		중립
	교통 시스템 접근	경전도 교통 시설 부족한 지역의 승용차 보유율이 낮은 지역을 지원. 모든 차량에 정 류장은 교통 시설 부족한 지역에 접근하는 승용차에는 이루워진 어려움이 없음.		매우 유리
통합성	교통 연계	개선된 교통시수 연계: 바스(Kirkby, Croxteth, Queens Drive and City Center), 철도 (City Center), 승용차(새로운 파크-앤-라이드), 자전거 시설(모든 정류장).		매우 유리
	토지이용 정책	통합 발견 네트워크 초점을 통한 연이세를 제고. 메트로 지역에 지속 가능한 재생을 촉진하기 위한 통합 토지이용-교통 전략이 한 부분으로 개발. 매우 임정성이 있는 통합 네트워크.		매우 유리
	기타 정부 정책	근로 연계 복지, 모든 사람에게 교육 기회 제공, 사회적 배제 감소, 의료 서비스 제공 등 많은 정부 계획과 주제들을 지원.		매우 유리

그림 14-1
런던 시의 프로젝트 평가 점수표(예).
자료: Transport for London.

그림 14-2

런던 시의 여러 프로젝트 간 비교.

자료: Transport for London.

경로 우선순위

순위	경로 식별 번호	경로 이름	환경성	경제성	접근성	통합성	경제적 수용성	버스에 미치는 영향
1	B10a	Basildon-Laindon (via Upper Mayne)						
2	B10b	Basildon-Laindon (via Great Knightleys)						
3	B5	Basildon-Pitsea (via Broadmayne)						
4	B11	Basildon-Laindon						
5	B8	Basildon-Dry Street (via Basildon Hospital)						
6	S3b	Southend-The Ranges (via Thorpe Bay)						
7	S9	Ranges Loop						
8	B4	Basildon-Burnt Mills						
9	S3a	Southend-The Ranges (via Southchurch Boulevard)						
10	S1a	Southend-Airport (via Victoria Avenue)						
11	T3b	Lakeside-Tilbury (via Chadwell)						
12	T3a	Lakeside-Tilbury						
13	T4a	Lakeside-Purfleet (via Turrock Way)						
14	S1b	Southend-Airport (via Sutton Road)						
15	B1	Basildon-Wickford						
16	T4b	Lakeside-Purfleet (via Weston Avenue)						
17	S5a	Southend-Leigh On Sea						
18	B7	Wickford-Pitsea						
19	S5b	Southend-Leigh On Sea (via Prittlewell)						
20	S4	Southend Loop						
21	B3	Basildon-Pitsea (via Cranes)						
22	S8b	Southend-Rayleigh (via Bridgewater Drive)						
23	T2	Lakeside-Shell Haven						
24	S7	Southend-Basildon						
25	B9	Basildon-Shell Haven						
26	S8a	Southend-Rayleigh (via Eastwood Road)						
27	S2	Airport-The Ranges						
28	B2	Basildon-Rayleigh						
29	T1b	Lakeside-Basildon (via Grays)						
30	B6c	Basildon-Canvey (via Fryerns & Benfleet)						
31	S6	Southend-Canvey						
32	T1a	Lakeside-Basildon (via Arterial Road)						
33	T1c	Lakeside-Basildon (via South Stifford)						

범례

높은 우선순위　　　　　중간 우선순위　　　　　낮은 우선순위

8. 추가 자료

Florida Department of Transportation. "2009 Quality/Level of Service Handbook" and Multimodal Level of Service indicators; www.dot.state.fl.us/planning/systems/sm/los/pdfs/2009FDOTQLOS_Handbook.pdf

Transportation Research Board. "Highway Capacity Manual." TRB, 2000.

Transportation Research Board, "NCHRP Report 616: Multimodal Level of Service Analysis for Urban Streets." TRB, 2008.

Victoria Transport Policy Institute. Multimodal Level of Service page: http://www.vtpi.org/tdm/tdm129.htm

제15장

추가 정보

For More Information

1. 유용한 온라인 자료

다음은 교통 및 지속 가능한 도시에 관한 정보를 온라인을 통해서 무료로 얻을 수 있는, 가장 좋은 몇 가지 출처이다.

1) 자료와 연구

미국 센서스 및 Data.gov는 우리가 생각할 수 있는 모든 측면을 포괄할 수 있는 자료들의 보물 창고이다. www.census.gov와 www.data.gov를 참고하라.

워크스코어Walkscore는 전 세계의 어느 곳이든 관계없이, 거주자들이 보행 거리 이내에서 일상의 필요를 어느 정도 충족할 수 있는지를 측정하는 유용한 도구이다. 물론 구글이 해당 지역에 협력 사업체들을 가진 곳에서는 더욱 좋은 결과를 얻을 수 있다. www.walkscore.org를 참고하라.

사우스 플로리다 대학교University of South Florida에 있는 국립대중교통연구센터National Center for Transit Research는 미국의 대중교통 관련 자료와 유용한 도구들을 많이 보유하고 있다. www.nctr.usf.edu를 참고하라.

대중교통협동연구프로그램TCRP은 가장 유용한 대중교통 관련 학술적 논문과 분석 자료들을 소장하고 있다. www.tcrponline.org를 참고하라.

미국 교통연구위원회TRB는 교통과 관련해 생각할 수 있는 모든 주제의 학술적 논문들을 출간하고 있다. www.trb.org를 보라.

미국연방고속도로국FHA은 도로에 관해 예측 가능한 자료들을 관리하며, 보행과 자전거에 관한 많은 유용한 정보를 가지고 있다. safety.fhwa.dot.gov/ped_bike/ 및 www.fhwa.dot.gov/environment/bikeped를 참고하라. 또한 미국연방고속도로국은 보행및자전거정보센터Pedestrian and Bicycle Information Center: PBIC(www.pedbikeinfo.org)에 자금을 제공하는 중요한 기관이다.

빅토리아교통정책연구소는 경제학적 연구에 집중하고 있으며, 통행 행태에 영향을 주는 자동차 운행비와 수요관리 프로그램의 효과에 관한 광범위한 자료를 관리하고 있다. www.vtpi.org를 보라.

2) 국가적 맥락의 유용한 지지자

뉴어바니즘학회. 어바니즘에 관한 문서들과 연구. www.cnu.org를 보라.

　대중교통중심개발센터 Center for Transit Oriented Development 는 효과적인 대중교통 중심 개발TOD 에 관한 풍부한 연구 자료를 보유하고 있다. http://www.reconnectingamerica. org/html/TOD/index.htm를 보라.

　미국스마트성장협회 Smart Growth America 는 지속 가능한 도시에 관한 연구와 지원을 하고 있다. www.smartgrowthamerica.org를 보라.

　미국을 위한 교통 Transportation 4 America 은 미국에서 국가적으로 가장 효과적인 지속 가능한 교통정책 지지자의 모임이다. http://t4america.org를 보라.

3) 지속 가능한 도시의 관점에서 본 언론 및 연구

스트리트필름 Streetfilms. 만약 한 장의 사진이 천 마디 말의 가치가 있다면, 동영상은 만 마디의 말만큼의 가치가 있다. 스트리트필름은 모든 지속 가능한 교통의 주제에 관련 된 동영상들을 보유하고 있다. http://www.streetfilms.org를 보라.

　스트리츠블로그 Streetsblog. 미국 연방 교통정책, 그리고 구체적으로 뉴욕, 샌프란 시스코, 로스앤젤레스 등에 관해 가장 좋은 언론 보도자료이다. www.streetsblog.org 를 보라.

　플라넷티젠 Planetizen. 도시계획 및 어바니즘에 관련된 언론 보도자료이다. www. planetizen.com을 보라.

4) 특별히 유용한 블로그

기반 시설 Infrastructurist: http://www.infrastructurist.com

　통합 가로 Complete Streets: http://www.completestreets.org

　시장 어바니즘 Market Urbanism 은 도시계획에서 비표준적 관점과는 다른 매우 가치 있는 직관을 제공한다(예를 들면 이는 보수주의자와 자유주의자 모두에게 관심 있는 논쟁거 리들을 만들어준다). http://marketurbanism.com을 보라.

　인간적 대중교통 Human Transit. 당신의 지역사회에 어떻게 대중교통이 자리 잡을 수 있을지에 대한 실제적인 지침을 포함해, 대중교통에 관련된 주제를 다룬 가장 좋은 글들을 볼 수 있다. www.humantransit.org를 보라.

　　교통정책Transport Politic. 대중교통 기반 시설 및 정책에 초점을 둔 국가적 언론 보도자료이다. http://www.thetransportpolitic.com을 보라.

2. 필독 도서

다음 서적들은 모든 교통계획가의 책장에 반드시 비치되어 있어야 한다.

1) 도시와 어바니즘

Alexander, Christopher et al. *A Pattern Language: Towns, Buildings, Construction*.

Caro, Robert A. *The Power Broker: Robert Moses and the Fall of New York*.

Dunham-Jones, Ellen and June Williamson. *Retrofitting Suburbia: : Urban Design Solutions for Redesigning Suburb*.

Farr, Doug. *Sustainable Urbanism: Urban Design with Nature*.

Gehl, Jan. *Life between Buildings and Cities for People*.

Hayden, Dolores. *A Field Guide to Sprawl*.

Jackson, Kenneth T. *Crabgrass Frontier: The Suburbanization of the United States*.

Jacobs, Jane. *The Death and Life of Great American Cities*.

Mumford, Lewis. *The City in History: Its Origins, Its Transformations, and Its Prospects*.

Newman, Oscar. *Defensible Space: Crime Prevention through Urban Design*.

Whyte, William H. *City: Rediscovering the Center*.

2) 교통 일반

Grava, Sigurd. *Urban Transportation Systems*.

Newman, Peter. *Sustainability and Cities: Overcoming Automobile Dependence*.

Vuchic, Vukan. *Transportation for Livable Cities.*

3) 가로

Appleyard, Donald. *Livable Streets.*
Ewing, Reid. *Traffic Calming: State of the Practice.*
Institute of Transportation Engineers. "Designing Walkable Urban Thoroughfares: A Context Sensitive Approach, An ITE Recommended Practice."
Jacobs, Allan. *Great Streets.*

4) 자동차

Downs, Anthony. *Still Stuck in Traffic: Coping with Peak-Hour Traffic Congestion.*
Vanderbilt, Tom. *Traffic: Why We Drive the Way We Do (and What It Says About Us).*

5) 자전거

American Association of State Highway and Transportation Officials. *Guidelines for the Development of Bicycle Facilities.*
CROW. *Design Manual for Bicycle Traffic.*
National Association of City Transportation Officials. *Urban Bikeway Design Guide.*

6) 대중교통

Alameda-Contra Costa Transit District. "Designing with Transit."
Cervero, Robert. *The Transit Metropolis: A Global Inquiry.*
Vuchic, Vukan. *Urban Transit: Operations, Planning and Economics.*

7) 주차

Litman, Todd. *Parking Management Best Practices*.

Shoup, Donald. *The High Cost of Free Parking*.

3. 유용한 도구들

유능한 교통계획가가 되려면, 다음 도구들의 사용법을 알거나 최소한 도움을 청할 수 있는 사람을 아는 것이 중요하다.

1) 구글 어스

구글 어스Google Earth는 모든 계획가가 정기적으로 이용해야 하는 강력한 도구의 하나이다. 구글 어스는 하늘 위에서 당신의 집이 어떻게 생겼는지를 보여주는 것뿐 아니라, 다음의 일들을 가능하게 해준다.

- 도시의 규모scale를 당신이 아는 다른 장소와 비교해보라.

  다른 장소와 비교하기 위해 구글 어스의 오른쪽 하단 모서리에 있는 '눈높이 고도Eye Altitude' 범례를 사용하라. 예를 들면 그림 15-1과 그림 15-2 같은 구글

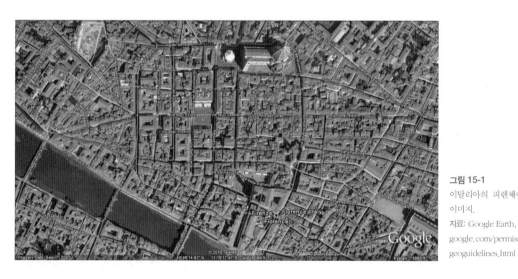

그림 15-1
이탈리아의 피렌체에 대한 구글
이미지.
자료: Google Earth, http://www.
google.com/permissions/
geoguidelines.html

그림 15-2
로스앤젤레스의 구글 이미지(그
림 15-1과 동일한 축척).
자료: Google Earth, http://www.
google.com/permissions/
geoguidelines.html.

그림 15-3
타이슨스코너에 대한 구글 이미
지(그림 15-1과 동일한 축척).
자료: Google Earth, http://www.
google.com/permissions/
geoguidelines.html.

어스 이미지는 피렌체Florence 역사 지구와 로스앤젤레스의 하버 고속도로Harbor Freeway의 91번 인터체인지를 같은 축척으로 비교할 수 있다.

또한 그림 15-3과 그림 15-4는 버지니아 주 타이슨스코너Tyson's Corner의 블록 형태와 오리건 주 포틀랜드의 블록 형태를 그림 15-1과 그림 15-2와 동일한 축척으로 보여준다.

누가 타이슨스코너의 블록 6개가 포틀랜드의 블록 100개 이상과 같은 면적을 차지한다고 상상이나 했겠는가? 또는 피렌체 대부분이 로스앤젤레스의 고속도로 인터체인지 안에 들어갈 수 있다고 상상이나 했겠는가? 어느 장소가 대중교통에 더 잘 맞을까? 어느 장소가 보행에 더 잘 맞을까? 그 이유는 무엇일까?

그림 15-4

오리건 주 포틀랜드 시에 대한 구글 어스 이미지(그림 15-1과 동일한 축척).

자료: Google Earth, http://www. google.com/permissions/geoguidelines.html.

그림 15-5

구글 어스 이미지를 사용하므로, 세계 어느 지역이든 가로 및 차로 규격을 측정할 수 있다.

자료: Google Earth, http://www. google.com/permlssions/geoguidelines.html.

- 가장 가까운 곳에서부터 세계 어느 곳이든지, 그곳의 블록 크기와 가로 폭을 측정하라. 구글 어스는 현장에서 실제로 가로를 걸음걸이로 재는 것과 거의 같은 수준으로 매우 정확한 정보를 제공한다. 언제나 현장 확인은 필요하지만, 가로의 통행 차로가 불필요하게 넓은 것은 아닌지, 차로에 자전거 차로를 추가할 수 있는지, 교차로에 우선멈춤 표지판이나 신호등이 있는지를 쉽게 알 수 있다. 당신이 원하는 측정 단위로 계측하려면 '길이 측정 도구ruler tool'를 사용하라.

당신의 사무실에 편안히 앉아, 파리의 샹젤리제 거리Avenue des Champs Elysees 가 매우 넓은 가로인데도 차로 폭은 9피트(약 2.7미터)에 지나지 않음을 알 수 있다(그림 15-5 참조).

- 전 세계적인 교통 시스템을 둘러보라. 구글 어스의 여러 '레이어layer'[1]는 어떤 도시든 그곳의 철로와 대중교통 네트워크를 볼 수 있게 해준다. 그리고 거의 모든 사물의 사진을 볼 수 있게 해준다.

2) 자신의 발걸음과 신발

당신이 좋아하는 가로의 보도는 얼마나 넓은가? 10피트(약 3미터) 보도와 13피트(약 4미터) 보도의 실제 차이는 무엇인가? 이 가로에 자전거 차로를 추가할 수 있는가? 만약 당신이 보폭과 신발의 길이를 안다면, 당신은 이를 이용해 거의 모든 가로 요소를 정밀하게 측정할 수 있다. 당신의 전형적인 걸음의 정확한 보폭을 알려면 긴 줄자나 측륜measuring wheel[2]을 이용해 실제 발걸음을 측정해야 보아야 한다. 이때 발걸음으로 길이를 정밀하게 측정하려면 아주 어색하게 걸어야 할 필요가 있다.

3) 지리 정보 체계

지리 정보 체계GIS 데이터베이스(업계에서는 단순히 지리 정보 체계라 부른다)는 모든 종류의 자료를 통합해, 그것이 특정 장소에 어떻게 연관되는지를 보여주는 분석적 '맵핑 도구mapping tool'[3]이다. 지리 정보 체계는 자료를 점, 선, 면의 형태로 실제 좌표에 연계해, 복잡한 '특정 장소별 분석place-specific analysis'을 할 수 있게 해준다. 공간적 현상의 연관성과 패턴은 기호화되어 지도나 도표로 표현된다. 지리학에 의한 '자료 시각화data visualization'는 공간 정보 및 맥락을 정책결정자에서부터 일반 대중에 이르기까지 폭넓은 청중들에게 빠르게 전달할 수 있게 해준다. 한 장의 큰 지도는 여러 장의 문서와 표로 설명하던 것을 거의 즉각적으로 이해할 수 있게 해준다. 어떠한 프로젝트에서 매우

---

1) 한 지점이 가진 여러 개의 특성을 표현하고자 기초 도면 위에 각 특성 도면을 겹쳐서 표시하려고 사용하는 층을 말한다.
2) 측륜(測輪)이란 길이를 측정하기 위한 차륜 모양의 장치로 이것의 바깥 둘레 길이로 길이를 측정한다.
3) 맵핑이란 '지도를 만든다'는 의미의 용어이지만 컴퓨터 공학에서는 각각의 특성을 기억장치에서 연결하는 것을 의미한다. 예를 들면 지리 정보 시스템에서 어느 한 지점의 위치 정보와 특성 정보를 컴퓨터 기억장치에서 상호 연결하는 것을 말한다.

중요한 것은 관심 분야에 대해 정밀하고 완전한 최신 자료의 출처를 찾는 것이다.

지리 정보 체계 및 교통 관련 자료의 출처로는 다음과 같은 것들이 있다.

- 시, 카운티 또는 주state 정부. 가끔 이들 기관은 온라인으로 내려받을 수 있는 지리 정보 체계 자료, 또는 이들 자료의 이용을 관리하고 승인하는 지리 정보 체계 관리국을 두고 있다. 마찬가지로 지역의 정부 기구 또는 협회들도 지리 정보 체계 자료를 수집하고, 생산하며, 수정하고, 배포한다.
- 환경시스템연구소Environmental Systems Research Institute, Inc.: ESRI. 지리 정보 체계 소프트웨어와 응용프로그램에 대한 주도적 사업체. http://www.esri.com을 보라.
- 국가교통지도데이터베이스National Transportation Atlas Database: http://www.bts.gov/publications/national_transportation_atlas_database/2010
- 센서스 교통계획 패키지Census Transportation Planning Package: CTPP: http://www.fhwa.dot.gov/ctpp. 긴 센서스 조사표에서 추출된 표들은 많은 교통 및 통근(출근) 데이터 세트data set를 제공한다.
- 배치지오BatchGeo. 온라인에서 무료로 제공되는 프로그램으로, 집 주소를 구글 지도나 구글 어스의 점point 자료로 전환하는 '주소 위치 탐지기address locator'이다.

4) 스케치업

구글이 제공하는 또 다른 무료 도구인 스케치업Sketch Up은 사용자들에게 어떤 도시의

그림 15-6
스케치업과 구글 어스를 이용하면, 현 공간을 재설계한 단순한 3차원 렌더링을 만드는 것이 가능하다.

사진: Mike Alba/Nelson\Nygaard.

어느 부분을 3차원 모형으로 생산해주는 매우 강력한 시각화 도구이다(그림 15-6 참조). 이것은 만약 건물이 주차장이 아니라 가로에 면한다면, 또는 새로운 나무를 심는다거나 가로 중앙에 경전철이 달린다면 가로가 어떻게 보일지를 상상할 수 있게 해준다. 스케치업은 3차원 뿐 아니라, 정확성과 정밀성을 감안해 이미지를 일정한 비율로 만들어준다. 스케치업의 3차원 자료 창고에는 우편함에서부터 에펠탑Eiffel Tower에 이르기까지 모든 사물에 대한 커다란 도서관이 있다.

5) 포토샵

포토샵Photoshop 은 당신의 가족이나 친구들의 사진을 크로핑cropping[4]하고, 전혀 예상치 못한 장소에 페이스팅pasting[5]하는 무한한 재미를 주는 프로그램으로, 이를 실제 목적

4) 사진이나 삽화의 불필요한 부분을 다듬는 것을 가리킨다.
5) 컴퓨터에서 문서나 사진을 오리거나 복사해서 갖다 붙이는 것을 가리킨다.

그림 15-7
포토샵을 사용하면, 보잘것없는 모습의 가로가 어떻게 매력이 넘치는 모습으로 바뀔 수 있는지를 상상해볼 수 있다.
사진: Steve Price and Dover, Kohn & Partners.

에도 사용한다(그림 15-7 참조).

　사람들이 그들의 지역사회가 어떻게 더 나은 모습으로 변할 수 있는지를 알게 하는 데 도움을 줄 수 있는 더 유용한 도구는 없다. 지역사회의 변화를 말 또는 글로 설명하는 것이 한 가지 방법이지만, 이는 그것이 실제로 어떤 모습이 될 것인지를 보여줄 수 있는 전혀 다른 방법이다.

　주목할 만한 몇 가지 예를 보려면 www.urban-advantage.com에서 스티브 프라이스Steve Price 의 작품을 보라.

6) 도시토지연구소ULI의 주차 공유 매뉴얼

이 도구는 제10장「주차」에서 다루었다.

7) 도시 배출 가스 모형URBEMIS

이 도구는 제10장「주차」에서 다루었다.

제1장 머리말

1 Romolo August Staccioli, *The Roads of the Romans*(Rome: L'Erma di Bretschneider, 2003), summarized in Tom Vanderbilt, *Traffic: Why We Drive the Way We Do (and What It Says About Us)* (Knopf, 2008), 8).

2 U.S. Environmental Protection Agency, "Inventory of U.S. Greenhouse Gas Emissions and Sinks: 1990-2009"(April 15, 2011), http://epa.gov/climatechange/emissions/downloads11/US-GHG-Inventory-2011-Complete_Report.pdf

3 U.S. Energy Information Administration, *Energy Annual Review 2009*(August 2010), Figure 2.0, www.eia.gov/emeu/aer

제2장 지속 가능한 교통

1 United Nations General Assembly, *Report of the World Commission on Environment and Development: Our Common Future; Transmitted to the General Assembly as an Annex to Document A/42/427—Development and International Co-operation: Environment Our Common Future, Chapter 2: Towards Sustainable Development; Paragraph 1*(March 20, 1987).

2 Sigalovada Sutta, D. III, 188, translated by Perry Garfinkle, *Buddha or Bust*(Three Rivers Press, 2006).

3 Taro Gomi, *Everyone Poops*(Kane/Miller, 2001).

4 A. H. Maslow, "A Theory of Human Motivation," *Psychological Review*, 50, No.4(1943), pp.370~396.

5 Clayton Alderfer, *Existence, Relatedness, and Growth: Human Needs in Organizational Settings*(Free Press, 1972).

6 I. Aharon et al., "Beautiful Faces Have Reward Value: fMRI and Behavioral Evidence," *Neuron*, 32(2001), pp.537~551.

7 San Francisco Visitors and Convention Bureau, 2010 Visitor Profile Research(February 2011), http://www.sanfrancisco.travel/research/

8 "People for Bikes: If I Ride" video(November 2, 2010), www.peopleforbikes.org

9 Garrett Hardin, "The Tragedy of the Commons," *Science*, 162, No. 3859(December 13, 1968), pp. 1243~1248.

10 U.S. Energy Information Administration, *Annual Energy Review*, Tables 5.12a and 5.12b, www.eia.gov/emeu/aer

11 1970년대의 셰브론(Chevron) 광고들이 석유는 익룡 시대에 만들어졌고, 공룡시대는 그 뒤에 나타났다고 믿게 했다.

12 U.S. Environmental Protection Agency, *Criteria Air Pollutants*, http://www.epa.gov/apti/course422/apS.html

13 Todd Litman, "Transportation Cost and Benefit Analysis II—Water Pollution"(Victoria Transport Policy Institute, 2009), http://www.vtpi.org/tca/

14 Helen Pressley, "Effects of Transportation on Stormwater Runoff and Receiving Water Quality"(internal agency memo, Washington State Department of Ecology, 1991), www.ecy.wa.gov

15 같은 글.

16 R. T. Bannerman et al., "Sources of Pollutants in Wisconsin Stormwater," *Water Science Technology*, 28, Nos. 3~5(1993), pp. 247~259; Lennart Folkeson, "Highway Runoff Literature Survey"(#391; VTI, 1994), www.vti.se; John Sansalone, Steven Buchberger and Margarete Koechling, "Correlations between Heavy Metals and Suspended Solids in Highway Runoff," *Transportation Research Record*, 1483(1995), pp. 112~119, www.trb.org

17 R. Field and M. O'Shea, "Environmental Impacts of Highway Deicing Salt Pollution"(EPA/600/A-92/092, 1992); Gregory Granato, Peter Church and Victoria Stone, "Mobilization of Major and Trace Constituents of Highway Runoff in Groundwater Potentially Caused by Deicing Chemical Migration," *Transportation Research Record*, 1483(1996), 92, www.trb.org.

18 OPW, "Impervious Surface Reduction Study"(Olympia Public Works, 1995), www.ci.olympia.wa.us.

19 Entranco, "Stormwater Runoff Management Report"(Washington DOT, 2002), www.wsdot.wa.gov.

20 U.S. Environmental Protection Agency, "Using Smart Growth Techniques as Stormwater Best Management Practices"(2005), www.epa.gov.

제3장 교통과 공중 보건

1 A. A. Hakim et al., "Effects of Walking on Mortality among Nonsmoking Retired Men," *New England Journal of Medicine*, 338, No. 2(January 8, 1998), pp. 94~99.

2 Hiromi Kobayasi and Shiro Kohshima, "Evolution of Human Eye as a Device for Communication," in T. Matsuzawa(ed.), *Primate Origins of Human Cognition and Behavior* (Springer-Verlag Tokyo, 2010), pp. 383~401.

3 Jan Gehl, *Cities for People*(Island Press, 2010), Ch.2.1, "Senses and Scale."

4 U.S. Department of Commerce, Cities of Travel and Tourism Industries, "2009 United States Resident Travel abroad," http://tinet.ita.doc.gov/outreachpages/download_data_table/2009_US-Travel_Abroad.pdf

5 National Highway Traffic Safety Administration, "Traffic Safety Facts 2009"(2010), Early edition, executive summary page, http://www.nhtsa.gov/

6 Centers for Disease Control and Prevention(CDC), Behavioral Risk Factor Surveillance System Survey Data, Atlanta, Georgia: U.S. Department of Health and Human Services, Centers for Disease Control and Prevention, 2011.

7 Michael Friedman et al., "Impact of Changes in Transportation and Commuting Behaviors During the 1996 Summer Olympic Games in Atlanta on Air Quality and Childhood Asthma," *Journal of the American Medical Association*, JAMA, 2001; 285(7), pp. 897~905, doi: 10.1001/jama.285.7.897.

8 David Bassett, John Pucher, Ralph Buehler, Dixie L. Thompson and Scott E. Crouter, "Walking, Cycling, and Obesity Rates in Europe, North America, and Austria," *Journal of physical Activity and Health*, 5(2008), pp. 795~814, http://policy.rutgers.edu/faculty/pucher/JAPAH08.pdf; chart complied by Todd Litman, in Evaluating Public Transportation Health Benefits(American Public Transportation Association, June, 2010).

9 Excerpted from Todd Litman, "Evaluating Public Transportation Health Benefits" (American Public Transportation Association, June 2010).

10 Rochelle Dicker et al., "Cost of Auto-versus-Pedestrian Injuries"(UCSF San Francisco Injury Center, March 2010).

11 Dr. Mark Fenske, "Road Rage Stressing You Out? Crank the Tunes," *Globe and Mail*, October 6, 2010, http://www.theglobandmail.com/life/health/road-rage-stressing-you-out-crank-the-tunes/article1745866/

12 National Highway Traffic Safety Administration, "Talking Points: Aggressive Driving Prosecutor's Planner," http://www.nhta.gov/people/injury/aggressive/aggproplanner/page05.htm

13 National Highway Traffic Safety Administration, "Are you an Aggressive Driver?," http://www.nhtsa.gov/people/injury/aggressive/Aggressive%20Web/brochure.html

14 Tom Venderbilt, *Traffic: Why We Drive the Way We Do (and What It Says About Us)* (Knopf, 2008), 28.

15 SAFETEA-LU의 내용은 2005년에 처음으로 2440만 달러의 교통 지원 예산 청구를 승인한 것이다. 이 명칭에 'LU'가 붙은 것은 당시 주거지교통및기반시설위원회(House Transportation and Infrastructure Committee) 위원장의 부인인 루 영(Lu Young)의 공로이다.

16 AARP, "The Voting Behavior of Older Voters in the 2008 General Election and Prior Congressional Elections: Implications for November 2010"(2010), http://assets.aarp.org/rgcenter/general/voting-behivor-10.pdf

17 U.S. Department of Transportation, Federal Highway Administration, "National Safe Routes to School" homepage, http://safety.fhwa.dot.gov/saferoutes/

18 Maya Lambiase, Heather Barry and James Roemmich, "Effect of a Simulated Active Commute to School on Cardiovascular Stress Reactivity," *Medical & Science in Sports & Exercise*, 42, No. 8(August 2010), pp. 1609~1616, doi: 10.1249/MSS.0b013e318d0c77b.

19 Donald Appleyard, *Livable Streets*(University of California Press, 1981), pp. 15~28.

20 같은 책, 22쪽.

21 같은 책, 24쪽.

22 같은 책, 24쪽.

23 예를 들어 P. J. Zak, A. A. Stanton and S. Ahmadi, "Oxytocin Increases Generosity in Humans," *PLoSONE*, 2, No. 11(2007), e1128, doi: 10.1371/journal.pone.0001128. PMID 17987115; A. J. Guastella, P. B. Mitchell and M. R. Dadds, "Oxytocin Increases Gaze to the Eye Region of Human Faces," *Biological Psychiatry*, 63, No. 1(January 2008), pp. 3~5, doi: 10.1016/j.biopsych.2007.06.026.PMID 17888410.

24 Kerstin Uvnas Moberg, *The Oxytocin Factor: Tapping the Hormone of Calm, Love, and Healing*(Da Capo Press, 2003).

25 Michael Kosfeld et al., "Oxytocin Increases Trust in Humans," *Nature*, 435(June 2, 2005), pp. 673~676, doi: 10.1038/nature03701.

26 J. Barton and J. Pretty, "Waht is the Best Dose of Nature and Green Exercise for Improving Mental Health? A Multi-Study Analysis," *Environmental Science and Technology*(2010), doi: 10.1021/es903183r.

제4장 미래의 도시

1 http://www.nywf64.com/gm07.shtml

2 Jan Gehl, *Cities for People*(Island Press, 2010).

3 Jane Jacobs, *The Death and Life of Great American Cities*(Random House, 1961), p. 15.

4 같은 책, 56쪽.

5 David Brooks, "The Crossroads Nation," *New York Times*, November 8, 2010.

6 Anne-Marie Slaughter, "America's Edge: Power in the Networked Century," *Foreign Affairs*, Jan/Feb 2009, http://www.foreignaffairs.com/articles/63722/anne-marie-slaughter/americas-edge

제6장 보행

1 하나의 예는 2007년에 시드니(Sydney) 시를 위해 겔 건축 사무소가 마련한 '시드니 중심 상업 지구 공공의 삶과 공공 공간 조사(Sydney CBD Public Life and Public Spaces Survey)'에서 찾을 수 있다. 자료와 권장 사항들은 다음 사이트에서 볼 수 있다. http://www.cityofsydney. nsw.gov.au/development/cityimprovements/roadsandstreetscapes/PublicSpacesSurvey.asp

2 Oscar Newman, *Defensible Space: Crime Prevention Through Urban Design*(Macmillan, 1972).

3 San Francisco Planning Department, "San Francisco Better Streets Plan," Adopted December 2010, http://www.sf-planning.org/ftp/BetterStreets/index.htm.

4 Americans with Disabilities Act Accessibility Guidelines for Buildings and Facilities, 36

C.F.R. pts. 1190, 1991.

5 U.S. Department of Transportation, Federal Highway Administration, "Manual on Uniform Traffic Control Devices"(2009 ed.), mutcd.fhwa.dot.gov/

6 Transportation Research Board, "Highway Capacity Manual"(Washington, D.C., 2000).

제7장 자전거

1 D. L. Robinson, "Safety in Numbers in Australia: More Walkers and Bicyclists, Safer Walking and Bicycling," *Health Promotion Journal of Australia*, 16, No. 1(2005), pp. 47~51; R. Elvik, "The Non-Linearity of Risk and the Promotion of Environmentally Sustainable Transport," *Accident Analysis and Prevention*, 41(2009), pp. 849~855; J. Geyer et al., "The Continuing Debate about Safety in Numbers-Data from Oakland," CA(Berkeley: Institute of Transportation Studies, UC Berkeley, 2006).

2 Peter Jacobsen, "Safety in Numbers: More Walkers and Bicyclists, Safer Walking and Bicycling," *Injury Prevention*, 9(2003), pp. 205~209, at p. 208.

3 2002 National Survey of Pedestrian and Bicyclist Attitudes and Behaviors, sponsored by the U.S. Department of Transportation's National Highway Traffic Safety Administration and the Bureau of Transportation Statistics, http://www.bts.gov/programs/omnibus_surveys/ targeted_survey/2002_national_survey_of_pedestrian_and_bicyclist_attitudes_and_behaviors/ survey highlights/entire.pdf

4 Surveys cited in Transport Canada, "Urban Bicycle Planning," Urban Transportation Showcase Program, Case Studies in Sustainable Transportation, Issue Paper, 77 (November 2008), http://www.tc.gc.ca/eng/programs/environment-utsp-casestudycs77ebikeplanning- 1177.htm

5 A. C. Nelson and David Allen, "If You Build Them, Commuters Will Use Them: Association between Bicycle Facilities and Bicycle Commuting," *Transportation Research Record*, 1578(1997), pp. 79~83; J. Pucher and L. Dijkstra, "Promoting Safe Walking and Cycling to Improve Public Health: Lessons from the Netherlands and Germany," *American Journal of Public Health*, 93, No. 9(2003), pp. 1509~1516; Jennifer Dill and Theresa Carr, "Bicycle Commuting and Facilities in Major U.S. Cities: If You Build Them, Commuters Will Use Them—Another Look"(Transportation Research Board, 2003).

6 New Mexico: http://www.arnlegal.com/nxt/gateway.dll/New%20Mexico/albuqwin/cityof albuquerquenewmexicocodeofordinanc?f=templates$fn=default.htrn$3.0$vid=arnlegal:alb uquerque_nm_mc; Washington: http://apps.leg.wa.gov/RCW/default.aspx?site=46.61.770

7 S. Christmas et al., "Cycling, Safety and Sharing the Road: Qualitative Research with Cyclists and Other Road Users"(London: Department for Transport, 2010).

8 Surveys of cyclists in Portland, Oregon, Ashland and other cities, by Kittleson Associates, as reported in various locations, including "Study Identifies Three Different Types of Cyclists," The Ashland Daily Tidings, November 6, 2010, http://www.dailytidings.com/ apps/pbcs.dll/article?AID=/20101106/NEWS02/11060303/-1/NEWSO1

9 London Cycling Design Standards(Transport for London, 2005).

10 Collection of Cycle Concepts(Danish Road Directorate, 2000).

11 http://www.bicyclelaw.com/articles/a.cfm/legally-speaking-stop-as-yield1;
   http://www.legislature.idaho.gov/idstat/Title49/T49CH7Sect49-720.htm

제8장 대중교통

1 Transit Cooperative Research Program, "TCRP Report 90—Bus Rapid Transit".

2 John Niles and Lisa Callaghan Jerram, "From Buses to BRT: Case Studies of Incremental
   BRT Projects in North America"(Mineta Transportation Institute, 2010).

3 http://www.metro.net/projects/rapid/

4 "Transit Waiting Environments: An Ideabook for Making Better Bus Stops"(Greater
   Cleveland Regional Transit Authority, June 2004).

5 U.S. Department of Transportation, Federal Highway Administration. "Summary of Travel
   Trends: 2009 National Household Travel Survey," FHWA-PL-ll-022, June 2011, Table 9,
   http://nhts.ornl.gov/

6 "Transportation to Sustain a Community"(City of Boulder Transportation Division, 2009).

제9장 자동차

1 Original advertisement published in the Saturday Evening Post, June 1923. Referenced in
   Cleveland State University's Center for Public History and Digital Humanities "Teaching+
   Learning Cleveland," http://csudigitalhumanities.org/exhibits/iterns/show/1109 (검색일:
   2011.6.25).

2 U.S. Amusement Park Attendance and Revenue History, http://www.iaapa.org/pressroom/
   Amusement_Park_Attendance_Revenue_History.asp

3 Rudolph Limpert, *Motor Vehicle Accident Reconstruction and Cause Analysis*, 4th
   ed.(Charlottesville, VA: Michie, 1994), p.663.

4 이 그림은 『도로 및 가로의 기하학적 설계(Geometric Design of Highways and Streets)』에
   나타난 전미국주도로교통운수행정관협회(AASHTO)의 규격에 따른 것이다. 실제 거리는 개인
   별 인지 반응 시간(reaction time), 차종, 기타 요소들에 따라 달라진다.

5 토지이용 패턴이 통행 행태에 어떻게 영향을 미치는지에 관해서 좀 더 구체적인 내용을 알려
   면 「TCRP 보고서 128: 하우징, 주차, 여행에서 대중교통 중심 개발의 효과(TCRP Report 128:
   Effects of TOD on Housing, Parking and Travel)」(Transportation Research Board, 2008)에
   있는 G. B. 애링턴(G. B. Arrington)과 로버트 서베로(Robert Cervero)의 선행 연구 검토 내
   용과 참고문헌 부분을 보라.

6 Institute of Transportation Engineers, "Designing Walkable Urban Thoroughfares: A
   Context Sensitive Approach"(2010), Table 6.2.

7 Walter Kulash, *Residential Streets*, 3d ed.(National Association of Home Builders,

American Society of Civil Engineers, Institute of Transportation Engineers, and Urban Land Institute, 2001), pp. 23~25.

8   Reid Ewing and Michael King, "Flexible Design of New Jersey's Main Streets"(Rutgers University for the New Jersey Department of Transportation, n.d.).

9   Transportation Research Board, "Highway Capacity Manual"(Washington, D.C., 2000).

10 R. L. Moore and S. J. Older, "Pedestrians and Motor Vehicles Are Compatible in Today's World," *Traffic Engineering*, 35, No. 12(September 1965), as quoted in B. J. Campbell et al., "A Review of Pedestrian Safety Research in the United States and Abroad," FHWA-RD-03-042 (2004), 97, http://katana.hsrc.unc.edu/cms/downloads/Pedestrian_Synthesis_Report 2004. pdf

11 Reid Ewing, "Traffic Calming: State of the Practice"(Institute of Transportation Engineers, 1999).

12 Nancy McGuckin, with N. Contrino and H. Nakimoto, Peak Travel in America, 12th Conference on Transportation Planning Applications, 2009, www.travelbehavior.us and based upon data in the National Household Travel Survey, http://nhts.ornl. gov/

13 Nelson\Nygaard, Seattle Urban Mobility Plan, Briefing, Chapter 6, "Case Studies in Urban Freeway Removals," http://www.seattle.gov/transportation/briefingbook.htm

제10장 주차

1   Donald Shoup, *The High Cost of Free Parking*(APA Planners Press, 2005).

2   Center for Neighborhood Technology, "A Heavy Load: The Combined Housing and Transportation Burdens of Working Families"(2006); Center for Neighborhood Technology, "The Affordability Index: A New Tool for Measuring the True Affordability of a Housing Choice"(2008).

3   Donald Shoup, "Cruising for Parking," *Transport Policy*, 13, No. 6(November 2006), pp. 479~486.

4   U.S. Housing and Urban Development, 2008.

5   Mikhail Chester, Arpad Horvath and Samer Madanat, "Parking Infrastructure: Energy, Emissions, and Automobile Life-Cycle Environmental Accounting," *Environmental Research Letters*(2010), http://dx.doi.org/10.1088/1748-9326/5/3/034001

6   Caliiornia Building Industry Association v. San Joaquin Valley Unified Air Pollution Control District, Case No. F055448(Cal. Ct. App. Oct. 6, 2009).

7   Nelson\Nygaard(for the Ventura Downtown Mobility and Parking Plan), "Parking Demand in Mixed-Use Main Street Districts"(2005).

8   Dan Zack, "The Downtown Redwood City Parking Management Plan," City of Redwood City, 2005, http://shoup.bol.ucla.edu/Downtown%20Redwood%20City%20Parking%20Plan.pdf

9   New York City Department of Transportation "Parking in New York City," http://www. nyc.gov/htrnl/dot/htrnllmotorisUprkintro.shtrnl#rates.

10 Port of San Francisco website, "New Parking Meters on the Embarcadero," http://www.

sfport.com/index.aspx?page=7 (검색일: 2011.6.25).

11 Conor Dougherty, "The Parking Fix," *Wall Street Journal*, February 3, 2007, 1.

12 Shoup, *The High Cost of Free Parking*, p. 516.

13 City of Westminster Visitors' Parking Scheme-FAQs, http://www.westminster.gov.uk/
services/transportationstreets/parking/permits/vistorsparkingfaq/

14 Shoup, *The High Cost of Free Parking*, p. 435.

15 Wenyu Jia and Martin Wachs, "Parking Requirements and Housing Affordability: A Case
Study of San Francisco"(University of California Transportation Center Paper No. 380,
1998); Amy Herman, "Study Findings Regarding Condominium Parking Ratios"(Sedway
Group, 2001).

16 Luke Klipp, "The Real Costs of San Francisco's Off-Street Residential Parking Requirements:
An analysis of parking's impact on housing finance ability and affordability," Goldman
School of Public Policy, University of California at Berkeley, Masters Student paper, 2004.

17 Todd Litman, "Parking Requirement Impacts on Housing Affordability"(Victoria Transport
Policy Institute, 2004).

18 법적 선례라는 면에서 보면, 캘리포니아 주가 주차 요금 규제에 대해 오랜 역사를 가진다는 것
은 아무런 의미가 없다. 예를 들면 글렌데일, 헤이워드, 노바토(Novato), 그리고 로스앤젤레
스의 일부 도시에서는 특정 존(zone)의 주거용 주차에 대해 요금을 부과하는 것을 오래전부
터 법으로 금해왔다(아마도 주차 수요가 인접 가로로 넘치는 것을 막고자 한 시도일 것이다).
주차 비용의 분리를 요구하는 것은 주차 요금을 규제하는 것과 유사하지만, 접근 방향은 반대
이다. 일부 도시가 인근 가로변 노상 주차장에서 나타나는 주차 수요의 넘침(spillover) 문제
를 막으려고 주차 요금을 징수하는 것을 금지하는 점은, 주차에 대한 개발 부담금을 요구하는
것과 더불어, 효과적인 가로변 주차 관리가 매우 중요하다는 현실을 강조하는 것이다.

19 For detail, search online for Bellevue Ordinance No. 4822(1995), currently at http://www.
bellevuewa.gov/Ordinances/Ord-4822.pdf

20 Shoup, *The High Cost of Free Parking*, p. 127.

21 Brian Bertha, "Appendix A," in Wallace Smith(ed.). *The Low-Rise Speculative Apartment*
(UC Berkeley Center for Real Estate and Urban Economics, Institute of Urban and Regional
Development, 1964).

제11장 카셰어링

1 Susan Shaheen, Adam Cohen and Elliot Martin, "Carsharing Parking Policy: A Review of
North American Practices and San Francisco Bay Area Case Study," *Transportation
Research Record*(March 15, 2010), p. 2.

2 Susan Shaheen, Adam Cohen and Melissa Chung, "North American Carsharing: A Ten-Year
Retrospective"(Institute of Transportation Studies, University of California-Davis, 2008), p. 4.

3 American Automobile Association, "Your Driving Costs 2010 Edition," http://www.
aaaexchange.com/Assets/Files/201048935480.Driving%20Costs%202010.pdf

4 Shaheen, Cohen and Martin, "Carsharing Parking Policy," p. 2.

5   Nelson\Nygaard Consulting Associates, "Car-Sharing: Where and How It Succeeds" (Transit Cooperative Research Program, 2005). pp. 4~25.

6   Shaheen, Cohen and Chung, "North American Carsharing," p. 4.

7   City of Hoboken website, "Corner Cars," http://www.hobokennj.org/departments/ transportation-parking/corner-cars/

8   Shaheen, Cohen and Martin, "Carsharing Parking Policy," p. 14.

9   Adam Cohen, Susan Shaheen and Ryan McKenzie, "Carsharing: A Local Guide for Planners"(Institute for Transportation Studies, University of California-Davis, 2008), p. 8.

10 City of Seattle Council Bill Number 116300, passed September 8, 2008.

11 National Capital Planning Commission, NCPC File No. ZC 09-16(January 28, 2010).

12 San Francisco Planning Department, Planning Commission Resolution No. 18106(June 10, 2010).

13 IBI Group, "On-Street Parking Carshare Demonstration Project, Final Report"(June 2009), p. 6, http://www.icommutesd.com/Transitldocuments/CarshareFina!Report_ALL.pdf

14 Around the Capital(2010), http://www.aroundthecapitol.com/Bills/AB_1871

15 Nelson\Nygaard Consulting Associates, "Car-Sharing", pp. 5~21.

16 ABC News 10, "Davis to Subsidize Private Carsharing Firm," September 22, 2010, http://www.news10.net/news/local/story.aspx?storyid=96993

17 U.S. Department of Transportation, Federal Highway Administration, "SAFETEALU 1808: CMAQ Evaluation and Assessment"(2010), http://www.fhwa.dot.gov/environment/air_quality/cmaq/research/safetea-lu_phase_2/chap04.cfm.

18 Northeastern University Dukakis Center, "Policy Tool: Unbundling the Price of Parking" (2010), p. 1, http://www.dukakiscenter.org/unbundled-parking/

제12장 역과 역권

1   Nelson\Nygaard Consulting Associates(for the Institute for Transportation and Development Policy), "Safe Routes to Transit: Bus Rapid Transit Planning Guide"(June 2005).

2   Neil Perks, "Role of Intelligent Transportation Systems(ITS) in Providing Sustainable Transport and Environmental Solutions"(Public Transport Conference, Kuching, August 4, 2010).

3   WMATA, "Station Site and Access Planning Manual"(May 2008).

4   워싱턴대도시권대중교통국(WMATA)은 평균보다 높은 주차 요금인 하루당 3.2~8.5달러를 받아, 모든 운영과 유지 관리 비용을 충당할 정도로 충분한 수입을 창출할 수 있다.

5   Research prepared by Dennis Leach, Transportation Director and Robert Brosnan, Planning Director of Arlington County in 2010. Summarized at various locations, including "40 Years of Transit Oriented Development Arlington County's Experience with Transit Oriented Development in the Rosslyn-Ballston Metro Corridor," http://www.fairfaxcounty.gov/dpz/projects/reston/presentations/40years_of_transit_oriented_development.pdf

6   "Taxi Ranks at Major Interchanges: Best Practice Guidelines," Transport for London, Issue 1(March 2003).

7 John Pucher and Ralph Buehler, "Bike-Transit Integration in North America," *Journal of Public Transportation*, 12, No. 3(November 2009), pp. 79~104.

8 Valley Transportation Authority, "Bicycle Technical Guidelines," http://www.insiderpages.cornlb/4229015094/charlotte-airport-charlotte.

9 Nelson\Nygaard Consulting Associates, "South Hayward BART Development, Design and Access Plan"(2006).

제13장 교통 수요관리

1 Tom Vanderbilt, *Traffic: WHy Drive the Way We Do (and What It Says about Us)* (Knopf, 2008).

2 "Road Work Ahead: Is Construction Worth the Wait?"(Surface Transportation Policy Project, 1999).

3 *Stuck in Traffic: Coping with Peak-Hour Traffic Congestion*(Brookings Institute Press, June 1992) and *Still Stuck in Traffic: Coping with Peak-Hour Congestion*(Brookings Institute Press, revised edition, April 1, 2004), Anthony Downs presents traffic congestion as an economic issues, not an engineering issue.

4 Stockholmsforoket, "Facts and Results from the Stockholm Trials: FInal Report"(2006), http://www.stockholmsforsoket.se/upload/Sammanfattningar/English/Final%20Report_The%20Stockholm%20Trial.pdf

5 Transport for London website, "Congestion Charge," http://www.tfl.gov.uk/roadusers/congestioncharging/

6 For more exhaustive list of TDM strategies, see Todd Liman's TDM Encyclopedia, http://www.vtpi.org/tdm/

7 Santa Clara Valley Transportation Authority(1997).

8 1990 to 2000, http://www.commuterchallenge.org/cc/newsmaar01_flexpass.htlm

9 Jeffery Brown et al., "Fare-Free Public Transit at Universities," *Journal of Planning Education and Research*, 23(2003), pp. 69~82.

10 1989 to 2002, weighted average of students, faculty, and staff, from Will Toor and Spenser W. Havlick, *Transportation and Sustainable Campus Communities*(Island Press, 2004).

11 2002 to 2003, the effect one year after U-Pass implementation, from Sarah Adee Wu et al., "Transportation Demand Management—University of British Columbia(UBC) U-Pass—A Caes Study"(April 2004), http://www.sustain.ubc.ca/pdfs/

12 Mode shift one year after implementation in 1994, from James Meyer et al., "An Analysis of the Usage, Impacts and Benefits of an Innovative Transit Pass Program"(Excel spreadsheet, January 14, 1998), www.cities21.org/epaModeShiftCase Studies.xls

13 Six years after program implementation, from Francoise Pionsatte and Will Toor, "Finding a New Way: Campus Transportation for the 21st Century"(April 1999).

14 Richard W. Willson and Donald C. Shoup, "Parking Subsidies and Travel Choices: Assessing the Evidence," *Transportation*, 17b(1990), pp. 141~157, at p. 145.

15 Cornell University Office of Transportation Services, "Summary of Transportation Demand Management Program"(unpublished, 1992).

16 Wilson and Shoup, ""Parking Subsidies and Travel Choices: Assessing the Evidence."

17 U.S. Department of Transportation, "Proceedings of the Commuter Parking Symposium" (USDOT Report No. DOT-T-91-14, 1990).

18 State Farm Insurance Company and Surface Transportation Policy Project, "Employers Manage Transportation"(1994).

19 Wilson and Shoup, ""Parking Subsidies and Travel Choices: Assessing the Evidence."

20 같은 글.

21 Gerald K. Miller, "The Impacts of Parking Prices on Commuter Travel"(Metropolitan Washington Council of Governments, 1991).

22 Donald Shoup abd Richard W. Willson, "Employer-Paid Parking: The Problem and Proposed Solutions," *Transportation Quarterly*, 46, No. 2(1992), pp. 169~192, at p. 189.

23 Michael E. Williams and Kathleen L Petrait, "U-PASS: A Model Transportation Management Program That Works," *Transportation Research Record*, No. 1404(1994), pp. 73~82.

24 Willson and Shoup, ""Parking Subsidies and Travel Choices: Assessing the Evidence."

25 Susan Anderson Pinsof and Terri Musser, "Bicycle Facility Planning"(American Planning Association Advisory Service Report #459; American Planning Association, 1995).

26 Paul v. Virginia, 75 U.S. 168(1869); Reiterated in Saenz v. Roe, 526 U.S. 289(1999).

27 David Brooks, "something for Nothing," *New York Times*, June 22, 2009.

28 Project website, www.sfpark.org

제14장 성취도 측정

1 Most recently in G. B. Arrington and Robert Cervero, "TCRP Report 128: Effects of TOD on Housing, Parking, and Travel"(Transportation Research Board, 2008).

2 Details from San Francisco Office of the City Attorney, http://sfcityattorney.org

3 빈도(Frequency): 고용자 자료는 매년 수집될 것이다. 거주자와 쇼핑객 조사는 2년 또는 3년에 한 번 시행한다. 감시 비용(Cost to monitor): 중간 조사비는 약 1만 5000달러가 소요된다. 그러나 다른 부서와 함께 나누어 지출할 수 있을 것이다. 사업체 자료의 편집 과정은 담당자가 완성해야 할 것이다. 그러나 만약 고용주들이 전산화된 자료를 제공하지 않는다면 시간 낭비일 수 있다. 현재 진행 중인 통행 수요 모형에 대한 수정 보완 작업에는 연간 5만 달러가 소요될 것이다.

4 10명 이상의 사원을 둔 고용주는 매년 의무적으로 그들의 사원들에 대해 수단선택 행태 등의 자료를 추적 관리해야 한다. 이에 자료를 전체적으로 효과적으로 편집하기 위해 온라인 접속으로 자동화할 것을 제안한다. 주택 및 경제개발과(Economic Development Department)로부터 얻은 지구별 총 직업 수(고용자 수)에 교통수단분담 정보를 곱해 지구별·시간대별 총 고용자 통행량을 추정할 수 있다.

5 또한 설문 조사 시 다른 부서와 지역 상인 조합들이 관심을 보이는 질문들도 포함할 수 있다.

지은이

제프리 툼린(Jeffrey Tumlin)

제프리 툼린은 지속 가능한 이동성에 초점을 둔 교통계획 및 공학 관련 회사들을 중심으로 조직된, 샌프란 시스코에 있는 넬슨\뉘고르컨설팅협회(Nelson\Nygaard Consulting Association)의 소유주이자 지속 가능성 실무 대표이다. 툼린은 과거 20여 년 이상에 걸쳐서 역권과 도심, 시 전역, 캠퍼스 등의 계획을 이끌어왔으며, 미국의 20개 주와 기타 5개 국가에서 다양한 특강과 정규 강좌를 진행해왔다. 툼린의 주요 개발 프로젝트들은 교통량과 이산화탄소 배출량을 40퍼센트나 줄이는 것에 성공했으며, 자동차 교통량의 순수한 증가 없이 수백만 제곱피트의 면적을 추가로 개발하기도 했다. 이러한 프로젝트들은 미연방 조달청(General Service Administration), 미국계획협회(American Planning Association), 미국조경학회(American Society of Landscape Architects), 뉴어바니즘학회(Congress for the New Urbanism), 도시토지연구소(Urban Land Institute)로부터 상을 받았다.

경력
1987~1991 스탠퍼드 대학교 도시학 학사
1992~1997 스탠퍼드 대학교 교통 프로그램 매니저
1998~현재 넬슨\뉘고르 연구소 소장

수상 내역
2009 국제도시및지역계획가협회 우수상
2010 미국계획협회 캘리포니아 지부 최우수 기본 계획
2011 뉴어바니즘학회 국가지부상
2012 신 러시아 수도 설계 국제 공모전 수상
2013 미국계획협회 국토계획상

옮긴이

노정현(魯正鉉)

경력

1976 한양대학교 도시공학 학사

1984 고려대학교 산업공학 석사

1988 미국 일리노이 대학교 어배너-샘페인 도시 및 지역 계획 박사

국토연구원 책임연구원

대한교통학회 편집위원장/부회장/고문

현 한양대학교 도시대학원·공과대학 도시공학과 교수

국토교통부 중앙교통영향평가위원/항공정책심의위원/신도시자문위원

서울특별시 건축심의위원/물가대책심의위원

LH(한국토지주택공사) 신도시 MP위원

주요 저서 및 역서

Integrated Urban Systems Modelling: Theory and Applications(공저, 1989)

『교통 경제학: 이론과 정책』(1992)

『예제로 이해하는 경제학』(편역, 2000)

『교통계획: 통행수요이론과 모형』(2012)

옮긴이

구자훈(具滋勳)

경력
1982 서울대학교 건축학 학사
1984 서울대학교 도시공학 석사
1991 서울대학교 도시공학 박사
서울건축종합건축사사무소
미래컨설팅그룹
서울시정개발연구원
한동대학교 도시공학과 교수
현 한양대학교 도시대학원 교수
국토교통부 중앙도시계획위원 / 혁신도시자문위원
문화관광부 문화도시포럼
서울특별시 시장 및 부시장 도시정책자문단 / 도시계획위원 / 도시건축공동위원
국토교통부 신도시 계획 MP위원(아산배방신도시, 진건신도시, 광명신도시)
서울특별시 MP위원(수색·증산 뉴타운, 구룡마을, 창동·상계 도시 재생 사업, 한강변 관리 기본 계획)

주요 저서 및 역서
『도시설계: 이론편』(공저, 2001)
『미래의 도시』(공역, 2005)
『도시와 인간』(공저, 2005)
『알기 쉬운 도시이야기』(공저, 2006)
『단지재생: 마을 만들기』(공역, 2007)
『세계의 도시디자인: 도시설계 사례편』(공저, 2010)

한울아카데미 1815

지속 가능한 교통계획 및 설계
활기차고, 건강하며, 탄력적인 지역사회 창조를 위한 도구들

지은이 **제프리 툼린** | 옮긴이 **노정현·구자훈** | 펴낸이 **김종수** | 펴낸곳 **도서출판 한울** | 편집 **이황재**

초판 1쇄 인쇄 **2015년 8월 25일** | 초판 1쇄 발행 **2015년 9월 10일**

주소 **10881 경기도 파주시 광인사길 153 한울시소빌딩 3층** | 전화 **031-955-0655** | 팩스 **031-955-0656**
홈페이지 **www.hanulbooks.co.kr** | 등록번호 **제406-2003-000051호**

Printed in Korea.
ISBN 978-89-460-5815-6 93530 (양장)
ISBN 978-89-460-6038-8 93530 (반양장)
* 책값은 겉표지에 표시되어 있습니다.